JN360777

ول네베르피힐이 블란탄한 조수늑

〈정신과학 총서〉를 발간하며

가장 깨어 있고, 열려 있는 정신의 소유자들이 쓴 책을 펴내는 것이 〈정신과학 총서〉의 목적이다. 〈정신과학 총서〉는 동양과 서양의 만남, 물질문명과 정신문명의 올바른 결합, 과학과 종교의 합일을 추구하는 사람들의 생산적인 지적 모험과 새로운 탐구정신을 담아 낼 것이다.

이제까지 상반된 길을 걸어 왔던 동양과 서양의 만남이 급속도로 이루어지고 있다. '마음'의 세계로 대표되던 동양의 정신과 '물질'로 대표되던 서양의 과학이 서로 만나 오랫동안 헤어져 있던 아쉬움과 반가움을 나누고 있다. 눈에 보이지 않는 세계와 보이는 세계가 만나고, 초월적 직관의 세계와 과학적 이성의 세계가 서로 통하는 시점에 이르렀다. 그래서 이제는 선사(禪師)의 선문답을 물리학자가 이해하고, 물리학자의 골치아픈 설명을 선사가 이해하게 되었다고 해도 지나친 말이 아니다.

〈정신과학 총서〉가 추구하는 '과학'은 고지식하고 폐쇄적인 실험실의 학문을 뛰어넘어 모든 사람의 의식을 새로운 차원으로 인도하는 과학, 조각난 인식의 파편들을 모으고 엮어 전체적인 모습을 회복시키는 과학이다.

세계관 사이의 오랜 분열이 극복되고, 자연과 문명의 조화로운 공존이 모색되고 있는 오늘날 우리는 자기중심적이고 이원론적인 세계관에서 벗어나 모든 존재와 생명이 한 울타리 안에서 긴밀하게 연결되어 있다는 전체적이고 통일적인 세계관 쪽으로 눈을 돌리지 않으면 안 된다. 〈정신과학 총서〉는 부분이 아닌 '전체'를 모색하는 창조적인 논의들, 특히 그러한 우주상을 정립하려는 체계적이고 심도 있는 이론들을 광범위하게 정리해 나갈 것이다. 독자들 각자의 정신 속에 헌 하늘과 헌 땅이 거두어지고 새로운 하늘과 새로운 땅이 모습을 드러내는 데 큰 역할을 하리라고 믿는다.

정신과학총서
2

현대물리학이 발견한 창조주
God and the New Physics

폴 데이비스
류시화 옮김

정신세계사

지은이 폴 데이비스Paul Davis는 영국 런던 대학에서 학위를 받은 후 8년 동안 수학 교수로 재직한 바 있으며 현재 뉴캐슬 대학의 이론물리학과 교수로 있다. 기초물리학과 우주과학을 두루 섭렵한 그는 획기적인 저서들을 잇달아 발표해 과학 대중화의 기수로서 명성을 얻었다. 여러 과학 잡지에 정기적으로 기고하고 있으며 방송에도 출연해 유능한 과학 해설자로도 활약하고 있다. 그가 지은 책으로는 《다른 세계들—달아나고 있는 우주Other Worlds, The Runaway Universe》《무한의 가장자리The Edge of Infinity》《초력Superforce》 등이 있다.

옮긴이 류시화는 시인으로, 인간 의식 탐구와 영적 진화에 관련된 많은 책들을 번역해 왔다. 시집으로 《그대가 곁에 있어도 나는 그대가 그립다》가 있으며, 옮긴 책으로는 《예언자 강의》《성자가 된 청소부》《성서 속의 붓다》《크리슈나무르티》《우주심과 정신물리학》(공역)《돈 후앙의 가르침》《소울메이트》 등이 있다.

정신과학총서 · 2
현대물리학이 발견한 창조주
God and the New Physics, New York : Simon & Schuster inc., 1983

폴 데이비스 짓고, 류시화 옮긴 것을 정신세계사 정주득이 1988년 4월 5일 처음 펴내다. 정신세계사의 등록일자는 1978년 4월 25일(제1-100호), 주소는 03965 서울시 마포구 성산로4길 6 2층, 전화는 02-733-3134(대표), 팩스는 02-733-3144, 홈페이지는 www.mindbook.co.kr, 인터넷 카페는 cafe.naver.com/mindbooky이다.

2023년 10월 18일 박음(초판 제30쇄)

ISBN 978-89-357-0153-7 03420
　　　978-89-357-0135-3 (세트)

역자의 말

우주는 언제쯤 만들어졌으며, 도대체 얼마만한 크기일까? 무한한 공간대와 시간대 속을 우주는 어디서 와서 어디로 가고 있는 걸까? 우리의 앞에는 과연 어떤 목적이 기다리고 있으며, 절대자는 어떤 우주 시나리오를 가지고 있을까?

종교인이 아니더라도 이런 의문은 누구나 한번쯤 가져보기 마련이다. 특히나 어린시절에 밤하늘에서 명멸하는 수많은 별들을 올려다보다가 신비에 빠져 상상의 여행을 해본 일이 없는 사람은 참다운 어린시절을 보냈다고 할 수가 없다. 여기 우리 속안의 어린애를 데리고 창조주를 찾아 여행을 떠나주는 책이 있다. 이 여행에서 우리는 물질의 최소 단위와 그것들이 이루고 있는 상호관계의 그물망을 만날 것이며, 아울러 우리가 어떤 선택에 직면할 때마다 수없이 분열되는 이상한 우주와도 만날 것이다. 시간과 공간이 쭈그러들어 정지해버리는 세계, 팽창과 수축을 되풀이하는 흔들이 우주, 서로의 관계에 의해서만 존재가 성립되는 소립자(素粒子)의 세계, 그러한 가면들을 쓰고 우리 앞에 어른거리는 절대자에 대한 조심스러운 해석들을 만날 수 있다.

자연법칙은 왜 지금과 같은 형태를 갖게 되었는가?

우주는 왜 지금과 같은 물질로 이루어졌는가?

그 물질은 어떻게 생겨났는가? 불교에서 말하는대로 텅빈 공(空)으로? 아니면 창조주의 전능한 힘에 의해서?

이러한 의문들에 대한 해답은 현재 얼마만큼 가능한가?

이 책은 제목이 말하는 그대로, 세계관과 존재관의 혁명을 꾀하고 있는,

현대물리학이 우주와 인간 존재의 창조주를 어떻게 발견해 나가고 있는가를 밝히는 책이다. 물론 주제는 현대물리학의 여러 이론과 발견 사실들에 한정되어 있다. 삼바라(지하 중앙 정부)와 카바라 체계, 외계인과 UFO, 자기 내면에서 신(神)을 발견하는 깊은 종교성에 관한 이야기들은 이 책에는 없다. 오로지 최첨단의 과학적인 연구와 이론들을 통하여 물질의 기본구조로 내려갔을 때, 그리고 우주의 끝으로 달려갔을 때, 그곳에서 절대자는 어떤 모습으로 우리에게 나타나는가를 설명하는 책이다. 저자는 이 방면의 책을 여러 권 세상에 내놓은 사람이다. 이 책의 원본으로는 《God and New Physics》(Paul Davies, Penguin Books 1983)를 사용하였다.

이 책은 어려운 책이다. 미리 일러 두지만, 저자는 일반인을 위해 전문용어를 피하고 알기 쉽게 썼다고 하나, 그래도 어렵다. 그러나 한번 생각해보자. 창조주에 대한 책을 두세 시간 안에 쉽게 읽어치울 문고판 정도로 생각한다는 것이 오히려 잘못 아닐까?

쉬운 책은 우리 주위에 얼마든지 있다. 누구나 고통과 노력 없이 쉬운 책을 쓰고, 또 누구에게나 부담 없이 읽힐 쉬운 책을 찾는 이때에, 현대물리학의 온갖 심오한 발견들을 동원하여 창조주의 소맷자락이라도 붙잡으려는 이 책은 아무래도 어렵다. 아무 생각 없이, 한 권의 가치 있는 책을 읽는다는 마음의 준비도 없이, 그림책 넘기듯 쉽게 읽을 책을 찾던 독자가 그럴싸한 제목에 이끌려 실수로 이 책을 샀다면 아마 책방 주인도 기꺼이 물러줄 것이다.

다시 말하지만, 이 책은 아무나 읽는 책이 아니다. 어렵다고 고개를 흔들면서, 시간을 내어 다른 책까지 뒤적이면서 읽어야 할, 그리하여 마지막 장을 넘겼을 때 비로소 오랫만에 책다운 책을 읽었다는 느낌을 갖게 되는 그러한 책이다.

류 시 화

차례

● 역자의 말/7
● 감사의 말/12
● 머리말/14

1 변화하는 세계에서의 종교와 과학/19
2 창세기/31
3 우주는 신이 창조했는가/55
4 우주는 왜 존재하는가?/83
5 생명이란 무엇인가?/101
6 의식과 영혼/119
7 자아/141
8 양자론/157

차례

9 시간/181
10 자유의지와 결정론/201
11 물질의 근본구조/213
12 우연, 또는 계획된 것?/227
13 블랙홀과 우주의 카오스/241
14 기적/249
15 우주의 종말/261
16 우주는 〈덤〉인가?/279
17 자연의 본질에 대한 물리학자의 견해/285

● 참고문헌/301
● 찾아보기/307

감사의 말

먼저 써섹스 대학의 존 바로우(John Barrow)박사에게 특별히 감사한다. 그분의 세세한 지적과 도움말 덕분에 나는 한결 부드럽고 쉬운 어투를 구사할 수 있었다.

이 책의 주된 줄거리는, 나의 아파트에서 차를 마시면서 여러 차례에 걸쳐 많은 이들과 나눈 생동감 있는 토론에서 얻어진 것인데, 특히 아래 사람들과의 대화는 무척 값진 것이었다.

스티븐 베딩 박사(Stephen Bedding),
케리 힌톤(Kerry Hinton),
파우체 박사(J. Pfautsch),
스티븐 언윈 박사(Stephen Unwin),
윌리암 워커(William Walker)

또한 내가 잘못 알고 있는 사실들을 지적해준 니콜라스 데니어(Nicholas Denyer)에게도 감사드린다.

저자와 발행인은 아래의 출판사와 저자에게 깊은 감사를 드린다.

-노만 니콜슨(Norman Nicholson)의 저서 《제라늄 화분(The Pot Geranium)》중의 〈팽창하는 우주(The Expanding Universe)〉부분에서 인용을 허락해준 페이버(Faber) 출판사.

-호프스태터(D.R. Hofstadter)의 《괴델, 에셔, 바하(Gödel, Escher, Bach)》, 그리고 호프스태터와 데니트(D. C. Dennett)가 함께 저술한 《의식(意識)의 나(The Mind's I)》에서 인용을 허락해준 하베스터(Harvester) 출판사.

-토마스 길비(Thomas Gilvy)가 편집한 토마스 아퀴나스(Thomas Aquinas)의 《기독교 신학(Christian Theology)》1권 〈신학해설(Summa Theologiae)〉에

서 인용케 해준 메츄엔(Methuen) 런던 출판사.

　─자신의 저서인 《물리법칙의 성질(The Character of Physical Law)》을 참조하도록 허락해준 노벨물리학상의 리차드 파인만(Richard P. Feynman) 선생.

　─로널드 던칸(Ronald Duncan)과 미란다 웨스톤 스미스(Miranda Weston-Smith) 편저 《산 진리(Living Truths)》 가운데 허먼 본디 경(Sir Herman Bondi)의 〈종교는 좋은 것〉에서 인용하도록 해준 페르가몬(Pergamon) 출판사.

머리말

　지금으로부터 약 50년 전(1930년 경), 물리학계에 이상한 일이 일어났다. 시간과 공간, 마음과 물질에 관한 색다르면서도 근사한 생각들이 과학 집단들 사이에서 약속이나 한 듯이 일제히 등장하기 시작한 것이다.

　그로부터 수십년이 지난 최근에 와서야 비로소 이러한 생각들이 일반 대중에게 전달되기 시작하고 있다. 사람들 대부분이 지난 두 세대 동안 인간의 사고(思考)에 중요한 변혁기가 찾아왔다는 사실을 전혀 깨닫지 못하고 있었다. 오로지 물리학자들만이 그 문제에 관심을 갖고 영감을 발휘해온 것이 사실이다. 그러던 것이 마침내 일반 대중들 속으로 그러한 생각이 파고들기 시작한 것이다. 이제 바야흐로 현대 물리학이 성년(成年)의 나이에 도달한 것이라고나 할까?

　금세기 초, 물리학에서는 두개의 기념비적인 이론이 완성되었다. 바로 상대성이론(相對性理論)과 양자이론(量子理論)이다. 이 두 이론에서 대부분의 20세기 물리학이 생겨났다고 할 수 있다.

　그러나 현대물리학은 곧이어 더욱 단순하고 훌륭한 물질세계의 모형(模型, model)을 만들어내었다. 이 새로운 발견을 통해 물리학자들은 만물의 참모습에 대한 근본 시각을 통째로 새롭게 할 필요가 있음을 깨달았다. 이리하여 그들은 상식을 뒤엎고 아주 뜻밖의 참신한 방식으로 주제에 접근하는 법을 터득했으며, 물질주의보다는 신비주의(神秘主義)에 더 가까운 길을 택하기 시작하였다.

　현대물리학이 이룩한 이러한 존재관(存在觀)의 혁명은 이제서야 철학자와 신학자들에게 전달되고 있다. 또한 삶의 배후에 숨은 더 깊은 인생의 참뜻을 찾는, 많은 평범한 사람들 역시 현대물리학의 이 새로운 존재관에 맞추어 세상에 대한 자신들의 믿음을 발견하고 있다. 물리학자들의 견해는 심지어 심리학자와 사회학자들한테서도 동의를 얻어내고 있으며, 특히 자신들이 취급하고 있는 주제에 대하여 분석적인 접근이 아니라 통합적(統合的)인 접근을 해야 한다고 주장하는 이들에게서 많은 지지를 얻고 있다.

그동안 현대물리학에 대한 강의와 강연을 하면서 나는, 기초물리학이 인간과, 우주에서의 인간의 위치를 새롭게 이해하는 길을 제시해준다는 느낌을 강렬하게 받았다.

존재에 대한 깊은 의문들—이를테면, "우주는 어떻게 시작되었고, 어떻게 종말을 맞이할 것인가? 물질이란 무엇인가? 생명이란? 의식(意識)이란 무엇인가?" 하는 따위의 의문들은 사실 새로운 것이 아니다. 새로운 것은, 이제 마침내 우리가 그것들에 대한 해답을 얻을 시점에 와 있다는 사실이다.

이 놀라운 전망은 물질과학, 다시 말해 현대물리학뿐만 아니라 그것과 매우 가까운 관계에 놓여 있는 현대 우주론(宇宙論)에서 최근에 이루어진 몇 가지 극적인 진전으로 미루어볼 때 충분히 가능한 일이다.

이제 사상 처음으로, 우주 창조에 대한 전체적인 설명을 할 수 있게 되었을 뿐만 아니라, 그것을 우리의 머리로 이해할 수 있게 되었다. 사실상 우주가 어떻게 존재하게 되었는가 하는 수수께끼만큼 근본적이고 어려운 의문도 없다.

과연 '우주창조'라고 하는 엄청난 일이 어떤 초자연적인 힘의 개입 없이 가능했을까? 양자 물리학은 무(無)로부터는 아무 것도 생겨나지 않는다는 옛날부터의 가정에 하나의 돌파구를 열었다. 물리학자들은 이제 '스스로 창조된 우주', 즉 특정한 고(高)에너지 과정에서 이따금 그 어느 곳도 아닌 곳(nowhere)에서 갑자기 튀어나오는 소립자(素粒子)처럼 '스스로 존재의 영역에 뛰어들게 된 우주'에 대하여 이야기하고 있다.

이 이론의 세부적인 사항들이 옳으니 그르니 따지는 것은 그다지 중요한 일이 아니다. 중요한 것은 우주 창조에 대한 과학적인 설명을 이해하는 일이 드디어 가능해졌다고 하는 사실이다. 과연 현대물리학은 모든 창조주를 한꺼번에 몰아낸 것일까?

이 책은 종교에 대한 책이 아니다. 그보다는 지금까지 종교적으로 많은 논란이 되어온 사실들에 대하여 현대물리학이 어떤 시각을 갖고 있고, 어떠한 발견을 했는가를 논한 책이다. 특히 이 책에서 나는, 종교적인 체험이나 도덕성의 문제들에 대해서는 논하지 않았다.

또한 이 책은 과학책이 아니다. 이 책은 과학에 '대한', 그리고 과학의 폭넓은 관계에 대한 책이다. 그러다보니 마땅히 이따금 몇 가지 전문적인 사실들을 자세히 설명해야만 했다. 그렇다고 해서 이 책에 나오는 과학적인 설명이 체계적이거나 완벽하다는 뜻은 아니다. 독자들은 수학적인 계산이나 전문가들이 쓰는 용어들 때문에 골치가 아플 것이라고 미리부터 걱정할 필요가 없다. 이 책에서는 가능한 한 전문 용어들을 쓰지 않으려고 노력했다.

이 책은 원래가 무신론자든 유신론자든 과학의 사전 지식을 갖추고 있지 않은 일반인을 위해 쓰기 시작한 것이다. 그러나 이 책이 학문적인 가치로도 평가받게 되기를 나는 바란다. 특히 우주론(宇宙論)에 대한 가장 최근의 작업 몇 가지는 철학자와 신학자들에게는 새로운 사실이 될 것이다.

이 책의 주제는, 내가 여기서 '존재에 대한 4가지 대의문(大疑問)'이라고 이름붙인 것들에 관계된 것이다.

자연법칙은 왜 지금과 같은 형태를 취하게 되었는가?
우주는 왜 지금과 같은 물질로 이루어졌는가?

그 물질들은 어떻게 생겨났는가?

우주는 어떻게 해서 현재와 같은 모양새를 갖추게 되었는가?

책의 후반부에 가서 나는 이러한 의문들에 대하여 시험적인 해답을 제시할 것이다. 그 해답들은 어디까지나 자연의 본질에 대한 물리학자들의 견해를 바탕으로 내려진 것이다.

그 해답들이 완전히 틀렸을 수도 있겠지만, 나는 물리학이 그러한 해답을 제시할 만한 독특한 위치에 서 있다고 믿는다. 색다른 주장처럼 들릴지 모르지만, 과학은 신(神)에게 접근하는 길을 종교보다 더 확실하게 제시해준다는 것이 나의 생각이다. 그 해답이 옳은 것이든 그른 것이든간에, 전에는 종교적인 의문이었던 것을 과학이 대신하여 진지하게 탐구하는 시점에까지 발전했다는 사실 자체만으로도 현대물리학의 폭넓은 중요성을 입증할 수 있다.

내 자신의 종교적인 견해들을 끝까지 배제하려고 애를 쓰긴 했지만, 물리학에 대한 설명이나 해석은 내 개인적인 것일 수밖에 없다. 물론 내 동료들은 상당수가 이 책에서 내가 끌어내리려고 한 결론에 찬성하지 않을 것이다. 나는 그들의 의견까지도 진심으로 존중한다.

이 책에 설명된 것은 순전히 우주에 대한 나 한 사람의 견해일 뿐이다. 그리고 더 많은 견해가 있을 수 있다. 이 책을 쓰게 된 동기 자체가, 세계는 눈에 보이는 것 이상의 것이라는 나의 확신에서 출발한 것이다.

황조근정훈장 불란서학회 훈장 수훈

1

변화하는 세계에서의 종교와 과학

지혜로운 자는 종교와 과학의 두 이론에 따라 행동한다.

J.B.S. 할데인

하지만 나는 이 종교재판소로부터, 태양이 중심이며 움직이지 않는다고 주장하는 잘못된 견해를 전부 철회하라는 명령을 받았으며, 또한 어떠한 방식으로든 그 거짓된 교리(敎理)를 주장하거나, 지지하거나, 가르치는 것을 금지당했기 때문에… 나는 지금까지의 실수와 이단적인 발언, 아울러 이 성스러운 교회의 교리에 위반되는 일반적인 다른 모든 주장들까지 전부 철회하는 바이며, 그것들을 저주하고, 혐오스럽게 생각합니다.

갈릴레오 갈릴레이

사람들이 세상과 우주와 존재를 생각하는 방식은 크게 종교와 과학으로 나타난다. 우리의 별에 사는 사람들 모두가 그렇듯이, 종교는 우리의 삶과 행동 양식을 다스리는 강력한 힘이다. 과학은 지성적인 차원이라기보다는, 각종 기계문명을 통한 현실적인 차원에서 우리의 삶에 침투한다.

일반 대중의 일상생활에 미치는 종교적인 사고(思考)의 힘이 크긴 하지만, 우리의 모든 제도는 실용적인 바탕 위에 있으며, 설령 거기에 종교가 개입한다 해도 형식적인 역할에 지나지 않는다. 그러한 예로는, 영국 성공회(聖公會)의 형식상의 위치를 들 수 있다.

물론 그렇지 않은 경우도 있다. 아일랜드와 이스라엘은 아직도 법적인 의미에서 종교국가이며, 한편에서는 호전적인 회교도들이 다시금 세력을 모아 정치와 사회 분야의 결정을 내림에 있어서 종교의 영향력을 크게 증대시키고 있다.

과학의 성공과 영향력이 가장 눈에 띄게 나타나는 오늘날의 산업사회에서는 종교단체에 가입하는 사람들의 숫자가 급격히 줄어들고 있다. 영국의 경우만 해도, 이제는 정기적으로 교회에 다니는 사람은 인구의 겨우 몇 퍼센트에 불과하다. 그러나 교회에 참석하는 인구가 줄어든다고 해서, 그것이 순전히 과학과 기술의 발전 탓이라고 결론을 내리는 것은 잘못이다.

개인의 삶 속으로 들어가보면, 많은 사람들은 아직도 종교적이라고 할 수 있는, 세상에 대한 깊은 믿음을 간직하고 있다. 비록 그들이 기성 종교나 전통적인 교회의 교리를 받아들이지도 않고, 어떤 경우는 아예 무시해버린다고 해도 말이다.

아울러 세상의 모든 과학자들은 다음과 같은 사실을 인정할 것이다. 즉, 종교가 그동안 사람들의 의식세계(意識世界)에서 차지하고 있던 자리를 내주고 물러나왔다고해서, 반드시 합리적이고 과학적인 사고 방식이 그 빈 자리를 대신한 것은 아니다. 왜냐하면 과학이 현실 차원에서 우리의 온갖 생활에 미치는 영향은 엄청나지만, 그럼에도 불구하고 다른 배타적인 종교 단체와 마찬가지로 과학은 아직도 일반인들에게는 가까이 하기 힘들고 이해하기 힘든 학문이기 때문이다.

오히려 종교가 쇠퇴해가는 현상과 보다 관련이 깊은 것은 이런 것이다. 과학이 온갖 기술을 통하여 우리의 삶을 뿌리째 바꾸어놓았기 때문에, 전통의 종교들은 지금 이 시대가 직면하고 있는 개인과 사회의 문제를 해결하는 데에 당장 필요한 어떤 실제적인 도움을 주지 못하는 것으로 여겨지게 되었다는 것이다.

오늘날 교회가 사회 전체에서 눈에 띄게 무시당하고 있다면, 그것은 과학이 종교와의 오랜 싸움에서 마침내 승리했기 때문이 아니라, 과학이 우리의 사회를 너무나 근본적으로 재교육시킨 탓에, 세계에 대한 성서(聖書)적인 해석은 이제 크게 부적절한 것으로 여겨지게 되었다는 데에 그 이유가 있다. 최근의 어느 텔레비젼 프로에서 한 종교 비판자가 말했듯이, 우리의 이웃이 성스러운 황소나 당나귀를 소유하고 있다고 해서 우리가 그것을 탐내던 시대는 이미 지나간 것이다.

자신들이 계시 받았다고 주장하는 지혜와 교리에 바탕을 둔 세계의 주요 종교들은 지나간 과거에 뿌리를 두고 있으며, 따라서 변화하는 시대의 물결에 쉽게 대처하지 못한다. 물론 기독교는 서둘러 융통성 있는 태도를 취했기 때문에 몇 가지 새로운 현대의 사고관과 손잡을 수 있었다. 그리하여 오늘날의 몇몇 교회 지도자들은 바티칸 교황청의 눈으로 볼 때는 이단(異端)으로 판단되기가 쉽다.

그러나 아무리 포용력이 크다고 해도 고대의 세계관에 기초를 둔 철학은 이 새로운 우주시대에 적응하는 데에 무척 애를 먹고 있다. 그 결과 새로운 시대의 조류에 눈을 뜬 많은 신자들은 '별들의 전쟁(Star Wars)'과 마이크로칩의 시대에 좀더 잘 어울리는 것처럼 보이는, 종교와 유사한 다른 분야로 눈길을 돌리기 시작하였다. 유 에프 오(UFO), 이 에스 피(ESP, 초감각적 지각 현상), 초현상(超現象), 정신교감, 초월명상(超越瞑想), 그리고 기타 기술적인 면에 바탕을 둔 믿음들과 관련된 비종교적인 종파들에 참여하는 인구가 급격히 늘어나고 있다. 이것은 합리적이고 과학적인 이 시대에도 여전히 신앙과 교리의 설득력이 강하게 작용하고 있음을 말해준다.

상도(常道)를 벗어난 이런 생각들이 과학적인 겉모습을 가지고 있기는 하나, 그것들은 부끄러움을 모른다고 할 정도로 비합리적이다. 크리스토퍼 에반스(Christopher Evans)가 쓴 책의 제목을 빌려서 말하면, 한 마디로 '비(非)이성적인 종파들'이다(1974년 팬더사). 사람들은 지성적인 깨달음과 해탈을 위해서가 아니라, 험난하고 불확실한 이 세계에서 정신적인 위안을 찾기 위해 그쪽으로 발길을 돌린다.

과학이 우리의 생활과 언어와 종교에 깊숙이 침투하기는 했지만, 지성적인 차원에서는 아니었다. 대다수의 사람들은 과학의 원리를 이해하지 못할 뿐 아니라 흥미를 갖고 있지도 않다. 과학은 여전히 일종의 마법(魔法)과 같은 것으로 취급되어서, 사람들은 그것의 추종자들을 흔히 경외감과 미심쩍은 감정으로 쳐다보기 일쑤다. 현대의 천문학 방면의 책들은 《버뮤다 삼각지대》와 《신들의 전차(Chariots of the Gods)》 따위의 책들과 함께 서점의 같은 칸에 진열되고 있다. 질서 있는 사회를 유지하기 위해서는 과학과 합리적인 사고가 꼭 필요하다고 입발린 칭찬을 하고는 있지만, 개인적인 차원에서는 대부분의 사람들이 아직도 종교적인 교리가 과학의 논쟁보다 더 설득력이 있다고 생각한다.

겉보기와는 달리 아직도 우리는 근본적으로 종교적인 세상에서 살고 있다. 회교(回教)가 여전히 사회를 지배하고 있는 이란과 사우디 아라비아 같은 나라뿐 아니라, 종교가 여러 갈래로 갈라져 각양각색으로 변화했으며, 때로는 애매한 유사(類似)과학적인 미신으로까지 변한, 산업화된 서구사회에서도 인생의 깊은 의미를 찾는 탐구는 계속되고 있다. 또한 그러한 탐구를 한다고 해서 조롱받지도 않는다.

하나의 의미를 찾는 것은 과학자들도 마찬가지다. 즉, 우주가 맞물려 돌아가는 형태와 그것이 상호작용하는 방식, 그리고 생명과 의식의 본질에 대하여 더 많은 것을 발견함으로써 과학자는 종교적인 믿음이 형성되는 데에 필요한 기본 재료를 제공할 수 있다. 과학적인 측정을 통하여 지구의 역사가 45억년이라는 것이 밝혀지면, 우주 창조의 날이 B.C.4004년이라든지 B.C. 1만년이라든지 하는 것은 부적절한 것이 된다. 어떤 종교이든지 그것의 교리가 정확하지 못한 가정에 기초를 두었다는 것이 밝혀지면, 절대로 오래 살아남을 수가 없다.

이 책에서 우리는 현대 과학에서 가장 최근에 이루어진 몇 가지를 살펴보게 될 것이며, 아울러 종교와 관련지을 때 그것들이 갖는 의미를 함께 토론해볼 것이다. 오래된 종교적인 견해들이 현대 과학에 의해서 그 잘못됨이 인정되는 경우는 많지 않다. 그보다는 아직까지 현대 과학을 초월해 있는 경우가 더 많다. 그러나 다른 각도에서 세상을 바라봄으로써 과학자들은 인간 자신과, 또한 우주에서의 인간의 위치에 대한 새로운 시각과 신선한 깨달음을 제공할 수 있다.

과학과 종교는 두 가지 측면, 즉 지성적인 측면과 사회적인 측면을 가지고 있다. 과학이든지 종교든지 그것이 사회에 미친 영향은 유감스러운 면이 많다. 과학은 질병과 힘든 노동의 고통을 줄여주고, 오락과 편리를 위한 기계 장치들을 많이 제공했지만, 동시에 대량 파괴가 가능한 공포의 무기를 양산했으며, 또한 삶의 질(質)을 현저하게 떨어뜨렸다. 산업사회에서의 과학의 영향은 어둠과 밝음이라는 양면성을 갖고 있다.

반면에 조직화된 종교는 어떻게 보면 더 나쁜 영향을 주어왔다. 각종 종교적인 공동체의 일꾼들이 세계 도처에서 행하고 있는 이기심 없는 헌신적인 사랑과 봉사를 부정할 사람은 아무도 없지만, 종교는 이미 오래 전에 조직화되고 제도화되어서, 선악(善惡)의 구별보다는 권력과 정치욕에 관심을 갖는 경우가 더 많다.

게다가 종교적인 열의는 너무도 자주 폭력적인 갈등으로까지 발전하여, 사람이 정상적으로 지니고 있는 인내심을 파괴하고 대신에 야만적인 잔인성을 드러내게 하였다. 중세 시대의 남미 원주민들에 대한 기독교인들의 대량 학살은 상상 못할 끔찍한 보기의 하나이지만, 유럽의 역사는 대부분이 사소한 교리의 차이 때문에 빚어진 대학살 부대의 말발굽으로 얼룩져 있다.

심지어 현대의 소위 '계몽'되었다고 하는 시대에서조차도 종교적인 미움과 갈등이 전세계를 멍들게 하고 있다. 종교라면 어느 것이나 사랑과 평화와 겸손의 미덕을 찬양함에도 불구하고, 세계의 거대한 종교 조직들의 역사를 특징짓는 것이 너무도 잦은 증오심과 전쟁과 적대감이라는 사실은 실로 아이러니칼한 일이다.

많은 과학자들은 조직화된 종교에 대하여 비판적이다. 그것은 그 종교들이 가지고 있는 개별적인 신앙의 내용 때문이 아니라, 종교적인 광신(狂信)으로 인해서 평소에는 정상적이던 사람이 비정상적인 행동을 하게 되고, 특히 종교가 권력정치와 결탁할 때에 사회적으로 타락하기 때문에 그렇다.

물리학자 허먼 본디(Hermann Bondi)는 종교에 대하여 심히 비판적이다. 그는 종교를 '심각한 습관성의 해악(害惡)'이라고까지 정의내리면서, 한 때 유럽에서 광적으로 유행했던 마녀(魔女) 화형식을 보기로 든다.

하느님을 두려워하는 마음이 결국에 가서는 마녀라고 의심되는 여인들을 잔인하게 불태우게 했던 유럽의 기독교인들의 경우, 성경이 그들에게 지키기 힘든 무거운 의무를 안겨주었음이 분명하다. 마녀 화형이 우리에게 일깨워주는 사실은 너무도 명백하다. 첫째로, 평소에는 남부끄럽지 않은 행동을 하던 사람들이 소위 '신앙'이라는 것 때문에 끔찍하고 공포스런 행위를 자행하게 되며, 그리고 일상적으로 인간에 대하여 갖고 있던 친절한 감정이 종교적인 믿음에 의해서 돌연 잔인한 감정으로 바뀌는 과정을 보여준다. 둘째로, 이것은 종교가 도덕성을 절대적이고 불변의 근본으로 삼고 있다고 하

는 모든 주장들이 얼마나 공허한 것인가를 일깨워준다.[1]

본디(Bondi)는 주장한다. 지난 수세기 동안 교회나 기타 여러 종교에 의해서 저질러진, 인정머리라곤 눈꼽만치도 없는 폭력들로 미루어볼 때 이러한 종교 조직들은 도덕적인 관점에서 완전히 구제불능이라는 것이다.

온갖 자부심에도 불구하고, 종교가 사회를 분열시키는 가장 강력한 힘으로 남아있다는 사실을 부정할 사람은 거의 없다. 신자들의 좋은 의도가 무엇이든간에 피로 얼룩진 종교 갈등의 역사를 살펴다보면, 과연 인간 도덕성에 대하여 종교가 갖고 있는 보편적인 기준이 있기나 한 것인가 의심이 간다. 아울러 종교 조직체에 가입하지 않은 사람이나, 또는 철저한 무신론자를 자처하는 사람이라고 해서 이들에게 사랑과 자비심이 결여되어 있다고 믿을 근거는 아무 데에도 없다.

물론 모든 종교인들이 저마다 광신적인 열광자(熱狂者)인 것은 아니다. 오늘날 많은 기독교인은 종교적인 갈등을 뿌리뽑는 데에 공동 참여하고 있으며, 교회가 과거에 고문과 살인과 압제를 휘두른 것을 한탄하고 있다.

하지만 아직도 오늘날의 사회를 괴롭히고 있는, 신의 이름으로 행해지고 있는 엄청난 파괴와 야만적인 행위들만이 종교의 반(反)사회적인 면을 입증하는 유일한 증거는 아니다. 교육의 차별, 심지어 주거지의 차별이 북아일랜드와 사이프러스 같은, 문명화된 국가라고 하는 곳에서도 여전히 계속되고 있다. 또한 같은 종교 조직 내부에서도 여성과 소수 인종과 동성연애자들에 대한 차별, 또는 자신의 지도층에서 열등하다고 판단한 부류의 사람들에 대한 차별을 그 종교 자체가 공식적으로 인정하고 있는 형편이다. 카톨릭국가와 회교국가에서의 여성들에 대한 차별, 그리고 남아프리카 공화국의 교회에서의 흑인에 대한 차별은 특히 공격적이다.

많은 이들이, 자신이 믿고 있는 종교가 사악하고 편협한 것으로 묘사될 수도 있다는 사실에 소스라쳐 놀라겠지만, 그러나 세상의 '다른' 종교들이 거기에 상당한 책임이 있다는 말에는 쉽게 동의할 것이다.

이 슬픈 편견과 편협의 역사는 일단 종교가 제도화 되고 조직화 되면 당연한 결과인 것처럼 보인다. 이것이 자극제가 되어 서구에서는 토착화된 기성 종교에 대하여 강한 불만을 터뜨리게 되었다. 많은 이들이 기성 종교 대

---

1) 허먼 본디의 《거짓 진리들 (Lying Truths)》 가운데의 〈종교는 좋은 것 (Religion is a good thing)〉
(R. Duncan과 M. Weston-Smith편저, 1979년 Pergamon출판사)

신에 소위 '유사(類似)종교집단' 쪽으로 방향을 바꾸고 있다. 신경에 덜 거슬리고 영적인 완성을 향한 더 무난한 경로를 발견하기 위해서이다.

물론 새로운 운동들은 다양하고 폭이 넓어서, 그중의 어떤 것은 전통의 기성 종교보다도 더 편협하고 사악하다. 그러나 대부분은 복음 전파라는 광적인 정열에 반대하여 신비적이고 조용한 내면 탐구의 중요성을 강조하고 있으며, 그래서 기성 종교가 사회에 미치는 악영향에 대하여 비판의 눈길을 던지는 사람들에게 매력을 주고 있다.

종교의 사회적인 측면에 대해서는 그만 이야기를 하자. 그것의 지성적인 내용은 무엇인가?

인간 역사상 상당한 부분을 사람들은 도덕적인 안내자로서 뿐만 아니라 존재의 근본적인 의문에 대한 해답을 찾기 위해서 종교에 관심을 가져왔다. 우주는 어떻게 창조되었으며 어떻게 종말을 맞이할 것인가? 생명과 인류의 기원은 무엇인가?

과학은 겨우 지난 이삼 세기에서만 그러한 주제들에 대하여 나름대로의 기여를 하기 시작했다. 그래서 일어난 갈등과 충돌은 잘 기록되어 있다. 초창기의 갈릴레오와 코페르니쿠스, 뉴우튼, 그리고 다아윈과 아인슈타인을 거쳐 현대의 컴퓨터와 고도의 테크놀로지 시대에까지도 근대 이후의 과학은 깊이 뿌리내린 종교적인 믿음에 찬물을 끼얹고, 이따금 위협적인 해석을 가하기도 한다.

따라서 과학과 종교는 본질적으로 상반(相反)되고 적대적이라는 느낌이 크게 자리잡게 되었다. 과학적인 진보가 이루어지지 못하도록 문을 폐쇄시키려는 교회의 초기의 시도는 과학 집단들 사이에 종교에 대한 깊은 의구심을 심어놓았다. 종교 쪽에서도 마찬가지로 과학자들을 소중한 종교적인 믿음의 파괴자, 신앙의 파괴자로 간주하기에 이르렀다.

그러나 과학적인 방법의 성공에 대해서는 의심할 여지가 없다. 과학의 여왕인 물리학은 몇 세기 전만 해도 생각지 않았던, 인간에 대한 새로운 이해의 장(章)을 열어 놓았다. 원자(原子)의 내부 작용에서부터 블랙홀(black hole)의 불가사의한 초(超)현실성에 이르기까지, 물리학은 우리로 하여금 자연의 가장 어두운 비밀 몇 가지를 이해할 수 있게 해주었다. 또한 주변의 물질계에 대한 통제 능력을 갖도록 해주었다. 과학적인 생각의 엄청난 힘은 경이로운 현대 기술 속에서 나날이 증명되고 있다. 따라서 과학자들의 세계관에 대해서도 어느 정도 신뢰를 하는 것이 합리적일지도 모른다.

과학자와 신학자는 전적으로 다른 출발점에서 존재의 깊은 의문에 접근해 들어간다. 과학은 서로 다른 경험들을 연결하는 하나의 이론이 성립될 수 있도록 정밀한 관찰과 실험에 그 기초를 두고 있다. 물질과 힘의 행동을 지배하는 근본 법칙을 발견하겠다는 희망을 갖고 과학자는 자연계 속에서 작용하고 있는 불변의 법칙들을 찾고 있다. 이러한 접근 방식에 있어서 한 가지 중요한 것은, 만일 지금까지의 이론에 반대되는 증거가 나타나면 그 이론을 기꺼이 포기하는 열린 자세이다.

비록 어떤 과학자는 개인적으로 한 가지 소중한 생각에 고집스럽게 집착할지도 모르지만, 과학 집단은 언제나 새로운 접근방식을 받아들일 준비가되어 있다. 하나의 과학의 원리를 놓고 상반된 견해를 가진 두 집단이 무력전쟁을 벌이지는 않는다.

이와 반대로 종교는 계시를 받았다거나 또는 자신이 인정하는 지혜에 기초를 두고 있다. 불변의 진리라고 주장하는 종교의 교리를 시대의 변화에 따라 매번 고치기는 어렵다. 참된 신자는 아무리 많은 표면상의 증거가 자신의 믿음에 반대된다고 할지라도 그것을 굳게 지켜야 한다. 이 '진리'는 집단적인 조사와 실험의 여과 과정을 거치기보다는 그 신자에게 거의 직접적으로 전달된다.

개인적으로 계시를 받은 '진리'에 있어서 한 가지 곤란한 점은, 그것이 빗나간 것이기 쉬우며, 그리고 비록 그것이 옳은 것이라 해도 다른 사람들에게 무작정 그것을 믿게끔 강요하기보다는 그 믿음을 함께 나눌만한 정당한 이유가 필요하다는 것이다.

많은 과학자들은 계시된 진리에 대하여 냉소적이다. 실제로 어떤 이들은 그것이 대단히 해로운 것이라고 주장하기도 한다.

자신이 계시받은 것을 믿는 이들은 일반적으로 몹시 오만한 심리 상태에서 이런 식으로 말한다. "나는 '안다'. 그리고 내 믿음에 찬성하지 않는 사람들은 모두 잘못된 것이다." 다른 어떤 분야에서도 이러한 오만함은 찾아볼수가 없으며, 자신이 갖고 있는 '지식'에 대하여 그토록 철저한 확신을 갖는경우는 매우 드물다. 그토록 대단한 우월감을 갖고서, 다른 믿음을 가졌거나믿음을 갖지 않은 다른 많은 사람들에 비하여 자신이 선택받은 존재라고 느낀다는 것은 나로서는 정말 혐오스러운 일이다. 대단히 잘못된 현상이지만, 너무나 많은 신자들이 자신의 믿음을 선전하는 데에 최선을 다하고 있으며, 자신의 자녀들뿐만 아니라 남에게도 자신의 믿음을 강요하고 있다(순전히 강제적으로, 그리고 야만적으로 그러한 선전과 강요가 저질러진 증거를 세상의 역사는 충분히 가지고 있다).

분명한 사실 하나는 대단히 성실하며 각 분야의 지성을 대표하는 인물들이 종교적인 믿음에 있어서는 서로 다르며, 언제나 달랐다는 사실이다. 따라서 하나의 신앙만이 옳을 수 있다면, 인간 존재는 계시받은 종교분야에서 옳지 못한 어떤 것을 굳게, 그리고 정직하게 믿고 있을 가능성이 크다. 이러한 명백한 사실로 미루어 자신의 믿음이 아무리 깊다고 할지라도 자신이 지금 실수를 저지르고 있을 수도 있다는 가능성을 인정하고 약간의 겸손한 태도라도 가져야 할 것이다.

그런데 어떤 신자든지 이러한 기본적인 겸손함과는 거리가 멀다. 오히려 온갖 힘을 동원하여 자신의 신앙을 남의 머리 속에 강제로 주입시키려 하고 있다(오늘날 발전된 국가에서는 공개적으로 그렇게 할 수가 없으므로 우선적으로 자녀들에게 자신의 신앙을 강요하는 경향이 있다). 많은 경우에 어린이들은 자신들이 남보다 우월한 지식을 가진 집단에 소속되어 있으며, 또한 자신들만이 전능하신 하느님의 사무실과 전화통화가 가능하다고 믿게끔 길들여져왔다. 그리고 그밖의 다른 모든 존재들에 비해 자신들이 무척 행운아라는 생각을 갖도록 교육받아 왔다.[2]

그럼에도 불구하고 종교적인 체험을 가진 사람들은 여전히 믿음에 대한 정당한 근거로 수많은 과학 실험보다는 그들 자신이 개인적으로 받은 계시에 더 많이 의존하고 있다. 실제로 많은 전문 과학자들 역시 대단히 종교적이며, 겉으로 봐서는 그 두 세계를 평화롭게 공존시키는 데에 별로 어려움을 겪고 있는 것 같지 않다.

문제는 근본적으로 다른 많은 종교적인 체험들을 어떻게 하면 하나의 일관성 있는 종교적인 세계관으로 엮는가 하는 것이다. 한 예로, 기독교의 우주론(宇宙論)은 동양의 우주론과 근본적으로 다르다. 최소한 둘 중의 어느 한 쪽은 틀린 것일 수밖에 없다.

그러나 계시받은 진리에 대하여 의심한다고 해서 과학자들이 반드시 차갑고, 딱딱하고, 계산적인 인간들이며, 영혼이 없이, 오로지 사실과 숫자에만 관심이 있는 이기적인 존재들이라고 생각하는 것은 큰 잘못이다. 실제로 현대 물리학의 성장과 더불어 과학이 갖고 있는 깊은 철학적인 의미에 관한

---

2) 허먼 본디의 앞의 책.

관심이 더욱 커진 것이 사실이다. 이것이 별로 알려지지는 않았지만 과학적 노력의 한 측면이며, 대단히 놀라운 결과로 나타난다.

병리학자이며, 작가이고, 텔레비젼 연출가인 키트 페들러(Kit Pedler)는, 의식과 초현상에 대한 일련의 텔레비젼 시리즈를 제작하다가 현대의 과학자들이 무척 폭넓은 주제에 관련되어 있다는 사실을 우연히 발견하고는 그 놀라움을 이렇게 표현하고 있다.

거의 이십년 동안 나는 내 자신의 힘겨운 탐구를 통하여 결과적으로 궁극의 진리를 발견하리라는 믿음 속에서 행복한 생물학적 분석주의자로 오랜 탐구의 시간을 보냈다. 그러다가 나는 현대물리학을 공부하기 시작했다. 그 경험은 실로 대단한 것이었다.

한 사람의 생물학자로서 나는 물리학자들이란, 자연을 관찰자의 초연한 관점에서만 내려다보는 차갑고, 분명하고, 감정이 없는 사람들이라고 상상했었다. 서녘 하늘의 황혼을 파장(波長)과 주파수(周波數)로 분석하는 사람들, 복잡미묘한 우주를 엄격하고 형식적인 요소로 낱낱이 분해하는 관찰자라고만 생각해왔다.

그것은 크게 잘못된 생각이었다. 나는 아인슈타인(Einstein)과 닐스 보아(Niels Bohr), 폴 디랙(Paul Dirac)등 전설적인 이름을 가진 사람들의 작업에 대하여 공부하기 시작하였다. 거기에는 현실적이고 초연한 사람들이 아니라, 미지의 광대무변한 현상들을, 그동안 내가 비교적 저속하다는 표현으로 사용해온, '초현상(超現象)'같은 것으로 상상하는, 시적이고 종교적인 사람들이 있었다.[3]

다른 모든 과학을 주도하고 있는 물리학이 이제는 의식(意識)에 대하여 보다 융통성 있는 자세를 취하는 것에 반해, 지난 세기의 물리학의 길을 뒤쫓고 있는 각종 생명과학들이 의식을 아예 무시하려고 애쓰고 있는 것은 재미있는 현상이다. 심리학자 헤롤드 모로비츠(Herold Morowitz)는 이러한 흥미있는 반전(反轉)현상에 대하여 이렇게 말했다.

한 때 자연계의 여러 차원에 대하여 인간의 의식이 갖고 있는 특권적인

---

3) 페들러(K. Pedlar)의 《물질에 작용하는 의식(Mind over Matter)》 (1981년 Thames Methuen 출판사) p. 11

역할을 주장하던 생물학자들이 이제는 19세기의 물리학을 특징짓는 고집 센 유물론(唯物論) 쪽으로 냉혹하게 돌아서는 현상이 일어나고 있다. 한편 실험을 통해 밝혀진 부정할 수 없는 증거에 직면한 물리학자들은 엄격하고 기계적인 우주 모형에서 탈피하여 이제는 인간의식이 모든 물리적인 사건 속에서 빼놓을 수 없는 역할을 하고 있다는 관점으로 방향을 바꾸고 있다. 그것은 마치 두명의 제자가 서로 반대 방향에서 빠르게 달려오고 있는 기차 안에 탄 채, 반대편 선로에서 어떤 일이 벌어지고 있는지 전혀 관심을 갖지 않는 것과 비슷하다고 할 수 있다.[4]

다음 장들에서 우리는 현대물리학이 어떻게 해서 '관찰자'에게 물질계의 중심적인 위치를 부여하게 되었는지 살펴볼 것이다. 갈수록 더 많은 사람들이 전통적인 종교보다는 기초과학에서의 최근의 진전이 존재의 깊은 의미를 더 잘 밝혀준다고 믿고 있다. 어쨌거나 종교는 이러한 현대물리학의 진전을 무시할 수가 없게 되었다.

---

4) 헤롤드 모로비츠(Herold Morowitz)의 저서 《의식(意識)의 나(The Mind's I)》의 〈의식의 재발견(Rediscovering the mind)〉에서. (D.R. Hofstadter와 D. C. Dennet 편저, 1981년 Harvester / Basic 출판사)

2

창 세 기

태초에 하느님께서 천지를 창조하시니라.

창세기 1장 1절

하지만 아무도 그곳에서 그것을 본 이가 없다.

스티븐 와인버그의 《태초(太初)의 3분간》

우주창조라는 것이 있었을까? 만일 있었다면, 언제 그 일이 일어났으며, 무엇이 그것을 일으켰을까? 인간과 삼라만상의 존재에 대한 수수께끼보다 더 심오하고 대답하기 어려운 것은 없다. 대부분의 종교들은 우주 만물이 어떻게 시작되었는가를 설명하는 이야기를 가지고 있다. 이 점에서는 현대 과학도 마찬가지다.

이 책에서 나는 최근의 우주론에서 발견한 사실들을 바탕으로 우주창조의 수수께끼를 밝혀나갈 것이다. 그리고 이 장(章)에서는 전체적으로 우주의 기원을 다룰 것이다. 어떤 이는 '우주(宇宙)'라는 말을 태양계나 우리의 은하계만을 가리킬 때 사용하기도 하지만, 나는 흔히들 쓰는대로 '존재하는 모든 물체'라는 의미에서 그 말을 사용할 것이다. 따라서 내가 쓰는 '우주'라는 말 속에는 모든 은하계 사이에 널려 있는 모든 물질, 모든 형태의 에너지, 그리고 블랙홀(black hole)*과 중력파(重力波)같은 비물질적인 것들, 또한 그것들 뿐만 아니라 무한대로 펼쳐져 있는—실제로 그런지는 아직 모르지만— 모든 우주 공간이 다 포함된다.

물질계를 설명하고 물질계에 대한 이해를 넓혀주려면, 무엇보다도 세상의 기원에 대하여 이야기를 해야만 한다. 그런데 여기에는 선택의 여지가 없다. 우주가 한가지의 형태로, 또는 그밖의 여러 형태로 '영원히' 존재해왔다고 하든지, 아니면 우주가 과거의 어떤 특정한 시간대에 다소 갑작스럽게 출현했다고 하든지 둘 중의 하나이다. 이 양자택일적인 문제는 오랜 세월 동안 신학자(神學者)들과 철학자들, 과학자들에게 많은 혼란을 야기시켰다. 평범한 문외한에게도 이 문제는 꽤나 골치아픈 것일 수밖에 없다.

만일 우주가 시간 속에 그 기원을 갖고 있지 않다면(다시 말해, 만일 우주가 영원한 세월 동안 언제나 존재해왔다면)우주는 무한한 나이를 가지고 있는 것이 된다. 무한(無限, infinity)이라는 개념은 많은 사람들을 현기증나게 한다. 만일 거기에 이미 무한한 숫자의 사건들이 존재해왔다면, 왜 우리 생명체는 지금에서야 나타난 것일까? 우주는 대부분의 영원한 세월동안 침묵을 지키고 있다가, 단지 비교적 최근에 와서야 갑자기 행동을 개시한 것일까? 아니면 영원히 계속되어온 어떤 활동이 있었던 것일까?

반대로 만일 우주가 영원한 것이 아니고 어느 순간에 '시작'된 것이라면, 그것은 곧 우주가 무(無)의 상태에서 갑자기 나타났다는 사실을 받아들이는 것이 된다. 이것은 우주 역사상 첫번째 사건이 있었다는 것을 암시한다. 만

---

* 블랙홀(black hole)- 최근의 천체물리학 이론에 의하면, 모든 별은 그 진화의 과정에서 중력 붕괴를 겪는다. 즉, 별 내부의 원자핵 연료를 모두 소비하여 에너지 생산이 중지되면, 바깥층의 무게를 지탱하던 압력이 줄어들어 균형이 무너져서 중력에 의하여 짜부러들고 압축되는 현상이다. 중력 붕괴란, 밀도가 1입방 센티미터당 수십톤의 단위가 될 정도로 압축되어 물질이 더 이상 중력을 견딜수가 없는 상황을 말한다. 물질이 그 정도로 압축되면 중력이 몹시 커져서, 결과적으로는 주변의 시간과 공간은 점점 더 휘어지게 된다. 이렇게 되면 이 빠른 붕괴 과정에서 생기는 빛마저도 그 중력 때문에 바깥으로 나오지 못한다. 이러한 상태를 블랙홀 (검은구멍)이라고 부른다. 왜냐하면 빛이 방출되어 나와서 이 붕괴 사건의 이야기를 전해주어야 하는데 빛마저도 다른 물질들과 같은 운명이 되어 중력에서 벗어나지 못하므로, 바깥에서 보면 검게 보일 정도로, 한번 들어가면 절대로 빠져나올 수 없는 구멍이기 때문이다. 이 블랙홀의 존재는 일찌기 아인슈타인의 상대성이론을 바탕으로 1916년에 예언된 바 있다. (역주)

일 그렇다면, 무엇이 그 첫번째 사건의 원인이었을까? 아니, 이러한 질문이 의미나 있는 것일까?

많은 사상가들은 이 논쟁을 피하여, 대신 과학적인 증거로 방향을 돌린다. 우주의 기원에 대하여 과학이 우리에게 말해줄 수 있는 것은 무엇일까? 이 시대의 대다수 우주론자들과 천문학자들은, 실제로 약 180억년 전에 우주창조라는 것이 있었으며, 그때 물질계의 우주는 '대폭발(大爆發, big bang)'*로 알려진 엄청난 폭발과 함께 갑작스럽게 존재를 나타내었다고 하는 이론에 뜻을 같이 한다. 이 놀라운 이론을 입증할 만한 여러 가지의 증거가 있다. 그 세부적인 내용을 인정하든지 부정하든지간에, 기본 가정(다시 말해, 어떤 종류의 우주창조가 있었다고 하는 가정)은 과학적인 관점에서 보면 상당히 설득력이 있다.

그 이유는 지금까지 알려진 자연 법칙 중에서 가장 보편적인 법칙인 '열역학 제2법칙'에 관련된 과학적 증거가 광범위하게 많기 때문이다. 이 법칙은 한 마디로 말해, 우주가 날이 갈수록 더욱 더 무질서해지고 있음을 말해준다. 아주 느리긴 해도 우주 만물은 시간이 흐를수록 어김 없이 더 큰 혼란 상태로 빠져들고 있다. 건물은 낡아 쓰러지고, 사람은 늙어가며, 산과 해변은 침식되고, 지하 자원은 고갈되어간다.

만일, 어떤 정확한 방법으로 측정해보니 모든 자연 활동이 무질서를 증가시키고 있다는 결과가 나왔다면, 우주의 변화는 '거꾸로 되돌리는 일'이 불가능하다. 다시 말해, 비가역적(非可逆的)이다. 왜냐하면 우주를 어제의 상태로 되돌린다는 것은, 하루만큼 증가한 무질서를 어제의 상태로 감소시키는 것을 뜻하기 때문인데, 이것은 열역학(熱力學) 제2법칙에 모순되는 일이다.

그러나 얼핏 보면 이 법칙에 반대되는 예들도 많이 있는 것 같다. 새로운

---

* 대폭발(big bang)이론─1940년대 말엽에 프리드만(G. Friedmann)과 가모프(G. Gamov)가 세운 이론으로, 현재 과학계에서 통용되고 있는 표준 우주모형이다. 그 내용은 이렇다. 아주 먼 옛날 어느 '유한한' 시절에, 우주의 모든 물질은 엄청난 밀도를 지닌 시공간을 포함하고 있는 일종의 우주알(cosmic egg)이었다. 이 우주알은 점차로 너무 압축되어, 급기야 폭발할 지경에 이르렀다. '빅뱅'이라고 이름붙여진 이 폭발은 동심원상에서 사방으로 일정하게 진행되었을 것이다. 이 말은 곧 압축되어 있던 물질들이 공간과 함께 모든 방향으로 고르게 팽창하기 시작했다는 뜻이다. 빅뱅 이론의 특징 가운데 하나는, 대폭발 이래로 모든 물질이 마치 영원히 팽창을 계속하는 풍선의 표면(실제로는 어마어마한 풍선의 어마어마한 표면이겠지만)같은 곳에 분포되어 있다고 하는 가정이다. 이 표면은 계속 팽창하고 있기 때문에 우리가 은하계라고 부르는 모든 물질의 섬들은 유사 이래로 계속해서 서로서로 멀어져가고 있다. (역주)

34

건물이 세워지고 있으며, 새 구조물들이 커져가고 있다. 그리고 새로 태어나는 아이들이야말로 무질서에서 솟아나오는 질서의 본보기가 아닌가?

그런데 이 경우에 한 가지 주의할 점은, 주제와 관련된 어느 한 부분에만 치우치지 말고 전체를 살펴보아야 한다는 것이다. 우주의 한 지역에서 질서가 증가하면 언제나 다른 지역에서는 무질서가 증가한다. 그렇지 않고서는 불가능하다. 새로운 건물의 건설을 보기로 들어보자. 건물을 짓는데 사용된 물질은 필연적으로 세상의 자원을 고갈시키며, 또한 그 건물을 지을 때 소모된 에너지 역시 되찾을 길이 없이 상실된다 . 이렇듯 전체를 따져보면 언제나 무질서가 승리한다.

물리학자들은 무질서를 양(量)으로 나타내기 위하여 엔트로피(entropy)* 라고 불리우는 수학적인 수치를 만들어 내었다. 그리고 많은 조심스러운 실험들은, 외부와 단절된 독립된 물리적 체계 안에서의 전체 엔트로피는 절대로 감소하지 않는다는 사실을 입증해준다. 다시 말해, 무질서는 계속 증가 상태이며, 절대로 감소되지 않는다는 것이다.

만일 한 체계가 주변과 따로 떨어져 있다면, 그 안에서 어떤 변화가 일어나든지 엔트로피는 더 이상 높아질 수 없을 때까지 무자비하게 증가할 것이다. 그러다가 엔트로피가 최대치에 달하면 그 후에는 더 이상의 변화가 일어나지 않을 것이다. 이 때에 그 체계는 '열역학적 평형(열평형)'이라고 하는 상태에 도달할 것이다.

화학 혼합물질을 담고 있는 상자는 아주 적합한 예이다. 화학물질은 서로 반응할 것이며, 따라서 약간의 열이 생성될 것이고, 그 구성물질들이 분자형

---

* 엔트로피(entropy)는 '에너지(energy)'와 희랍어로 변형 또는 진화의 뜻인 '트로포스(tropos)'의 합성어이다. 물질계의 열적(熱的)인 상태를 나타내는 물리량으로, 온도의 높낮이의 차이를 표시한다. 온도의 차가 적을수록 엔트로피가크다고 한다. 어떤 독립된 물리적 체계는 무질서를 증대시키는 방향으로 자연히 진행하는데, 이 진화 방향을 정확한 수학적 형태로 표현하기 위하여 루돌프 크라시우스(Rudolf Clausius)가 도입하였다. 열역학 제2법칙에 따르면, 물리적 현상에는 어떠한 경향이 있어서, 기계적 에너지는 열로 소모되고 완전히 회복되지 않는다. 즉 더운 물과 찬 물을 섞으면 미적지근한 물이 되며, 그 두 가지 액체는 분리되지 않는다. 이들 과정의 일반적 의미는, 그것들이 '질서에서 무질서로'라는 일정한 방향으로 진행된다는 것이다. 이 무질서의 증가는 엔트로피라는 수학적 양으로 측정할 수 있다. 엔트로피의 개념은 니콜라스 게올게스큐-뢰겐(Nicholas Georgescu-Roegen)에 의해 경제 이론에 도입되었다. 즉 마찰과 기타 형태의 에너지 손실에 의해서 엔진의 열역학적 효율이 적어지는 것과 마찬가지로, 산업사회에서의 생산 과정 역시, 필연적으로 마찰을 유발하고 경제 에너지와 자원의 일부를 비생산적인 행동으로 손실시킨다는 것이다. (역주)

창세기 35

태가 바뀌는 등 여러가지 일이 일어날 것이다. 이 모든 변화는 상자 안의 엔트로피를 증가시킨다. 그러다 마침내 최종적인 화학적 형태를 취하면서 상자 안의 내용물은 일정한 온도에 고정될 것이며, 그 이상 아무 일도 일어나지 않을 것이다.

물론 이 내용물을 이전의 상태로 되돌리는 것은 불가능한 일이 아니지만, 그것은 상자를 열어 그동안 일어난 변화를 역전시키기 위하여 외부의 다른 에너지와 물질을 소비할 때에만 가능해진다. 이렇게 하면 상자 안에서의 엔트로피는 감소시켜주지만 전체를 따지면 오히려 더 많은 엔트로피를 증가시킨 것이 된다.

만일 우주가 한정된 양의 질서를 가지고 있으며, 또한 돌이킬 수 없이 무질서를 향해 변화해가고 있는 경우에는(다시 말해 최종적인 '열평형' 상태를 향해 변화해가고 있다면) 두 가지 매우 심각한 결론이 당장에 뒤따르게 된다.

첫번째 결론은, 우주는 결국에 가서는 예컨대 그 자신의 엔트로피의 진흙 구덩이에 빠져 죽고 말 것이다. 물리학자들은 이것을 우주의 '열사망(熱死亡, heat death)'*이라고 한다.

두번째 결론은, 우주는 영원히 존재할 수 없었다는 것이다. 만일 우주가 지금까지 영원히 존재해왔다면, 이 엔트로피 증가 때문에 이미 무한 시간 전에 열평형이라는 끝장에 도달했을 것이다. 그렇다고 한다면 여기에 뒤따르는 결론은, 우주는 언제나 존재했던 것이 아니라는 것이다.

우리는 주변의 친숙한 세계 안에서 작용하고 있는 열역학 제2법칙을 쉽게 발견한다. 예를 들어, 지구는 영원한 시간을 존재해온 것일 수가 없다. 그렇지 않으면 그 중심부는 이미 오래 전에 싸늘하게 식어버렸을 것이다. 방사능 연구를 통하여 지구가 약 45억년의 나이를 가진 것이 밝혀졌다. 이것은 달이나 그밖의 여러 별들과 비슷한 나이이다.

태양 역시 마찬가지이다. 태양이 영원히 즐겁게 불탈 수는 없었다. 해마다 태양의 연료 창고는 줄어들고 있으며, 그래서 언젠가는 당연히 차갑게 식고,

---

* 열사망(heat death)—어떤 고립된 체계(isolated system)에서 엔트로피가 최대치에 달했을 때의 상태를 말한다. 그때 그 안에 존재하는 모든 물질은 완전한 무질서 상태가 되며, 일정한 온도에 도달한다. 따라서 작업을 하는데 필요한 에너지를 얻을 수 없게 된다. 만일 우주가 하나의 닫힌 체계라면—이것을 고립계 또는 폐쇄계(Closed System)라고 한다— 우주는 필연적으로 종국에는 이러한 상태가 된다. 이것을 '우주의 열사망(heat death of the universe)'라고 한다. (역주)

빛이 약해질 것이다. 따라서 태양의 불은 영원한 옛날부터 타오른 것이 아니라, 매우 한정된 과거의 어느 시간대부터 타오르기 시작한 것이 틀림없다. 태양이 무한한 에너지원을 갖고 있지는 않은 것이다. 측정에 따르면 태양은 지구보다 나이가 약간 많으며, 이것은 태양계 전체가 한 꾸러미로 동시간대에 형성되었다는 현재의 우주이론에 잘 들어맞는다.

그렇긴 하지만 태양계는 우주 전체로 볼 때는 아주 작은 구성 성분에 지나지 않으며, 따라서 지구와 태양만을 염두에 두고 전체를 싸잡는 결론을 이끌어낸다는 것은 경솔한 짓이다. 그러나 태양은 하나의 전형적인 별이며, 우리의 은하계만도 우주과학자들이 생명 주기를 연구할 수 있는 다른 별들이 이루 헤아릴 수 없이 많다. 현재 다양한 진화 단계에 도달해 있는 별들이 수없이 존재하기 때문에, 우리는 그것들을 통하여 별들의 탄생과 삶, 죽음에 관한 자세한 이야기를 엮어갈 수 있는 것이다.

혹성과 마찬가지로 별들은 주로 수소(水素)로 구성된 거대하고 희박한 가스 구름의 수축과 분열을 통해서 만들어진다. 오늘날 은하계에서 별들의 탄생이 이루어지고 있는 지역을 발견하는 것은 쉬운 일이다. 그 가운데 하나인 오리온좌(座)의 대성운(大星雲, the Great Nebula)은 육안으로도 관찰할 수 있다.

별들은 단 한번에, 그리고 한꺼번에 만들어지지 않았다. 예를 들어, 약 50억년의 나이를 가진 우리의 태양은 우리 은하계의 가장 늙은 별의 나이에 비하면 기껏해야 절반밖에 되지 않는다. 태양계의 형성은 우리 은하계 자체 안에서 수천억 차례나 일어난, 그리고 지금까지 계속되어 오고 미래에도 계속될 과정 중의 하나에 불과하다.

이처럼 별들과 혹성이 만들어진 과정에 관해서만 생각할 때는, 거기에는 흔히들 말하는 우주창조 같은 것이 전혀 있지 않았으며, 단지 우주적으로 일관되어온 작업이 끝없이 별의 재료가 되는 물질들—수소, 헬륨, 그리고 약간의 더 무거운 원소들—을 별과 혹성들로 바꾸고 있을 뿐인 것이다.

이렇게 생긴 별들은 계속해서 불타다가 소멸되고, 반면에 다른 별들이 그것들의 빈 자리를 대신하기 위하여 새롭게 형성되고 있는 것이라면, 이 탄생과 죽음의 싸이클은 끝없이 계속되어온 것일까?

천만에, 전혀 그렇지 않다고 열역학 제2법칙은 우리에게 분명하게 말하고 있다. 불타 없어진 별의 물질은 절대로 그대로 재사용될 수가 없다. 일단 사용된 에너지는 별빛의 형태로 우주공간 속으로 흩어져 영원한 여행을 떠나버린다. 그리고 별의 재료 가운데 어떤 것은 다시는 돌이킬 수 없게 블랙홀 속으로 사라져버린다.

우주 전체는 영원히 돌고 도는 것이 아니란 사실을 믿을 만한 더 직접적인 이유가 있다. 근대 과학의 창시자 가운데 한 사람인 아이작 뉴우튼(Isaac Newton)은, 중력(重力)이야말로 우주 안의 모든 물질간에 작용하는, 우주에서 가장 보편적인 힘이라는 사실을 밝혀내었다.

모든 별들, 모든 은하계들은 중력을 가지고 서로를 잡아당기고 있다. 자유롭게 공간 속에 떠있는 이 우주의 별들이 아래로 떨어져내리지 않는 이유를 이 만유인력의 법칙이 설명해준다. 태양계에서는 혹성들이 태양의 만유인력에 이끌려 붕괴하지 않는 것은 원심력(遠心力)의 효과 때문이다. 혹성들은 태양 둘레를 돌고 있는 것이다.

마찬가지로 은하계들도 회전하고 있다. 하지만 우주 전체가 회전하고 있는가에 대한 증거는 아직 없다. 분명한 것은 은하계들은 지금 그 자리에 영원히 매달려 있기만 할 수는 없다. 따라서 우주는 언제나 현재의 배열 상태를 즐기고 있을 수만은 없는 것이다.

뉴우튼(1642-1727)시대 이후부터 이 우주적 수수께끼를 풀기 위한 노력이 계속되어왔지만, 그 해답이 발견된 것은 1920년대였다. 미국의 천문학자 에드윈 허블(Edwin Hubble)*은, 은하계들이 서로에게서 멀어져가고 있기 때문에 떨어져내리지 않는 것이라는 사실을 발견했다.

허블은 다음과 같은 사실에 주목하였다. 우주공간을 지나 멀리서 오는 은하계의 빛이 약간 붉게 변화하는 것이었다(전문 용어로 말하면 '적색편이赤色偏移현상'이라고 한다). 이것은 그 은하계가 매우 빠른 속도로 멀어져가고 있음을 말해주는 상황이었다. 그 이유는, 빛은 파장으로 이루어져 있으며, 따라서 빛을 내는 광원(光源)이 움직이면 그 파장이 늘어나거나 줄어들기 때문이다. 이것은 움직이는 차량에서 내는 소리가 파장이 늘어나거나 줄어들 수 있는 것과 같은 이치이다.

---

* 우리의 은하계 밖의 우주공간에 헤아릴 수 없을 만큼 많은 은하계와 별의 집단(이것을 섬우주 island universe라고 부른다)이 분포되어 있다는 것은 허블(Edwin Powell Hubble)에 의하여 발견되었다. 그는 캘리포니아의 윌슨산 천문대에서 관측한 결과 1924년 이전까지 성운-(nebula)이라고 불렸고 가스의 덩어리라고 믿어왔던 것이 실은 별의 대집단이라는 것을 사진으로 증명하였다. (역주)

허블의 발견을 잘못 이해하면, 그렇게 맹렬히 달아나고 있는 은하계들의 중앙에 우리의 은하계가 위치해 있어서 다른 모든 은하계들이 우리에게서 멀어져가고 있는 것으로 착각하기 쉽다. 이것은 전적으로 잘못된 생각이다. 멀리 떨어진 은하계는 가까이 있는 은하계보다 더 빠른 속도로 물러나고 있기 때문에, 은하계들 사이의 간격도 점점 커져가고 있으며, 그래서 실제로는 모든 은하계들이 서로서로 멀어져가고 있다. 이것이 바로 그 유명한 '팽창하고 있는 우주(expanding universe)'이다. 당신이 우주의 어느 지점에서 관찰하든지 은하계들의 팽창은 거의 비슷한 형태일 것이다.

'팽창하는 우주'는 시간, 공간, 운동의 본질에 관한 현대적인 사고방식과 잘 어울린다. 기독교의 사도 바울(Paul)과 같은 위치를 과학계에서 차지하고 있는 알버트 아인슈타인(Albert Einstein)은 상대성이론(相對性理論)으로 물질에 대한 우리의 생각에 일대 혁명을 일으켰다. 비록 아인슈타인이 말한 '구부러진 공간(spacewarp)'과 '구부러진 시간(timewarp)'의 개념이 대중의 상상 속으로 파고들기까지는 거의 60년이라는 세월이 걸렸지만, 물리학자들은 이미 오래전에 중력에 관한 설명으로서 아인슈타인의 구부러진 시공간에 대한 견해를 받아들였다.

중력은 거대한 우주 현상에서는 예외 없이 큰 힘을 발휘한다. 천문학적인 크기의 물체인 경우, 중력은 자력(磁力)과 전기력(電氣力)과 같은 다른 모든 힘들을 훨씬 능가한다. 은하계의 형태는 중력에 따라 결정되며, 은하계 내부의 운동도 중력에 의해 통제된다. 팽창하는 우주를 설명하려면 무엇보다도 중력이 그 해결 열쇠이다.

아인슈타인은 중력이 공간과 시간을 늘리거나 줄어들게 할 수 있다는 것을 설득력 있게 주장하였다. 이러한 생각은 태양의 표면을 스쳐 지나가는 별빛이 태양의 중력 때문에 약간 '구부러지는(bending)' 것을 관찰하면 누구나 직접 알 수 있다. 태양 쪽의 하늘은 지구에서 보면 약간, 그러나 분명히 휘어져 있다.

시간의 탄력성 역시 공간 속을 날아가는 시계를 통해 어느 정도는 직접 조사할 수 있다. 지구 표면보다는 지구의 중력으로부터 더 자유로운 환경에 있을 때 시간은 더 빨리 달려간다.

만일 태양이 공간을 '잡아 늘릴' 수 있다면, 수많은 태양들로 구성된 은하계 역시 그렇게 할 수 있다. 따라서 공간 속으로 달아나고 있는 은하계들을 생각하기보다는, 우주론자들은 은하계들 사이의 공간이 늘어나는 것으로 생각하기를 좋아한다. 만일 은하계 내부의 공간이 '늘어나고' 있는 것이라면, 모든 은하계들은 날이 갈수록 더 많은 활동 범위를 갖게 된다. 이런 식으로 우주는 외부의 허공 속으로 팽창하지 않고서도 스스로 커지고 있다.

많은 사람들이 이해하기에 애를 먹고 있는 공간과 시간의 탄력성에 관한 얘기는 잠시 제쳐 놓더라도, 점점 더 커져가고 있는 우주가 과거에는 현재보다 더 작았던 게 틀림없다는 사실 하나만은 분명하다. 만일 옛날에도 현재와 똑같은 속도로 우주가 팽창했다면, 2백억년이나 3백억년 전의 우주는 천체(天體)라고 말할 수도 없는, 알아보기조차 힘든 작은 공만한 크기로 줄어들어 있었을 것이다.

사실 우주론자들은 시간이 지날수록 팽창 속도가 조금씩 줄어들고 있다는 사실을 발견했으며, 따라서 이 고도로 압축된 상태는 실제로는 보다 더 빨리, 아마도 150억년이나 2백억년 전에 일어났을 가능성이 크다(태양의 나이가 50억년이라는 사실과 비교해보자). 그때에는 팽창 속도가 훨씬 컸기 때문에, 우주의 초기 단계는 느린 팽창이라보다는 격렬한 폭발에 가까웠을 것이다.

가끔 이런 식으로 설명하기도 한다. 즉, 현재의 우주는 일종의 원시적인 '알(egg)'이 폭발하면서 생겨났으며, 은하계들은 그 폭발에서 생긴 파편이고, 그래서 지금도 우주 공간 속으로 맹렬히 달아나고 있다는 것이다. 이것은 올바른 상황을 이해시키기 위한 설명이긴 하지만, 역시 잘못된 생각일 수도 있다. 그때 폭발한 물체는 공간이 '움츠려' 있었던 것이지, 그것을 허공에 둘러싸인 '알'이라는 관점에서 생각하는 것은 잘못이다. 알은 껍질과 중간 지점을 가지고 있다. 그러나 우주론자들은 믿기를, 우주에는 가장자리나 표면도 없으며, 중앙이라고 인정할 만한 것이 없다.

우리는 여기서 무한(無限, infinity)이라고 하는 상당히 까다로운 문제에 걸려들고 말았다. 이 문제는 경솔한 자에게는 함정 투성이다. 그러나 '무한'의 개념은 팽창하는 우주뿐만 아니라, 과학과 종교의 광범위한 주제들과 밀접한 관계에 있는, 매우 중요한 것이기 때문에, 여기서 잠시 언급할 가치가 있다.

'무한'에 대하여 생각할 때는 반드시 엄격한 수학적 공식에 그 기초를 두어야 한다는 필요성을 과학자들은 이미 오래 전부터 느껴왔다. 왜냐하면 무한을 측정한다는 것은 많은 역설을 초래할 수 있기 때문이다.

한 예로, 엘리아의 제논(Zeno of Elea, 기원전 5세기경)이 말한 저 유명한

'토끼와 거북이의 역설'을 생각해보자. 달리기에서 거북이는 조금 앞선 지점에서 출발한다. 하지만 더 빨리 달리는 토끼는 곧 거북이를 따라잡을 것이다.

그런데 분명히 달리기를 하는 매 순간에 토끼는 어느 한 지점에 있을 것이고, 거북이 역시 어느 한 지점에 있을 것이다. 둘 다 똑같은 길이의 시간을 달려왔기 때문에(다시 말해, 똑같은 수의 순간들을 달려왔기 때문에) 아마도 둘 다 똑같은 수의 지점들을 통과했을 것이다. 하지만 토끼가 거북이를 앞지르기 위해서는 토끼는 동시에 더 큰 거리를 통과해야하며, 따라서 거북이 보다 더 많은 수효의 지점을 통과해야만 한다. 그러니 토끼가 어떻게 거북이를 앞지를 수 있겠는가.

이 역설(제논이 말한 몇 가지 역설 가운데 하나)에 대한 해답 속에는 무한(無限)에 대한 적당한 공식이 포함되어 있다. 만일 시간과 공간이 무한히 쪼개어질 수 있다면, 그렇다면 토끼와 거북이 둘 다는 무한한 수의 순간 동안 무한한 수의 지점을 통과하면서 달릴 것이다. 여기서 '무한'의 근본 성격은, '무한'의 한 부분은 전체와 똑같은 크기라는 사실이다. 따라서 거북이의 여행이 거리상으로는 토끼의 여행보다 짧긴 하지만, 거북이는 여전히 토끼와 마찬가지로 많은 – 다시 말해, 무한한 – 지점을 통과할 것이다. 비록 토끼가 거북이가 통과한 지점 모두를 통과하고, 또한 더 많은 지점을 통과하리라는 것을 우리가 알고는 있지만 말이다!

'무한'에 대하여 연구하다 보면 이런 종류의 놀라운 사실들을 수없이 만나게 되며, '무한'을 올바르게 취급하는 규칙을 충분히 납득시킬 만한 논리적인 구조를 세우는 데에도 수학자들은 수세기가 걸렸다. 한 가지 기이한 특징은, 무한에는 한 가지 종류만 있는 것이 아니라 수많은 종류가 존재한다는 것이다. 1,2,3…에서 시작하여 끝없이 계속되는 전체 숫자로 하나씩 번호를 붙일 수 있는 무한이 무한정 있으며, 심지어 이 전체 숫자로도 번호를 매길 수 없는 더 큰 '무한'이 있다.

기하학에서는 직관(直觀)에만 의존했다가는 자칫 더 심한 혼란 속으로 빠져들 염려가 있다. 예를 들어, 한정된 넓이의 들판이 있는데 그 둘레에 담장을 친다고 해보자. 넓이가 한정되어 있다면, 가늘고 긴 들판이 정사각형의 들판보다 더 긴 길이의 담장이 필요하다는 사실은 쉽게 알 수 있다. 물론 담장을 가장 짧게 들이려면 둥근 들판이어야 한다.

창세기 41

그런데 한 지역의 둘레는 얼마나 길어질 수 있을까? [그림1]은 단계별로 위에 얹어놓는 삼각형으로 이루어지는 도형을 보여준다. 각 단계마다 이 도형의 둘레는 길어질 것이다. 또 그 둘레에 감싸인 지역은 약간씩 증가할 것이다. 하지만 아무리 증가해도 바깥의 원을 넘어서 밖으로 돌출해 나가지는 않을 것이다. 따라서 도형의 넓이는 언제나 유한한 상태로 남아있을 것이다. 그러나 도형의 둘레는 위에 얹혀지는 삼각형의 숫자가 증가함에 따라 한없이 길어질 것이다. 이렇게 해서 유한한 넓이의 들판에 둘러싸인 무한한 길이의 담장을 이해하는 일이 가능한 것이다(그림1 참조).

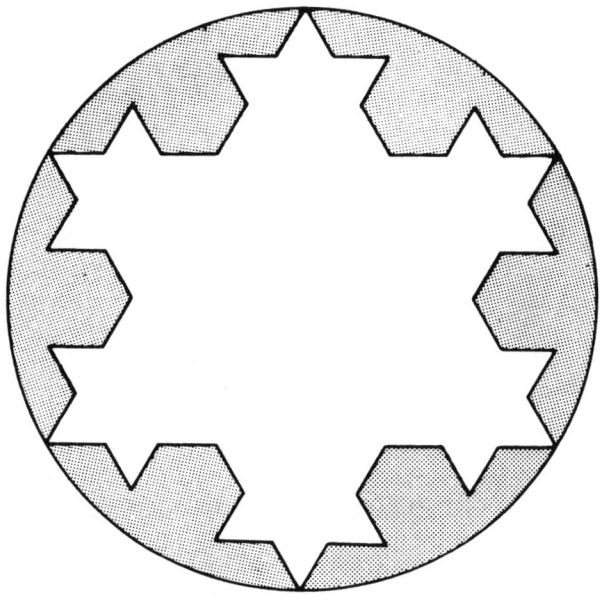

[그림1] 이 그림의 경우, 원 내부의 별모양으로 생긴 도형의 불규칙한 선은 단계별로 정삼각형을 더 큰 삼각형의 귀퉁이 위에 얹어놓음으로써 생겨난다. 이 그림에 나타난 것은 세번째 단계이다. 단계가 진행됨에 따라서 도형의 전체 둘레의 길이는 더욱 길어지며, 뾰족한 것들이 더욱 많아진다. 만일 각 단계가 무한히 진행된다면 도형의 둘레의 길이 역시 무한정 증가될 것이다. 그러나 아무리 증가한다해도 이 도형은 바깥을 둘러싼 원을 초과할 수는 없다. 따라서 비록 단계가 무한히 진행됨에 따라 도형의 둘레의 길이 역시 '무한'을 향해 접근하고 있긴 하지만, 도형 내부 지역은 '유한'할 수밖에 없다.

이 모든 것이 우주 창조와 무슨 관계가 있는가? 첫째로, 그것은 다음과 같은 사실을 일깨워준다. 즉, '무한'과 같은 개념을 깊이 생각하지 않고 사용해서는 안 된다는 것이다. 그렇지 않으면 심각한 넌센스를 만들어내기 쉽다.

둘째로, 최종적으로 얻어진 결과는 종종 우리의 상식과 직관에 어긋날 수도 있다는 사실이다. 이것은 과학이 주는 가장 큰 교훈이다. 세상의 복잡미묘한 의미를 이해하기 위해서는 일종의 추상성(抽象性)에 도움을 청하는 것, 즉 형식적인 수학논리에 도움을 청하는 것은 무척 필요한 일이다. 일상적인 경험 자체만으로는 믿을 수가 없기 때문이다.

우주는 무한한 크기일까? 만일 우주 공간이 무한한 부피를 갖고 있다면, 우리는 대략 고른 밀도로 우주 공간 안에 무한히 분포되어 있는 은하계를 상상할 수 있다. 그렇다면 많은 이들은 다음과 같은 것을 걱정할 것이다. 어떻게 무한한 것이 팽창할 수 있을까? 우주가 이미 무한한 크기인데, 더 이상 어디로 팽창해간다는 말인가?

아무런 문제가 없다. 무한한 크기라도 거기에 더 보탤 수가 있으며, 그래도 여전히 같은 크기로 남아 있다(거북이가 우리에게 가르쳐주는 것을 상기하라). 하지만 우리가 이 모형을 처음의 '우주알(cosmic egg)'의 상태로 되돌려 생각하면 상상하는 데에 문제가 뒤따른다. 만일 은하계가 어디에나 존재한다면, 그 너머에 아무런 물질도 있지 않은 표면을 가진 '유한한' 크기의 알이란 절대로 있을 수가 없다. 따라서 그러한 알은 존재할 수가 없다.

그런 무한한 우주 속에, 많은 은하계를 포함한 어마어마한 부피의 공간을 에워싸고 있는 하나의 거대한 천체를 상상해보라. 그런 다음 이제 사방에서 맹렬한 속도로 축소되고 있는 우주 공간을 상상해보라. 마치 요술 케잌을 먹고 난 뒤의 《이상한 나라의 앨리스》*처럼 작아지고 있다고 하자. 천체는 점점 더 작은 반경의 크기로 축소되고 있다. 하지만 아무리 수축된다 해도 거기에는 아직 끝없는 공간이 있고, 그것의 바깥에는 여전히 무한한 숫자의 은하계들이 존재한다. 만일 천체가 문자 그대로 무(無) 속으로 수축된다면, 우리는 무한히 수축하고 있는 무한한 크기의 우주라는, 수학적으로 매우 까다로운 문제에 부딪치게 된다. 거기에는 여전히 중심도 가장자리도 없으나, 그

---

* 《Alice in Wonderland》-영국 작가 루이스 캐롤(Lewis Carroll)의 명작으로, "어느 날 정오가 조금 지났을 무렵에 앨리스가 흙장난을 하며 놀고 있는데, 조끼를 입은 토끼가 시계를 꺼내 보면서 급한 걸음으로 지나가더니 구멍 속으로 뛰어들어갔습니다. 앨리스도 뒤따라 뛰어들어갔는데…" 라는 유명한 서두로 시작되는 꿈과 환상과 자유를 노래한 이야기이다.(역주)

것이 아무리 넓은 상태에서 출발하였다고 해도 결국에는 천체의 모든 내용물은 하나의 '특이점(特異點, singularity)'으로 붕괴해 들어갔을 것이다.

우주가 폭발해 나온 것은 바로 그러한 무한히 수축된, 그러나 한정된 것은 아닌 상태로부터라고 현대의 우주론자들은 믿고 있다.

사실은 무한에 대한 복잡한 논쟁을 피할 수 있는, 또다른 우주모형이 있다. 이것은 1917년에 아인슈타인 자신이 제안하였다. 공간이 굽었다는 사실에 근거하여, 아인슈타인은 우주 공간이 전혀 예측할 수 없는 매우 다양한 방식이라고 주장하였다. 지구의 굽은 표면을 하나의 비유로 사용할 수 있다. 지구의 표면은 그 넓이에 있어서 유한하지만, 한계가 있는 것은 아니다. 그 어느 곳에서도 여행자는 지구의 가장자리나 경계선을 만날 수가 없다.

마찬가지로 공간은 그 크기에 있어서 유한할 수 있지만, 끝이나 경계선이 없다. 실제로 이러한 기묘한 우주공간을 상상할 수 있는 사람은 거의 없지만, 우리는 수학자들의 도움으로 그 세부적인 내용을 살펴볼 수가 있다. 이러한 형태를 초구체(hypersphere)라고 한다. 만일 우주가 초구체(超球體)라면, 우주선을 한 방향으로만 고정시켜서 여행하는 우주비행사는 원리적으로 우주 마젤란 호(지구 일주 여행선)처럼 결국 출발지점으로 되돌아와, 우주를 일주할 수 있을 것이다.

비록 부피는 유한하지만, 아인슈타인이 말하는 초구체의 우주는 중심이나 가장자리를 갖고 있지 않다(이것은 지구의 표면이 중심이나 가장자리를 갖고 있지 않은 것과 같다). 따라서 아주 작은 크기로 축소되었을 때, 그것은 우리가 상상하는 '우주알(cosmic egg)'과 같은 모습이 아니다.

우리는 하나의 공이 점점 축소되어 반경이 0으로 되는 것처럼, 초구체가 점점 축소되어 무(無)로 없어지면서 그 부피가 사라지는 것을 상상할 수 있다(그림2 참조).

공간의 탄력성에 대한 연구를 통해 우주론자들은 성경의 해석과는 세부사항에 있어서 완전히 다른, 새로운 창조 이론을 제안하기에 이르렀다. 이 과학적인 이론의 가장 놀라운 특징 한 가지는, 단순히 물질뿐만 아니라 공간자체가 '대폭발' 때 창조되었다고 하는 것이다.

[그림2]에서 설명하듯이 '줄어드는 풍선'의 모형 대신에 이번에는 거꾸로 '부풀어오르는 풍선'(무無의 상태에서 부풀어나오는 풍선)의 모형을 상상할 수만 있다면, 독자는 현대물리학이 말하는 창세기의 이야기를 대충은 아는 셈

이 된다. 중요한 점은 이것이다. 무한히 축소된 상태가 되면 더 이상 '공간'이라는 개념을 생각할 수가 없다는 사실이다. 그리고 이것은 우주가 아인슈타인이 말하는 초구체(풍선 모형)를 닮았든지, 아니면 무한한 크기를 가졌든지간에 분명한 사실이다. 물리학자들은 이러한 경계 지점을 '특이점(singularity)'이라고 한다.

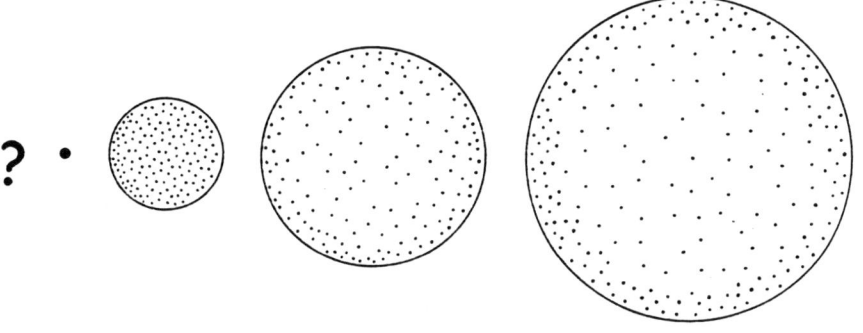

[그림2] 여기서의 2차원의 표면은 실제로는 3차원의 공간을 나타낸다. 우리는 여기서 무(無)로부터 부풀어오르는 하나의 풍선을 통해 '팽창하는 우주'의 모형을 생각할 수 있다. 이 모형에서 우주는 유한한 크기이지만 그 한계는 없다. 우주공간에서의 한 관찰자는 우주 둘레를 자유롭게 여행할 수 있다. 그림의 점들은 은하계(또는 은하계의 집단)를 나타낸다. 우주가 팽창함에 따라 공간이 늘어나고, 그래서 모든 점들은 이웃의 점으로부터 점점 멀어지고 있다. 관찰자가 어떤 점 위에 서 있든, 다른 점들이 일정한 형태로 뒤로 물러나고 있음을 목격하게 될 것이고, 자신이 그것들의 중심에 위치해 있는 것으로 착각하게 될 것이다.

우주공간이 무(無)에서 생겨났다고 하는 개념은 매우 미묘한 것이기 때문에 많은 사람들은 이것을 이해하기 힘들다. 특히 그들이 우주공간을 '무'라고 생각하는 데에 길들어져 있다면 더욱 그렇다. 그러나 물리학자들은 공간을 텅빈 허공이라기보다는 탄력성 있는 매개물질로 간주하기를 더 좋아한다. 실제로 우리는 이 책의 다음 장들에서, 아무리 순수한 진공이라도 양자 효과라는 것 때문에 행위의 매질(媒質) 역할을 하며, 또한 무한소(無限小)의 구조물들로 가득 채워져 있다는 사실을 알게 될 것이다. 물리학자들에게는 무(無)라고 하는 것은 물질이 없다는 것뿐만 아니라 '공간'까지도 없는 것을 의미한다.

더   특이한 사실들이 기다리고 있다. 공간과 시간은 분리시켜 생각할 수 없게끔 서로 밀접하게 연결되어 있으며, 공간이 팽창하거나 축소될 때 시간도 따라서 축소되거나 팽창한다. 대폭발이 공간의 창조를 대변하는 것과 똑같이, 대폭발은 시간의 창조도 대변한다. 공간도 시간도 최초의 '특이점' 이전의 상태에서는 아무런 의미가 없다. 간단히 말해, 시간 그 자체는 대폭발 때 창조되었다.

이 기묘한 개념은 수학자들에게 도움을 청해야만 충분히 이해할 수 있다. 인간의 직관은 믿을만한 안내자가 못 된다. 과학적 방법이 성공한 까닭이 바로 여기에 있다. 수학을 언어로 사용함으로써 과학은 인간 존재의 상상력을 완전히 초월한 것들을 설명할 수 있다. 실제로 대부분의 현대물리학은 이 범주 안에 포함된다. 수학이 제공하는 추상적인 설명이 없이는 물리학은 단순한 역학(力學)을 넘지 못했을 것이다.

물론 다른 모든 사람들과 마찬가지로 물리학자들도 원자, 빛의 파장, 팽창하는 우주, 전자 따위에 대한 심적(心的)인 모형(mental model)을 갖고 있기는 하지만, 그 모형은 아주 부정확하거나 오해를 불러일으키기가 쉽다. 사실 원자와 같은 특수한 세계를 정확하게 상상한다는 것은 논리적으로 불가능한 일이다. 왜냐하면 그 세계는 우리의 경험계 속에는 존재하지 않는 기묘한 특징들을 포함하고 있기 때문이다(제8장에서 양자이론을 살펴보면서 우리는 그러한 기묘한 특징을 알게 될 것이다).

인간의 상상력만 가지고는 어떤 매우 중요한 실체(實體)의 특징을 포착하기가 어렵다는 사실은 일종의 경고이다. 무엇에 대한 경고인가 하면, 우주창조의 본질과 같은 중대한 종교적인 진리들을 이야기할 때, 우리의 일상 체험에서 수집한 공간, 시간, 물질에 대한 단순한 개념들 위에 기초를 세워서는 안 된다는 것이다.

시간의 기원을 지적(知的)으로 이해하는 일이 어렵다는 것은 새삼스러운 일이 아니다. 기원전 3세기의 아리스토텔레스(Aristotle)는 시간이 창조되었다는 개념을 부정하였다. 왜냐하면 시간이 창조되었다는 것은 곧 최초의 사건이 이 우주 역사에 존재했었다는 것을 뜻하기 때문이었다. 그 첫번째 사건을 무엇이 일으켰는가? 아무 것도 없다. 왜냐하면 첫번째 사건에 앞선, 그 이전의 사건이 없었기 때문이다.

사실은 시간이 유한하다고 해서 반드시 거기에 첫번째 사건이 있었다는 것을 의미하지는 않는다. 사건별로 순서대로 숫자를 표시해 나간다고 상상해보자. 이때 0은 '특이점(singularity)'의 상태에 해당한다. 특이점은 하나의 사건이 아니라, 시공간(時空間)이 정지된 무한한 밀도의 상태, 아니면 그 비슷한 것이다.

이제 만일 "특이점 '이후'의 첫번째 사건은 무엇일까?"라고 묻는다면, 그것은 다음과 같이 묻는 것이나 다름 없다. "0보다 큰, 가장 작은 숫자는 무엇일까?" 그러한 숫자는 존재하지 않는다. 왜냐하면 모든 분수는 아무리 작더라도 언제나 또다시 절반으로 쪼개어질 수 있기 때문이다. 마찬가지로 거기 첫번째 사건이라 할만한 것은 있을 수가 없다.

문제는 '무한한 시간'이라고 하는 것 역시 똑같이 매우 당혹스러운 문제라는 사실이다. 독일의 철학자 임마누엘 칸트(Immanuel Kant)는 나중에 이렇게 강조해서 말했다.

만일 세계가 과거의 어느 한정된 시간에 시작된 것이 아니라면, 매순간마다 영원이 흐른 것이 되며, 따라서 세상에는 무한히 연속적으로 사건이 발생했을 것이다. 그렇다면 그 사건이 무한히 연속적인 종합(綜合)을 통해서도 완성되지 못했다는 결론에 도달한다. 이와 같이 해서 무한히 연속적언 세계가 흘렀다는 것은 불가능한 일이며, 따라서 세계의 시작은 세계의 존재를 위해서는 꼭 필요한 조건이다.[1]

그러나 앞에서 말한 제논을 상기한다면, 무한(無限)을 취급하는 데에 신중을 기해야만 한다. 칸트의 논리에 따르면, 토끼는 '연속적인 종합(successive synthesis)'을 통해서도 거북이를 따라잡는 데 필요한 일련의 무한한 사건을 완성할 수 없다. 하지만 우리 모두 토끼가 충분히 거북이를 따라잡을 것이라는 사실을 안다.

여기서 제논의 경우에는 경과된 시간이 유한한 반면에, 칸트는 무한한 시간의 경과를 얘기하고 있다고 지적할 수도 있겠지만, 사실은 그렇지 않다. 두 경우에는 모두 무한한 순간이 포함되어 있다. 어떤 수학자든지, 예컨대 한 순간보다 영원 속에 더 많은 순간이 있는 것은 아니라는 사실을 증명할 수 있다. 두 경우 모두 거기에는 무한한 수의 순간이 있으며, 이 무한은 '무한히 늘어난다'고 해서 더 커지는 것은 아니다.

---

1) 임마누엘 칸트 (I. Kant)의 《순수이성비판(Critique of Pure Reason)》에서.

칸트의 논리를 반박할 수 있는 또다른 사실 하나는 시간이 '흐른다'고 하는 가정이다. 이것은 시간이 지나가거나 움직여가고 있는 것을 뜻한다. 시간이 지나가거나 움직여가고 있다는 것을 인정할 물리학자는 없을 것이다. 시간은 공간과 마찬가지로 그냥 '거기에' 있다(이 주제에 대해서는 제9장에서 다시 살펴볼 것이다).

결론적으로 말해, 크게 잘못된 것은 없다. 영원한 우주이든지, 아니면 하나의 '특이점(特異點)'을 기준으로 과거의 특정한 시간대에 묶여 있는 유한한 나이를 가진 우주이든지, 크게 잘못된 주장은 아니다. 후자가 옳다고 가정한다면, 우주 창조에 대한 성경의 해석을 과학이 지지하는 것이 될까?

우주창조에 대한 성경 창세기의 설화에 얼마만큼 의미를 두어야 하는가에 대해서는 기독교인들 사이에 결정된 바가 없다. 1951년에 교황피우스12세는 현대 과학의 우주론의 의미를 토론하는 로마 교황청 과학 아카데미에서 대폭발 이론을 언급하였으며, "이 모든 것이 우주가 유한한 시간 속에 장엄한 출발을 하였다는 사실을 가리키는 듯하다"고 말하였다. 그의 발언은 과학자들 뿐만 아니라 많은 사람들 사이에 격렬한 반응을 불러일으켰으며, 신학자들은 성경의 작가들이 말하고 있는 천지창조가 바로 대폭발을 말한 것이다와 그렇지 않다로 분열되었다.[2]

이런 상황 속에서 미국 노틀담 대학의 어난 맥뮬린(Ernan McMullin)은 최근에 〈우주론은 신학에 어떻게 연결되어야 하는가?〉라는 제목의 글에서 이렇게 결론내렸다.

"교회의 창조론이 대폭발 이론을 '지지한다'라고 함부로 말해서도 안 되며, 또한 대폭발 이론이 교회의 창조론을 지지한다'고 함부로 말해서도 안 된다."[3]

그럼에도 불구하고 많은 속인(俗人)들은 픽션(허구)으로서의 구약성경은 생각하지 않고, 무작정 현대 과학의 우주론이 창세기의 이야기를 지지한다고 하는 맘편한 생각을 버리지 못하고 있다.

만일 우리가 공간과 시간이 실제로 대폭발 때 무(無)에서 갑자기 생성되

---

2) 교황피우스12세의 발언 내용은 영어로 된 《원자물리학자 회보 (Bulletin of the Atomic Scientists)》에 주요 부분이 소개되었다. (1952년 8월호)

3) 《20세기의 과학과 신학 (The Sciences and Theology in the Twentieth Century)》(A. R. Peacocke 편저, 1981년 Oriel 출판사) 가운데 E. 맥뮬린의 〈우주론은 신학에 어떻게 연결되어야 하는가? (How should cosmology relate to theology?)〉에서.

어 나왔다는 사실을 인정한다면, 그렇다면 하나의 우주창조가 분명히 있었던 것이 되고, 당연히 우주는 유한한 나이를 가진 것이 된다. 열역학 제2법칙의 역설은, 따라서 당장에 풀린다. 우주는 아직 열역학적 평형 상태에 도달하지 않은 것이다. 왜냐하면 우주는 단지 약 180억년 동안만 질서에서 무질서로 치달려왔으며, 이 기간은 그 과정을 완성시키기에 충분한 시간이 절대로 아니기 때문이다.

아울러 우리는 이제 모든 은하계들이 추락하지 않는 이유를 이해하게 되었다. 우주 창조 때 생긴 맹렬한 폭발의 힘은 은하계들을 매우 빠른 속도로 달아나게 하였으며, 비록 달아나는 속도가 점점 느려지고는 있지만, 아직은 힘이 약해져서 추락해버릴 만큼 충분한 시간이 지난 것은 아닌 것이다.

만일 대폭발 이론이 허블(Huble)과 아인슈타인의 작업에만 의존했다면, 지금처럼 그렇게 폭넓은 지지를 얻지 못했을 것이다. 다행히, 설득력 있는 확실한 증거가 몇 가지 발견되었다.

우주의 탄생에 따른 격렬한 대폭발은, 틀림 없이 우주의 구조에 많은 흔적을 남겨놓았을 것이다. 우리는 오늘날까지 없어지지 않고 남아 있는 초기(初期) 우주 상태의 흔적을 기대할 수 있을 것이다.

우주 창조의 유물(遺物)을 찾는 일은 가장 대중적인 과학 사업 중의 하나가 되었으며, 독자 여러분은 믿을 수 없을지 몰라도, 여기에는 경제적인 잇점이 따른다. 초기우주는, 아무리 훌륭한 과학 장비를 들여도 지구상에서는 도저히 흉내낼 수 없을 정도의 극단적인 물리 조건을 갖춘, 매우 이상적인 자연 실험실을 제공해준다.

이 극단적인 조건에서 물질이 행동하는 방식에 대하여 자신들이 세워놓은 이론을 실험하기 위해서는, 물리학자들은 당연히 '새롭게 창조된 우주'라는 우주론에 의존 해야만 한다. 여기서 한 가지 희망 사항은, 현재의 우주가 태초의 처음 몇 순간에 일어난 물리적인 과정을 이야기해줄 수 있는 실마리나 흔적을 어딘가에 담고 있을지도 모른다는 것이다. 만일 그렇다면 극단적인 상황하에서의 물질의 행동에 대하여 이론가들이 기대하는 것과 실제의 과정이 맞아 떨어지는가를 알아보기 위하여 계산이 이용될 수도 있을 것이다.

현재까지의 가장 중요한 초기우주의 유물은 1960년대 중반에 우연히 발견되었다. 벨 전화회사(Bell Telephone Company)에서 일하던 두명의 물리학자가 우연히 우주공간에서 오고 있는 신비스러운 방사선을 몇 가지 발견하였다. 세밀히 분석한 결과, 우주 전체를 적시고 있는 이 방사선은 원시 우주가 뿜어낸 열의 유물(遺物)이며, 우주의 격렬한 탄생에서 생겨난, 마지막 흐려져가는 불꽃이라는 사실이 밝혀졌다.

다른 폭발과 마찬가지로 대폭발은 엄청난 열을 발생시켰던 것이다. 실제로 우주가스가 현재 태양의 표면 온도 정도로 식기까지는 10만년이라는 세월이 걸렸다. 이제 180억년이 지난 지금, 그 온도는 매우 떨어져서 절대 온도 0°(-273°C)보다 불과 3도밖에 높지 않은 온도로 내려갔다. 그렇지만 이 열 복사(heat radiation) 속에는 아직도 막대한 양의 에너지가 담겨 있다.

이 복사열의 현재 온도를 알면, 각 시대에 그 온도치를 정하는 것은 단순한 계산의 문제이다. 우주의 어느 한 지역의 크기가 두 배로 커질 때마다 온도는 50퍼센트씩 떨어진다. 거꾸로 계산해 들어가면, 예컨대 우주 창조 후 1초 때의 온도는 100억 도였다는 것을 쉽게 알 수 있다. 꽤 뜨거운 온도라고 생각할지 모르지만, 이 정도는 실험실에서는 친숙한 온도이다.

실제로 고(高)에너지의 충돌을 발생시키기 위한 입자 가속 장치(粒子加速裝置)를 사용하면, 초기우주의 폭발이 있고 나서 1백만×1백만 분의 1초 후에 일어났음직한 상황을 극히 짧은 순간 동안 재현해 보일 수 있다. 이때의 온도는 대략 '10의 16제곱'(1다음에 0이 16개 붙은)정도 되는 온도이다. 따라서 천체물리학자들은 태초의 처음 몇 순간 후에 있어났을 물리적인 과정의 많은 부분을 어느 정도 자신을 가지고 모형화할 수 있다.

이러한 모형을 사용하면 우주가 대폭발과 함께 존재를 나타낸 다음부터 매 시기가 지날 때마다 우주를 구성하고 있는 물질의 형태를 계산해내는 일이 가능하다. 보기를 들어, 대폭발 후 약 1초에서 5분 사이는 핵반응이 일어나기에 아주 적합한 상황이었을 것이다. 그리고 대부분의 과정은 헬륨과 중수소를 생성하기 위한 수소핵의 융합이었을 것이다.

계산에 의하면, 수소에 대한 헬륨의 최종적인 비율은 질량으로 따져 약 25퍼센트였으며, 이는 오늘날 우주에서 풍부하게 관찰되고 있는 이 두 원소의 상대적인 비율에 매우 가까운 수치이다(오늘날 수소와 헬륨은 우주 속에 있는 물질의 99퍼센트를 구성하고 있다). 이러한 놀라운 일치는 우리에게 큰 자신감을 준다. 어떠한 자신감인가 하면, 뜨거운 대폭발 이론의 근본 개념이 어느 정도 정확하다는 사실이다.

대폭발이 있고 나서 1초가 경과하기 이전의 각 기간은 너무나 뜨겁기 때문에 몇 가지 고에너지 상태의 물리학에 의존해야 한다. 이 온도에서는 물질은 완전히 찢겨져나가서, 그 기본 구성물들이 노출될 것이다(여기에 대해서는 제11장에서 다시 살펴볼 것이다).

이 아주 초기 상태(우주 창조의 처음 1초 기간)에 대한 것은 현재 이론 물리학자들의 강렬한 연구 주제가 되고 있으며, 몇몇 학자들은 그때 일어난 과정에 의하여 우주의 많은 특징이 밝혀질 수 있다고 믿는다. 다음 장(章)에서는 여기에 대한 최근의 발전 몇가지를 소개할 것이다.

대폭발 이론은 현재 천체물리학자들에 의하여 아주 당연히 받아들여지고 있으며, 헬륨의 비율 계산은 오랫동안 우주론의 표준이 되어왔다. 따라서 이들의 초기 작업에서 이루어진 성공의 특징을 훑어보는 일은 대단히 쉬운 일이다. 만약에 19세기의 고고학자들이 주장하기를, 자신들이 에덴 동산을 발견했으며, 첫째날에 하느님이 어떤 일을 했는가를 말해주는 명백한 흔적을 찾아내었다고 했다면, 그 주장은 일대 물의를 일으켰을 것이다. 헬륨은 대다수 사람들에게 그다지 친숙한 것이 아닐지는 모르나, 공장에 가면 쉽게 구입할 수 있다. 이 흔해빠진 실험실의 물질이 원시의 아궁이 속에서 우주창조의 첫째날, 하루종일 걸린 것도 아니라 불과 처음 몇 순간 안에 모두 형성되었다고 하는 것은 매우 특이한 일이다.

현재의 과학적인 의견이 창조론(創造論)에 매우 가깝기는 하지만, 우주가 무한한 나이를 가져서는 안 된다고 할 '논리적인' 이유가 없다는 사실을 깨닫는 것이 중요하다. 주된 물리학적인 어려움은 우리가 지금까지 본대로, 열역학 제2법칙이다. 그러나 이 어려움을 극복하기 위한 새로운 메카니즘들이 시시각각 제시되고 있다.

그 가운데 하나는 1940년대에 허먼 본디(Hermann Bondi)와 토마스 골드(Thomas Gold), 프레드 호일(Fred Hoyle)이 제안한 '정상상태 이론(steady-state theory)'*이다.

---

* 이 이론에서는 우주가 항상 지금 있는 그대로와 똑같다고 주장한다. 우주가 팽창함에 따라 새로운 물질이 계속 창조되어 은하들 사이의 간격을 채운다는 것이다. '연속적 창조'의 이론, 고정론, 또는 '완전 우주의 원칙'이라고 불리는 이 가정에 따르면, 성운의 후퇴현상으로 물질의 평균밀도가 희박해져가는 것을 보충하기 위하여 1초에 1cm³마다 10^{-43}그램의 비율로 물질이 생긴다는 것이다. 이 정도의 창조의 속도는 측정이 불가능 할 정도로 작은 것이지만 우주 전체에서의 전체 창조량은 아주 커서, 1초마다 약 5만개의 별이 새로 생기는 것에 해당한다. 이 이론에서는 왜 우주가 현재의 모습처럼 생겼느냐에 대한 모든 질문에 대하여, 이렇게 생겨 있는 것이 우주가 이대로 변치 않고 있을 단 하나의 방법이기 때문이라는 것을 대답으로 삼는다. 따라서 이 이론에서는, 우주의 기원에 관한 문제는 거론될 필요가 없고, 초기의 원시 우주라는 것도 존재하지 않는다.(역주)

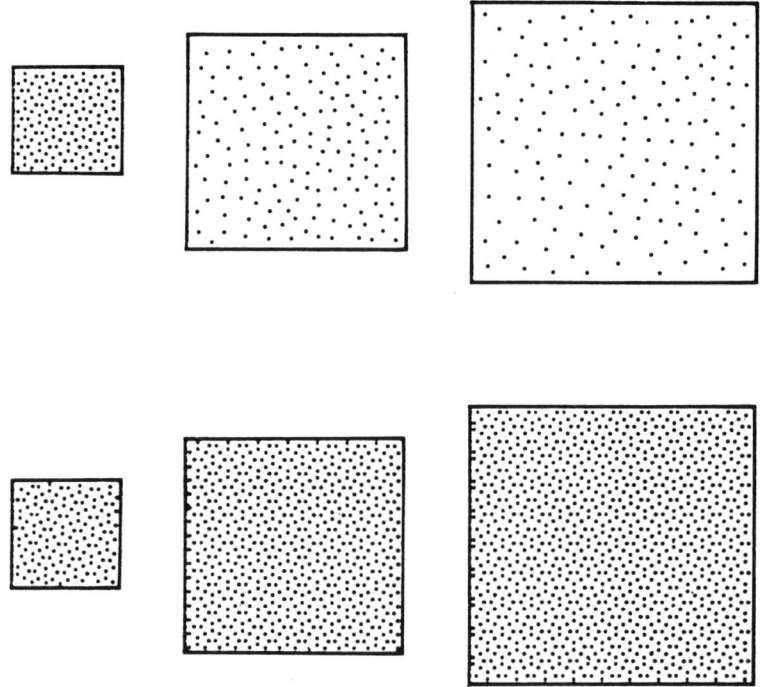

[그림3] 여기에 보이는 그림은 우주의 대폭발 모형과 정상상태(定常狀態)모형 속의 팽창하는 우주의 어느 한 지역을 연속적으로 찍은 세 장의 스냅사진이다. 대폭발 경우 (위쪽)에는, 점으로 표시된 은하계의 숫자는 변하지 않는다. 따라서 점들의 밀도는 팽창이 진행됨에 따라서 점점 낮아진다. 반면에 정상상태(아래쪽)에서는, 시기가 달라져도 은하계의 밀도가 변하지 않는다. 그러려면 팽창하는 공간에 의해서 생겨나는 간격을 메꾸기 위하여 계속해서 새로운 은하계들이 창조되어야만 한다는 것이다.

이 이론에 따르면, 우주의 나이는 무한하며, 하지만 열역학적 열사망(熱死亡)은 엔트로피가 낮은 물질이 계속해서 새롭게 창조되고 있다고 가정함으로써 피할 수가 있다. 물질은 초기의 대폭발 속에서 한꺼번에 생겨난 것이 아니라, 서서히, 또는 어쩌면 영원히 계속되는 소폭발 속에서 산발적으로 생겨난다. 새로운 물질이 출현하는 평균 비율은 조정될 수 있으며(아마도 일종의 피이드백 ―재생, feedback― 메카니즘에 의해서), 우주가 팽창하여 현존하

52

는 물질의 밀도가 희박해짐에 따라서 새롭게 창조된 물질이 그 공백을 메꾸어, 대충 일정한 밀도를 유지한다. 이런 식으로 은하계가 멀어지면서 생겨난 공백은 새로운 은하계가 창조됨으로써 메꾸어지며, 따라서 우주의 전체 측면은 언제나 같은 상태이다. 전체로 따지면 아무것도 변화하지 않는다(그림3 참조). 이에 비하여 대폭발 모형에서는 은하계의 밀도는 끝없이 떨어지고 있으며, 우주는 구조와 배열에 있어서 변화하고 있다.

호일(Hoyle)은 음(陰)에너지를 가진 새로운 형태의 장(場)을 고안해냄으로써 물질의 계속적인 창조 과정을 설명하려고 시도하였다. 이 장(場)의 꾸준한 증가는, 물질을 창조하는 데에 필요한 양(陽) 에너지를 보상해준다(에너지로부터 물질이 창조되는 것에 대해서는 다음 장에서 설명할 것이다).

이렇게 해서 정상상태 모형에서는 하느님은 존재할 필요가 없어진다. 첫째로, 물질을 창조하는 데에 필요한 기본 에너지는 누가 창조할 필요가 없다. 단순히 음 에너지를 어떤 다른 조직체 속에 저장함으로써 보상되는 것이다. 둘째로, 공간과 시간은 창조되는 것이 아니라 언제나 존재하는 것이다.

정상상태 모델은 많은 과학자들에게 대단한 철학적인 매력을 안겨주었다. 과학자들은 그것의 세련미와 단순성에 매혹되었다. 그러나 현대 우주론의 발전으로 말미암아 이 이론은 부정되기 시작했으며, 1965년에 발견된 우주의 배경 열복사(background heat radiation)*는 실제로 이 이론의 관뚜껑에 마지막 못질을 하였다.

그러나 이 이론은 하나의 중요한 생각으로 남아 있다. 왜냐하면 이 이론은, 갑작스럽게 창조된 것도 아니고 '열사망(熱死亡)'을 맞이하지도 않으면서, 물질의 출현을 포함하여 모든 과정이 자연적인 메카니즘에 따라 진행되는, 하나의 이론적인 우주가 존재할 가능성을 안겨주기 때문이다.

현대 우주론이 우주 창조에 강력한 물질적인 증거를 제공하였다는 사실은 종교적인 사색가들에게는 대단히 만족스러운 일이다. 그러나 우주창조가 그

---

* 프린스턴 대학의 젊은 이론가 피블스(P. T. Peebles)가 1965년 3월에 발표한, 초기 우주에 있었을 것으로 보이는 복사에 관한 관찰을 말한다. 복사(radiation)는 모든 파장의 전자기파(electromagnetic wave)를 총괄하는 일반적인 술어이다. 전파뿐 아니라 적외선, 가시광선, 자외선, X선 그리고 감마선이라 부르는 아주 짧은 파장의 복사 등이 있는데, 이 여러가지 복사 종류들 사이에는 뚜렷한 경계가 있는 것이 아니고, 변하는 파장에 따라 한 종류의 복사는 다른 종류의 복사로 섞여들어가 있다.(역주)

창세기 53

냥 일어났다고 하는 것은 충분하지 않다. 성경은 우리에게 하느님께서 우주를 창조하셨다고 말하고 있다. 과학은 과연 대폭발을 일으킨 '거시기'에 약간의 조명이라도 비출 수 있는가? 이것이 바로 다음 장의 주제이다.

3
우주는 신이 창조했는가

나는 신(神)이 어떻게 이 세상을 창조했는지 알고 싶다.

알버트 아인슈타인

나에게는 그러한 가설(假說)이 필요치 않습니다.

피에르 라플라스가
나폴레옹 보나파르트에게

최근 어느 유명한 잡지가 표지에 큼지막한 활자로 "천문학자들, 드디어 하느님을 발견하다!"라고 선언하였다. 그 기사의 내용은 대폭발(大爆發, big bang)과, 우주의 아주 초기 상태에 대한 이해가 최근 들어 어느 정도까지 진전되었는가 하는 것이었다. 사실 대중잡지의 관점에서는, 우주가 과거의 어느 순간에 창조되었다는 사실만으로도 하느님의 존재를 여실히 증명하는 것이 될 것이다. 하지만 하느님이 우주를 창조했다고 말하는 것은 진정 무엇을 뜻하는가? 현대의 우주과학은 결국 물질적 우주의 한계에 부딪쳤으며, 그래서 우리는 어쩔 수 없이 우주의 기원을 어떤 초자연적인 힘을 빌어서밖에 설명할 수 없다는 뜻일까?

'우주창조'라는 말에는 여러가지의 뜻이 있으며, 우리는 이를 분명히 구분해서 이해하는 일이 필요하다. 우주창조라고 하면 맨먼저, 혼돈 속에 아무런 구조를 갖추지 않은 원시상태의 물질들이 어떤 힘에 의해 오늘날과 같은 복잡한 질서와 짜임새 있는 활동을 갖추게 되는 것을 의미한다. 또는, 전에는 아무런 형태도 갖추지 않은 빈 허공이었던 곳에서 실제로 물질이 창조되는 것을 뜻할 수도 있다. 아니면, 허공이고 뭐고간에 전혀 아무 것도 없던 곳에서 시공간을 포함한 물질계 전체가 갑작스럽게 출현하는 것을 의미할 수도 있다. 또한 생명과 인간 존재의 창조에 관한 주제도 별도로 있을 수 있는데, 여기에 대해서는 나중에 따로 살펴보도록 하자.

우주창조의 '첫째날'에 대하여 성경은 언급하고 있지만, 정확히 무엇이 어떻게 개입했는가에 대해서는 이야기가 없다. 성경에는 사실 우주창조에 대하여 두 가지 설명이 적혀 있다. 그러나 별들과 혹성, 지구, 우리 인간의 신체 등 삼라만상을 구성하게 된 물질이 우주창조 이전부터 존재했었는지에 대해서는 분명하지 않다.

하느님이 아무 것도 없는 무(無)의 상태에서 우주의 물질을 창조했다는 믿음은 아주 오래된 기독교 교리의 한 부분이다. 사실 하느님이 전능하다는 믿음이 성립되려면 아무래도 그러한 가정이 먼저 필요할 것이다. 왜냐하면 만일 하느님이 물질을 창조하지 않았다면, 원래부터 있었던 물질의 성질이 어떤 것이냐에 따라 하느님의 작업도 제한을 받았을 것이기 때문이다. 그렇다고 한다면 하느님은 전능한 존재일 수가 없게 된다.

금세기가 되기 전까지는 과학자와 신학자들은 자연적인 수단에 의해서는 물질이 창조되거나 파괴될 수 없다고 가정하였다. 물론 물질은 화학반응 따위의 과정을 거치면 다른 형태로 변화하지만, 그래도 물질의 총량(總量)은 예외 없이 일정하다고 생각되었다. 물질의 기원이라는 풀 길 없는 수수께끼에 직면한 과학자들은, 과거의 어느 순간에 창조된 우주보다는 무한한 나이를 가진 우주 쪽을 믿으려는 경향이 있었으며, 그럼으로써 물질창조에 관련된 문제를 한꺼번에 해결하려고 하고 있었다. 영원한 우주에서는 물질이 영원히 존재해온 것일 테니까, 따라서 물질의 기원에 대한 문제는 자동적으로 살짝 피해갈 수가 있는 것이다.

자연적인 수단에 의해서는 물질이 창조될 수 없다는 이러한 믿음은 1930

우주는 신이 창조했는가 57

년에 어느 실험실에서 최초로 물질이 만들어짐으로써 극적으로 깨어졌다. 이 역사적인 발견이 이루어지기까지의 과정은 현대물리학의 고전적인 예(例)에 속한다.

다른 많은 이야기들처럼 이것 역시 1905년 아인슈타인(Einstein)과 함께 시작된다. 그의 유명한 $E=mc^2$은 질량과 에너지가 같다는 사실을 수학적으로 구체화한 것이라고 할 수 있다. 즉 질량은 에너지를 갖고 있고, 에너지는 질량을 가지고 있다. 질량은 물질을 양(量)으로 표시한 것이다. 다시 말해, 어떤 물체의 질량은 그것이 얼마나 많은 양의 물질을 담고 있는가를 우리에게 말해준다. 큰 질량은 무겁고 옮기기가 힘이 들며, 작은 질량은 가볍고 움직이기가 쉽다.

질량이 에너지와 동등하다는 사실은 어떤 의미에서는 물질이 '닫힌' 에너지라는 것을 말해준다. 만일 그 에너지를 '열어' 놓을 수 있는 어떤 방법이 발견된다면, 물질은 에너지의 폭발과 함께 허공 속으로 사라질 것이다. 거꾸로, 만일 충분한 에너지를 어떻게 해서든 한 곳에 가두어 놓을 수만 있다면 물질이 나타날 것이다.

아인슈타인 자신의 이론인 상대성이론의 부산물이기도 한 이 방정식은 원래의 개념이, 빛의 속도에 가까운 초고속으로 움직이는 물체의 성질에 관련된 것이었다. 이 이론에 따르면, 운동(運動)에너지가 증가하면 당연히 물체는 점점 무거워진다. 다시 말해 질량이 증가한다. 평범한 속도에서는 그 효과는 사소하다. 왜냐하면 아무리 작은 질량이라도 엄청난 양의 에너지와 맞먹기 때문이다. 예를 들어, 질량 1그램은 현재 가격으로 백만 달러어치의 에너지에 해당한다. 하지만 현대의 아원자 입자 가속기(Subatomic particle accelerator) *는 전자(電子)와 양성자(陽性子)의 속도를 거의 빛의 속도에 가깝게 끌어올릴 수 있으며, 이때 이들의 질량은 수십 배로 증가한다.

물론, 속도에 따라 질량이 증가한다고 해서 그것이 물질의 실제적인 창조를 설명해주는 것은 아니다. 그보다는 이미 존재하는 물질의 무게를 증가시

---

* 원주(圓周)가 몇 마일이나 되는 커다란 원형 기계로, 그 안에서 양성자들이 빛의 속도에 가까운 속도로 가속된 다음 다른 양성자나 중성자들과 충돌하도록 되어 있다. MIT 공과대학과 하버드대학이 공동으로 만든 전자 가속기는 지름이 80 m나 되고, 이때 얻어진 전자의 속도는 광속도의 0.999999996배에 달하며, 또 그 전자의 질량은 정지하고 있을 때의 12000배의 무게가 된다. 스탠포드대학에서는 길이가 3200 m나 되는 선형(線形) 전자 가속기를 만들었는데, 여기서 만들어낼 수 있는 전자의 속도는 0.9999999996배에 달한다. (역주)

키는 것과 관계가 있을 뿐이다. 한 곳에 집중된 에너지로부터 완전히 새로운 물질이 탄생할 가능성은 1930년대 폴 디랙(Paul Dirac)*의 획기적인 수학적 탐구와 더불어 이루어졌다.

디랙은 E=mc²을 포함한 아인슈타인의 상대성이론과, 20세기 물리학의 또 다른 혁명이랄 수 있는 원자와 원자 이하의 물질의 행동방식에 관련된 양자이론을 조화시키려는 시도를 하고 있던 참이었다. 빛의 속도에 가깝게 움직이고 있는 원자 구성 입자(subatomic particles)를 설명하는 데에는 통합된 '상대론적 양자론(相對論的 量子論)'이 필요했던 것이다. 수학적인 분석을 거쳐 디랙은, 매우 빠른 속도로 움직이는 입자를 기술하는 새로운 방정식을 제안하였다. 이것은 당장에 성공을 거두었다. 왜냐하면 이 방정식은 지금까지 이해할 수 없던 전자(電子)의 성질을 설명해주었기 때문이다. 예컨대, 전자는 우리의 일반상식이나 기초기하학 어느 쪽에도 맞지 않는 방식으로 회전하고 있다. 사람은 한 바퀴만 돌면 전의 얼굴이 다시 나타나지만, 전자는 똑같은 얼굴이 나타나기까지 두 바퀴를 돌아야 한다. 디랙의 이러한 성공은 기초물리학이라는 추상세계에서 인간의 직관보다 수학이 훨씬 훌륭한 역할을 한다는 또다른 좋은 사례를 제공해준다.

그러나 디랙의 방정식은 한 가지 어려운 측면을 가지고 있었다. 그 방정식의 해답은 보통의 전자의 행동방식을 정확히 설명해주었지만, 각각의 해답에는 반드시 또하나의 해답이 존재하는 것이었다. 이 또다른 해답은 지금까지

---

* 폴 디랙(Paul Dirac, 1902-)영국의 이론물리학자로, 상대론적 양자역학의 제창자이다. 전자기장(電磁氣場)의 양자역학 완성에 노력하였으며, 1933년 노벨 물리학상을 받았다. 디랙은 양자이론에다가 상대성이론의 조건을 적용한 결과, 양전기를 띤 특수한 입자가 존재한다고 예측하였다. 그 당시에 양전하를 가진 입자는 오로지 양성자뿐이었으므로, 디랙 자신과 다른 물리학자들은 그의 이론이 양성자를 수학적으로 가리키는 것이라고 생각하였으며, 그의 이론은 양성자의 질량을 잘못 계산한 착오에 지나지 않는다고 비난을 받았다. 자세한 관찰 끝에 디랙의 이론은 양성자가 아닌 전혀 다른 입자를 가리키고 있음이 밝혀졌다. 디랙이 예언한 이 새로운 입자는 전자(電子)와 같았는데, 그것이 띠고 있는 전기나 다른 주요성질이 전자와 정반대였다. 1932년에 디랙의 이론을 모르고 있던 캘리포니아 공과대학의 칼 앤더슨 (Carl Anderson)이 새로운 입자를 발견했는데, 그것을 양전자(陽電子, positron)라 불렀다. 그 후에 모든 입자에는 주요 성질이 정반대되는 똑같은 입자가 있음이 밝혀졌다. 이 새로운 종류의 입자들을 반입자(反粒子, anti-particle)라 부른다. 입자와 반입자의 만남은 상호소멸로 끝난다. 전자가 양전자를 만나면 소멸되며, 그 자리에 두개의 광자(光子)가 생겨 광속도로 날아간다. 입자와 반입자가 만나면 한 줄기 빛으로 사라져버리는 것이다. 반대로 입자와 반입자는 에너지로부터 생성될 수 있으며, 꼭 한 쌍을 이루며 생성된다.(역주)

우주는 신이 창조했는가 59

알려진 우주 속의 어떤 물체에도 해당되는 것 같지 않았다. 약간의 상상력을 발휘하여 이 해답과 관련된 미지의 입자가 어떻게 생겼는가를 알아맞추는 것은 가능한 일이었다. 질량과 회전(回轉)에 있어서는 그 입자는 보통의 전자와 같을 것이지만, 모든 전자가 음전기를 띠고 있는 반면에, 그 새로운 신비의 입자들은 양전기를 띠고 있는 것으로 추측되었다. 이러한 속성으로 미루어 새로운 전자는 보통 전자의 거울상(mirror image) 같은 것이라고 생각되었다. 더욱 놀라운 것은 디랙의 예언이었다. 만일 충분한 에너지가 한 곳에 모아질 수만 있다면, 이들 '반전자(反電子)' 가운데 하나가 전에는 아무 것도 없던 무(無)의 상태에서 갑자기 나타나게 될지도 모른다고 디랙은 예언하였다. 이때 전기적 성질이 보존 되기 위해서는 한개의 반전자와 더불어 한개의 전자 역시 동시에 나타나야만 한다.   이런 식으로 에너지는 전자-반전자 쌍(雙)의 형태로 물질을 창조하는 데에 직접적으로 이용될 수 있을지도 모르는 일이었다.

이 무렵 (1930), 물리학자 차오(C.Y. Chao)는 감마선(빛의 고高에너지 광자)이 납과 같은 무거운 물질을 투과하는 것을 실험하고 있었다. 그는 가장 강력한 감마선이 납을 통과하는 사이에 어떤 흥미로운 방식으로 세력이 약해진다는 사실에 주목하였다. 이렇게 광선이 흡수되어 약해지는 원인은 차오에게는 하나의 신비였지만, 이제 그 원인이 전자-반전자 쌍의 생성이라는 사실을 우리는 알고 있다.

그러던 중 1933년 칼 앤더슨(Carl Anderson)*은 우주 광선-우주 공간에서

---

* 칼 데이비드 앤더슨(Carl David Anderson, 1905-   )-1936년 노벨물리학상 수상. 당시 캘리포니아 공과대학 교수이던 앤더슨은 윌슨 안개상자를 써서 우주 광선 입자의 본질에 대하여 연구하다가 기묘한 소립자를 발견하였는데, 이 소립자는 질량 및 그밖의 물리학적 성질은 전자와 똑같았지만, 단지 그 소립자가 가지고 있는 전기의 부호만이 정반대였다. 그래서 앤더슨은 이 양전기를 띤 새로운 전자를 양전자(陽電子, positron)라고 이름붙였다. 이 양전자는 전자와 충돌하면 순간적으로 소멸하면서 두개의 감마선으로 변하는데, 이것을 전자쌍소멸(電子雙消滅, annihilation of electron-pair)이라고 부른다. 또 한개의 고에너지 감마선(전자의 질량에너지의 2배 이상의 에너지를 갖는 것)은 원자핵 근처의 진공 중에서 전자와 양전자의 한 쌍으로 변한다는 사실도 밝혀졌다. 이것을 전자쌍 탄생(電子雙誕生, electron-pair creation)이라고 한다. 이렇게 전자에 대해서 양전자가 존재하는 것은, 양성자에 대해서 음전기를 가진 양성자-반(反)양성자라고 한다-의 존재를 상상하게 했다. 그러나 반양성자의 존재는 양전자처럼 쉽게 발견되지 않았는데, 1955년 캘리포니아대학의 에밀리오 쎄그레(Emilio Segro, 1905-   ) 교수 등이 고에너지 양성자 가속장치인 베바트론(bevatron)을 써서 발견하였다. 쎄그레 교수는 이 발견으로 1959년 노벨물리학상을 받았다.(역주)

오는 고 에너지 입자들—이 금속판에 의하여 흡수되는 것을 연구하다가, 디랙이 예언한 반전자(反電子)의 출현을 분명히 목격하였다. 물질은 그동안 통제된 실험을 통하여 실험실에서 계속 창조되어왔던 것이다. 이 새로운 입자들은 디랙이 예언한 것과 똑같은 성질을 갖고 있다는 것이 당장에 증명되었다. 디랙과 앤더슨은 이 뛰어난 예언과 발견으로 노벨상을 수상하였다.

그 다음부터는 전자와 반전자—통상적으로 양전자(陽電子, positron)라고 부른다—의 생성은 물리학의 실험 과정에서 하나의 상식처럼 되었다. 2차 세계대전 후에는 입자 가속기가 발명되어 다른 형태의 입자들도 만들어낼 수 있게 해주었다. 오늘날 양전자와 반양성자는 많은 양이 만들어질 수 있으며, 자석으로 된 '병(瓶)'에 보관되기까지 한다. 한데 합쳐서 말할 때 입자의 거울상이나 반입자들을 반물질(反物質)이라고 하며, 반물질은 이제 물리 실험실에서 손쉽게 만들어진다.

지금까지 설명한 이러한 사실들을 머리 속에 넣고 있으면, 모든 물질의 기원을 설명할 수 있는 길이 자연스럽게 열리는 듯하다. 대폭발이 일어나면서 엄청난 양의 물질과 반물질을 탄생시키기에 충분한 어마어마한 양의 에너지가 발생하였다. 이리하여 결과적으로 상당히 차갑게 식은 이 물질들이 모여 별이라든가 지구같은 것들을 만들었을 것이다.

그런데 불행하게도 이러한 단순한 생각에는 뜻하지 않은 커다란 문제가 뒤따랐다. 반물질이 물질을 만나면, 이 둘은 언제나 격렬한 에너지를 발생시키면서 서로를 소멸시킨다는 것이다. 이것은 에너지로부터 물질과 반물질이 창조되는 과정의 거꾸로(逆) 과정이다(그림 4참조).

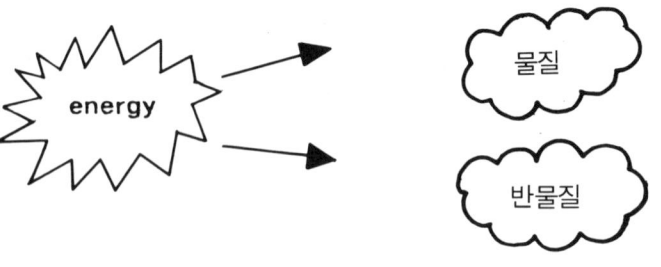

우주는 신이 창조했는가 61

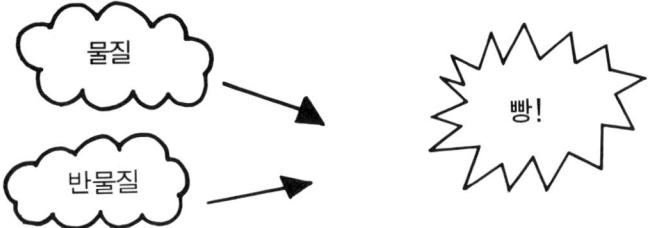

[그림4] 실험실에서 에너지를 사용하여 물질을 창조할 수가 있다. 하지만 물질이 창조되면 똑같은 양의 반물질이 함께 창조된다. 물질과 반물질이 만나면 언제나 에너지를 방출하면서 폭발과 함께 소멸해버린다. 따라서 우주 안의 모든 물질이 어떻게 반물질과의 위험한 만남을 통해 자신을 소멸시키지 않고서도 창조될 수 있었는지가 하나의 신비이다.

따라서 물질과 반물질의 혼합으로 이루어진 우주는 몹시 불안정하다. 우리의 은하계에는 반물질이 혼합된 물체는 극히 제한되어 있다. 있다고 해도 그것은 매우 사소한 양에 지나지 않는다. 그렇다면 모든 반물질은 어디로 간 것일까? 실험실에서는 한개의 입자가 창조되면 한개의 반입자도 동시에 창조되므로, 우리의 우주는 당연히 물질과 반물질이 50 대 50으로 혼합되어 있어야 한다. 하지만 실제로 관찰한 결과 그렇지 않다는 것이 밝혀졌다.

몇몇 천체물리학자들은 반물질의 묘연한 행방에 얽힌 수수께끼를 이렇게 설명하려고 시도하였다. 물질과 반물질은 어떤 방법에 의해선가 제각기 자기들끼리로만 구성된 광범위한 영역으로 분리될 수가 있었다고 가정하는 것이다. 다시 말해, 물질과 반물질이 혼합되지 않고 물질은 물질끼리만, 반물질은 반물질끼리만 혼합될 수가 있었다는 가정이다. 어쩌면 은하계 전체는 물질로 구성되어 있고, 반면에 또다른 은하계 전체는 반물질로 구성되어 있는 것인지도 모른다. 그래서 우주의 다른 곳에는 반입자로 구성된 반물질의 세계가 있을 것이라고 학자들은 예언하였다. 그러나 그들은 물질로부터 반물질이 분리되는 어떤 설득력 있는 메카니즘(mechanism)도 제시하지 못했으며, 그래서 이 '대칭 우주 이론(symmetric-universe theory)'은 냉대를 받게 되었다.

그러자 대폭발이 곧 우주창조라고 주장하는 과학자들은, 어떤 초자연적인 힘이 물리학의 법칙을 무시하여 반물질이 없는 상태에서 물질만을 우주 안에 집어넣었다고 가정하는 수밖에 없게 되었다. "대폭발이 일어나기 직전의 초고밀도 상태인 '특이점(特異點, singularity)'에서는 모든 물리 법칙이 여하튼 무시된다"고 하는 변명만 가지고는 아무래도 시원치가 않았다.

그러나 아주 최근에 이러한 궁지에서 빠져나올 수 있는 길이 나타났다. 비록 실험실의 조건하에서는 물질과 반물질이 언제나 똑같은 양으로 생성되긴 하지만, 대폭발의 초고온 상태에서는 물질이 반물질보다 아주 적은 양만큼 더 많이 만들어졌을 가능성이 있었다. 이러한 생각은 자연계의 네 가지 기본적인 힘을 한데 뭉뚱그려 설명하기 위한 어떤 이론적인 작업에서 얻어졌다. (여기에 대해서는 제11장에서 충분히 다루게 될 것이다).

이론적인 계산에 따르면, 대폭발의 10^{32}분의 1초 때인 10^{27}(1 다음에 0이 27개 붙은 숫자)의 온도에서는 10억개의 반양성자마다 10억 1개의 양성자가 창조되었다. 마찬가지로 전자 역시 10억개의 양전자(陽電子)가 창조될 때마다 전자가 1개씩 더 초과되어 창조되었을 것이다.

이렇게 10억개 당 1개씩 초과된 것은 비록 적은 양이긴 해도 결정적으로 중요하다. 연속된 대량학살 속에서 10억개의 양성자와 반양성자 쌍(雙)은 서로를 때려죽였을 것이지만, 쌍을 이루지 않은 한개의 양성자는 역시 홀아비인 한개의 전자와 함께 살아남았을 것이다. 자연이 뒤늦게 생각해낸 살아남을 궁리의 산물인 이 남겨진 입자들이 물질을 이루어, 결과적으로 모든 은하계들과 별들과 혹성들, 그리고 우리 자신들을 만들었다. 이 이론에 따를 것 같으면, 우리의 우주는 탄생 초기의 말할 수 없이 짧은 순간의 대학살에서 살아남은, 제 짝을 만나지 못한 별 볼일 없는 작은 양의 물질들로 시작되었다고 할 수 있다.

좋은 이론들이 항상 그렇듯이, 물리학자들은 물질의 기원에 대한 이 설명이 상당히 설득력이 있다고 생각하였다. 하지만 빼박을 수 없는 확고한 증거는 어디에 있는가?

두 가지의 분명한 결과를 생각할 수가 있다. 첫번째는, 우주창조 초기에 살아남은 한개의 입자에 해당하는 10억개씩의 입자-반입자 쌍의 대규모 소멸과 관련된 것이다. 이 대학살에서 발생한 에너지 역시 살아남았을 것이 틀림없는데, 어쩌면 그것은 열(熱)의 형태로 존재할 것이다. 그런데 앞 장에서 말했듯이, 우주는 실제로 대폭발 때 생겨난 열 방사 속에 목욕을 하고 있다고 해도 과언이 아니다. 10억 대 1의 계산이 정확한가를 알려면 살아남은 한개의 원자에 해당하는 열 에너지를 합계내면 된다. 계산 결과는 정확히 일치한다. 아니면 최소한 매우 설득력 있는 모형들과의 일치점을 찾을 수가 있다. 따라서 이 이론에 의해서 물질의 기원이 설명될 뿐 아니라, 우주의 정확한 온도 역시 계산할 수 있다. 이것은 대단한 업적이다.

그렇긴 해도 물질의 기원이 신과 아무런 관계가 없다고 자신 있게 말할 수 있으려면 몇 가지 더 확실한 증거를 갖추는 것이 바람직하다. 직접 실험을 통해 물질과 반물질 사이의 명백한 불균형을 증명할 수 있다면, 그것이 야말로 가장 유력한 증거가 될 것이다. 운이 좋으면 우리는 조만간 그러한 증거를 얻게 될지도 모른다.

적은 양의 물질이 초과로 생성된다는 것을 예언한 이 이론은 똑같은 메카니즘에 의해서 적은 양의 물질이 저절로 '파괴'되는 것도 예언한다. 어 이론은 계속해서 말하기를 아주 오랜 시간이 지나면 양성자는 양전자 속으로 붕괴되어 들어갈 것이며, 그런 다음에는 전자를 소멸시킬 것이라고 한다. 하지만 그렇게 되기까지에 걸리는 시간은 실로 엄청나기 때문에, 평균적으로 사람의 몸에서 평생동안 한개의 양성자만이 소멸될 뿐이다.

이 이론을 실험하기 위하여 과학자들은 거대한 양의 물질을 쌓아놓고서 사라져가는 한개의 양성자를 현장에서 붙잡으려고 목하 열심히 들여다보고 있는 중이다. 이 물질은 우주광선에 의하여 변질되는 것을 막기 위하여 잘 차단이 되어 있다. 그 붕괴과정은 방사능(放射能)처럼 원래가 확률적이기 때문에, 비록 양성자 한개의 평균 수명이 가장 짧게 잡아서 10^{31}년이긴 하지만, 그래도 몇 주 동안 참고 기다리면 우연히 변덕스러운 붕괴를 목격할 수가 있다. 열쇠는 언제 일어날지 알 수 없는 임의의 사건을 목격하기 위하여 수십 톤이나 되는 물질, 다시 말해 많은 양의 양성자를 모으는 일이다. 그러한 실험 몇개가 현재 진행중에 있으며, 그 가운데 최소한 한두개의 실험에서는 몇 차례의 양성자 붕괴 사건이 목격되었다.

물질의 기원을 살피다보면 하나의 근본적인 문제와 만나게 된다. 그것은 물리적인 현상을 통하여 창조주의 존재를 추론(推論)하려는 시도이다. 한 때 기적적인 것으로 여겨졌던, 반물질이 없는 상태에서 물질의 출현은 우주의 대폭발 때 어떤 초자연적인 힘이 개입했음을 말해주는 듯했지만, 그것은 이제는 평범한 물리적인 바탕 위에서도 설명이 가능하다. 보다 깊어진 과학적인 이해가 그것을 가능하게 한 것이다. 어떤 특수한 사건이 제아무리 놀랍고 불가능해 보일지라도, 우리는 먼 훗날 그 사건을 설명하는 자연 현상이 결코 발견되지 않으리라고 절대적으로 단언할 수는 없는 것이다.

이러한 과학적인 진전은, 우리가 이제 우주창조를 창조주의 관점에서가 아니라 자연적인 과정의 관점에서 설명할 수 있게 되었음을 뜻하는가? 많은 신학자들은 이 사실을 강력히 부인할 것이다. 지금까지 설명된 과정들은 무(無)에서 물질이 창조되었음을 말해주는 것이 아니라, 단지 사전에 존재했던 에너지가 물질의 형태로 전환되는 과정을 말해주고 있을 뿐이다. 아직도 우리에게는 설명해야 할 것이 남아 있다. 즉, 최초에 그 에너지는 어디에서 왔는가? 이것을 설명하려면 결국 또다시 초자연적인 힘에 의존해야 하는가?

그렇지만 이런 식으로 책임의 소재를 물질에서 에너지 쪽으로 옮기는 것에 대해서는 대단히 신중을 기해야 한다. 에너지는 다소 무어라 결론내리기 힘든 개념이며, 특히 현대 물리학에서는 더욱 그렇다.

에너지란 무엇인가? 에너지는 매우 다양한 형태를 취할 수 있다. 한 예로, 에너지는 단순히 운동일 수 있다. 실험실에서 우리는 두개의 입자를 고속으로 충돌시킬 수 있으며, 그 결과 전에는 두개의 입자만 있던 곳에 네개의 입자가 나타난다. 새로 나타난 이 입자들은 본래 있던 두개의 입자들의 운동 속도를 감소시킨 데에 따른 댓가이다 . 이렇듯 형태가 없는 운동 에너지가 구둣발로 걷어찰 수 있는 물질로 전환되는 것은 '무(無)'로부터 우주가 창조되었다는 생각에 아주 가깝게 접근한다.

더 큰 가능성이 또 하나 있다. 그것은 제로(0) 에너지 상태로부터의 물질의 창조이다. 이 가능성은, 에너지가 양(+)에너지일 수도 있고 음(-)에너지일 수도 있기 때문에 생겨난다. 운동 에너지나 질량 에너지는 언제나 양에너지 이지만, 특수한 형태의 중력장(重力場)또는 전자기장(電磁氣場)으로 인한 인력(引力)에너지는 음에너지이다.

이러한 상황이 일어날 수 있다. 새롭게 창조된 입자들의 질량을 보충하기 위한 에너지는 중력이나 전자기의 음에너지에 의하여 정확하게 맞비겨 없어지는 것이다. 한 예로, 원자핵 근처에서는 전기장이 대단히 강력하다. 만일 200개의 양성자를 담고 있는 하나의 원자핵을 만들 수만 있다면-가능하긴 해도 대단히 어렵다- 그 시스템은 에너지를 전혀 가하지 않아도 전자-양전자 쌍이 저절로 생성되기 때문에 불안정해진다. 그 이유는, 새로운 입자 쌍에 의하여 형성된 음의 전기 에너지는 그것들의 질량 에너지와 정확하게 맞비겨 없어질 수 있기 때문이다.

중력(重力)의 경우에는 상황이 더 기묘하다. 왜냐하면 중력장이란 단지 하나의 '구부러진 공간', '휘어진 공간'이기 때문이다. '구부러진 공간'에 갇힌 에너지는 물질과 반물질의 입자로 전환될 수 있다. 한 예로 그러한 일이 블랙홀 근처에서 일어나는데, 아마도 이것이 대폭발 때 입자들이 탄생해나온 가장 중요한 근원지였을 것이다. 이렇게 해서 물질은 빈 공간에서 자연발생적으로 나타난다.

그렇다면 하나의 의문이 생긴다. 초기의 대폭발은 에너지를 가지고 있었는가? 아니면 모든 물체의 에너지가 중력의 인력 에너지에 의하여 맞비겨 없어져서 우주 전체는 단순한 제로 에너지 상태였는가?

간단한 계산으로 이 문제를 해결할 수가 있다. 천문학자들은 은하계의 질량과 그것들의 평균 거리, 그리고 뒤로 물러나는 속도를 측량할 수 있다. 이 숫자들을 어떤 공식에 집어넣으면 하나의 값이 나오는데, 몇몇 물리학자들은 이 값이 바로 우주의 총에너지라고 말해왔다. 계산이 정확하기만 하면 그 값은 실제로 제로(0)이다. 이러한 특수한 결과에 우주론자들은 상당기간 당혹스러움을 감출 길이 없었다.

어떤 우주론자는 이렇게 해석하였다. 우주가 정확히 제로의 에너지를 가져야만 하는 어떤 심오한 우주 원리가 작용하고 있는 것이라고. 만일 그것이 사실이라면, 우주는 전혀 아무런 물질이나 에너지의 투입이 없이도 스스로 그 존재를 나타내는 가장 편한 방법을 택할 수가 있다.

그러나 문제는 훨씬 복잡하다. 중력이 작용하는 상황에서라면 에너지는 적절히 규정짓기도 어렵기 때문이다. 물론 아주 멀리—실제로는 무한히—떨어진 거리에서 중력을 고려함으로써 하나의 독립된 체계(isolated system) 안에서 총에너지를 계산하는 일이 가능할 수도 있다. 하지만 이 작전은 완전히 실패한다. 앞 장에서 간단히 설명한 바대로, 아인슈타인이 제안한 우주모형처럼 공간적으로 유한한 우주에서는 그것이 불가능하다. 그러한 닫힌 우주(closed universe)에서는 총에너지란 아무런 의미가 없다.

텅 빈 공간에서 물질이 저절로 창조되는, 어쩌면 에너지의 투입조차 전혀 필요 없는, 이러한 사례들은 결국 신학에서 말하는 '무(無)로부터의 창조(ex-nihilo)'에 해당하는가? 그래도 과학은 여전히 공간의(그리고 시간도) 존재를 설명하지 못했다는 반박이 가해질 수 있다. 설령 지금까지 그토록 오랜 세월동안 창조주의 업적으로 취급되어온 물질의 창조가 이제는 평범한 과학

용어로 이해될 수 있다고 하더라도, 도대체 어째서 거기에 우주가 존재해야만 하는가를 설명하려면, 그리고 무엇보다도 물질이 생성되어 나온 공간과 시간이 어째서 존재해야만 하는가를 설명하려면 오로지 우리의 전능하신 창조주한테 호소해야만 그 설명이 가능한 것이 아닐까?

우주 전체가 하나의 원인을 가지고 있으며, 그 원인은 다름아닌 신(神)이라는 믿음은 플라톤(plato)과 아리스토텔레스(Aristotle)에 의하여 선언되어, 토마스 아퀴나스(Thomas Aquinas)에 의하여 발전되었고, 18세기의 라이프니쯔(Leibniz)* 와 새무엘 클라크(Samuel Clarke)에 이르러 가장 설득력 있는 형태를 취하게 되었다. 그것은 대개 신의 존재에 대한 우주론적인 논법으로 알려져 있다. 우주론적인 논법에는 두 갈래 해석이 있다. 하나는 이 장에서 다룰 인과론(因果論) 논법이고, 다른 하나는 다음 장에서 다루게 될 우연론(偶然論) 논법이다. 우주론 논법은 데이비드 흄(David Hume)과 임마누엘 칸트(Immanuel Kant)에 의하여 '회의론(懷疑論)'으로 취급되었으며, 다시 버어트란트 러셀(Bertrand Russell)에 의하여 심하게 공격을 받았다.

우주론 논법의 목적은 이중적이다. 첫째는, '원동력(原動力, prime mover)'의 존재를 확립시키기 위한 것이다. 원동력이 설명되면 그것에 의해서 세상의 존재가 자동적으로 설명되는 것이다. 둘째는, 이 '원동력'이 바로 기독교 교리에서 일반적으로 이해되고 있듯이 실제로 '하느님'이라는 것을 증명하는 것이 그 목적이다.

그 논법은 이렇게 진행된다. 주장하는 바대로, 모든 사건에는 반드시 원인이 필요하다. 그런데 원인의 연쇄 사슬이 무한히 계속될 수는 없으므로, 거기 반드시 모든 것의 맨처음 원인이 된 것이 있다. 이 첫번째 원인이 바로 하느님이다… 이야기를 계속하기 전에 먼저, 우주론의 논법에는 지금까지 많

---

* 고트프리드 빌헬름 폰 라이프니쯔(Gottfried Wilhelm von Leivniz, 1646-1716)—독일의 철학자이며 수학자로 뉴우튼과는 독립적으로 미분법과 적분법을 발견하였다. 그는 세계가 모나드(monad), 즉 단자(單子)라고 불리는 근본적인 실체들로 이루어져 있으며, 그 각각의 단자는 전우주를 비추고 있다고 생각하였다. 단자는 조물주로부터 유래한 유일의 것이며, 조물주에 의해 그 작용의 조화가 예정되어 있다. 그는 자신의 저서 《단자론(單子論)》에서 이렇게 말하고 있다. "물질의 각 부분은 초목(草木)으로 가득찬 정원으로, 그리고 물고기로 가득찬 연못으로 이해할 수 있다. 그러나 초목의 모든 가지와 동물의 모든 종류와 모든 물방울 하나하나가 또한 정원이요 연못이다." 요셉 니이담(Joseph Needham)의 저서 《중국의 과학과 문명》에 따르면, 라이프니쯔는 예수회 수도사들로부터 받은 번역물을 통하여 중국의 사상과 문화를 잘 알고 있었으며, 따라서 그의 철학은 주자의 신유학파(新儒學派)에 의하여 많은 영감을 받았다고 한다. (역주)

은 설명이 가해졌고 또 그 의미에 대해서도 다양하고 미묘한 해석들이 있어
왔으며, 따라서 지난 여러 해 동안 그 논쟁은 보다 신비적이고 복잡미묘한
쪽으로 발전되어 왔다는 사실을 밝히는 것이 옳을 듯하다. 나는 여기서 찬반
양론에 따른 균형있는 평가를 내리려는 시도는 하지 않겠다. 다만 이렇게 말
할 수는 있다. 이 논쟁은 인류 역사의 위대했던 많은 지식인들의 관심을 끌
었으며, 그럼에도 불구하고 그 지지자와 반대자들이 논리적이고 철학적인 오
류를 범하는 것을 방지하지는 못했다는 것이다. 우리의 관심사로 돌아가자.
우리의 관심사는 현대 과학의 관점에서 인과론적 우주론을 재점검해보는 일
이다.

먼저 그 논쟁의 첫단계인, 모든 사건은 원인을 가지고 있다고 하는 주장
을 살펴보자. 클라크(Clarke)는 이렇게 잘라말했다.
"어떤 것이 엄연히 존재함에도 불구하고, 그것이 세상에 존재하는 이유가
전혀 없다고 가정하는 것보다 더 터무니 없는 생각은 없다."[1]
대충 말해서, 사람들은 흔히 이렇게 추측한다. 모든 현상은 어떤 다른 것
이 원인이 되어 발생하며, 모든 물체는 이미 그 전에 존재하고 있던 어떤 것
이 원인이 되어 존재하게 되었다는 것이다. 이는 아주 지당한 생각이지만,
과연 그러한 생각이 옳은 것일까?
일상생활에서 우리는, 모든 사건들이 어떤 방식으로든 원인에 의해 발생
한다는 것을 거의 의심치 않는다. 다리는 그 위에 너무 많은 짐이 실려 있기
때문에 무너져 내려앉는 것이고, 눈은 공기가 뜨거워지기 때문에 녹는 것이
며, 씨앗을 심었기 때문에 나무가 자라게 된 것이다. 그러한 예는 도처에 있
다. 하지만 아무런 원인도 갖고 있지 않은 것이 있을까?
"모든 물체는 이미 그 전에 존재하고 있던 어떤 것이 원인이 되어 존재하
게 된 것"이라는 앞의 주장을 따져보자. 만일 한 물체가 어느 시점부터 '존

---

1) 새무엘 클라크는 1704년에 행한 강연에서 우주론적인 논법에 대한 자신의 의견을 개진했으며,
그 내용은 《신의 존재와 속성에 관한 예증(A Demonstration of the being and Attributes of God)》
이라는 제목으로 출판되었다. 1705년에 행해진 그 다음의 일련의 강연 내용과 함께 그 강연은
다시 《하느님의 존재와 속성, 자연 종교의 의무, 그리고 기독교 계시의 확실성과 진리에 대한 강
연(A Discourse Concerning the Being and Attribute of God, the Obligations of Natural Religion,
and the Truth and Certainty of the Christian Revelation)》이라는 긴 제목으로 출판되었다. (1738년
런던 John & Paul Knapton 출판사, 제9판)

재하게 된' 것이 아니라 항상 존재해온 것이라고 한다면 어떻게 되겠는가? 그러한 것은 충분히 상상할 수 있다. 예를 들어 바로 앞 장에서 설명한 바 있는 정상상태 우주(the steady-state universe)에서의 공간 같은 것이다. 영원히 존재해온 물체, 어떤 시간대에도 존재하지 않은 적이 없는 물체… 그것이 원인을 갖고 있는가를 묻는 것이 과연 무슨 의미가 있을까?

그래도 이렇게 물을 수는 있다. "왜 그것은 존재하는가?" 그것은 언제나 그래왔다라는 대꾸는 어설픈 변명에 지나지 않는다. 그 물체가 존재하지 않을 수도 있었다는 것을 충분히 상상할 수 있기 때문에, 그것의 무한한 나이와는 상관 없이 어째서 그것이 존재하는가에 대한 이유를 묻는 것은 정당한 일이다. 따라서 어떤 이가 내놓은 의견으로는, 정상상태 우주론에서처럼 우주 창조의 문제를 없앤다고 해서 우리의 우주가 대체 무슨 이유로 존재하게 되었는가를 설명할 필요성까지 사라지는 것은 아니다.

영원히 존재해온 물체에 관한 문제는 잠시 밀쳐두고, 과거의 어느 시점부터 '존재를 나타낸' 물체에 이야기를 한정시켜보자. 아무 것도 없는 무(無)의 상태로부터 어떤 것이 창조될 수 있을까? 우리는 앞에서 입자들이 텅 빈 공간으로부터 창조되는 과정을 알았지만, 그 경우에는 '구부러진 공간'이 이 창조의 원인이었다. 따라서 우리에게는 아직도 그 공간이 어디서 생겨났는지를 설명해야만 할 의무가 있다. 만일 그 공간이 영원히 존재해온 것이 아니라면 말이다.

어떤 사람들은 이렇게 물을지도 모른다. 공간은 하나의 '물체'인가 아닌가? 토마스 아퀴나스(Thomas Aquinas)*나 라이프니쯔(Leibniz)가 공간을 원인-결과의 연속된 고리의 한 부분으로 여겼다고 상상하기란 무척 어려운 일이다. 그래도 우리 한번 밀고나가보자.

---

* 성 토마스 아퀴나스(Saint Thomas Aquinas, 1225-1274)—작가 G. K. 체스터튼 (Chesterton)은 전기에서 아씨시의 성 프란치스코(St. Francis of Assisi, 1182-1226)와 성 토마스를 이렇게 비교하고 있다. 성 프란치스코는 여위고 날씬하며, 실같이 가냘프고 활의 줄같이 진동하는 사람이었다. 그의 일평생은 돌진과 질주의 연속이었다. 거지를 뒤쫓아가고, 벌거벗고, 수풀 속으로 뛰어들고, 낯선 배에 올라타는가 하면, 회교군주의 천막 속에 덤벼들었고, 불 속에 투신할 것을 자청하기도 했다. 겉으로 보기에 그는 줄기만 앙상한 나무에 매달려 바람 앞에서 끝없이 춤추는 가을잎 같았다. 그러나 사실은 바로 그 자신이 바람이었다. 반면에 성 토마스는 비대하고 육중한 황소같은 사람이었다. 비만하고 동작이 느리고 과묵했다. 지극히 온화하고 관대하였으나 별로 사교적은 아니었다. 때때로 경험하지만 깊이 숨겨온 황홀상태나 무아지경은 그만두고라도, 그는 뭔지 모호

대폭발에서 무엇이 공간을 갑자기 나타나게 하였는가? 특이점(特異點)인가? 하지만 특이점은 물체가 아니라는 것이야말로 가장 분명한 사실이다. 그것은 시공간이라는 물체의 경계선이다. 이크, 막다른 골목이다!

모든 '사건'은 반드시 원인을 가지고 있을까? 어떤 앞선 행위나 그럴만한 까닭이 없어도 어떤 일이 일어날 수는 없을까? 신문들은 가끔 "설명할 수 없는 하늘의 물체"라는 것을 보도한다. 하지만 그렇다고 해서 그 항공 현상이 원래부터 설명할 수 없는 것이라는 뜻은 아니다. 단지 거기에 우리가 현재로서 '알 수 있는' 설명이 없다는 것일 뿐이다.

불행하게도, "모든 사건은 그것에 따른 원인을 가지고 있다"는 주장이 완전한 착각임을 입증하기란 어려운 일이다. 그러기 위해서는, 먼저 아무런 원인도 갖고 있지 않은 것이 분명한 어떤 사건을 발견해야 할 뿐만 아니라, 나아가 어떤 사람이 우주에 대한 정보를 아무리 많이 수집하고 또 자연에 대한 이해를 깊이 한다고 해도 절대로 그 사건에 대한 원인이 발견되지 않으리라는 것을 증명해야 하기 때문이다. 그것은 실로 불가능한 일이리라. 문제의 사건이 전적으로 애매모호하고, 대단히 희귀하며, 지금까지는 전혀 목격하지 못한, 아주 드문 어떤 돌연변이 과정이 원인이 되어 일어난 것인지 누가 아는가? 절대로 그렇지 않다는 것을 어떻게 확신할 수 있겠는가?

모든 사건이 원인을 가지고 있다는 주장이 잘못임을 입증한 가장 최근의 과학은 양자역학(量子力學)이다. 제8장에서 설명하겠지만, 원자 이하의 입자들의 세계인 소립자의 세계에서는 입자들의 행동거지가 일반적으로 예측불허다. 한개의 입자가 한 순간에서 다음 순간으로 무엇을 어떻게 진행할 것인지 당신은 확실히 말할 수가 없다.

해 보이는 사람이었기 때문에 갑자기 그가 나타났을 때는 성직자들까지도 그를 미친 사람이라고 생각했다. 반면에 성 토마스는 그가 늘 다니던 학교의 학자들까지도 저능아라고 생각할 정도로 우둔했다. 참으로 그는 자기의 꿈을 적극적이고 활발한 사람들에게 침해당하기보다는 오히려 자기가 저능아로 알려지기를 원하는 학생같았다. 성 프란치스코의 패러독스가 시에 대해서는 흥미를 가지면서도 서적에 대해서는 불신했다는 것이라면, 성 토마스가 책을 사랑하고 책으로 살았다는 것은 유명한 사실이다. 그는 《켄터베리 이야기》속에 있는 성직자 혹은 학자들과 똑같은 생활을 했으며, 이 세상의 어떠한 재물보다도 아리스토텔레스의 1백권의 책과 그 철학을 소유하기를 원했다. 신에게 무엇에 대해 가장 많이 감사하느냐고 물었을 때 그는 한 마디로 "내가 지금까지 독서한 모든 페이지를 이해할 수 있었다는 것"이라고 대답했다. 그는 사람들이 아리스토텔레스를 오해하는 것을 막기 위해서 절대적인 것과 우연적인 것에 대한 모든 세세한 구분과 연역(演繹)을 하는 데 심혈을 기울였다. (역주)

양자이론에 따르면, 한 사건에서 소립자가 어떤 특정한 장소에 모습을 나타낸다고 해도, 그것이 본질적으로 예측이 불가능하다는 의미에서는 그것은 아무런 원인도 갖고 있지 않은 것이다. 그 입자에 작용하는 힘과 영향력 등에 대하여 아무리 많은 정보를 수집해 따진다 해도, 그 입자가 지정된 장소에 도착하는 것이 어떤 다른 원인에 의해서 '확실히 정해진' 일이라고 말할 수 있는 길은 없다. 그 결과는 실제로 마구잡이 식이다. 입자는 까닭도 원인도 없이 그 장소에 다만 별안간 나타날 뿐이다.

소수이긴 하지만 어떤 물리학자들은 이 생각을 순순히 받아들이지 않는다. 아인슈타인은 다음과 같은 유명한 말로 그것을 반박하였다. "신은 주사위 놀이를 하지 않는다." 이러한 물리학자들은, 세상의 모든 사건들은 아무리 미세한 소립자 차원이라 할지라도 반드시 어떤 다른 것이 원인이 되어 일어나는 것이기를 바란다. 그러나 놀라운 일이지만, 빛보다 빠른 속도로 여행하는 상황이 아니라면 소립자의 세계는 본질적으로 예측이 불가능하다는 것을 실험을 통해 증명할 수가 있다. 즉, '하느님'은 정말로 주사위놀이를 하고 계신 것이다. 어떤 지극히 예외적인 자연의 우연의 일치가 실험 결과를 혼란시키지만 않는다면, 이러한 주장은 현재로서는 꽤 단단한 기반 위에 서 있는 것처럼 보인다.

따라서 만일 양자 차원의 사건들이 개별적으로 전혀 직접적인 원인을 갖고 있지 않다는 사실을 인정한다면, 그렇다면 양자 과정의 대표적인 예인 물질의 창조 역시 물리적인 원인을 갖고 있지 않다고 말할 수 있는가? 어떤 의미에서는 그렇다. '낱개로 된' 하나의 입자는 어떤 특별히 지정된 장소나 순간이 아니라 느닷없이, 그리고 예측불허하게 모습을 나타낼 것이다.

그러나 정처 없이 헤매긴 해도, 그것은 여전히 확률의 법칙을 따를 것이다. 어떤 특정한 강도를 지닌 '구부러진 공간'을 제공한다면 하나의 입자가 그 공간 속에 어떤 시간 내에 모습을 나타낼 확률은 대단히 크다. 그러나 결정적인 것은 아니다. 거꾸로, 비록 그 확률이 지극히 낮긴 해도, 그 입자가 당신이 살고 있는 방안에 지금 당장 무(無)에서 별안간 나타날 확률도 있는 것이다. 양자 세계에서는 그러한 일은 아무런 사전 예고 없이 일어난다. 입자가 창조될 '가능성'이 구부러진 공간의 강도(强度)에 달려있다는 사실은 어찌 보면 인과론을 지지하는 것처럼 느껴진다. 구부러진 공간이 입자의 출현을 '더욱 가능성 있게' 만들어주는 것이다. 그것이 입자 출현의 '원인'으로 엄밀히 간주될 수 있는지 어떤지는 주로 어의(語義)상의 문제이다.

이제 우리의 토론 주제가 우주 전체가 하나의 원인을 갖고 있느냐 아니냐에 대한 것이지, 한개의 소립자의 창조나 어떤 장소에의 도착이 원인을 갖고있느냐 아니냐에 대한 것이 아니라는 반박이 나옴직하다. 몇몇 물리학자들은 의심할 여지 없이 이렇게 대답할 것이다. 즉, 우주 전체 역시 양자 원리에 지배를 받는다고. 그러나 이러한 결론은 우리를 자체모순으로 가득찬 양자 우주론의 결말나지 않은 논쟁 속으로 데려간다(더 이상의 토론은 제16장에서 계속될 것이다. 거기서 나는 우주의 기원 문제를 해결해줄지도 모르는 하나의 양자 시나리오를 제시할 것이다). 일단 양자이론에도 불구하고, 전우주가 하나의 원인을 갖고 있다는 것을 인정한다고 하자. 그렇다면 그 원인은 무엇인가? 하느님인가?

이 시점에서 우리는 우주론 논법의 두번째 단계를 살펴보게 된다. 그 두번째 단계는, "원인의 연쇄 사슬이 무한히 계속될 수는 없다"는 것이다. 손수건 돌리기 놀이에서 손수건은 반드시 어느 곳에선가 멈추어야만 한다. 은하계들은 소용돌이치는 성운(星雲, nebula)으로부터 생겨나고, 성운은 원시 수소가스로부터 생겨나고, 수소는 태초의 짧은 대폭발에서 창조된 양성자로부터 생겨나며, 양성자들은 '구부러진 공간'으로부터 생겨난다. 이 연쇄적인 반응은 무한히 소급되는 것이 아니라, 반드시 그 맨처음 항(項)이 있어야만 한다고 늘 가정이 되어왔다. 아퀴나스(Aquinas)는 이렇게 썼다.

관찰 가능한 세계에서는 사건의 원인들을 질서 있게 연속해서 발견할 수 있다. 스스로 자기 자신의 원인이 되어 나타난 것을 우리는 발견한 적이 없으며, 발견할 수도 없다. 왜냐하면 이것은 그것이 존재하기 이전에 이미 그것 자체가 또 존재했었다는 것을 뜻하며, 그러한 것은 불가능하기 때문이다.

원인들을 끝까지 따져들어가면 반드시 어디선가 멈추어야 한다. 그래서 첫번째 항이 중간 항의 원인이 되고, 중간 항은 마지막 항의 원인이 되어야 한다 (중간 항이 하나이든 다수이든간에). 이제 만일 당신이 하나의 원인을 제거한다면 당신은 그것의 결과까지도 제거하는 것이 되며, 첫번째 항을 갖고 있지 않고서는 중간 항들도 가질 수가 없다.

따라서 만일 원인의 사슬이 끝없이 소급된다면, 그리하여 거기 첫번째 원인이라는 것이 없다고 한다면, 거기에는 중간 항의 원인도 마지막 결과도 없을 것이며, 이것은 명백한 잘못이다. 그러므로 어떤 첫번째 원인을 가정

72

할 수밖에 없다. 그 첫번째 원인을 사람들은 '하느님'이라고 부르는 것이다.[2]

무한히 거슬러 올라갈 수 있는 인과(因果)의 연쇄 사슬에 대한 논쟁을 하면서 아퀴나스나 클라크(Clarke)는, 우주창조의 증거를 합리적인 논리보다는 '하느님의 계시'에 의존하여 설명하려고 한다. 그들은 전우주를 둘러싼 원인과 결과의 무한한 연쇄사슬이란 불가능하다고 말한다.

만일 그러한 무한한 진행을 염두에 둔다면… 다음의 사실은 저절로 명백해질 것이다. 즉, 삼라만상의 전체 시리즈는 외부로부터의 어떤 원인에 의해서 존재하게 된 것이 아니다. 왜냐하면 그 시리즈 속에는 지금까지 우주 안에 존재했었고 또 존재하는 모든 것이 포함되어 있을 것이기 때문이다. 또한 다음의 사실도 명백해진다. 즉, 그것이 존재하게 된 원인은 그 자신 내부에도 있지 않다. 왜냐하면 이 무한한 인과 사슬 속에서는 스스로 모습을 나타낸 자존적(自存的)인 존재는 있을 수가 없기 때문이다… 모든 것은 반드시 그 앞의 것에 의존해 있다… 그러므로 애초의 독립된 원인이 전혀 없이, 단순히 비독립적인 존재들로 구성된 이 무한한 연속은 외부에도 내부에도 아무런 필연성이나 원인을 갖고 있지 않은 존재의 시리즈가 된다. 다시 말해, 이것은 명백한 모순일 뿐더러 불가능하다.[3]

'비독립적인 존재들'의 무한한 연속, 쉽게 말해 원인과 결과의 무한한 연쇄 사슬이라고 해도 그것이 존재하는 이유에 따른 설명이 필요하다는 믿음은 철학자들, 특히 흄(Hume, 1711~1776)과 러셀(Russell)같은 철학자들에게서 심한 공격을 받았다(그 연쇄 사슬이 모든 존재하는 것들을 다 포함하고 있을 때에는 그러한 설명을 발견할 수가 없다). 코플스턴(Copleston) 신부와의 유명한 BBC 논쟁에서 러셀은 자신의 관점을 이렇게 피력했다. "모든 인간은 자신의 어머니를 가지고 있다… 그러나 명백히 인간 종족은 한 사람의 어머니를 갖고 있지 않다." 요점만 말해, 연속체의 각 개별항들이 설명될 수

---

2) Thomas Aquinas의 《신학해설(Summa Theologiae)》(T. Gilby 편저, 1964년 Eyer & Spottiswoode 출판사)

3) Clarke의 앞의 책, p.p. 12-13

만 있다면, 바로 그 사실에 의해서 그 연속체는 설명이 된다. 그리고 사슬의 각 항들이 앞의 항에 의존하듯이, 무한한 연쇄 사슬의 각 항들도 그런 식으로 설명이 된다. 전 우주의 원인을 묻는 것은 우주 안의 낱낱의 물체들이나 사건의 원인을 묻는 것과는 다른 논리 체계가 필요하다.

사실 '세트의 세트(sets of sets)'는 이해하기 꽤나 어려운 것으로 유명하다. 만일 여기에 구체적인 것이든 추상적인 것이든 어떤 물건들의 집합으로 이루어진 한개의 세트가 있다고 하자. 그렇다면 러셀이 그의 유명한 역설에서 보여주는 바대로, 그러한 세트들을 모아서 만든 하나의 세트는 전혀 세트가 될 수 없을지도 모르는 것 아닌가!

보기를 들어 보자. 우리는 도서관에 있는 책들을 모아 놓은 도서목록 책자를 하나의 세트로 상상해볼 수가 있다. 그런데 도서목록 책자 자체는 그 목록 속에 포함이 되는가? 다시 말해, 도서목록 책자 안에는 그 자신도 적혀 있는가? 어떤 경우는 그렇다. 그러한 경우의 도서목록 책을 [형태 1]이라고 하자. 그리고 다른 책들은 포함하고 있으면서 그 자신은 포함되어 있지 않은 도서목록 책을 [형태2]라고 하자.

도서관 전체에는 각 분야별로 이러한 도서목록 책자들이 있을 것이다. 그런데 이제 그러한 도서목록 책자들의 목록만을 모아 놓은 총(總)목록 책자가 중앙 도서관에 있다고 하자. 그리고 그 총목록 책자를 우리가 앞에서 말한 '세트들의 세트'라고 상상해보자. 이 총목록 책자의 기능은 [형태2]의 도서목록 책자 전부를 기입해 놓은 것이다. 다시 말해, 이 총목록 책자에는 [형태2]의 도서목록만이 기입되어 있다.

자, 지금까지 한 이야기는 충분히 일리가 있는가? 불행히도 그렇지 않다. [형태 2]의 도서목록 책자를 모아 한 세트로 만든다는 것은 자체 모순을 안고 있다. "총목록 책자는 [형태1]인가, [형태2]인가?"라고 묻는 순간 그 모순이 금방 드러난다. 만일 [형태2]라면, 마땅히 총목록 책자는 그 안에 자신까지 포함시켜 목록을 작성해야 한다. 왜냐하면 총목록 책자는 [형태2]인 모든 도서목록을 포함시키도록 되어 있기 때문이다. 하지만 자신을 포함시키는 순간 총목록 책자는 [형태1]인 도서목록이 된다. 이것은 모순이다. 왜냐하면 총목록 책자는 오로지 [형태2]인 도서목록만을 포함시켜야 하는데, 만일 그것 자신이 [형태1]이라면 자신을 포함시킬 수 없기 때문이다. 따라서 총목록 책자는 자신을 포함시키지 않는다. 그런데 자신을 포함시키지 않으면 그것은 다시 [형태2]인 도서목록이 되므로 또다시 모순에 빠진다. 따라서 결론은,

이것은 자체 모순을 안고 있는 넌센스이다.

이 모든 것의 결론은, 존재하는 모든 것들을 모아 놓은 전우주라는 개념은 실로 매우 복잡미묘하다는 것이다. 우주가 하나의 [물체]인가 하는 것은 확실하지 않으며, 그리고 만일 모든 물체들을 모아놓은 하나의 세트가 곧 우주라고 정의내린다면, 그것은 자체 모순의 위험성을 안고 있다. 이러한 문제는 사람들을 함정에 빠뜨리기 위하여 기다리고 있다. 특히, 모든 물체들의 궁극적인 원인으로서 창조주의 존재를 논리적으로 입증하려는 사람들은 그러한 함정에 빠지기가 쉽다.

우주는 하나의 원인을 갖고 있어야만 한다는 우주론의 논법을 인정한다고 해도, 그 원인이 곧 하느님이라고 단언하는 데에는 논리적인 어려움이 따른다. 왜냐하면, "하느님의 원인이 된 것은 무엇이냐?"라고 물을 수 있기 때문이다. 여기에 대한 대답은 주로, "하느님은 원인을 필요로 하지 않는다. 하느님은 필연적인 존재이며, 하느님의 원인은 그 자신 안에 포함되어 있다"는 것이다. 하지만 이 우주론의 논법은 애초에, 존재하는 모든 것은 반드시 원인을 필요로 한다는 근거에서 출발한 것이다. 그러면서도 적어도 하나(하느님)만은 원인을 필요로 하지 않는다는 결론으로 끝난다면, 이 논법은 자체 모순인 것이 되고 만다.

더군다나, 만일 어떤 것(하느님)이 외부의 원인이 없이도 존재할 수가 있다는 것을 인정할 자세가 되어 있다면, 굳이 인과사슬을 따라 그렇게 멀리까지 갈 필요가 없지 않은가? 하느님이 외부의 원인 없이 존재할 수 있다면, 우주라고 해서 그렇게 못할 이유가 무엇인가? 하느님이 그 자신 안에 스스로 존재의 원인을 갖고 있다고 생각하는 것에 비해, 우주가 그 자신 속에 존재의 원인을 갖고 있다고 생각하는 것은 대단히 불경스러운 일일까?

만일 우리가 하느님에서 멈추고 더 이상 나아가지 않는다면, 그토록 멀리까지 거슬러 올라간 이유가 무엇인가? 어째서 그 전의 물질계에서 멈추지 않는가?… 물질계가 물질계 자체 안에 스스로 질서의 원리를 지니고 있다고 가정하면서, 우리는 실제로 그것이 하느님이라고 주장하고 있는 것이다.[4]

---

4) 데이비드 흄 (David Hume)의 《자연 종교에 관한 대화 (Dialogues Concerning Natural Religion)》 제5장 (H.D. Aiken 편저, 1969년 Hafner 출판사, 초판 1779년)

흄의 저서에서 인용한 이 문장은 "하느님은 자연이다(神即自然)" 또는 "하느님은 우주이다"라는 많은 과학자들의 막연한 믿음을 생각케 해준다.

그러나 아마도 인과론적 우주론에 대한 가장 심각한 반대는, 원인과 결과가 시간의 관념 속에 깊이 뿌리내린 개념이라고 하는 사실일 것이다. 그런데 우리가 앞서 살펴본대로, 시간은 우주의 출현과 더불어 나타난 것이라고 현대 우주론은 말하고 있다. 원인은 시간상으로 언제나 결과에 앞선다고 하는 것이 흔히들 받아들여지고 있는 생각이다. 예를 들어, 돌멩이를 던진 다음에야 창문 깨지는 소리가 들리는 것이다. 이 경우, 보통의 인과론적 의미에서 하느님이 우주를 창조했다고 말하는 것은 분명히 무의미하다. 만일 그 창조의 행위가 시간 자체의 창조를 포함하고 있다면 말이다. 거기에 '이전'이라는 것이 없다면, 상식적인 의미에서 자연적이든 초자연적이든 대폭발의 원인이란 있을 수 없다.

성 아우구스티누스(St. Augustine, 354-430)는 이러한 관점을 잘 이해하고 있었던 것 같다. 그는, 하느님이 무한한 시간을 기다리고 있다가 어느 기분 좋은 순간에 우주를 창조하기로 결정했다는 생각을 조롱하면서 이렇게 썼다. "세상과 시간은 둘 다 하나의 시작을 가지고 있다. 세상은 시간 속에서 만들어진 것이 아니라, 시간과 함께 동시에 만들어졌다"[5] 이것은 그 시대에 유행하던 시공간에 대한 완전히 그릇된 개념들을 생각하면, 현대의 과학적 우주론에 버금가는 대단히 놀라운 예견이 아닐 수 없다.

그런데 흥미롭게도, 교회가 13세기에 접어들어 고대 그리이스 전통의 영향권 아래에 들어왔을 때 창세기에 대한 이러한 심오한 해석은 심한 도전을 받았다. 잇달아 일어난 논쟁에서 제4차 라테란궁(교황의 궁전) 회의에서는 무한한 나이를 가진 우주에 대한 아리스토텔레스의 철학을 공격하면서, 모든 기독교인은 신앙의 한 품목으로서 우주는 과거의 어느 '시간 속에서' 시작되었다는 믿음을 가져야 한다고 주장하였다. 그러나 오늘날까지도 신학자들은 여전히 창세기의 해석에 대하여 여러 가지로 분열되어 있다.

하느님이 시간을 초월한 존재라는 생각은, 비록 그러한 생각이 하느님을

---

5) 히포의 성 아우구스티누스(St. Augustine of Hippo)의 저서 《하느님의 도시(The City of God)》 가운데에서 〈시간의 시작에 대하여(On the beginning of time)〉(1948년 Hafner 출판사, M. Dods 번역).

'지금 이 순간' 속으로 데려오게 할지는 몰라도, 한 가지 문제를 안고 있다. 대부분의 사람들이 하느님의 속성이라고 생각하는 것들 중 상당수는 시간의 전후관계 속에서만 의미가 있는 것들이다. 분명 하느님은 계획하고, 기도에 응답할 수 있으며, 인류가 해나가는 일에 대하여 기쁨이나 노여움을 표현할 수 있으며, 맨 나중엔 심판석에 앉으실 수가 있다. 안 그런가? 하느님은 계속해서 이 세상 속에서 행동하고, 일을 하고 있으며, '우주 기계의 톱니바퀴에 기름칠을' 하는 등등의 일을 하고 있지 않은가? 이 모든 행위들은 시간의 문맥 속에서가 아니면 아무런 의미가 없는 것들이다. '시간 속에서'가 아니면, 어떻게 하느님이 계획을 짜고 행동에 옮길 수가 있는가? 만일 하느님이 시간을 초월한 존재이며 그래서 미래를 훤히 안다면, 어째서 그는 인류의 앞길을 염려하고 악(惡)과 싸우는가? 하느님은 이미 그 결과를 다 아실 게 아닌가? (이 주제에 대해서는 제9장에서 다시 살펴보겠다)

사실, 하느님이 우주를 창조했다는 바로 그 개념 자체가 우리가 이미 보아온 바대로 '시간 속에서' 일어나는 행위인 것이다. 우주론에 대한 강의를 할 때 나는 이런 질문을 자주 받는다. "대폭발 이전에는 어떤 일이 있었는가?" 대폭발 자체가 시간 그자체의 출현을 대변하는 것이기 때문에 거기에는 '이전'이라는 것이 있을 수 없다고 대답해 주어도, 질문자는 이렇게 의심을 하면서 듣는다. "대폭발의 원인이 된 어떤 무엇이 틀림 없이 있을 것이다." 하지만 원인과 결과는 시간 속에서나 가능한 개념들이며, 시간이 존재하지 않는 상태에는 적용될 수 없다. 그러한 질문은 무의미한 것이다.

만일 시간이 실제로 어느 시점에서 시작된 것이라면, 그것을 인과론적인 관점에서 설명하기 위해서는 우리가 일상생활에서 친숙하게 알고 있는 것보다 좀더 폭넓은 의미의 인과론에 호소해야만 한다. 가능성 하나는, 원인이 언제나 결과에 선행한다는 조건을 완화하는 일이다. 다시 말해, 하나의 원인이 시간을 거슬러 올라가 거꾸로 작용하는 일이 가능할까? 그래서 시간적으로 원인보다 앞선 결과를 낳는다?

물론 시간을 거슬러 올라가 과거를 변화시킨다는 생각은 모순에 차 있다. 예를 들어, 당신 자신이 탄생하는 것을 막기 위하여 당신이 그런 식으로 19세기의 사건들에 영향을 미칠 수가 있을까? 그럼에도 불구하고, 현대 물리학에는 시간을 소급하여 작용하는 인과관계에 대한 다수의 이론들이 있다. 빛보다 빠른 가상의 입자인 타키온(tachyons)은 그것이 가능하다.

모순을 피하기 위하여, 원인과 결과 사이의 연결끈이 매우 느슨하며 통제가 어렵다고, 아니면 더욱 미묘한 다양성을 갖고 있다고 가정할 수도 있을 것이다. 우리가 곧 알게 되겠지만, 양자이론에는 말하자면 거꾸로 된 시간의 인과관계가 필요하다. 오늘 행해진 관찰이 아주 먼 옛날의 실체를 구성하는 데 보탬이 되는 것이다. 프린스톤 대학의 유명한 물리학자 존 휠러(John Wheeler)는 이 관점을 이렇게 강조한다.

"양자 원리는, 관찰자가 미래에 행하는 것이 과거에 일어나는 것을 규정짓는다는 것을 보여준다. 심지어 생명이 존재하지 않았던 아주 먼 과거에까지 그 영향이 미친다."[6]

사실 양자이론에서는 누구나 그렇게 할 수밖에 없듯이, 휠러는 여기서 인간의 의식(관찰자)을 하나의 근본적인 방식에서 끌어들이고 있다. 그리고 우주의 창조 그 자체 속에 이미 우주 진화의 나중 단계에 가서 의식(意識)이 존재하리라는 것이 포함되어 있었다고 말한다.

우주 역사의 어느 곳, 어느 시점에선가 생명, 관찰자가 생성되리라는 것이 보장되지 않고서는, 우주가 존재를 나타낸 바로 그 메카니즘은 무의미하거나 실행되지 않았거나 또는 그 둘 다였을 것인가.[7]

휠러는, 우주로 하여금 '스스로' 존재를 나타내게끔 만든 하나의 원리를 우리가 물리학의 문맥 속에서 발견할 수 있게 되기를 희망한다. 그러한 이론을 탐구하는 과정 속에서 휠러는 이렇게 말한다.

"그 원리는 우주가 존재를 나타낼 한 가지 방법을 제공해야만 한다. 그것보다 더 강력한 필요조건은 없다."[8]

---

6) 존 휠러(J.A. Wheeler) 지음 《특수 과학의 근본적인 문제들(Foundational Problems in the Special Sciences)》 가운데 〈창세기와 관찰자(Genesis and observership)〉에서 (R. E. Butts와 K. J. Hintikka 편저, 1977년 Reidel 출판사).

7) 앞의 책.

8) 존 휠러의 《비율(比率)에 있어서의 몇 가지 기묘함(Some Strangeness in Proportion)》의 〈블랙홀을 넘어서(Beyond the black hole)〉에서 (H. Woolf 편저, 1980년 Addison-Wesley 출판사). 또한 같은 저자의 《양자 중력-옥스포드 토론회(Quantum Gravity: An Oxford Symposium)》(C. J. Isham, R. Penrose, D. W. Sciama 편저, 1975년 옥스포드 Clarendon 출판부)의 〈물리학은 우주론에 의해서 법칙이 정해지는가?(Is physics legislated by cosmology)〉와 《시간의 영역(Frontiers of Time)(1979년 North-Holland 출판사)을 참조할 것.

이제 비록 나중의 몇 가지 자연적인 행위로부터(그것이 의식이든 물질이든간에) 시공간 창조의 원인을 발견하는 일이 가능하다 하더라도, 어떻게 해서 무(無)로부터의 창조가 자연스럽게 일어날 수 있었나를 아는 것은 어려운 일이다. 거기, 의식이나 혹은 다른 무엇이 시간을 거슬러 올라가 작용할 대상, 즉 '원물질(原物質)'이 있어야 한다.

휠러는, 시간과 공간은 실제로는 합성(合成) 구조물이라고 말한다. 그것들은 작은조각들(bits)로 구성되어 있는 것이다. 휠러는 그것을 '전기하학(前機何學, pregeometry)'이라고 부른다. 다른 많은 물리학자들은 시간과 공간은 근본적인 개념이 아니며, 근사치일 뿐이라고 말한다. 외관상 연결되어 있는 물질이 사실은 원자들로 구성되어있는 것처럼, 시공간도 더욱 근본적인, 보다 추상적인 실체들로 구성된 것인지도 모른다. 이는 장차 양자 중력이론이 발전함에 따라 자연히 밝혀질 것이다(중력은 단지 시공간 기하학일 따름이다).

대폭발과 같은 극단적인 물리 조건하에서는 시공간이 '찢어져서' 그 내부의 구성성분들이 외부로 노출될지도 모른다. 이것을 시간 이전의 언어로 표현하면, '물림톱니바퀴들(cogwheels)'이 서로 일치하여 맞물려서는 분명 지속적인 시공간으로 조직화되었을 때 대폭발은 가능할 수 있었다. 이 관점에 따르면 대폭발은 시간, 공간, 물질의 시작이었지만, 물리학의 한계는 아닌 것이다. 대폭발을 초월한—거기엔 '이전'이라는 것이 없으므로, '이전'은 아니다—곳에 아직 조직화되지 않은 혼란 상태의 '물림톱니바퀴들', 다시 말해 물리적인 것들이 시간이나 공간 속이 아닌 곳에 놓여 있는 것이다.

우주 창조의 주제를 찾아 떠나기 앞서, 그리고 우주창조가 다른 어떤 것에 의해서 야기된 것인가를 묻는 질문이 의미가 있든 없든간에, 우리는 정말로 다른 '어떤 것'이 원인이 되어 우주 창조가 일어났다고 답을 내릴 수도 있지만 그 '어떤 것'이 창조주가 아닐 수도 있다는 가능성을 고려해야만 한다. 앞에서도 말했지만, 우주론 논법의 두번째 단계는, 우주 창조의 원인이 실제로 하느님이어야 한다는 것을 입증하는 일이다. 하지만 현대 물리학의 발견들은 새로운 가능성을 열어놓았다. 그러한 가능성은 우주론 논법의 제안자가 전혀 꿈도 꿀 수 없던 것들이다.

앞 장에서 우리는 팽창하는 우주(구부러진 공간)의 관점에서 물질의 창조를 적절히 설명해보았다. 게다가 공간의 탄력성에는 한계가 없는 듯이 보인다. 가장 작은 지역도 무한히 팽창되어질 수 있다. 천지창조의 10^9분의 1초 때, 현재의 관찰 가능한 우주(10^{27}입방 광년)는 태양계만한 크기의 부피로 움츠러져 있었다. 그 이전의 더 초기의 순간에는 그것보다 더 작은 크기였을 것이다. 따라서 공간은 무(無)로부터 커져 나왔을 수 있으며, 물질은 공간으로부터 나온 것일 수가 있다. 그렇긴 해도 혹자는 이렇게 느낄 것이다. 거기 무한소(無限小)의 작은 공간 방울을 폭발시켜 팽창하게끔 만든 것이 있어야만 한다고 말이다. 바로 여기서 우리는 또다시 특이점(特異點), 인과론(因果論) 등등의 것으로 되돌아가게 되는 것이다.

그러나 여기 우리의 시공간의 우주를 설명할 수 있는 다른 방법이 있다. 대충 말해서 이것은 '복제되는 우주'라고 칭할 수 있다. 이것은 비유를 통해 가장 잘 설명할 수 있다. 공간이 탄력성을 갖고 있듯이, 탄력성이 있는 하나의 고무판으로 공간을 대신해보자(공간이 3차원인데 반해 이 고무판은 이차원일 뿐이다. 이것은 개념상의 단점이긴 하지만, 논리적인 단점은 아니다. 다음에 설명되는 사항들은 똑같이 3차원에도 적용된다. 하지만 그 경우에는 상상이 불가능하다).

[그림 5]는 연속적으로 진행되는 일련의 사건에서의 각 단계를 보여준다. 처음에는 하나의 돌기(혹)가 고무판에 생긴다. 그 돌기는 계속 부풀어오르고, 따라서 돌기와 고무판을 잇고 있는 '목'은 계속해서 좁아져서 하나의 풍선과 같은 형태를 취한다. 이제 그 목이 계속 움츠러들어 고무판에서 풍선이 완전히 끊어질 지경까지 되었다고 하자. 마침내 그 목이 끊어져 풍선을 해방

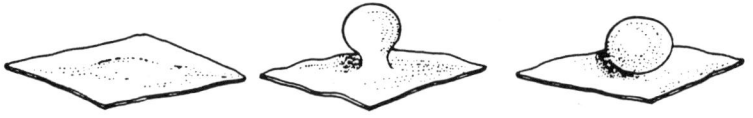

[그림5] 아인슈타인의 일반상대성이론에 의해서 제안된 공간의 탄력성은 '모우주(母宇宙:고무판)'으로부터 '딸우주(거품)'의 성장과 분리를 가능케 해준다. 이러한 위상(位相)의 변화들은 최근의 몇몇 이론들 속에서 제시되긴 했지만, 쉽게 이해할 수 있는 내용들은 아니다.

시키고, 그 목은 상처를 씻고 다시금 평평한 고무판으로 돌아갔다고 하자. 이렇게 해서 고무판은 효과적으로 완전히 독립된 새로운 고무판(풍선)을 탄생시켰는데, 이 판은 그런 다음 무한히 부풀어오를 것이다. 만일 필요하다면 이 새로운 풍선은 그 자신을 이용하여 새로운 다른 풍선들을 탄생시킬 수도 있을 것이다.

만일 우리가 우리의 우주를, 다시 말해 물리적인 접근이 가능한 전우주공간을 이러한 '새 풍선'으로 상상한다면, 그렇다면 이 우주는 분명 영원히 존재해온 것이 아니게 된다. 그러나 이 우주의 창조주는 자연 상태의 물리적인 과정들 속에서, 다시 말해, '어머니 고무판'에 기원을 둔 창조 메카니즘 속에서 발견되어질 수 있다. 그 고무판은 이제 우리에게는 전혀 접근이 불가능해지며, 그것은 우리의 시공간을 초월해 있다. 따라서 우리의 우주 안에서는 이 우주의 존재에 대한 아무런 원인도 발견할 수가 없지만, 그렇다고 창조주가 개입해야 하는 것은 아니다.

이 이론의 주요 특징은, 지금까지 '우주'라고 생각되어온 우리의 세계는 실제로는 분리된 한개의 시공간의 조작일지도 모른다는 것이다. 수많은, 심지어 무한한 숫자의 다른 우주들이 존재할 수도 있다. 하지만 그것들은 모두가 물리적으로 다른 것에 접근이 불가능하다. '우주'를 이렇게 정의내린다면, 우리의 우주에 대한 설명은 우리의 우주 안에서는 찾아지지가 않는다. 그것은 우리의 우주를 초월한 곳에 놓여 있는 것이다. 여기에는 창조주의 개입이 필요 없으며, 단지 시공간과 몇 가지 약간 색다른 물리적인 메카니즘만이 필요한 것이다.

그러한 메카니즘이 최근의 여러 이론적인 연구를 통해 제시되었다.[9] 극단적으로 높은 온도하에서는 공간이 불안정해져서 이런 식으로 다른 '풍선들'을 ' 새끼칠'수 있게 되리라는 것을 상상해볼 수 있다. 혹자는 심지어 새로운 우주를 창조하는 공학에 대하여 심사숙고하는 고도로 발전된 기술 공동체를 상상할 수도 있다.

그렇지만 결벽주의자들은 틀림없이 반박할 것이다. 이러한 우주 창조의 가설은 단지 말장난에 지나지 않는다고. 왜냐하면 그 가설 속에는 '고무판과

---

9) 소위 '기포(氣泡)우주론(bubble cosmology)'은 1982년 내츄어(Nature)지에서 J.R. 가트(Gott) 3세가 제안하였으며, 1982년 사이언스(Sciences)지에 비공식적으로 언급되었다. 같은 생각이 1981년 가츠히또 사또 (Katsuhito Sato)에 의해서 《이론물리학의 진전(Progress in Theoretical Physics)》에서 제안되었다.

풍선들' 전체에 대한 설명이 없기 때문이라고 말이다. 그것은 사실이다. 그러
나 이러한 예를 든 것은, 우리가 우리의 우주 안에서 원칙적으로 인식할 수
있는 모든 것은 어떤 한정된 과거의 시간에 '자연적인' 원인에 의해서 창조
되었을지도 모르며, 우리의 시공간 밖에 놓여 있는 그것은(만일 그러한 것이
있다면 말이지만) 완전히 초자연적인 것이 아닐지도 모른다는 것을 말하기
위해서이다.

그렇다면 이러한 분석이 창조주 하느님을 찾고자 하는 우리의 탐구에 어
떤 도움을 주는가? 우주가 무한히 오래된 것이든 아니면 과거의 한정된 시
간대에 출발점을 갖고 있든간에, 거기 모든 것의 맨처음 원인이 존재해야만
한다는 논리는 우리가 어떤 단순한 원인의 개념에만 집착하는 한 상당히 의
심스러운 것일 수가 있다. 생각컨대, 시간을 거꾸러 소급해 올라가서 작용하
는 인과론이나 또는 양자론의 의식(意識) 개입 과정과 같은 색다른 원인-
결과 메카니즘에는 우주 창조 이전에 하나의 원인이 있어야 한다는 필요성
을 없애준다. 그럼에도 불구하고 혹자는 아직 시원한 기분이 아닐 것이다.
신학자 리차드 스윈번(Richard Swinburne)은 이렇게 적고 있다.

만일 우주가 무한히 오래 되었고 매순간마다의 우주의 각각의 상태가 그
이전의 우주 상태와 자연법칙을 완벽하게 설명하고 있다고 한다면(그래서
하느님이 필요 없어진다면), 무한한 시간을 거친 우주의 존재가 하나의 완
벽한 설명을 갖추고 있거나 또는 완벽하지는 못해도 충분한 설명을 갖추
고 있다고 가정하는 것은 잘못이다. 우주는 그러한 설명을 갖고 있지 않다.
가질 수도 없다. 우주는 전적으로 불가해(不可解)하다.[10]

핵심을 이해하기 위하여, 말(馬)들이 무한한 옛날부터 언제나 존재했었다
고 가정하자. 각각의 말들의 존재는 인과론적으로 그들의 부모말의 존재에
의하여 설명될 것이다. 하지만 아직 우리는 도대체 말들이 왜 존재해야 하는
가를 설명하지 못하였다. 한 예로 왜 말들은 일각수(一角獸; 뿔이 하나뿐인
말) 나 다른 어떤 것이 아니고, 또는 아예 존재하지 않을 수도 있는데, 왜

---

10) 스윈번 (R. Swinburne)의 저서 《신의 존재(The Existence of God)》(1979년, 옥스포드 Clarendon
출판부) p. 122

말로서 존재하는가?

설령 우리가 모든 사건의 원인을 발견해낼 수 있을런지 몰라도-양자론의 관점에서는 불가능하겠지만- 그래도 우리는 다음과 같은 신비와 마주하게 될 것이다. 왜 우주는 지금과 같은 성질을 갖게 되었는가? 아니면, 도대체 왜 거기에 우주가 존재하는가?

4
우주는 왜 존재하는가?

자연계에 어떤 것이 존재하는 데에는 반드시 그만한 이유가 있다.

라이프니쯔

우주라는 것은 더 많이 알수록 더욱 미궁에 빠진다.

스티븐 와인버그

창조주 하느님께서 자신의 자유의지에 따라 온 우주를 탄생시켰다는 생각은 기독교와 유대문명에 깊이 뿌리내려 있다. 하지만 앞에서 우리는 그러한 가정이 해결책이라기보다는 오히려 더 많은 문제를 일으킨다는 것을 보아왔다. 또한 지난 수세기 동안 많은 신학자들은 거기에 깊은 의문을 제기하였다. 이 문제가 까다로운 것은 여기에 시간(時間)의 속성에 대한 것이 관련되어 있기 때문이다. 오늘날 우리는 시간이 공간과 따로 뗄 수 없는 한덩어리이며, 시공간은 물질과 마찬가지로 이 우주의 상당한 부분을 차지한다는 것을 잘 안다. 제9장에서 자세히 알게 되겠지만, 시간은 그 자체의 변화 내지는 행동의 법칙을 가지고 있는데, 이는 물리학을 통해서 증명이 가능하다.

이렇듯 정말로 시간이 물리적인 우주의 일부분이며 따라서 시간 역시 다른 물체들과 마찬가지로 물리법칙을 따르도록 되어 있다고 하면, 시간이라는 것도 마땅히 하느님이 창조한 것이어야 한다. 하지만 여기에 한 가지 문제가 있다. 하느님이 시간을 창조했다고, 다시 말해 하느님이 시간의 '원인'이었다고 말하는 것은 과연 어떤 의미가 있을까? 인과관계에 대한 우리의 상식적인 이해로는, 원인은 반드시 시간상 그것의 결과에 선행해야 한다. 따라서 하느님은 시간의 원인이 되려면 반드시 시간이 있기 이전부터 존재해야만 한다. 무엇의 원인이 된다고 하는 것은 시간 속에서 벌어지는 행위이다. 그런데 만일 시간이 존재하지 않는다면, 다시 말해 거기에 '이전'이라는 것이 있지 않다면, 흔히들 그러듯 우주 '이전'부터 존재하는 하느님을 상상한다는 것은 확실히 모순이다.

우리가 살펴본 바대로, 이것은 이미 5세기의 성 아우구스티누스(St. Augustine)에게도 매우 까다로운 문제였다. 이 문제는 특히 1세기 후의 로마 철학자 보에티우스(Boethius)에 의해서 더욱 분명해졌으며, 나중에는 평범한 사람들이 알고 있는 것보다 훨씬 추상적이고 애매한 '창조'의 개념으로 발전하였다. 보다 세련되었다고 할 수 있는 이 관점에 따르면, 하느님은 전적으로 시간과 공간의 바깥에 존재한다. 어떤 의미에서는 자연 '이전' 이라기보다는 자연을 '초월하여' 존재한다. 시간과 분리된 하느님을 생각하는 것은 결코 쉬운 일이 아니며, 이 주제에 대한 자세한 토론은 시간의 성질을 좀더 깊게 다루게 될 제9장까지 미루어 두겠다.

시간의 바깥에 존재하는 하느님은 '매 순간 우주가 존재하도록 지탱해주고' 있기 때문에 오히려 더 강력한 의미에서 우주를 '창조하고 있는' 것이 된다. 그저 단순히 우주를 출발시키고 끝난 것─일신론(一神論)이라기보다는 자연신교(自然神教)* 라는 것으로 알려진 믿음─이 아니라, 시간을 초월한 하느님은 매순간 속에서 활동하고 있다. 멀리 떨어져서 존재하던 우주의 창조주에게 이렇게 해서 '직접성'이라는 더 큰 의미가 주어졌다. 즉 그는 '지금 여기(here and now)'에서 활동하고 있는 것이다. 하지만 여기에는 약간의 애매

---

* 일신론(theism)은 신의 존재를 인간과 세계의 창조적인 원천으로 보는 믿음으로, 여기서는 신이 세상을 초월하면서도 세상 속에 내재해 있다. 이에 반해, 자연신교(deism)는 계시보다 인간의 이성(理性)에 기반을 둔 자연종교(自然宗教)를 옹호하는 운동 또는 생각 체계로서, 도덕성을 강조하고, 18세기에 들어와서는 창조주가 우주의 법칙에 관여한다는 것을 부정하였다. (역주)

모호함이 뒤따른다. 하느님이 시간을 초월하여 존재한다는 것은 쉽게 이해될 수 있는 성질의 것이 아니기 때문이다.

시간 속에서 창조의 원인이 되었던 하느님의 역할과, 시간을 초월하여 매 순간 속에서 전우주(시간을 포함한)에 개입하고 있는 하느님의 역할이라는 양자택일적인 문제는 다음과 같은 도식적인 방식으로 표현되기도 한다.[1]

연속적으로 발생하는 일련의 사건들을 상상해보자. 인과론에 따르면 각각의 사건은 앞의 것에 의존하고 있으며, 따라서 그 사건들을 현재의 사건(E_1)을 중심으로 시간을 거슬러 올라가면서 따져보면, "··· E_4, E_3, E_2, E_1"과 같은 식으로 표시할 수 있다(이때의 E는 사건Event을 뜻한다). 이와 같이 해서 사건 E_1은 사건 E_2에 의하여 일어나고, 다시 그것은 사건 E_3에 의해서 야기되며, 계속 그렇게 거슬러 올라간다. 이 인과(因果)사슬은 다음과 같이 표시할 수 있다.

$$\begin{array}{cccc} & L & L & L \\ \cdots \to E_4 & \to E_3 & \to E_2 & \to E_1 \end{array}$$

여기서 [L]은 물리학의 법칙(Law)이 작용하여 한 사건이 그 다음의 사건을 일으킨다는 것을 말해준다.

그렇다면 우주창조의 원인으로서의 하느님(앞 장에서 자세히 살펴본)의 개념은, 아래 그림처럼 G로 표기된 하느님(God)을 이 인과사슬의 맨 첫머리에 놓음으로써 설명할 수 있다.

$$\begin{array}{ccccc} & & L & L & L \\ G \to \cdots & \to E_4 & \to E_3 & \to E_2 & \to E_1 \end{array}$$

이와 반대로 만일 하느님이 시간의 바깥에 존재하는 경우에는, 하느님은 이 인과사슬에 전혀 포함될 수가 없다. 대신에 그는 아래와 같이 인과사슬 위에 있으면서 모든 사건의 연결점에서 작용하고 있다.

$$\begin{array}{cccc} G & G & G \\ \downarrow & \downarrow & \downarrow \\ L & L & L \\ \cdots \to E_4 \to E_3 & \to E_2 & \to E_1 \end{array}$$

그리고 이 그림은 인과사슬이 첫번째 항(즉, 시간 속에서의 시작)을 갖고 있느냐, 아니면 무한한 나이를 가진 우주에서처럼 그렇지 않느냐에 상관 없

---

1) 스윈번(Swinburne)의 앞의 책, 제7장.

이 잘 적용이 된다. 이 그림을 머리 속에 넣어둔다면, 우리는 하느님이 우주의 원인이라기보다는 차라리 우주에 대한 '설명'에 가까운 존재라고 말할 수 있다.

이러한 생각들은 이해하기가 쉽지 않다. 간단히 말해, 물리학의 법칙은 사건들 속에서 어떤 규칙을 가지고 작용한다. 정해진 궤도를 도는 혹성들의 정확한 운동, 원소의 스펙트럼에 나타난 질서 있는 형태의 선(線)들… 일상생활에서도 마찬가지이다. 그러한 규칙성이 있기 때문에 우리는 달리는 자동차의 브레이크 페달을 밟으면 당연히 속도가 느려지리라는 것을 기대할 수 있다. 또한 화약에 불을 붙이면 폭발하리라는 것을 예상할 수 있다. 뜨거운 불꽃이 닿으면 얼음덩어리는 순식간에 녹으며, 단단한 마룻바닥에 꽃병이 떨어지면 깨어진다. 세상은 우연이나 무질서가 아니라, 적어도 웬만큼의 범위에서는 예측이 가능하고 질서가 잡혀 있다.

시공간이라는 제한된 울타리 안에서 바라보기 때문에 우리는 이러한 규칙성을 원인과 결과라는 시각에서 풀이한다. 태양의 중력이 작용하기 때문에 지구가 둥근 궤도를 그린다는 식이다. 그러나 거기 또다른 가능성이 있다. 즉, 모든 사건은 외부에서 우리의 우주에 작용하고 있는 하느님에 의해서 일어나며, 그 하느님이 사건들이 규칙성 있게 일어나도록 조정한다는 것이다.

여기 이러한 생각에 도움이 될만한 비유가 하나 있다. 한 기관총 사수가 과녁판을 겨누고 있다고 상상해보자. 이제 그는 방아쇠를 당겨 과녁판을 왼쪽에서 오른쪽으로 일정한 속도로 훑고 지나간다. 그 결과로 간격이 일정한 탄알 구멍이 과녁에 생겨날 것이다.

이제 그 과녁판의 평면(平面)에서 일생을 보내게끔 되어 있는 어떤 2차원적인 생물이 자신의 세계에 규칙적으로 나타나는 이 연속적인 탄알 구멍을 눈치챘다고 하자. 신중히 관찰한 결과 그 생물은 이 구멍들이 아무렇게나 생겨나는 것이 아니라 일정한 속도를 가지고 주기적으로 생겨나며, 또한 간격이 일정하게 기하학적으로 단순한 방식으로 배열되고 있다는 것을 알게 될 것이다. 이 평면 거주자는 자신 있게 평면물리학의 새로운 법칙, 즉 구멍 창조의 법칙을 선언할 것이다. 그는 각 구멍의 출현은 규칙적인 방식으로 선을 따라 그 다음 구멍이 출현하는 '원인'이 된다고 결론내릴 것이다. 어쨌든 하나의 구멍이 나타나면 언제나 연속적으로 그 다음 구멍이 나타난다. 2차원 세계의 제한된 시각으로 보기 때문에 그 평면 거주자는 그 구멍들이 실제로는 서로가 '완전히 독립된' 것이며, 그리고 그것들이 규칙적으로 배열되는 것은 전적으로 기관총 사수의 행동 때문이라는 사실을 전혀 모르고 있다.

마찬가지로, 우주의 모든 질서 있는 행위는 하느님이 어떤 더 넓은 시각에서 시공간 안에 조직적으로 각각의 사건들을 일으키고 있는 것이라고 설명할 수도 있다. 그럼 그곳은 어디인가? 더 높은 차원의 공간? 공간이 아닌 어떤 물리적인 구조(그것이 무엇이든간에) 속일까?

이것을 믿을만한 정당한 이유라도? 당신 주위를 한번 돌아보라. 우주의 복잡미묘한 구조와 정교한 조직을 보라. 물리학 법칙의 수학적인 공식들을 풀어 보라. 회전하는 은하계들로부터 벌집과 원자의 활동에 이르기까지 물질의 기막힌 배열 앞에 할말을 잃고 서 있어 보라. 이러한 것들이 왜 하필이면 그런 방식으로 존재하는지 물어보라. 우주는 왜 '이렇게', 모든 법칙들은 왜 '이렇게', 물질과 에너지의 배열은 왜 '이렇게' 되어 있는가? 사실 그 어떤 것이든, 이렇게 되어 있는 이유는?

물리적인 우주의 모든 물체와 사건은, 그것을 설명하려면 그것의 외부에 있는 다른 어떤 것에 의존해야만 한다. 하나의 현상을 설명하려면 '다른 어떤 것'의 관점에서 설명할 수밖에 없다. 그러나 만일 그 현상이 모든 존재, 다시 말해 물리적인 우주 전체를 가리킨다면, 그렇다면 분명히 우주의 바깥에는 그것을 설명할만한 '물리적인' 것이 없다. 따라서 그 설명은 비물리적이고 초자연적인 어떤 것이어야만 한다. 그 어떤 것이 바로 창조주이다. 우주가 현재와 같은 방식인 것은 창조주가 그런 방식으로 되게끔 '선택'했기 때문이다. 정의(定義)상 물리적인 우주만을 다루는 과학은 한 가지 현상을 다른 것의 관점에서, 그리고 그 다른 것은 또 다른 것의 관점에서, 그렇게 계속해 나가면서 성공적으로 설명할 수 있을지 모르지만, 물리적인 현상 전체를 설명하려면 '외부'의 어떤 것이 개입해야만 한다.

이러한 추론이 바로 우연론(偶然論)으로 알려진 것이며, 창조주의 존재를 증명하기 위한 우주론 논법의 두번째 해석이다. 또다른 해석(앞 장에서 살펴본 인과론 논법)에 반대하여 등장한 논법이다.

어떤 의미에서는 우연론은 스스로 함정에 빠지게 된다. 이를테면 '우주'의 정의를 하느님을 포함하는 것까지 폭을 넓혀보자. 그렇다면 시간, 공간, 물질의 물리적인 우주에다 하느님을 포함한 전체 시스템은 무엇이 설명해주는가? 간단히 말해, 무엇이 하느님을 설명하는가? 신학자들은 대답한다. "하느님은 그 존재 이유를 설명할 필요가 없는 '필연적인' 존재이다. 하느님은 그 자신 속에 자신의 존재에 대한 설명을 포함하고 있다" 하지만 여기에 어떤 의미가 있을까? 만일 그렇다면, 왜 우리는 똑같은 논법을 우주를 설명하는 데에 사용할 수 없는가? 다시 말해, 우주는 '필연적인' 존재이며, 그것은 그 자체 안에 그 자신의 존재에 대한 이유를 가지고 있다고 말이다. 사실 이것은 앞 장에서 설명한 존 휠러(John Wheeler)의 관점이기도 하다.

그 자체 안에 자신에 대한 설명을 가지고 있는 물리적인 체계(體系)에 대한 개념은 일반인들에게는 역설적으로 들릴지 모르지만, 이것은 물리학에서 는 다소 우월한 위치를 차지하고 있는 개념이다. 모든 사건이 어떤 보이지 않는 원인을 가지고 있으며(일단 양자 효과量子效果를 무시한다 치고) 그 것을 설명하려면 어떤 다른 사건에 의존해야만 한다는 것을 인정한다고 해 도, 이 사슬이 무한히 계속되거나 혹은 하느님에게서 끝나는 것을 의미한다 고 생각할 필요는 없다. 그것은 하나의 돌고 도는 고리 속에 갇혀 있는 것일 지도 모른다. 예를 들어 네개의 사건, 또는 물체, 또는 체계인 E_1, E_2, E_3, E_4 는 아래처럼 서로서로에게 의존하고 있는지도 모른다.

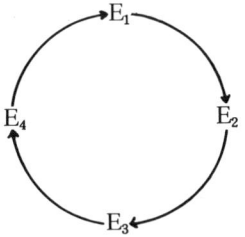

이것과 똑같은 종류의 이론이 물질의 구조를 설명하려고 시도하는 몇몇 입자물리학자들에게 한 때 유행했다. 여기 우리에게 잘 알려진 설명인 연쇄 사슬이 있다. 즉, 물질은 분자로 이루어져 있고, 분자는 원자로 이루어져 있 으며, 원자는 전자와 핵으로 이루어져 있고, 핵은 다시 양성자와 중성자로 이루어져 있다. 고대 희랍철학 이후로 이러한 설명의 연쇄사슬이 분명히 하 나의 끝을 가지고 있다는 것이 널리 퍼진 믿음이 되었다. 다시 말해, 거기 더이상 내부의 구성 성분들을 가지고 있지 않으며 모든 물질의 기본 구성체 (building blocks)인, 진실로 최소 기본 단위라고 할 수 있는 입자가 존재한 다는 것이다. 우리가 만일 원자 내부의 더 작은 지역을 자세히 조사할 수만 있다면 이러한 근본적이고 더 이상 다른 구성 성분을 갖지 않은 입자들이 발견되리라는 것이다. 현재로서는 이 이론은 소위 쿼크이론(quark theory)이

우주는 왜 존재하는가 89

라는 형태로 실험을 통한 강한 지지를 받고 있다(제11장 참조).*

양자이론의 신비한 성질을 바탕으로 제시할 수 있는 또다른 대안(代案)은, 거기 최소 단위의 기본 입자 같은 것은 전혀 있지 않다고 하는 것이다(지금은 약간 어려운 이야기이긴 하지만 다음 장들을 읽어나가면 분명해질 것이다). 대신에 모든 입자들(적어도 원자 이하의 모든 입자들)은 다른 모든 입자들로 구성되어 있다. 어떤 입자도 최소의 기본이나 근본 단위라고 할 수가 없으며, 그 대신 각각의 입자는 나머지 모든 입자들을 포함하고 있다. 이렇듯 자기 조화(self-consistency)의 설명 고리를 통해서 서로를 엮어나가는 입자들의 세계는, 웅덩이에 빠진 소년이 자신의 구두끈을 잡아 당겨서 스스로를 웅덩이 밖으로 끌어낸다는 이야기를 생각나게 한다. 그래서 물리학자들은 그러한 형태의 설명을 '구두끈(bootstrap)'가설**이라고 부른다. 우리는 자연

---

* 여러가지 딜레머에도 불구하고 계속해서 우주의 최소 기본 구성체를 찾으려고 시도하는 이들에게 현재로서 가장 유력한 우주의 궁극적 구성체는 쿼크(quark)라는 것인데, 쿼크는 1964년에 머레이 겔만(Murray Gellmann)이 처음으로 예상했으며, 제임스 조이스(James Joyce)의 소설 《휘니건즈 웨이크(Finnegan's Wake)》에서 나오는 말을 따서 이름을 붙였다. 이 쿼크 이론에 따르면 여러개(12개)의 독특한 쿼크들이 뭉쳐서 세상의 모든 입자들을 구성하고 있다는 것이다. 그러나 아직 쿼크는 발견되지 않고 있다. 지금 우리에게 알려진 입자들이 과거에 그랬듯이, 쿼크는 특이한 성질을 가진 파악하기 힘든 입자이다. 쿼크를 찾고자 하는 노력은 멀지 않은 장래에 결실을 이루겠지만, 무엇이 발견되든간에 한 가지 사실은 변하지 않는다. 다시 말해, 쿼크의 발견은 아주 새로운 연구 분야를 개척할 것이다. 즉 "쿼크는 무엇으로 만들어졌는가?"와 같은 의문이 제기될 것이다. (역주)

** 이 구두끈 가설은 재복합(再複合)이론이라고도 하며, 1960년대 초기에 지오프리 츄우(Geoffrey Chew)가 내놓았다. 이 구두끈 철학에 따르면 자연은 물질의 최소 단위와 같은 기본 구성체로 환원될 수 없으며, 전적으로 자기 조화(self-consistency)를 통해서 이해되어야 한다. 모든 물질의 각 구성 성분들은 서로 조화를 이룰 뿐 아니라, 그들 자신과도 조화를 이룬다. 이 생각은 물질의 최소 단위를 발견하려는 종래의 물리학 정신에서 근본적으로 벗어난 것이다. 또한 이것은 서구의 전통적인 사고 방식에서 보면 너무나 낯선 것이기 때문에 아직은 진지하게 이해되고 있지 않으며, 물리학에서 가장 접근하기 어려운 개념으로서 아직 소수의 물리학자에 의해서만 연구되고 있을 뿐이다. 이 사상은 물질세계 전체를 상호 연결된 관계의 그물로 보는 생각의 절정을 이루는 것으로서, 물질의 최소 단위라는 생각을 깰 뿐만 아니라, 어떠한 근본 실체도 인정하지 않는다. 우주는 상호 연결된 사건의 역동적 그물이라는 것이다. 이 그물의 어떤 부분도 근본적이랄 수가 없으며, 각 부분은 나머지 전체 부분들의 특성을 따르게 되어 있다. 이렇게 서로 연결된 전체적인 조화가 그물 전체의 구조를 결정한다. 구두끈 가설이 최소 단위의 실체를 전혀 인정하지 않는다는 사실은, 이 사상을 서구사상의 가장 심오한 체계의 하나로 만들었고, 불교나 도교의 철학 수준으로 이것을 승화시켰다고 카프라(F. Capra)는 말한다. 츄우의 구두끈 이론은 불교의 상호의존적 기원론에 대한 물리학적 유추일 것이라고 보는 견해도 있다.(역주)

적이고 물리적인 상호작용의 관점에서 자신의 존재에 대한 설명을 내포하고 있는 하나의 '구두끈 우주(bootstrap universe)'를 상상할 수 있을 것이다.

하지만 신학자들은 이렇게 반대한다. 무한한 능력과 무한한 지식(全知全能)을 소유하고 있으며 그래서 우리가 상상할 수 있는 것 중에서 '가장 단순한' 존재인 하느님은 확실히 우주보다는 스스로 자신의 존재 이유를 내포하고 있기가 쉽다는 것이다. 우주는 그러기에는 너무나 많은 특수한 성질을 가진 '복잡'하고 '특별한' 존재라는 것이다.

만일 거기 하느님이 있다면, 그가 우주라는 어떤 유한하고 복잡한 것을 만들었을 가능성이 확실히 크다. 우주가 원인이 없이 존재하기는 결코 쉬운 일이 아니며, 오히려 하느님이 원인 없이 존재하기가 더쉽다. 우주의 존재는 기이하고 풀기 어려운 난제(難題)이다. 만일 우주가 하느님에 의해서 실현된 것이라고 가정하면 훨씬 이해하기가 쉬워진다. 이러한 가정에는 원인이 없는 우주의 존재를 가정하는 것보다 훨씬 단순한 설명이 요구된다. 동시에 이것이 바로 앞의 가정이 더 진실되다고 믿을 수 있는 근거인 것이다.[2]

이러한 반대는 매우 설득력이 있어 보인다. 그토록 다양한 특징과 우연적인 속성들을 지닌 이 복잡하게 뒤얽힌 우주가 그냥 생겨난 것이라고 믿는 데에는 많은 노력이 필요하다. 우리는 실제로 우주를 하나의 냉정한, 불가해한 사실로 받아들일 수 있는가? 그러한 우주와는 달리, 단순하고 무한한 하나의 의식체는(비록 그것의 존재에 대한 논리가 우리에게는 당혹스러운 것이긴 해도) 필연적으로 존재할 수 있는 더욱 그럴듯한 후보이다.

그러나 과학자는 무한한 의식체(하느님)가 우주보다 단순하다는 가정에 도전장을 내고 싶어질 것이다. 우리의 경험으로 미루어보면, 의식은 어느 정도는 복잡성을 지닌 물리적인 체계 속에서만 존재한다. 우리의 두뇌는 고도로 복잡한 시스템이다(제6장에서 우리는, 의식을 하나의 '통합적인' 개념, 즉 행동 방식으로 다루어야 한다는 것을 알게 된다). 설령 육체를 떠나서도 의식이 존재할 수 있다는 것을 상상하는 일이 가능하다고 해도, 거기 틀림없이 의식이 자신을 표현하는 몇 가지 수단이 있을 것이고, 그 행동 양식 자체

---

2) 앞의 책 p.131-132

는 대단히 복잡하다. 따라서 이렇게 주장할 수 있을 것이다. 무한한 의식은 무한히 복잡하며, 우주는 그 무한한 의식을 지탱하기에는 복잡성이 훨씬 못미친다. 그러니 하나의 무한한 의식체는 우주보다 오히려 존재 가능성이 낮다고 할 수 있지 않을까?

그렇다면 어쩌면 하느님은 의식체가 아니라 더 단순한 어떤 것일까? 시간을 초월하여 존재하는 하나의 의식체에 대하여 말하는 것은 과연 의미가 있을까? 생각하고 결정하는 등등의 것들은 시간 속에서 일어나는 것이 아닌가? 하지만 만일 하느님이 어떤 의미에서 보면 결정한다거나 희망한다거나, 또는 판단하거나 말할 수 있는 존재가 아닌 경우라면, 그는 과연 우주의 탄생과 성질에 책임이 있다고 할 수 있을까? 우리가 흔히들 하느님으로 생각하는 이가 바로 그러한 존재는 아니지 않은가? 이러한 의문들에도 불구하고 우리는 그래도 어쨌든 우주의 복잡성과 특수성을 설명해야만 한다. 왜 우주는 현재와 같은 방식으로 되어 있는가?

이것은 제12장에서 더욱 자세히 다룰 내용이지만, 여기서 우리는, 우주의 존재 이유를 하느님에게 의존하는 것보다 스스로 자체의 원인을 가진 우주가 상대적으로 더 설득력을 가지고 있다고 말할 수 있으려면 무엇이 우선되어야 하나를 살펴볼 필요가 있다. 지금까지의 토론에서는 우주가 대단히 복잡하고, 또한 하느님이야말로 그 복잡한 성격들을 가장 쉽게 설명해주는 존재라는 것이 당연한 사실로 받아들여져 왔다. 하지만 우주는 언제나 복잡한 상태였을까? 지금의 복잡성은 순전히 평범한 물리법칙의 결과로 인해 자연스럽게 생겨난 것이 아닐까?

초기우주에 대한 현재의 가장 과학적인 이해에 따르면, 우주는 세상에서 가장 단순한 형태, 즉 열평형 상태에서 시작되었으며, 그리고 현재 관찰되는 복잡한 구조들과 정교한 활동들은 단지 그 후에 나타난 것이기가 쉽다. 그렇다면 이렇게 주장할 수도 있을 것이다. 초기우주는 실제로 우리가 상상할 수 있는 가장 단순한 형태였다. 또한 만일 시초(始初)의 특이점에 관한 우리의 생각이 사실 그대로라면, 우주는 무한히 높은 온도와 무한히 높은 밀도, 그리고 무한히 큰 에너지에서 출발하였다. 그렇다면 이것이 적어도 어떤 무한한 의식체를 가정하는 것보다는 더 설득력이 있지 않을까?

이 논리의 타당성 여부는 전적으로, 현재의 우주의 복잡성과 질서가 실제로 초기의 매우 단순한 형태로부터 자연스럽게 일어난 결과인가 아닌가에 달려 있다. 처음 얼핏 보면 이 주장은 열역학 제2법칙과는 말도 안 되는 모

92

순점을 갖고 있는 듯하다. 열역학 제2법칙은 그것과 정반대가 되는 사실을 요구한다. 즉 질서는 무질서에 자리를 양보하고, 그래서 애초의 복잡한 구조물은 마침내 아무런 조직과 질서가 없는 단순한 상태로 향하는 경향이 있다는 것이다. 그래서 바안즈(Barnes)는 이렇게 말했다.

태초에는 최대한의 에너지 조직이 있었음에 틀림이 없다… 사실 창조주가 시계-우주의 메카니즘-의 태엽을 감은 때가 있었으며, 따라서 만일 창조주가 그 시계의 태엽을 다시 감지 않으면 결국 시간이 멈출 때가 오고 말 것이다.[3]

우리는 이것이 잘못된 생각이라는 것을 이제는 안다. 초기 상태는 최대한의 에너지 조직체였던 것이 아니라, 단순한 열평형 상태였다. 이 사실과 열역학 제2법칙과의 심한 모순은 단지 최근에 와서야 해결이 되었다.

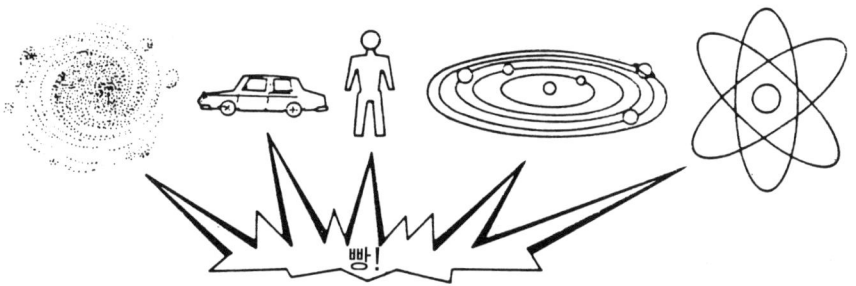

[그림6] 혼돈 속에서 어떻게 우주의 질서가 생겨났는가는 신비(神秘)이다. 현재의 질서잡힌 구조물들과 복잡한 활동들은 어쨌든 형태가 없는 대폭발의 혼란 속에서 생겨났으며, 이것은 시간에 따라 질서가 증가하는 것이 아니라 감소하는 것을 요구하는 열역학 제2법칙에 명백히 모순된다. 그 모순의 해결은 중력의 특수한 성질과 관계가 있는지도 모른다.

문제는 열역학 제2법칙은 단지 독립된 체계(isolated systems)에만 엄격히 적용된다는 것이다. 그런데 어떤 것을 중력으로부터 독립시키는 것은 물리학상 불가능하다. 어떤 것을 중력으로부터 보호할 수 있는 장치는 없으며, 그

---

3) E. W. Barnes의 저서 《과학이론과 종교(Scientific Theory and Religion)》(1933년 캠브리지 대학 출판부) p.595

리고 설령 그러한 체계가 있다고 해도 그 자체의 중력으로부터는 빠져나올 도리가 없다. 팽창하는 우주 안의 낱낱의 물질은 우주 자체의 중력장, 다시 말해 우주의 나머지 다른 물질의 축적된 중력에 영향을 받는다. 중력과 이렇게 연결되어 있기 때문에 중력장에 의해서 우주의 모든 물질에 질서가 심어지게 되는 것이다. 우리는 안다. 외부에서 에너지를 공급해주면 한체계 안에 질서가 생겨나지만, 그 댓가로 에너지를 공급해주는 외부의 체계는 무질서가 증가한다는 것을. 그렇게 해서 태양으로부터의 열과 빛의 유입은 지구의 생물권 안에 고도로 복잡한 질서를 생성시키지만, 이에 대한 댓가로 반드시 태양 중심부의 한정된 연료 저장량은 되돌이킬 수 없이 줄어들게 된다. 같은 방식으로, 팽창하는 우주는 우주 안의 모든 물질에 질서를 낳을 수가 있다.

팽창하는 우주가 어떻게 하느님을 대신하여 '시계의 태엽을 감는' 역할을 하는가에 따른 아주 간단한 보기를 들어볼 수 있다. 초기우주의 물질은 매우 뜨거웠는데 우주의 팽창으로 인해 차갑게 식었다는 것은 이미 말한 바 있다. 따라서 기본적인 비율공식에 따라 우주 팽창의 각 단계에서의 물질의 온도가 어느 정도인가를 계산해낼 수가 있다. 그러나 그 온도는 어느 정도는 물질 그 자체의 성질에 따라 다를 것이다. 복사열(전자기력)의 경우에는 온도가 우주공간의 팽창 비율에 따라 상대적으로 내려간다. 다시 말해, 크기가 두 배가 되면 온도는 절반으로 떨어진다. 반면에 수소가스와 같은 물질은 팽창 크기의 4배 만큼씩 훨씬 빨리 식는다.

이것은 다음과 같은 사실을 의미한다. 즉 수소가스가 복사열로부터 분리만 되면, 팽창하는 우주는 이 우주 구성물질의 두 가지 성분들 사이에 온도 차이가 생기게 한다. 과학자라면 누구나 알고 있듯이, 두 체계 사이의 온도의 차이는 유용한 에너지를 얻는 매우 이상적인 원천이며, 이것이 바로 태양의 힘이 지구에 생명을 생성시키는 열쇠이다. 이렇게 해서, 팽창하는 우주는 전에는 질서가 존재하지 않던 곳에 질서를 창조할 수가 있다.

이러한 유추를 사용해서, 오늘날 우주에서 관찰되는 질서 있는 구조의 대부분의 기원을 초기시대의 우주의 팽창으로까지 추적해 들어가는 일이 가능하다.[4] 위에 인용한 예는 사실 가장 중요한 것은 아니다. 오늘날의 조직화된

---

4) 폴 데이비스 (P. C. W. Davies)의 저서 《시간 비대칭의 물리학(The Physics of Time Asymmetry)》
(써레이대학 출판부 / 캘리포니아대학 출판부.1974)

에너지의 훨씬 커다란 원천은 우주 물질의 75퍼센트를 구성하고 있는, 몹시 반응이 높은 수소가스이다. 수소는 모든 정상적인 별들에게 연료를 제공해 준다. 핵융합 반응을 통해 수소는 최종적으로 철과 같은 더욱 무거운 원소로 변화한다. 철은 다만 원자핵의 재일 뿐이며, 그 내부에 쓸모 있는 핵에너지를 갖고 있지는 않다. 따라서 별들의 질서는 수소에서 철로 이동해가는 과정과 관계가 있다.

이 상황은 우주 팽창을 통해 설명할 수 있다. 우주의 초기 상태는 어떤 원자핵(철과 같은)에게도 견딜 수 없이 뜨거웠다. 오직 가장 단순한 물질인 수소핵(중성자가 없이 양성자만 있는)만이 살아남을 수 있었다. 계속된 팽창과 거기에 따른 온도 변화를 통해 수소가 더 무거운 원소들로 전환되는 길이 열렸으며, 앞 장에서 살펴본대로 우주의 물질은 그 길을 따라 몇 가지 진전을 했다. 그러나 그다지 멀리까지 진행되지는 못했다. 수소의 약 25퍼센트는 헬륨(수소 다음으로 간단한 원소)에 도달하고, 아주 사소한 양만이 그 영역을 뛰어넘을 수 있었다.

이 여행이 이렇게 형편 없이 불완전하게 끝난 것은 우주 팽창의 속도 때문이다. 팽창속도가 너무나 빨라서, 물질이 철과 같은 무거운 핵으로 합성될 때 필요한 복잡한 핵반응에 걸리는 충분한 시간이 주어지지 않았던 것이다. 단지 몇 분밖에 '요리'하지 못하고 온도는 핵반응을 일으키는 데에 필요한 온도 이하로 떨어져버렸다. 대부분의 '급속 냉동'된 물질을 수소와 헬륨의 형태로 남겨 놓은 채 불이 꺼져버렸다. 훨씬 나중에 일어난 별들의 형성 과정에서만 부분적으로 뜨거운 지역이 만들어져서 그 여행이 다시 시작될 수가 있었을 뿐이다.

결론적으로 말해, 팽창하는 우주에서는 조직화된 에너지가 굳이 태초부터 존재하지 않아도 자연적인 과정을 거쳐 저절로 생겨날 수가 있다. 그렇다고 한다면, 우주의 질서(낮은 엔트로피)를 창조주의 활동이나 또는 시초의 특이점 상태에서 누군가 질서를 집어 넣은 것으로 해석할 필요는 없다. 특이점은 완전히 제멋대로인 혼란된 에너지를 토해냈으며, 그런 다음 그 에너지는 팽창하는 우주의 영향권 아래에서 현재의 질서잡힌 배열 속으로 저절로 조직화 되었을 가능성이 있다. 이제 우리는 물질의 기원을 팽창하는 우주(제3장 중간부분 참조)의 탓으로 돌릴 수 있게 되었다.

그러나 이것은 전체 이야기가 될 수 없다. 우주의 팽창을 통하여 중력장이 우주 안에 질서를 생겨나게 하는 데에 가장 크게 기여를 하긴 했지만, 그 댓가로 중력장 자체는 상당히 무질서해졌으리라는 것을 추측할 수 있다. 따라서 우리는 시선을 중력에 돌림으로써 물질의 질서를 설명할 수가 있지만, 그 대신, 그렇다면 애초에 중력장의 질서는 어디서 나타났는가를 설명해야만 한다. 과연 손수건은 최종적으로 누구의 등 뒤에서 멈출 것인가!

이제 우리의 주제는, 열역학 제2법칙이 물질뿐만 아니라 중력에도 해당이 되는가 아닌가 하는 쪽으로 돌아선다. 아무도 이것을 '확실히' 알지 못한다. 블랙홀에 대한 최근의 연구는 '그렇다'고 말하지만, 다른 물리학자들은 정반대되는 결론을 끌어낸다(제13장을 보라). 로저 펜로우즈(Roger Penrose)와 같은 몇몇 학자들은 대규모의 우주 중력장은 매우 낮은 엔트로피(높은 질서) 상태이며, 따라서 우주 창조시에 다른 무엇이 질서를 집어 넣었음이―다시 말해 시계의 태엽을 감았음이―분명하다고 결론을 내린다. 스티븐 호우킹(Stephen Hawking)같은 다른 학자들은, 우주 중력은 고도로 무질서한 상태이며, 이것은 시초의 특이점으로부터 솟아나온 순전히 제멋대로이고 구조를 갖추지 않은 데에서 생겨난 결과라고 주장한다. 아무도 아직 하나의 구부러진 공간(즉, 중력)의 질서를 양으로 측정하는 방법을 알지 못하기 때문에 이 논쟁은 아직 해결되지 않은 상태로 남아 있다.

그렇긴 해도 이 논쟁은 중요한 점을 일깨워준다. 미래의 이론물리학은 여기에 관련된 사실들을 분명하게 해줄지도 모르며, 또한 우주가 질서가 없는 상태에서 창조되었는지, 아니면 거대한 질서와 더불어 창조되었는지에 대한 분명한 설명을 가능하게 해줄 것이다. 이렇게 해서 과학은 그동안 오랜 세월 신학자들과 철학자들에 의해서 독점되었던 하나의 질문에 대하여 어느 날인가 답을 내리게 될지도 모른다.

중력의 엔트로피를 재기 위한 논쟁의 결과가 무엇이든간에, 한 가지 흥미 있는 것은 이미 나타났다. 중력이 너무 작아서 무시될 수 있는, 이를테면 가스가 든 상자와 같은 체계 안에서는, 낮은 엔트로피(질서) 상태는 구조가 복잡하며, 반면에 높은 엔트로피(무질서) 상태는 단순하다. 예를 들어, 모든 가스 분자들이 구석에 모여 있는 상자는 가스들이 상자 전체에 고르게 퍼져 있는 평형(최대의 엔트로피) 상태보다 분명히 더 복잡한 배열을 가지고 있다. 이에 비해 엔트로피가 낮은 중력 체계는 높은 엔트로피 상태보다 기하학적으로 훨씬 단순하다. 중력은 자발적으로 구조가 생겨나게 하는 경향이 있다. 이와 같이 중력이 작용하면 물질(별 또는 가스)의 고른 분포는 시간이 지남에 따라 밀집 상태로 변하면서 덩어리를 만드는 경향이 있다. 이를 간추려서 말하면, 중력이 작용하지 않는 체계에서는 질서는 복잡성을 뜻하며, 무질서는 단순성을 뜻한다. 그러나 중력이 작용하면 정반대가 된다(그림7참조).

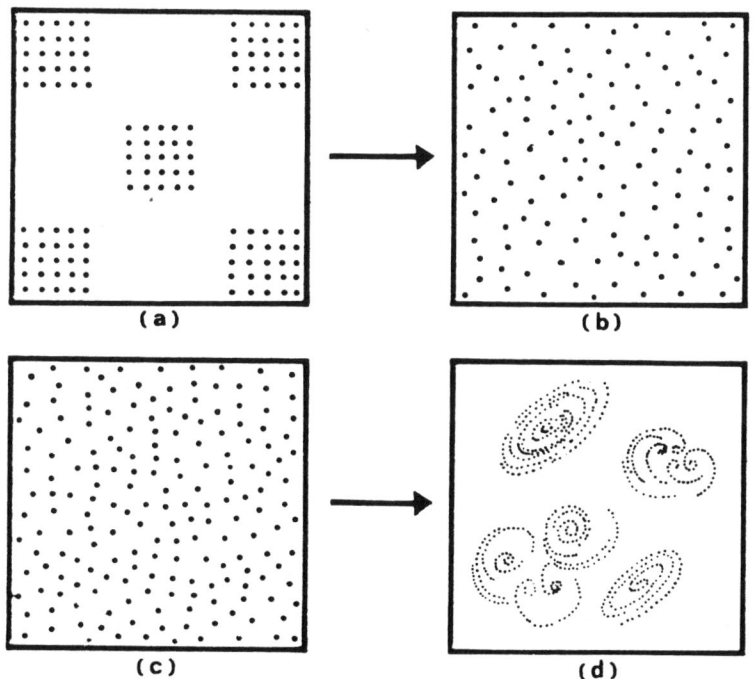

[그림7] 질서의 개념은 전적으로 중력이 무시될 수 있는가 없는가에 달려 있다. 상자 (a)는 중력이 무시될 수 있는 가스를 담고 있다. 이 고도로 질서잡힌 분자 배열은 조만간 분자 동요와 충돌의 결과로 형태 없는 무질서(최대의 엔트로피) 상태로 변한다. 그 최종적인 상태는 (b)에 나타나 있다. 이에 비해, 별들의 체계와 같이 중력이 작용하고 있는 상태의 가스는 정반대의 현상을 나타낼 것이다. 처음의 고른 배열 (c)는 별들이 함께 뭉쳐 큰 덩어리로—즉, 은하계로—자신들을 조직화하듯이 서로 한곳으로 모여 집단을 이루려는 경향이 있다. 이 덩어리 집합의 최종적인 결과는 다수의 블랙홀이 될 것이다.

만일 우주가 정말로 고도의 질서를 갖춘, 아주 낮은 엔트로피의 중력장과 함께 출발했다면, 이 중력장은 서서히 고르고 부드러워져갔을 것이다. 따라서 중력의 특수한 성질이 작용하는 경우에서는 단순성과 초기의 낮은 엔트로피(질서)라는 요구를 둘 다 만족시켜 주는 것이 가능하다는 것을 알게 되었다. 이것은 '가장 단순한' 우주—고르게 분포되어 있는 우주—라도 나중의 복잡한 우주를 생겨나게 할 무한한 잠재가능성을 가지고 있음을 의미한다. 이는 확실히 기분 좋은 결과이다. 만일 우주가 원인이 없이 존재를 나타냈다는 것을 믿어야만 한다면, 물질과 중력이 가장 단순한 배열을 갖고 있으면서도 점차로 복잡하고 흥미 있는 형태로 발전해갈 능력을 동시에 갖고 있다고 하는 것보다 더 좋은 것이 어디 있는가?

이러한 성공에도 불구하고, 세상에는 단지 우주의 '상태'보다 더 많은 것들이 포함되어 있다. 우주의 '법칙'은 어떤가? 설령 적어도 초기에는 우주가 아주 단순한 상태에 있었다는 사실을 인정하더라도, 물리 법칙들은 여전히 다양하고 특수했다는 것은 의심할 여지가 없다. 이 법칙들은 우연적인 것이 아닌가? 다른 대안(代案)들을, 다시 말해 다른 법칙들을 상상할 수 있는가? 더구나 우주의 '구성 성분'들인 양성자와 중성자, 중간자, 전자 등은 어떤가? 그 입자들은 도대체 왜 존재하는가? 왜 그것들은 질량과 전하를 가지고 있는가? 신학자들은 미리 준비해둔 대답이 있을 것이다. 하느님이 그것들을 그런 식으로 만들었다는 것이다. 무한히 단순한 존재인 하느님이 현재의 우주를 생성시키기 위해서 물리 법칙을 선택적으로 창조했으며, 복잡하고 다양하게 물질의 구성 성분을 창조했다는 것이다.

이제 과학자들이 여기에 대한 해답을 찾아내기 시작한 것은 아주 최근의 일이다. 자연계에서 작용하는 여러 힘들을 하나의 틀 속에 통합하기 위한 이론적인 작업을 통하여 새로운 이해가 생겨나는 것이다. 나중에 좀더 충분히 설명되겠지만, 이 이론적인 틀에 따르면 현재의 풍부한 물리법칙들은 순전히 낮은 온도에서 일어나는 현상이라는 것이다. 물질의 온도가 올라갈수록 거기에 작용하는 다양한 힘들은 개성을 잃고 점차로 닮아가서 마침내 10^{32} K의 엄청난 절대온도*에서는 자연계에서 작용하는 모든 힘은 아주 간단한 수학적인 형태로 초력(superforce) 속으로 통합해들어갈 것이다. 동시에 근본적으로 다른 모든 원자 이하의 소립자들 역시 주체성을 잃어버리고, 그것들의 다양한 성격은 타는 열 속에서 사라진다. 이렇게 복잡하던 것이 단순한 것으

---

* 절대온도(absolute degrees)는 온도의 출발점을 −273.16°로 한 온도로, °K로 표시하며, °K=℃+273. 16이다. (역주)

로 한데 모이는 현상은 수년간의 고에너지 물리학 연구를 통하여 밝혀진 사실이다(고에너지는 이 문맥에서는 고온과 같은 뜻이다). 물리학자들은 현재, 에너지가 올라갈수록 복잡한 소립자 구조들이 해체되어 보다 단순한 구성 성분을 드러내며, 그리고 복잡한 힘들은 보다 단순한 기능으로 바뀐다는 사실을 밝히는 데에 힘을 쏟고 있다.

현재로서는 연구를 통해서 밝혀진 사실들이 꽤 고무적이라는 것 말고는 그 이상의 결론을 내리는 것이 성급한 것이긴 하지만, 만일 이러한 생각들이 정말로 사실이라면 이것은 대폭발이론(big bang theory)과 깊은 관계가 있다. 우주가 창조되는 순간의 무제한급 온도에서는 한줌의 단순한 입자류와 함께 초력(超力)만이 작용했을 것이다. 현재의 다양한 힘들과 입자들은 온도가 내려감에 따라 생겨났을 것이다. 이처럼 우주의 현재상태, 물리법칙들, 그리고 물질의 구성 성분들 모두는 매우 단순한 형태로부터 출발해나왔을 가능성이 있다.

그래도 회의적인 신학자들은 말할 것이다. 아무리 단순한 초력과 한줌의 입자들이라 해도 그 존재 원인에 따른 설명이 필요하다고. 그 독특한 초력은 왜 존재하는가? 사실 도대체 모든 '법칙'들은 왜 존재하게 되었는가? 여기에 대해서 우리는 마지막 장에서 다시 한번 해답을 시도할 것이다. 자연의 근본 법칙들이 대단히 단순하다는 사실에 자극을 받은 몇명의 물리학자들은, 신학자들이 하느님의 존재가 필연적이라고 주장하는 것과 같은 방식으로 물리법칙은 하나의 '필연적인' 사항이라고 주장한다. 그렇다면 우리는 몇몇 철학자들이 그러는 것처럼 "창조주는 곧 물리법칙 자체이다"라고 결론내릴 수 있는가?

어떤 물리학자들은, 그 중에서도 특히 스티븐 호우킹(Stephen Hawking)은 이렇게 주장한다. 초기우주의 대단히 단순한 상태는 사실 그렇게 되도록 예정되어 있었다는 것이다.[5] 그 이유는 제2장에서 간단히 말한 태초의 특이점과 상관이 있다. 특이점은 시공간의 경계선 또는 끝이기 쉬우며, 따라서 물리적인 우주의 시작이라고 가정할 수 있다. 특이점은 무한한 밀도, 무한히

---

5) 1976년에 《Physical Review》지에 발표된 S.W. Hawking의 〈중력 붕괴의 예언 가능성 분석(Breakdown of predictability in gravitational collapse)〉, 1977년 《사이언티픽 어메리칸(Scientific American)》지에도 실렸음.

밀집한 상태이고, 그것이 원인이 되어 여기서 대폭발이 일어난다. 또한 특이점 상태는 블랙홀 내부에서 생겨나도록 되어 있으며, 어쩌면 다른 곳에서도 일어날 가능성이 있을지도 모른다.

현재까지의 모든 물리 법칙들은 주로 시공간에 관련된 것이기 때문에 시공간의 경계선은 곧 물리 과정의 경계선을 뜻한다. 이러한 관점에 따르면 본질상 특이점은 우주의 한계선(限界線)이다. 하나의 특이점을 통해 물질들은 물질적인 세계로 들어오거나 떠난다. 그리고 그곳에서는 물리 과학이 원리상으로도 예언할 수조차 없는, 완전히 물리법칙을 초월한 힘들이 작용한다. 어찌 보면 초자연적인 행위자를 발견할 수 있는 가장 가까운 곳이 바로 특이점이다.

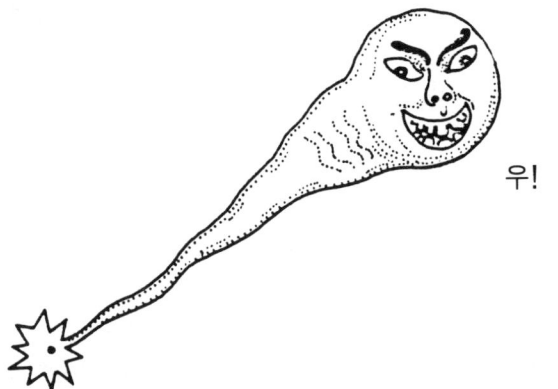

우!

[그림8] 이 그림에서 하나의 점으로 표시된 특이점은 과학으로는 알 수 없는 불가지(不可知)의 영역이다. 그것은 물질이나 어떤 힘들이 전혀 예측 불가능한 형태로 물리적인 우주로 들어오거나 떠날 수 있는 시공간의 경계선 또는 가장자리이다. 만일 특이점을 '발가벗기면' 거기서는 인과법칙에 상관없이 어떤 것이라도 나올 수 있다. 몇몇 우주론자들은 우주가 어떤 특정한 원인이 없이 이 '발가벗겨진' 특이점으로부터 출현했다고 믿는다. 만일 이러한 생각이 옳다면, 특이점은 자연과 초자연 사이의 경계지점이다.

여러 해 동안 과학자들은 특이점이라는 것이 우주의 중력 모형을 이상화시키기 위해서 인위적으로 만들어낸 것에 불과하다고 생각해왔다. 그런데 펜로우즈(Penrose)와 호우킹(Hawking)은 일련의 훌륭하고 소중한 수학이론들을 통하여, 특이점이 아주 일반적인 현상이며 또한 적당한 물리적인 조건하에서는 일단 중력이 충분히 강하게 작용하면 필연적으로 일어나는 현상임을 증명하였다. 대폭발 때에는 중력이 그럴만큼 충분히 강했음이 틀림 없다.

이것은 매우 신중하게 생각해야 할 문제이기 때문에 특이점의 행동 방식에 대하여 많은 연구가 행해졌다. 그 결론은 이렇게 간추려 말할 수가 있다. 특이점에서 생겨나오는 것은 대단히 혼란스럽고 구조가 없는 것이거나, 아니면 일관성이 있고 조직적인 것이거나 둘 중의 하나라는 것이다. 앞의 경우에는 대폭발의 특이점은 아무런 특별한 질서도 갖지 않은, 그저 마구잡이식으로 배열된 우주를 토해내며, 뒤의 경우에는 현재와 같은 조직력을 갖추고 있고, 태엽이 감겨져 있으며, 활동할 준비가 되어 있는 우주가 토해져 나왔다는 것이다.

호우킹은 '무지의 원리(principle of ignorance)'라는 것을 제안하였다. 특이점은 도저히 알 수 없는 불가지(不可知)의 것이며, 따라서 정보라는 것을 갖추지 않은 것이어야 한다는 이론이다(물리학에서는 정보information는 흔히 질서-엔트로피 감소-와 같은 뜻이다).[6] 따라서 특이점에서 솟아나오는 것은 순전히 제멋대로이고 혼돈 상태이다. 이것은 초기우주가 최대치의 무질서(열평형) 상태였다는 믿음에 잘 어울린다.

이러한 생각들의 많은 부분은 아직 현대 이론물리학의 미개척 영역이며, 미래의 발전된 연구를 통해서만 제대로 밝혀질 것이다. 특이점에서의 시공간 상태 또는 초기 우주의 정확한 상태에 대하여 물리학자들 사이에는 일치된 의견이 아직 없다. 하지만 최근의 과학적인 우주론의 발전에서 얻어진 일련의 의견들은 하느님과 우주의 존재에 대한 논쟁에 새로운 관점을 주었으며, 또 그러한 논쟁을 다시 불러일으킨다는 사실만큼은 의심할 여지가 없다.

---

6) 앞의 책.

5
생명이란 무엇인가?

하느님이 자신의 형상대로 사람을 창조하시니라.

창세기 1장 27절

우리 인간은 살아있는 기계들, 소위 유전자(遺傳子)라고 알려진 이기적인 분자들을 보존하도록 맹목적으로 프로그램이 입력된 로보트 기계들이다.

리차드 도우킨의 《이기적인 유전자》

신학자들에 따를 것 같으면, 생명은 최고의 기적이며, 인간 생명은 신의 우주 종합 계획 중에서 최상의 업적이다. 과학자들에게 있어서도 생명은 자연에서 가장 놀라운 현상이다. 약 1백년 전에 생명체의 기원과 진화에 관한 주제는 역사상 과학과 종교 사이에 가장 격렬한 충돌을 불러일으킨 논쟁의 원인이 되었다.

다아윈의 진화론은 기독교 교리의 기초를 뿌리채 뒤흔들어 놓았으며, 이것은 코페르니쿠스가 태양을 태양계의 중심에 놓은 이래로 그 어떤 선언보다도 일반인들에게 과학적인 분석이 대단히 폭넓은 의미를 지니고 있다는 것을 충분히 납득시켰다. 과학은 인간 자신과, 동시에 우주와 인간의 관계에 대한 우리의 전체 시각을 통째로 바꿔 놓을 수가 있는 것이다.

이 책은 기본적으로 물리학에 대한 책이며, 따라서 여기서는 다아윈의 진화론과 거기에 따른 교회의 반응, 또는 최근에 '창조론' 운동에서 일고 있는 반(反)다아윈 감정의 부활에 대해서는 세부적으로 다루지 않을 것이다. 그러한 주제는 다른 책에서도 자세히 읽을 수가 있을 것이다. 그 대신 이 장(章)에서는 살아 있는 유기체에 대한 과학자들의 견해를 살펴보면서, 다음과 같은 질문을 던져볼 작정이다. 생명이란 무엇인가? 동시에 생명이 존재한다는 것은 곧 하나의 신성한 영(靈)이 존재한다는 증거인가?

성경은 생명체가 신의 활약에 의해서 직접 창조된 것임을 아주 분명히 주장하고 있다. 여기에 따르면 생명은 천지창조 이후에 진행된 평범한 물리 과정의 결과로서 생겨난 것이 아니다. 대신에 하느님이 신령한 권능의 힘으로 선택적으로 처음에 동식물을 창조하고 나서 그 다음에 아담과 이브를 창조하였다. 물론 대다수 기독교인과 유대인들도 지금은 창세기의 비유적인 속성을 인정하고 있으며, 생명체의 기원에 대한 성서적인 속성을 액면 그대로 역사적인 사실이라고 주장하지는 않는다. 그렇긴 해도 생명체, 그중에서도 특히 인간의 신성한 속성은 계속해서 오늘날의 종교 교리의 중심 특징이 되고 있다.

생명은 신성(神聖)한가? 물리학자들에게 있어서 생명체의 두 가지 두드러진 특징은 '복잡성'과 '조직성'이다. 간단한 단세포 유기체까지도 그것이 아무리 원시적이라고 해도 인간의 그 어떤 정교한 발명품도 비교가 안될 만큼 복잡성과 정교함을 발휘하고 있다.

하나의 보기로, 차원이 낮은 박테리아를 생각해보자. 자세히 들여다보면 그 속에도 복잡한 기능과 형태의 조직망이 드러난다. 박테리아는 아주 다양한 방식으로 자신의 주변환경과 상호작용하면서 자신을 움직이고, 적을 방어하고, 외부의 자극을 향해 움직이거나 자극으로부터 멀어져가며, 어떤 통제된 방식으로 물질을 변화시킨다. 그것의 내부 기능은 조직면에 있어서 거대한 도시에 맞먹는다. 여러가지 통제가 세포핵에 의해서 행해지고 있으며, 그 안에는 역시 박테리아 자신의 복제를 가능케 해주는 화학적인 청사진이랄 수 있는 유전 '부호'가 담겨 있다. 이러한 모든 행위를 통제하고 지시하는 화학적인 구조물은 복잡하면서도 고도로 특수한 방식으로 연결된 수백만개의 원자들과 분자들을 포함하고 있다. 생명체의 화학적인 기초를 이루고 있는 가장 기본적인 것은 그 유명한 '이중 나선형' 구조를 갖춘 핵산 RNA와 DNA 이다.

우리는 여기서 생명체가 순전히 평범한 원자들로 만들어져 있다는 사실을 이해하는 것이 무엇보다 중요하다. 실제로 그것의 신진대사 기능은 주변환경 으로부터 새로운 물질을 획득하는 것이며, 못쓰게 되고 원치 않는 물질을 밖 으로 내보내는 일이다. 살아 있는 세포 속의 탄소와 수소, 또는 인(燐)같은 원자들은 바깥의 같은 원자들과 하나도 다르지 않으며, 거기 항상 모든 생물 체들의 안팎으로 드나드는 그러한 원자들의 끊임없는 교류가 있다.

그렇다면 분명히 생명은 그 조직체를 구성하고 있는 성분들로 환원(還元) 될 수가 없다. 생명은, 예를 들어 무게처럼 하나씩 쌓아올린다고 해서 저절 로 생겨나는 현상이 아니다. 왜냐하면 우리는 한 마리의 고양이나 한 송이의 제라늄이 살아 있는 것은 의심하지 않을지 모르지만, 그것들을 구성하고 있 는 고양이의 원자나 제라늄의 원자 하나하나가 살아있다는 표시를 찾는 데 에는 결국 실패하고 말 것이기 때문이다.

이것은 자주 역설적으로 들린다. 생명이 없는 원자들의 집합이 어떻게 생 명이 있는 것으로 되겠는가? 어떤 이는, 생명이 아닌 것에서 생명을 세우는 것은 불가능한 일이며, 따라서 모든 살아 있는 생명체 속에는 반드시 그것에 따른 비물질적인 성분인 생명력(生命力), 또는 신에게서 부여받은 영적인 알맹이가 있어야만 한다고 주장한다. 이것은 바로 고대의 활력론(活力論), 또는 생기론(生氣論)의 교리이다.

활력론을 주장하는 데 자주 사용되는 논리가 하나 있다. 생명체의 주된 특 징은 다음과 같은 것이다. 즉, 생명체는 마치 특별한 목적지를 향해 가는 것 처럼 어떤 목적을 가진 방식으로 움직인다는 것이다. 이러한 목적 지향적인 성격, 또는 '목적론'에 걸맞는 성질은 고차원의 생명체로 올라갈수록 더욱 뚜 렷이 나타나지만, 심지어 한 마리의 박테리아도 어떤 기본적인 임무를 달성 하려고 노력하고 있다는 인상을 준다. 이를테면 먹을 것의 획득 같은 것 말 이다.

1770년대에 루이기 갈바니(Luigi Galvani)는 개구리의 근육이 한 쌍의 금 속막대를 가까이 대자 경련을 일으킨다는 사실을 발견했으며, 이리하여 이 '동물 전기(animal electricity)'가 바로 생명의 신비한 영(靈)이 작용하고 있는 증거라고 결론을 내렸다. 사실, 전기가 어느 정도 생명력과 관계가 있다고 하는 믿음은 일종의 전기적인 방전을 통해 생명을 얻은 인공 괴물인 프랑켄슈타인(Frankenstein)*의 이야기에도 살아 있다.

최근 몇년 동안 소위 초현상(超現象)에 대하여 조사를 계속해온 연구가들은 영능력(靈能力)과 진보된 기술을 결합하여 신비한 생명력을 직접 탐지했다고 주장한다. 사람의 손가락뿐만 아니라 다양한 생명체에서 방사되어 나오는 흐릿한 광선과 반점들을 보여주는 불분명한 사진들이 제시되어 왔다.

불행히도 아직까지는 이러한 약간 애매한 관측이 실제적인 과학적 지지를 받지는 못하고 있다. 분명한 것은, 생명력이 그 스스로를 나타내는 유일한 길은 생명체를 통해서다. 살아 있는 것들은 생명력을 나타내며, 살아 있지 않은 것들은 그렇지 못하다. 하지만 그렇다고 해서 생명력이 생명 그 자체를 설명하는 것은 아니며, 이렇게 되면 생명력은 단순히 하나의 말뿐에 지나지 않게 된다. 왜냐하면, 한 인간이, 또는 한 마리의 물고기가, 또는 한 그루의 나무가 생명력을 가지고 있다고 말하는 것은 무엇을 의미하는가? 단지 그것들이 살아있다는 것 뿐이다. 애매하고 신비한 '실험'을 통한 생명력의 증명은 그것들이 계속해서 실험을 통해 반복될 수 없다는 것 때문에 평판이 별로 좋지 않으며, 일종의 사기에 지나지 않는다는 비난을 자주 받는다. 동시에 그 실험 결과를 진지하게 받아들이는 전문 과학자들도 거의 없는 형편이다.

생명력의 존재를 주장하면서 흔히 저지르기 쉬운 잘못은, 하나의 복합적인 시스템은 그것을 구성하고 있는 낱낱의 성분에는 있지 않은 하나의 성질을 전체적으로 가지게 된다는 사실을 생각하지 않는 일이다. 낱낱의 알맹이들이 모여 하나의 시스템을 이룰 때, 그 알맹이 하나하나에서는 찾아볼 수 없는 독특한 성질을 그 전체 시스템이 갖게 된다는 것이다. 이 독특한 성질은 낱낱의 구성 성분의 차원에서 볼 때는 의미가 없는 것이다.

다른 보기를 들자면, 수백만개의 작은 점들로 이루어진 신문의 얼굴 사진을 생각해보자. 개개의 점들을 자세히 들여다본다고 해서 얼굴이 나타나지는 않는다. 오로지 뒤로 한 걸음 물러나서 점들의 집합체를 전체적으로, 이를테면 낱낱의 점들을 무시하고 대충 볼 때만이 얼굴의 모습이 드러난다. 그 얼굴은 점 하나하나가 가지고 있는 성질이 아니라, 점들을 함께 모아놓았을

---

* 프랑켄슈타인-M.W. 셸리의 소설 《프랑켄슈타인(1818)》 속의 주인공으로 저를 만든 사람을 죽인 괴물이다.(역주)

때 생겨나는 특성이다. 그 특성은 전체의 형태 속에서 발견되지, 낱낱의 구성 요소 속에서 발견되는 것이 아니다.

이와 마찬가지로, 생명의 비밀은 개개의 원자들 속에서는 발견되지 않으며, 그것들의 결합 형태, 즉 분자 구조 속에 암호화된 정보에 따라 그것들이 합쳐지는 방식 속에서만 발견될 것이다. 이렇게 일단 하나의 집합체에서 돌연 솟아나는 성질의 존재를 인정할 수만 있으면, 생명력이 존재해야 할 필요성은 사라진다. 원자들에게 생명이 생기게 하기 위하여 바깥의 어떤 힘이 '생명을 불어넣을' 필요가 없으며, 원자들이 단순히 적당한 방식으로 뭉쳐지기만 하면 되는 것이다.

여기서 생겨난 관점의 차이는 종종 '통합주의(統合主義)' 대 '환원주의(還元主義)'라는 것으로 일컬어진다. 지난 3세기 동안의 서양 과학의 주된 흐름은 환원주의였다. 실제로 대단히 폭넓게 사용되는 '분석'이라는 단어는, 어떤 문제를 풀기 위하여 그것을 끝까지 쪼개고 나누는 과학자들의 대표적인 습관을 잘 말해준다. 그러나 어떤 문제는, 예를 들어 조각그림 맞추기 놀이 같은 것은, 나누는 것이 아니라 함께 맞추어야만 풀 수가 있다. 이것은 성질상 종합적이고 통합적이다. 조각그림 맞추기의 그림은 신문의 작은 점으로 이루어진 얼굴사진처럼 낱낱의 조각들의 차원이 아닌, 그보다 더 높은 차원의 구조에서만 알 수가 있다. 그 전체는 단순히 부분들을 합쳐 놓은 것보다 위대한 것이다.

과학의 환원주의는 19세기 물리학과 물질의 원자이론의 발달과 더불어 본격적으로 시작되었다. 또한 생명체가 분자 구조로 이루어졌다는 것을 밝혀내는 등 몇 가지 괄목할만한 성공적인 연구를 한, 더 최근의 생물학자들도 그러한 사상을 따르고 있다. 이러한 많은 연구 진전은 다른 여러 인간 탐구 분야에 있어서도 환원주의적인 접근을 하는 데 기운을 북돋아주었다.

그러나 만연하는 환원주의의 해로움에 대해서도 날카로운 비판이 행해졌다. 작가 아더 케슬러(Arthur Koestler)는 이렇게 말했다.

"맹목적으로 작용하는 힘의 상호작용만을 인정하고 그것의 가치와 목적과 의미가 설 자리를 부정하는 환원주의자들의 태도는 과학의 영역을 넘어 인간의 문화 전체, 심지어 정치 사조(思潮)에까지 안 좋은 영향을 미치고 있다."[1]

---

1) 아더 케슬러의 《오직 그것뿐?(Nothing But…?)》 (R. Duncan과 M.Weston-Smith 편저, 1979. Pergamon)

많은 비평가들은 생명체를 그저 우연한 결과로 생겨난 원자들의 뜻없는 집합체에 불과하다고 설명해버리려는 수작은 우리 자신의 존재 가치를 땅바닥에 떨어뜨리는 짓이라고 불평하고 있다.

기독교 교리의 열렬한 지지자인 영국 신경생물학자 도널드 맥케이(Donald MacKay)는 오늘날의 생물학자들 사이에 널리 유행하고 있는, 그의 말마따나 이러한 '텅 빈 술창고'라는 태도에 강력하게 도전한다. 《시계장치 영상(The Clockwork Image)》이라는 저서에서 그는 다음과 같은 보기를 들어 자신의 이론의 정당성을 역설한다.

우리가 도회지에서 흔히 보는, 수백개의 전구들이 모여 연속적으로 꺼졌다 켜졌다 하면서 하나의 메시지를 전하는 대형 네온사인 광고판을 상상해 보자. 전기 기술자는 전기회로의 이론에 따라 이 광고판의 시스템을 정확하고 완벽하게 설명할 수 있다. 각각의 전구가 어떻게 해서, 또한 왜 깜빡거리는지를 정확히 말할 수가 있다. 하지만 그렇다고 해서 이 광고판이 복잡한 회로 속의 전기 자극에 불과하다고 하는 주장은 옳은 게 아니다. 물론 전기에 관한 설명은 그것 자체의 설명 차원에 있어서는 잘못되었거나 불완전한 것이 아니지만, 광고판이 전하는 메시지 차원에 대해서는 아무런 설명이 없는 것이다. 메시지에 대한 것은 전기 기술자의 직업 차원에서 설명할 수 있는 영역을 초월해 있다. 메시지는 광고판의 기능을 전체적인 입장에서 살필때라야 분명해진다. 우리는 그 메시지가 하나하나의 전등보다 더높은 차원의 구조 속에 있다고 말할 수 있다. 그것은 통합적인 성격을 가지고 있는 것이다.

생명체의 경우에는 하나의 유기체가 원자들의 집합이라는 사실을 부정할 사람은 아무도 없을 것이다. 그런데 여기서 저지르기 쉬운 실수는, 그것이 원자들의 집합체에 불과하다고 못박는 일이다. 그러한 주장은 베에토벤 교향곡이 음표(音標)들의 집합에 지나지 않는다거나 또는 이광수의 소설이 단어들의 집합에 불과하다고 주장하는 것만큼이나 어리석은 일이다. 그 유기체가 갖고 있는 생명의 속성, 곡조가 갖고 있는 주제, 소설의 줄거리 등은 전체를 모아 놓았을 때에만 자연발생적으로 생겨나는 성질인 것이다. 이것은 구조 전체의 차원에서만 나타나는 성질이며, 개개의 구성요소 차원에서는 그저 무의미한 것일 뿐이다.

그렇다고 해서 구성요소 차원의 설명이 통합적인 설명과 모순되는 것은 아니다. 이 두 가지 관점은 상호보완적이며, 그것들 자체의 차원에서는 서로가 타당성을 지니고 있다(양자이론을 살피면서 우리는 또다시 서로 다르면서 상호보완적인 설명 체계와 만나게 될 것이다).

이러한 차원 구별의 중요성은 컴퓨터 오퍼레이터에게는 아주 익숙한 것이다. 현대의 전자 컴퓨터는 복잡한 전기회로와, 일련의 전기자극들이 통과하는 복잡한 스위치들의 그물로 이루어져 있다. 이것이 바로 컴퓨터에 대한 하드웨어(hardware) 차원의 설명이다. 한편 똑같은 전기적인 활동이 어떤 수학 방정식을 푼다든가 미사일의 궤도를 분석하는 등의 차원에서 설명될 수도 있다. 하드웨어보다 더 높은 차원에 있는 이러한 차원의 설명에는 프로그램이라든가 상징부호, 입력, 출력, 해답 등의 용어가 사용되는데 이것은 하드웨어 차원에서는 무의미한 말들이다. 컴퓨터의 구성요소인 스위치는 예컨대 어떤 제곱근을 계산하기 위하여 불이 들어오는 것이 아니다. 그것은 적당한 전압이 가해지고 물리법칙이 그렇게 할 수밖에 없게끔 만들기 때문에 불이 들어오는 것이다. 이렇듯 컴퓨터 기능에 대한 고차원적인 프로그램의 설명을 소프트웨어(software) 차원의 설명이라고 일컫는다. 컴퓨터 속에서 진행되고 있는 하드웨어와 소프트웨어의 설명은 둘 다 그 자체로서는 일리가 있는 것이지만, 의미 차원에서는 질적으로 다른 것이다.

환원주의와 통합주의의 대립은 더글라스 호프스태터(Douglas Hofstadter)의 기념비적인 작품인 《괴델, 에셔, 바하(Gödel, Escher, Bach)》*에 설득력 있게 묘사되어 있다. 그 책 속의 기가 막힌 〈개미 둔주곡(Ant fugue)〉은 한 개미 집단의 공동체적인 운명에 대한 조사를 통하여 차원을 혼동할 때 생기는 함정을 잘 설명해준다.

개미들은 각각의 일개미와 개미집단 전체라는 두 차원의 엄격한 구별에 바탕을 둔, 빈틈 없고 고도로 조직이 짜여진 사회구조를 가지고 있다. 비록 각각의 일개미는 어쩌면 오늘날의 마이크로 프로세스 기계에도 못미치는 매우 제한된 활동 범위를 갖고 있지만, 그러나 개미 집단 전체는 목적과 지성

---

* 풀리처 상에 빛나는 호프스태터의 이 걸작에 대하여 마틴 가드너(Martin Gardner)는 사이언티픽 아메리칸(Scientific American)지에서 다음과 같이 평했다. "수십년에 한번씩 한 무명의 작가가 대단히 심오하고, 기지에 넘치며, 아름답고, 독창적인 작품을 발표하여 당장에 걸작으로 평가받는 경우가 있다. 이 책이 바로 그러한 책이다." 이 작품은 독일의 수학자 괴델, 화가 에셔, 음악가 바하를 소재로 통합주의의 극치를 보여주고 있으며, 나아가 동양의 선(禪)과의 비교를 꾀하고 있다. 실로 대단한 가치를 지니고 있고, 많은 극찬을 받은, 우리에게 새로운 세계관을 제시해주는 책이다. 역자는 이 책을 우리 말로 옮기는 작업을 진행중이다. (역주)

을 분명히 가지고서 행동한다. 개미집단의 집구조는 다양하고 정교한 공학적인 설계를 보여준다. 분명 각각의 개미에게는 그러한 전체적인 설계를 할 수 있는 정신적 개념이 없다. 각각의 개미는 그저 일련의 단순한 기능을 수행하기 위하여 프로그램이 입력된 자동인형일 뿐이다. 이렇듯 개미 한 마리 한 마리의 차원은 하드웨어 차원의 설명과 비슷하다.

이제 그 개미집단을 전체적으로 생각해보자. 그러면 당장에 하나의 복잡한 형태가 나타난다. 컴퓨터의 소프트웨어 차원의 설명에 해당하는 이러한 통합적인 차원에서는, 목적을 가진 행위와 조직 등의 성격이 명백히 드러난다. 집단으로 모였을 때 전에는 없던 하나의 형태가 나타나는 것이다.

호프스태터는 이러한 두 차원의 설명이 서로 모순되거나 적대적이지 않다고 주장한다. 그는 "세상은 통합주의의 시각에서 이해해야 하는가, 아니면 환원주의의 시각에서 이해해야 하는가?"라는 질문이 전혀 가치가 없다고 대놓고 비난한다. 그것은 오로지 우리가 알고자 하는 것이 무엇이냐에 달려 있다는 것이다. 호프스태터는 이러한 관점은 동양에서 이미 오래전부터 깨달아온 것이라고 지적하면서, 동양의 신비한 선(禪)에서 그것과 비슷한 표현들을 찾는다.

설령 우리가 각각의 개미를 근본적인 유기체로 생각하는 데에 익숙해져 있다 해도, 어떤 의미로는 개미집단 역시 하나의 유기체이다. 사실 우리 자신의 육체 역시 집단적인 조직 속에서 서로 협동하는 수십억개의 세포들로 이루어진 하나의 집합체이다. 그 세포들의 결합은 개미집단 속의 개미들보다는 단단하지만, 그러나 각각의 일꾼과 전체 조직의 구분이라는 기본 원리는 똑같다.

개미집단 전체에는 낱낱의 일개미가 갖고 있지 않은 통합적인 성격이 존재하듯이, 거기 마찬가지로 세포집단에도 그러한 특징이 있다. 개미집단이 단지 일개미들의 집합체에 불과하다고 말하는 것은 집단의 전체적인 행동의 참모습을 간과하는 것이다.

그것은 마치 컴퓨터의 프로그램이 진짜가 아니며 단지 일련의 전기자극에 불과하다고 말하는 것처럼 잘못된 것이다. 이와 마찬가지로, 하나의 인간 존재가 수십억개의 세포들의 집합에 지나지 않으며, 세포들 자신은 다시 DNA와 그밖의 것들의 집합에 지나지 않고, 이것들은 또다시 원자들이 꿰어진 것에 지나지 않으며, 따라서 생명은 아무런 의미가 없는 것이라고 결론을 내리는 것은 멍청한 짓이다. 생명은 하나의 통합적인 현상인 것이다.

생명이란 무엇인가 109

　생명이 통합적인 성질을 갖고 있다는 사실을 이해하면 생명력이라는 낡은 생각이 무리 없이 떨어져나간다. 왜냐하면 그것 역시 차원의 혼동에서 생겨난 생각이기 때문이다. 생명이 없는 물질을 '살리기' 위해서는 거기에 어떤 마술적인 힘이 작용해야 한다는 생각은, 전기 스위치들이나 개미들이 집단적으로 기능을 발휘할 수 있으려면 각 구성원에게 '계산하는 능력'이나 또는 하나의 '집단적인 영(靈)'이 주어져야 한다고 믿는 것처럼 잘못된 생각이다. 만약 원자 알맹이들을 적당한 형태로 조립하여 인공적으로 하나의 완벽한 박테리아를 만드는 것이 가능하다면, 그 어떤 '자연적인' 박테리아처럼 모든 구성원들이 살아 있다는 것에는 의심할 여지가 없다.

　물리학자들은 이미 오래 전에 물질계를 순전히 환원주의의 입장에서 접근하려는 태도를 버렸다. 이것은 특히 양자이론에서 더 강한데, 이 이론이 의미 있어지려면, 무엇보다도 관찰 행위에 대한 통합적인 시각이 기본적이다 (제8장 참조할 것). 그러나 통합철학이 물리 과학 전체에 고루 영향을 미치기 시작한 것은 단지 최근 몇년의 일이다. 이러한 변화 추세는 나아가 '전인(全人)치료'에 역점을 두는 몇몇 의료 모임, 또한 다수의 심리학자들과 사회학자들의 호응을 얻기 시작하였다. 통합 과학은 순식간에 일종의 교파(教派)같은 것으로 발전했는데, 이는 아마도 그것이 부분적으로 동양의 철학과 신비주의에 맥락을 같이 하기 때문일 것이다. 이러한 변화 무드는 카프라 (F. Capra)의 《물리학의 도(Tao of Physics)》, 쥬커브(G. Zukav)의 《춤추는 물리 도사들(The Dancing Wu Li Masters)》*에 잘 파악이 되어 있는데, 이 책들은 현대 물리학과 동양 전통의 통합적인 세계관이 개인과 우주 운명의 '하나됨(oneness)' 등의 시각처럼 기막히게 일치한다는 것을 밝힌 내용이다.

　통합적인 시각에서 보면 생명력이라는 개념이 필요 없어진다는 사실을 일단 힐정하면, 당장에 다음과 같은 질문이 떠오른다. 과학은, 특히 물리학은, 생명을 포함한 모든 통합적인 현상에 대하여 어떠한 설명을 할 수 있는가? 넓은 범위의 통합물리학을 개발하려는 생각이 데이비드 보옴(David Bohm)의 저서 《전체성과 그 속에 담긴 질서(Wholeness and Implicate Order)》에서 시도되었다. 생물학적인 시스템들을 다루면서 보옴은 이렇게 말한다. "생명 그 자체는 어떤 의미에서 하나의 전체성에 속한 것으로 여겨야만 한다."[2]그

---

* 카프라의 책은 《현대물리학과 동양사상》(범양사, 이성범과 김용정 공역, 1979), 쥬커브의 책은 《춤추는 물리》(범양사, 김영덕, 1981)로 번역이 되었다.(역주)

는 계속해서 주장하기를, 생명은 전체 시스템이라는 보따리 속에 '싸여' 있다는 것이다. 그 전체 시스템 속에는 우리가 숨쉬는 공기와 같이 의심할 여지없이 무생명인 부분들까지 포함되어 있다. 그 공기의 분자들은 언젠가는 우리의 육체 속에 통합될 것이다.

사실 물리학은 이미 일 세기 전에 통합적인 현상을 극복할 수 있을 정도로 발전하였다. 맥스웰(James Clerk Maxwell)과 루드비히 볼츠만(Ludwig Boltzmann)의 작업을 통하여 열역학에 관한 주제에 도달했던 것이다. 이들은 방대한 분자들의 집합이 가지고 있는 통계적인 속성으로부터 열역학의 속성을 밝혀내려고 시도하였다. 열역학은 생명체에 있어서는 핵심이랄 수 있는 중요한 의미를 지닌 주제이며, 이따금 생물학적인 과정과 모순된 관점을 보일 수도 있다.

그 모순은 생명체의 본질이랄 수 있는 '질서'와 관계된 것이다. 앞에서 살펴본 대로, 질서의 변화에 관한 법칙인 열역학 제2법칙은 언제나 무질서가 증가한다고 말한다. 그런데 생명체의 진화는, 계속해서 증가일로에 있는 질서를 말해주는 대표적인 예이다. 생명체가 지구의 전역사를 통하여 계속해서 더 복잡하고 정교한 형태로 진화해왔듯이, 질서도 계속해서 증가해왔다. 이것은 제2법칙과 모순이 아닌가? 나아가 이것은 어떤 절대자가 기적의 힘을 빌어 생명체의 진화 과정에 계속해서 질서를 심어주고 있다는 증거가 아닐까?

그러나 자세히 살펴보면, 생물학과 제2법칙에는 아무런 모순이 없다는 것이 드러난다. 열역학 제2법칙은 언제나 '전체' 시스템과 관계가 있다. 다른 곳에 엔트로피(무질서)를 증가시키는 댓가로 한 장소에 질서를 쌓는 일이 가능하다. 그런데 생명체의 근본적인 특징은 그것들이 항상 주변 환경과 '통해' 있다는 것이다. 생명체는 어떤 식으로든 완벽하게 싸매지거나 차단될 수가 없다. 생명체는 오로지 주위 환경하고 에너지와 물질을 교환해야만 살아남을 수 있다. 한 쪽에서 높아진 질서와 거기에 따른 댓가로 다른 한 쪽에서 높아진 무질서를 더하고 빼보면, 한 조직체 내에서 질서가 증가하면 반드시 주변의 폭넓은 환경이 무질서해진다는 것을 알 수 있다. 어떤 경우든지 절대로 에누리 없는 엔트로피(무질서) 증가가 뒤따른다.

사실 무생물 조직체 속에도 질서가 높아져가는 예들도 많이 있다. 형태가

---

2) 데이비드 보옴의 《전체성과 그 속에 담긴 질서》(Routledge & Kegan Paul 1980)

없는 액체에서 결정체가 형성되는 것 등은 지역적으로 질서가 증가한다는 사실을 말해준다. 그러나 이 경우에도 자세히 조사해보면, 반드시 그 댓가로 열(熱)이 생겨나며, 이 열은 주변 물질의 엔트로피를 증가시킨다.

살아있는 물체는 반드시 에너지를 필요로 한다고 사람들은 대개들 믿고 있다. 하지만 그것은 꼭 정확한 것만은 아니다. 물리학은 우리에게 에너지는 보존된다는 것을 말해준다. 즉, 에너지는 창조되거나 파괴될 수가 없다. 당신이 음식을 먹고 소화할 때 약간의 에너지가 당신의 몸에서 흘러나와 열이나 또는 활동에 의한 작업의 형태로 주변에 흩어져버린다. 당신의 육체 속의 에너지 총량은 조금도 변화하지 않는다. 단지 육체를 통한 에너지의 '흐름'이 일어나고 있을 뿐이다. 섭취한 에너지의 질서 또는 엔트로피 감소에 의해서 이 흐름이 이루어진다. 뛰어난 양자물리학자인 어윈 슈뢰딩거(Erwin Schrödinger)는 그의 책 《생명이란 무엇인가?(What is life?)》에서 그것을 이렇게 표현하였다.

하나의 유기체는 '질서의 흐름'을 그 자신에게 집중시키는 놀라운 재능을 가지고 있으며, 그래서 원자 혼돈으로 붕괴해 들어가는 것을 피할 수가 있다. 주변의 적절한 환경으로부터 '질서를 섭취하는' 재능 말이다.[3]

생명이 물리학의 기본법칙에 어긋나지 않는다는 확신을 가졌다고 해서, 어긋나지 않는다는 그 사실 하나만으로는 물리법칙이 곧 생명을 설명해준다고 말할 수는 없다. 원자와 분자의 행동 법칙에 대한 완벽한 지식을 갖고 있다고 해서, 그 법칙만 가지고 생명의 존재를 설명할 수 있다고 믿는 물리학자는 없다. 그러나 그것은 적어도 '생명력'의 필요성을 주장하는 함정에는 빠지지 않게 해 준다.

열기관에만 익숙한 어떤 기술자가 생전 처음으로 발전기를 보게 되었다고 하자. 그는 발전기의 구조를 자세히 살핀 다음 그것이 자신이 이해하지 못하는 어떤 원리에 따라 작동한다는 것을 알게 될 것이다… 구조의 차이를 통해 그는 아주 다른 기능 방식이 있다는 것을 인정하게 된다. 그 발전기

---

3) 슈뢰딩거(E.Schrödinger)의 《생명이란 무엇인가?(What is life?)》(1946년 캠브리지대학 출판부) p.77. 이 책은 슈뢰딩거의 다른 걸작인 《의식과 물질(Mind and Matter)》(1958)과 함께 1967년에 다시 합본이 되어서 캠브리지대학 출판부에서 발간되었다.

가 스위치를 올리기만 하면 불때는 아궁이나 증기가 없이도 돌아간다고
해서, 그것이 유령에 의해서 작동되는 것이라고 의심하지는 않을 것이다.[4]

이와 마찬가지로, 생명체는 아직 우리가 이해하지 못하는 물리법칙에 따
라 기능하고 있는지도 모른다. 비록 그것의 구성원—원자나 분자들—에 작용
하는 물리법칙은 우리가 알고 있을지라도 말이다. 다시 말하면 집단적인 행
동은 그것의 구성원들의 관점에서는 이해할 수 없는 것인지도 모른다.

그런데, 살아 있는 물체와 살아 있지 않은 물체가 똑같은 물리법칙에 지배
를 받는다고 한다면, 어떻게 똑같은 법칙이 그토록 질적으로 다른 행동을 낳
을 수 있는가 하는 미스테리가 뒤따른다. 그것은 마치 물질이 두 가지 방향
으로 갈라질 수 있는 것과 같다. 하나—생명이 있는 것—는 더욱 질서있는 상
태를 향하여 진화해나가고, 다른 하나—생명이 없는 것—는 열역학 제2법칙의
영향 아래 갈수록 더욱 무질서해진다는 것이다. 그런데도 두 경우 모두 그
기본적인 구성 성분—원자들—은 똑같다.

하나의 집합체에 어디선가 나타나는 질서, 이것에 관계된 원리를 밝히는
연구가 최근 몇년간 상당히 진전되었다. 각각의 구성원에게는 존재하지 않던
생명이 그 집합체에 나타난다고 하는 이 '기적'은, 어찌 보면 스스로 자기조
직(self-organization)을 꾀할 수 있는 무생물체의 연구를 통해 그 신비가 벗
겨질 가능성이 있다. 여기에는 많은 보기들이 있다. 단순한 예로, 밑에서 열
을 가하면 액체는 규칙적인 형태로 각 층마다 열을 전달하면서 스스로 자신
을 조직화하여 끓는 온도에 도달하며, 그 규칙적인 형태 속에서 수많은 분
자들이 분명히 확인할 수 있는 어떤 흐름으로 일관성 있게 움직인다.

액체에 대한 연구를 해보면, 그 시스템이 열평형에서 멀어질 수밖에 없도
록 자연적으로 질서가 생겨나는 예들이 참으로 많다. 그 가운데 하나는, 액
체의 흐름 속에 나타나는 소용돌이와 관계가 있다. 지구에서 이것은 대기를
순환시켜 회오리바람이나 그밖의 다른 대기 교란을 일으키게 한다. 목성의
표면에서도 이와 비슷한 과정이 원인이 되어 매우 독특하고 아름다운 모습
을 연출한다.

질서가 자발적으로 생겨나는 가장 주목할만한 예는 특수한 화학반응에서
찾아볼 수 있다. 소위 벨루소프-자보틴스키 반응(Belousov-Zhabotinski reac-

---

4) 앞의 책, p.76

생명이란 무엇인가 113

tion)에서, 시험관 속의 화학적 혼합물은 얕은 접시 위에 매우 아름다운 나선형태의 줄무늬를 만든다.

[그림9] 하나의 가는 전선 위를 흐르는 액체의 흐름은 여기에 묘사된 정교한 소용돌이를 낳는다. 이것은 목성 표면의 독특한 모습을 생각나게 한다(이 그림은 데이빗 트리톤(David Tritton) 박사의 호의로 다시 베낀 것이다.)

자기 조직의 능력을 가진 시스템에 대한 체계적인 연구는 노벨상 수상자인 화학자 일리야 프리고진(Ilya Prigogine) 및 브뤼셀 대학에 있는 그의 대규모 연구팀에 의해서 진행되었다. 또한 맨프렛 아이겐(Manfred Eigen)의 선구자적인 작업에 대해서도 한 마디 안 할 수 없으리라. 프리고진은 자기조직의 메카니즘을 발견하려는 목적만이 아니라 그것을 설명하기 위한 엄격한 수학적인 논리를 제공하기 위한 목적으로 연구를 진행하였다. 대개의 경우 생명체의 단순한 행동 양식을 설명하는 방정식들은 무기화학 반응에 적용되는 방정식들과 똑같다.

프리고진은 생명의 비밀을 쥐고 있는 원리들이 이러한 액체들의 운동이나 화학적 혼합물과 같은 단순한 예들을 통하여 증명될 수 있다고 믿는다. 이 여러 예들을 연결짓는 특징은, 해당 시스템들은 열평형 상태로부터 멀어져 가면서 자발적으로 그것들 자신을 넓은 규모로 조직화한다는 것이다. 그는 이러한 자기조직을 '흩어지는 구조(dissipative structures)'라는 용어로 설명한다.*

---

* 자기조직은 생명체에만 한정된 것이 아니라 어떤 화학적 시스템에서도 일어나는데, 일리야 프리고진은 그러한 화학적 시스템을 연구해서 그 작용을 설명하는 자세한 역동적 이론을 발전시켰다. 화학적 시스템들은 신진대사 과정을 통하여 다른 구조를 파괴하여 자신의 구조를 유지 발전시켜 나가는데, 이때 주위로 엔트로피(무질서)가 흩어져버린다는 것을 표현하기 위하여, 프리고진은 그 시스템을 '흩어지는 구조'라고 불렀다. 이것은 전문용어로 산일(散逸)구조라고 한다.(역주)

일리야 프리고진의 작업이 열평형에서 멀어져가는 물리적인 구조물들에 대한 이해를 크게 높여주었다는 것은 의심할 여지가 없으며, 또한 살아 있는 유기체들과 마찬가지로 무생물 시스템에서도 그러한 형태가 존재한다는 것을 알 수 있게 도와 주었지만, 그러한 결과에 지나치게 집착하는 것은 어리석은 짓이다. 공통된 행동 양식이 공통된 설명을 뜻하지는 않는다. 벤젠 분자의 종(鍾)모양은 어린이들의 놀이인 '링어링 오 로우지즈(ring-a-ring o'-roses)'를 생각나게 하지만, 그것들이 서로 비슷하다고 해서 벤젠 분자의 모양이 인간 행동을 설명해주지는 않는 것이다.

그러나 자기조직 시스템의 연구가 입증하는 것은, 생명체가 가지고 있는 복잡한 질서는 생명력이나 절대자의 개입이 아니더라도 열평형에서 멀어져 가려는 물리적인 과정에 의해서 생겨난 것일지도 모른다는 것이다. 이것은 아직 확실하게 파악되고 있지는 않지만 매우 설득력이 있다.

대개의 종교인들은, 일단 생명체가 지구상에 생기고 나서부터는 그 다음에 일어난 번식과 발전은 다아윈의 진화론에 결합된 물리 및 화학법칙을 가지고 충분히 설명할 수 있다는 것을 인정한다. 예컨대 DNA 나선이 그 자신을 화학적으로 복제하여 재생산하는 것은, 거기에서 하나의 복잡하고 기계적인 과정만 진행된다면 일은 간단해 보인다. 그러나 생명의 '기원'은 무엇인가?

생명의 기원은 가장 큰 과학의 미스테리로 남아 있다. 핵심이 되는 수수께끼는 '문지방' 문제이다. 유기체의 분자들이 어느 한계 이상의 복잡성을 이루었을 때만이 그것들은 '살아있는' 것으로 여겨질 수 있다. 그래야만 그것들은 안정된 형태로 거대한 양의 정보를 암호화하고, 자기 복제를 위한 청사진을 저장하는 능력을 지닐 뿐 아니라 실제로 자기복제를 행할 수가 있다. 문제는 어떻게 해서 어떤 초자연적인 힘의 도움이 없이 평범한 물리 화학적인 과정만으로 그 '문지방'을 넘어설 수 있을까 하는 것이다.

지구의 나이는 대략 45억년이다. 화석에 남아 있는 흔적에 따르면 생명체의 역사는 최소한 35억년까지 거슬러 올라가며, 어쩌면 그 이전에도 몇 가지 형태의 원시적인 생명체가 존재했을 것이다. 그렇다고 한다면 생명체는 이 지구가 태양계의 탄생 충격에서 벗어나 적절히 식자마자 재빨리 이 지구 위에 정착한 것이 된다. 이것은 다음의 사실을 암시한다. 생명체를 낳는 데에 어떤 메카니즘이 작용했든간에 그 메카니즘은 대단히 효과적이었다는 것이다. 따라서 이러한 관찰을 통해 과학자들은 올바른 물리 화학적인 조건만 주어지면 생명체의 탄생은 거의 필연적인 결과라고 결론을 내릴 수가 있게 된다.

생명체의 탄생을 말해주는 괜찮은 시나리오는 '원시 스프(primeval soup)'에 관한 것이다. 물의 충분한 공급, 그리고 대기 속에서 화학반응에 의해 형성된 단순한 유기적 성분들이 풍부했던 초기 지구는 광범위한 화학반응들이 일어날 수 있는 수없이 많은 연못과 호수를 갖고 있었을 것이다. 수백만년의 세월 동안 더욱 더 복잡한 분자들이 만들어져서 마침내 '문지방'을 넘어섬과 동시에 생명체 그 자체가 순전히 이러한 복잡한 분자들의 자기조직을 통하여 탄생했을 것이다.

이 시나리오가 어느 정도 타당성이 있다는 것을 1953년에 행해진 밀러-유레이 실험(Miller-Urey experiment)이 밝혔다. 시카고 대학의 스탠리 밀러(Stanley Miller)와 해럴드 유레이(Harold Urey)는 원시지구에서 우세했다고 생각되는 상황을 실험실에서 재구성하였다. 메탄과 암모니아와 수소가 담긴 대기, 물웅덩이, 그리고 번개가 그것이었다. 번개는 전기불꽃으로 대신하였다. 며칠 뒤 실험자는 물웅덩이가 붉은 색으로 변했으며, 그 안에 오늘날 생명체에 무척 중요한 아미노산 따위의 화학적 성분들이 다량 포함되어 있음을 발견하였다.

이러한 실험 결과들이 용기를 주긴 하지만, 거기 그러한 스프를 그냥 내버려두었을 때 아무리 수백만 년이 흐른다 해도 단지 화학적인 결합만으로 과연 저절로 생명체가 생겨날 수 있을까는 아직 의문이다. 간단한 확률 계산에 따르면, 스프 속의 분자들이 마구잡이식으로 결합된 끝에 유전 부호를 가진 복잡한 분자 DNA가 저절로 배합될 가능성은 생각할 수 없을 정도로 형편없이 적다. 가능한 분자들의 결합이 너무나 많기 때문에 순전히 우연에 의해서 적절한 결합이 이루어질 가능성이란 사실상 제로(0)에 지나지 않는다.

그러나 프리고진의 작업은 만일 열평형 상태로부터 떨어져 나올 수만 있다면 많은 시스템들이 자발적으로 자신들을 조직화 한다는 것을 증명해준다. 따라서 가만히 죽치고 앉아 있기보다는 열평형을 교란시키는 어떤 외부적인 영향에 의해서 이리저리 뒤섞이면서 원시 스프는 좀더 복잡한 자기조직 반응을 해 나갔을 것이다. 이 외부의 영향은 단순히 태양이었을 수도 있다. 태양에서 전해지는 강력한 열은 지구상에 비평형 상태(엔트로피 감소)를 낳아 오늘날처럼 지구의 생물권 전체를 먹여 살린다. 또는 다른 어떤 영향이었는지도 모른다. — 그것은 아무도 알 수가 없다. 이러한 일련의 반응을 통하여 생겨난 최종적인 산물은 DNA였을 것이다.

결론적으로 말해, 생명체가 생성되기 이전에 모든 필수적인 성분들을 포함하고 있는 어떤 원시 스프가 존재했으며, 그 원시 스프가 외부의 영향을 받아 자신을 조직화하고 보강하고 재생해 나가면서 점점 높은 차원의 질서 체계를 갖추어서는 마침내 환상적으로 생명의 '문지방'을 넘는다고 하는 것을 상상하기란 실로 어려운 일이다. 밀러-유레이 실험에서 얻어진 생명의 재료가 되는 물질과, 완전히 성숙하여 자신을 복제까지 할 수 있는 복잡한 분자 구조 사이의 중간 단계에 대해서는 아직 과학적으로 해명되지 않고 있다. 생명의 기원은 여전히 하나의 미스테리로 남아 있으며, 과학자들 사이에서도 논란이 많다. 실제로 1950년대 초기에 DNA의 분자 구조를 밝혀내어 세기적인 발견으로 평가받은 프란시스 크리크(Francis Crick)조차도 이 문제에 대해서는 대단히 신중하다.

현재로서는 생명의 탄생이 매우 희귀한 사건이었다거나, 또는 거의 확실히 일어날 사건이었다고 결론을 내리는 것은 불가능한 일이다…있음직하지 않은 어떤 일련의 사건이 일어날 확률에 숫자상의 값을 매기는 것은 거의 불가능해 보인다.[5]

그렇긴 하지만 현재의 이해가 부족하다고 해서 '기적'에 호소할 수는 없으며, 미래의 연구는 현재 우리가 놓치고 있는 세부적인 사실들의 상당 부분을 보충해줄 것이다.

설령 앞으로의 연구를 통하여 생명의 탄생이 실로 환상적이고 기적적인 사건이었음이 밝혀진다고 해도, 무한한 수의 별들을 가진 무한한 크기의 우주를 믿는 사람들은 확률을 두려워할 필요가 없다. 무한한 우주에서는, 일어날 가능성이 있는 것은 무엇이든지 반드시 어디에선가 일어나도록 되어 있다.

생명체의 연구, 그것의 기원과 기능에 대한 연구는 창조주가 존재한다는 어떤 증거를 주는가? 우리는 현대과학자들이 생명체의 탄생을 하나의 메카

---

5) 크리크(F. Crick)의 《생명-그 기원과 본질(Life Itself: Its Origin and Nature)》 (1982년 Macdonald / Simon & Schuster)

니즘으로 여기고 있으며, 거기에 생명력이라든가 그밖의 다른 비물질적인 성질이 존재한다는 어떤 실제적인 증거도 아직 발견하지 못하고 있음을 보아왔다. 비록 자기조직 시스템에 대한 훌륭한 연구 결과로 인해 생명은 반드시 생명에서 생긴다는 설득력 있던 유생기원론(有生起原論)의 기계적인 해석이 흔들리고는 있지만, 아직 생명의 기원은 전혀 밝혀지지 않은 것이나 마찬가지다. 생명체가 엔트로피 감소를 이끌어들일 수 있는 독특한 능력을 갖고 있다고 해서 열역학 제2법칙이 부정되는 것은 아니며, 동시에 생물학적인 기능들을 통제 감독하는 물리법칙들이 아직은 어렴풋하게 이해되고 있긴 하지만 생명체가 지금까지 알려진 물리 화학법칙에 모순되게 행동한다는 증거는 전혀 없다.

물론 사실이 그렇다고 해서 창조주의 존재가 부정되는 것은 아니지만, 어쩌면 토성의 고리나 목성 표면의 독특한 모습과 같은 생물학적인 과정에는 더이상 신적인 행위가 필수적인 것이 아닐지도 모른다. 생명체는 정도의 차이를 제외하고는 다른 복잡한 조직체들과 뚜렷이 다르지는 않은 것처럼 보인다. 생명의 기원에 대한 우리의 무지(無知)는 신적인 힘이 개입했을 가능성을 시사하긴 하지만, 그러나 그것은 어찌 보면 '틈을 메꾸기 위해' 하느님을 이끌어들이는 것처럼 대단히 부정적인 태도이다. 이러한 태도는 과학이 발전함에 따라 여지 없이 부정될 가능성이 있다. 그 대신 생명을 우주의 다른 시계장치들과 분리된 기적으로 여기지 말고 우주 전체의 기적에 포함된 하나의 기적으로 생각하는 것이 어떤가?

생명체의 탄생이 자연적인 과정이라는 과학자들 사이의 일반적인 믿음은, 우주의 다른 곳에도 생명체가 존재할 가능성이 있다는 추측에 용기를 주었다. 물론 이것은 논란의 여지가 많은 주제이며, 그것을 여기서 따져보지는 않을 것이다. 몇몇 사람들은 바이킹 화성 탐사호의 실험을 통하여 화학반응이 입증되었다고 주장하기는 하지만, 외계 생명체의 존재에 대한 긍정적인 증거는 현재까지는 아직 없다. 그래도 우리 은하계만 해도 수십억개의 혹성들이 있으며, 어떤 과학자는 우주는 생명체로 넘실거린다고 확신하고 있다. 실제로, 호일(Hoyle)과 크리크(Crick)는 둘 다 지구의 생명체가 본래 우주공간에서 왔을지도 모른다고 생각하고 있다.

외계 생명체의 존재 가능성은 인간보다 훨씬 더 높은 지성을 가진 생명체가 존재할 전망을 불러 일으킨다. 왜냐하면 지구의 나이는 우주의 절반에도 못미치며, 수십억년 전부터 진화를 거듭해온 지적인 생명체가 사는 별들이 있을 수 있기 때문이다. 그들의 지성과 기술은 우리들보다 상상할 수 없을 정도로 뛰어날지도 모른다. 그러한 능력을 가진 존재들은 우주의 더 넓은 지역을 다스릴 수 있을지도 모른다. 비록 우리는 그들의 활동에 대한 증거를 포착하지 못하였지만 말이다.

외계 지성체의 존재는 종교에 깊은 영향을 미치며, 인간과 창조주의 특별한 관계에 대한 전통적인 시각을 뿌리째 뒤흔들어 놓는다. 특히 예수 그리스도가 지구상의 인간을 구원하기 위하여 인간의 모습으로 이 땅에 온 하느님의 화신이라고 주장하는 기독교의 경우는 문제가 한층 심각할 것이다. 수많은 '외계인 그리스도들'이 순서에 따라 각각의 별에 사는 피조물들의 모습을 하고서 모든 생명체가 거주하는 혹성들을 방문한다는 것은 어떻게 보면 터무니없는 생각이다. 그래도 그렇게 하지 않으면 다른 외계인들은 어떻게 구원을 받는단 말인가?

바야흐로 우리의 기술문명은 우주시대에 접어들었고, 또한 많은 사람들이 유 에프 오(UFO)의 존재를 인정하고 있음에도 불구하고, 아직 세계의 주요 종교들은 '외계차원'에 대해서는 거의 관심을 쏟지 않고 있다. 이러한 주제를 다루는 몇 안되는 신학자 중의 한 사람인 어난 맥뮬린(Ernan McMullin)은 이렇게 말한다.

"하느님과 우주의 관계를 논할 때 외계 존재를 무시하는 종교는 앞으로 다가오는 시대에 사람들의 동의를 얻는 것이 갈수록 어려워질 것이다."[6]

외계의 신학자들은 이 문제에 대하여 어떻게 이야기하고 있을지 실로 흥미있는 일이다.

창조주에 대한 탐색을 해나가다 보면, 생명의 출현이 자연스러운 과정이든 아니면 기적의 힘에 의한 것이든간에 그것은 우주가 어떤 목적을 가지고 있다는 강력한 증거를 시사해준다. 그러나 전체로 봐서는 생명체는 복잡성의 구조를 띤 단지 하나의 단계에 지나지 않는다. 생명체는 '의식(意識)'을 위한 하나의 주춧돌, 하나의 수단이라는 점에서 중요성이 있으며, 이제 우리는 의식에 대한 주제로 여행을 떠나게 될 것이다.

---

6) 맥뮬린의 앞의 책, p.47

6
의식과 영혼

나는 생각한다. 그러므로 존재한다.

르네 데카르트

나는 인간의 자아(自我) 또는 영혼은 시공간의 법칙에 지배되지 않는다
고 믿는다.

칼 구스타프 융

신(神)의 본질에 대한 의견 차이는 있지만, 종교치고 신이 하나의 의식체
(意識體)*라는 말을 하지 않는 종교는 없다. 기독교에서는 하느님은 전지(全
知)한 존재, 즉 모든 것을 다 아는 존재이다. 그는 또한 무한히 자유롭게 자
신이 원하는대로 행동할 수 있다. 즉 전능하다. 세상에서 신의 의식보다 더

---

* 의식, 생각, 정신, 마음, 영혼, 영 등의 여러 가지 표현이 약간씩 다른 뜻으로 사용되긴 하나, 여
기서는 그 모두에 두루 걸친 뜻으로 '의식'이라는 말을 사용하고 있다.(역주)

큰 의식은 없다. 신은 최고의 절대적 존재이기 때문이다.

그러면 의식이란 과연 무엇인가?

목하 열띤 논쟁에 휘말려 있는 이 문제는 오랫동안 신학자와 철학자들 사이에서 토론되어왔다. 그러나 오늘날 의식의 연구는 과학의 영역 안에도 들어온다. 심리학과 정신분석, 더 최근의 두뇌연구를 통한 컴퓨터와 소위 '인공지성'이라는 분야가 바로 그것이다. 이러한 연구를 통해 새롭게 발견된 사실들은 의식의 정체, 그리고 의식과 물질계의 관계에 아주 다른 시각을 열어준다.

이것이 종교에 미치는 영향은 심각하다. 우리가 직접적으로 경험할 수 있는 의식은 오로지 두뇌에 연결된 것이다(물론 논쟁의 여지는 있지만 컴퓨터 속에 담긴 의식도 생각해볼 수 있다). 신이나 또는 육체를 떠난 영혼이 두뇌를 가지고 있다고 심각하게 생각할 사람은 아무도 없다. 그렇다면 물질계와 분리된 의식체, 육체에서 분리된 의식에 대한 생각은 어떤 뜻이 있을까? 이 장과 다음 장에서 우리는 의식과 자아, 영혼에 관한 주제를 살펴나갈 것이며, 아울러 의식이 육체가 죽은 후에도 살아남을 수 있는지 의문을 던져보려고 한다.

먼저 정신계와 물질계 사이에 분명한 구분선을 긋고 시작하는 것이 도움이 된다. 물질계에는 공간을 차지하고, 넓이와 질량, 전기와 같은 성질을 가진 물체들이 존재한다. 이 물체들은 활동력이 없는 것이 아니라 끝없이 굽이치는 법칙들에 따라 움직이고, 변화하고, 진화하는데, 이 법칙들에 대한 연구를 하는 것이 바로 물리학이다. 물질계는 최소한 넓은 의미에서는 관찰에 의해서 누구나가 접근할 수 있는 하나의 '드러난' 세계이다.

이에 비해, 정신계에는 물체들이 아니라 생각들이 존재한다. 생각들은 분명 공간 속에 위치하는 것이 아니라 그들 자신의 세계를 차지하고 있는 것처럼 보이며, 게다가 그 세계는 다른 관찰자에게 접근이 불가능한 개인적인 세계이다. 생각들도 변화하고, 발전하고, 상호작용하며, 아니면 다양한 방식으로 활동적으로 기능하는데, 그 기능방식에 대한 연구가 바로 심리학이다.

여기까지는 별로 논쟁의 여지가 없는 듯하다. 그러나 물질계와 정신계가 상호작용할 때 문제가 생긴다. 정신계는 우리 주변의 물질계와 따로 떨어져 있는 것이 아니고, 강하게 서로 연결되어 있다. 감각기관을 통하여 우리의 의식은 끊임 없이 정보를 받아들이며, 이를 바탕으로 새로운 생각이 나타나거나 또는 기존의 생각들이 새롭게 짜맞추어짐으로써 정신 활동이 전개된다.

이 책을 읽고 있는데 바깥에서 '퍽!'하는 소리가 들린다면, "지붕에서 기왓장이 떨어졌나?" 하는 생각이나 또는 "자동차가 펑크가 났군!"하는 생각이 당신의 머리 속에 퍼뜩 떠오를 것이다. 이와 같이 물질계는 새로운 생각을 만들어내는 원천이며, 아울러 정신계를 재구성하는 힘을 가지고 있다.

거꾸로, 정신계는 의지(意志)라는 것을 통하여 물질계에 힘을 미친다. 당신이 그 '퍽!'하는 소리의 정체를 살펴보기로 마음을 먹는 순간, 당신의 몸이 움직여 책을 바닥에 내려놓은 다음 문을 열고 바깥으로 나간다. 의식 속에 떠오른 생각들이 당신의 육체를 매개체로 하여 물리적인 행동을 일으키며, 따라서 그것이 주변 환경 속에 있는 물체들을 재구성하는 것이다. 사실 우리가 주변 환경 속에서 늘상 보는 거의 모든 것들이 따지고보면 물리적인 행동을 통하여 밖으로 드러난 정신 활동의 결과이다. 건물들, 도로들, 논밭들, 자동차들 모두가 계획과 결정 따위의 몇 가지 지적인 활동이 '구체적인 실체'로 탈바꿈한 것에 지나지 않는다.

여기까지가 아주 분명해 보일지도 모르지만, 거기 이미 몇 가지 난해한 문제가 끼어들었다. 물질이 의식에 작용하는 메카니즘은 과연 무엇인가? 그리고 더 까다로운 것은, 의식이 물질에 작용하는 메카니즘은?

우리 한번 어떻게 해서 하나의 특정한 생각이 외부의 자극, 예컨대 바깥에서 들리는 큰 소리 같은 것에 의해서 의식 속에 '떠오르는지' 따져보도록 하자.

먼저 소리의 파동이 귀의 고막을 때려 떨게 한다. 그 떨림은 세개의 섬세한 뼈를 거쳐 귓 속 깊은 곳으로 전달되며, 거기서 하나의 막이 그 떨림을 받아 다시 내이(內耳) 안에 있는 유동체로 전달한다. 이 유동체는 이번에는 몇개의 민감한 신경섬유를 건드려 전기적인 자극을 일으킨다. 이 자극은 청각신경의 골목을 따라 두뇌까지 여행을 하는데, 여기서 전기적인 신호가 복잡한 전기화학적인 그물망 조직을 만나는 순간 우리는 바깥에서 들리는 소리를 알게 된다.

하지만 어떻게? 좀더 복잡하게 말하면 어떻게 해서 그러한 물리적인 상호작용이 서로 연결되어 나가다가 갑자기 정신적인 사건, 즉 소리를 '아는' 것으로 바뀌는가? 당신으로 하여금 실제로 무엇인가를 '듣게' 하는, 그리하여 일련의 생각들을 불러일으키는 두뇌 속의 그 특수한 전기화학적인 형태는 과연 무엇이란 말인가?

더 이해하기 어려운 것은 그 반응이다. 당신은 그 소리의 정체를 조사하기로 결정한다. 그래서 당신의 다리가 움직여진다. 어떻게? 뇌세포들에 명령이 내려지고, 메시지가 신경을 따라 떠나고, 근육들이 잡아당겨진다. 그래서 당신은 움직인다.

당신의 두뇌에서 벌어지는 이러한 활동에 대하여 물리학자들은 어떤 의견을 갖고 있는가? 맨먼저 입력에서 출력으로 이어지는 복잡한 전기회로에서 일어나는 과정처럼, 감각기관과 근육으로 연결되는 다양한 신경계를 상상할 것이다. 전기회로의 법칙에 무척 익숙하기 때문에 물리학자들은 이렇게 가정할지도 모른다. 만일 당신의 두뇌 속의 전기적인 상황을 충분히 이해할 수만 있다면, 다시 말해 당신 두뇌 속의 완벽한 배선 모양과 입력되는 신호에 대하여 자세한 조사를 할 수만 있다면, 대단히 복잡하고 엄청난 계산을 통해 그 입력 신호에 따라 어떤 출력이 나타날지 정확하게 예언할 수 있을 것이고, 따라서 당신이 그 다음에 어떤 행동을 할지 알아맞출 수 있을 것이다. 당신이 그 소리를 조사하러 문을 열고 밖으로 나갈 것인가, 아니면 그냥 앉아서 계속 이 책을 읽을 것인가, 그 전기적인 신호들이 말해줄 것이다.

그러나, 그렇게 정확히 알아맞추는 일이 가능하리라고 믿는 사람은 아무도 없을 것이다. 우리의 두뇌를 복잡한 덩어리의 전기회로로 간주하는 경우에 우리의 두뇌는 순전히 결정론적이며, 따라서 적어도 이치상으로는 이러이러하게 입력되면 저러저러하게 출력된다는 예측이 가능하다. 신경세포가 이러이러하게 자극을 받으면 당신의 다리가 움직여 밖으로 나간다. 왜냐하면 회로 속을 흐르는 전기 자극의 형태가 그러한 특정한 모양을 하고 있기 때문이다. 그러나 저러저러한 형태는 세포들을 자극하는 데 실패할 것이고, 따라서 당신은 계속해서 이 책을 읽고 앉아 있을 것이다.

여기서 한 가지 모순은, 평범한 전기적인 자극으로 전달되는 물리적인 사건들이 사실은 정신적인 사건과 꼭 일치하지는 않는다는 것이다. 당신은 소리를 듣는 순간, "무슨 소리일까? 무엇이 깨졌을까? 그래, 살펴보자!"라고 결정을 내리며, 그 다음에 두뇌 세포들이 활동에 들어간다. 그러나 여기까지는 정신 현상에 대한 설명이 물리적인 것들과 일치한다고 해도, 거기에는 한 가지 매우 중요한 요소가 있다. 즉, 당신이 그 소리를 조사하기로 '결정'한다는 사실이다. 책을 내려놓고 다리가 움직여 문을 열고 밖으로 나가는 등등의 일은 당신의 '의지'가 선택한 결과이며, 의지력이 밖으로 표현된 것이다. 입력에 따른 출력을 예측할 수 있는 결정론적인 전기회로의 법칙 속에는 이러한 '자유의지'가 끼어들 틈이 전혀 없지 않은가?

여기에 대한 해답으로는, 의식을 오히려 그 복잡한 기계를 통제하는 오퍼레이터(조작자)로 보는 견해가 있을 수 있다. 발전소의 오퍼레이터가 수많은 단추들을 눌러서 도시를 밝히듯이, 의식이 해당 뇌세포(뉴런)를 자극하여 자신이 내린 결정에 따라 몸을 움직이게 한다는 것이다.

하지만 어떻게 해서 소리를 조사하겠다는 의식 속의 결정이 해당 뇌세포를 자극할 수 있는가? 입력에 따라 정해진 출력신호를 내보내기로 되어 있는 전기회로의 법칙은 어떻게 되었는가? 그 법칙은 파괴되었는가? 의식은 어쨌거나 전자와 원자들, 뇌세포와 신경계의 물리적인 세계에 작용할 수 있으며, 그래서 전기적인 힘을 창조할 수 있는 것인가? 의식은 물리학의 근본 법칙에 상관 없이 물질에 영향을 미칠 수 있는 것일까? 어쩌면 물질계에는 두 가지 법칙이 있어서 하나는 일상적인 물리 과정에 적용되고, 다른 하나는 정신 과정에 적용되는 것은 아닐까?

자유의지에 대한 문제, 또는 물질에 미치는 의식의 메카니즘에 대한 수수께끼는 제10장에서 자세히 다루게 될 것이다. 그러나 문제는 여기서 끝나지 않는다. 우리는 아직 알지 못한다. 의식은 무엇이며, 또 어떻게 생기는가? 원숭이는 의식을 갖고 있는가? 개는? 쥐는? 거미는? 바퀴벌레는? 박테리아는? 컴퓨터는? 8개월 된 태아는 의식을 갖고 있는가? 한 달인 태아는? 생긴 지 1초밖에 안 된 태아는?

이 모든 질문에 '그렇다'고 대답할 사람은 아주 적을 것이다. 그렇다면 의식은 단계별로 성장하는 것일까? 그래서 어떤 식으로든 의식의 양을 정할 수가 있어서, 성장한 인간 어른의 의식을 100으로 치면 원숭이는 90, 개는 50, 쥐는 5,5 개월 된 태아는 2, 거미는 0.1 등으로 표시할 수 있는 것일까? 아니면 일정한 온도가 되면 물이 끓는 것처럼 어느 단계에 가서 의식이 생겨나는 '문지방'이 있는 것일까?

우리는 의식을 어떻게 아는가? 저마다 자신의 의식을 곧바로 경험할 수 있지만, 생각과 감정들만 존재하는 비물질적인 개인 세계에만 있으면 우리는 다른 사람의 의식을 관찰하기가 불가능하다. 그대신 바깥으로 드러나는 행동을 통하여, 그리고 물질계를 매개체로 한 의사소통을 통하여 우리는 다른 사람의 의식을 추측할 수 있을 뿐이다. 철수가 영희에게 자신이 의식을 갖고 있다고 말하면, 영희는 철수가 정상적인 사람처럼 보이며 또 조리 있게 이야기를 하기 때문에 그의 말을 믿는다. 철수가 벙어리라고 해도, 또는 에스키모처럼 알아들을 수 없는 사투리로 지껄인다고 해도, 영희는철수의 행동을 관찰함으로써 역시 같은 결론을 끌어낼 수 있을 것이다.

그러나 개의 경우에는 그러한 결론을 이끌어내기가 약간 불안하다. 개와 인간의 의사소통은 극히 적으며, 그것마저도 분명치 않다. 그리고 대부분의 개들이 하는 행동은 의식이 전혀 없는, 그저 본능에 매달린 것처럼 보인다. 하지만 비록 인간보다는 덜 발달되기는 했어도-발달했다는 말이 어폐가 있지만-자신이 키우는 애완동물이 의식이나 마음을 갖고있다는 것을 부정할 주인은 아마도 드물 것이다. 하지만 더 낮은 차원의 피조물들, 예를 들어 거미의 차원으로 내려가면, 그것들이 의식을 갖고 있다는 정당한 이유를 대기는 매우 어렵다. 그것들이 의식적인 행동을 하는 것은 사실이지만, 그것은 대개가 본능에 의해 프로그램 된 자동적인 행동에 불과하기가 쉽다.

이렇게 저차원의 생명체로 내려갈수록 의식의 능동적인 측면과 수동적인 측면 사이의 구분이 불분명해진다는 것을 알 수 있다. 단순히 감각기관을 통해 들어오는 정보를 기록하는 것은 나름대로 계획을 짜고, 결정하고, 행동하는 능력보다는 덜 발달된 의식이다.새로 태어난 아기도 틀림 없이 감각기관을 통하여 외부의 자극을 체험하지만, 그 체험은 대단히 수동적이다. 어쩌면 거미들도 마찬가지로 주위에서 진행되고 있는 상황을 잘 알고 있지만, 거기에 대하여 반사적인 작용을 하는 것 말고는 다른 어떤 반응을 할 능력이 없는 것인지도 모른다.

상황을 평가하고, 계획을 짜고, 거기에 따라서 행동하는 능력은 인간에게만 있는 것이라고 사람들은 생각한다. 그러나 그것은 확실히 잘못된 생각이다. 특히 외계의 지성체들이 존재할 경우에는 더욱 그렇다. 그런데 의식을 가지고 있는 생명체의 한 가지 중요한 특징은, 그것이 자기의 바깥을 느껴알 뿐만 아니라 스스로 자신의 내면을 느껴안다고 하는 것이다. 이 '자기를 아는 것(self-awareness)'이 다음 장의 토론 주제가 될 것이다. 동물에게는 자기(자아)라는 개념이 제대로 발달하지 못했을 수도 있다.

고성능 컴퓨터의 눈부신 발달로 인간 사고능력 밑바닥에 깔려 있는 메카니즘에 전에 없이 관심을 갖게 되었으며, 두뇌와 의식의 관계에 대한 몇 가지 조사 분석이 행해졌다. 이러한 연구의 핵심에는 "기계는 생각할 수 있는가?"라는 소박하지만 많은 뜻이 담긴 질문이 자리잡고 있다.

여기는 소위 '인공지성(artificial intelligence)'에 대한 엄청난 문헌과 의견들을 검토하는 자리가 아니다. 어쨌거나 전문가들은 적어도 다음 사실에는 동의한다. 현재까지는 아무리 발전된 것이라 할지라도 인간 의식을 그대로 빼닮은 컴퓨터 제작에는 실패하였다. 잘 아는 바대로 컴퓨터는 산수, 서류정리, 장기게임을 하는 데 있어서는 인간의 능력을 대개 능가하지만, 음악을 작곡하거나 시를 짓는 데는 여전히 능력이 떨어진다.

이러한 불균형은 컴퓨터의 구조인 하드웨어(hardware)와 관계가 있다기보다는 그것이 작용하는 방식, 즉 소프트웨어(software)와 관계가 깊다. 대부분의 컴퓨터들은 엄청난 양의 계산문제와 같이 보다 특수한 저차원의 업무를 수행하도록 설계되어 있으며, 여기서는 속도와 정확성이 우선적인 평가기준이다. 실수를 하고, 성내고, 며칠씩 '놀러' 나가서 안 돌아오고, 아니면 변덕스럽게 구는 컴퓨터는 대부분의 오퍼레이터에게는 별 쓸모가 없을 것이다. 설령 그런 비합리적인 성격이 사람과 더 가까울지는 몰라도 말이다. 물론 컴퓨터에게 그러한 인간적인 속성을 입력하는 방법을 개발한 과학자는 아직 없으며, 실제로 그러한 가능성이 있는지에 대한 아이디어조차 아직은 없다. 이 점에서는 인간 두뇌의 기능에 대한 것도 별로 알려져 있지 않다.

현재의 기술적인 한계에도 불구하고, 적어도 원리상으로는 기계들이 '의식'을 가질 수 있는가에 대한 의문이 현재 목하 논쟁 중이다. 고성능 컴퓨터를 사용해본 경험이 있는 사람이라면, 어느 선까지는 컴퓨터가 반사람의 형태로 작동자와 의사소통을 할 수 있다는 것을 알 것이다. 현대의 기술은 인간과 기계 사이에 질문과 대답을 기초로 한 복잡미묘한 대화가 가능하도록 해주었다. 비록 그 대화의 범위가 극히 제한되어 있다고 해도 말이다.

앞에서 우리는 다른 사람에게 의식이 존재한다는 것을 유추(類推)에 의해서 알 수 있다고 말했다. 만일 "나는 철수가 의식을 갖고 있다는 것을 어떻게 아는가?"라고 묻는다면, 그 대답은 이렇게 될 수밖에 없을 것이다.

"나는 의식을 가지고 있다. 그런데 철수는 나처럼 행동하고, 나처럼 말하고, 또 내가 그러듯이 자신이 의식을 갖고 있다고 말한다.. 따라서 나는 그가 나처럼 의식을 가지고 있다고 결론내린다."

하지만 이러한 추리는 사람뿐 아니라 기계에도 똑같이 적용될 수 있다. 당신이 다른 사람의 마음 속에 들어가 살아볼 수가 없고 그의 의식을 직접 체험할 수가 없듯이—그리고 비록 당신이 그렇게 할 수 있다고 해도, 당신이 다른 사람의 의식 속에 들어가 살면 그는 더이상 그가 아니라 당신이다— 결국 다른 사람의 의식에 대한 가정 역시 어쩔 수 없이 믿음의 행위이다. 기계도 마찬가지로 우리가 기계의 '내면' 체험을 외부에서 알 수 있는 유일한 판단 기준은 겉으로 드러난 그 기계의 작동방식(특정한 지적인 업무 수행)뿐이다. 따라서 "기계도 생각할 수 있는가"에 대한 대답은, 그렇게 기계를 겉으로 본 것만 가지고는 인간을 기계보다 높은 위치에 올려 놓을 수는 없다는 것이다. 만일 사람이 주변 환경에 반응하는 것과 똑같은 방식으로 반응하도록 기계 를 만든다면, 기계가 생각을 못하고 의식을 갖고 있지 않다고 주장할 만한 뚜렷한 근거는 없을 것이다. 더구나 만일 우리가 개도 생각을 할 수 있으며, 또는 거미나 개미들도 어느 정도는 기본적인 의식을 갖고 있다는 사실을 기 꺼이 받아들일 준비가 되어 있다면, 현재 구입할 수 있는 컴퓨터들도 극히 제한된 의미에서는 의식을 갖고 있는 것으로 봐야 할 것이다.

1950년에 수학자 알란 튜링(Alan Turing)은 《마인드(心)》잡지에 〈계산기 와 지성〉이라는 제목의 글을 발표하여 "기계도 생각할 수 있는가?"라는 질 문을 내놓았다. 그는 거기에 대한 대답을 알 수 있는 간단한 시험 방법을 제 시하였다. 튜링은 그것을 '모방 게임(imitation game)'이라고 불렀다.

그 시험 방법은 이런 것이다. 남자 한 사람과 여자 한 사람이 각각 다른 방으로 들어간다. 그 다음에 질문자 한 사람이 텔레타이프를 통해서 그들과 대화를 한다. 질문자는 그들에게 질문을 던져 텔레타이프를 통해 들어오는 응답을 보고 어느 쪽이 남자의 응답이고, 어느 쪽이 여자의 응답인가를 알아 낸다. 이때 응답을 하는 남자와 여자는 서로가 여자인 것처럼 질문자를 속이 도록 되어 있다. 튜링의 기계 지성 테스트는 이제 이 게임에서 그 남자 대신 에 기계를 갖다 놓는 것이다. 만일 그 기계가 자신이 여성인 것처럼 질문자 를 속이는 데에 성공한다면, 튜링은 그 기계가 실제로 생각하는 능력을 가지 고 있는 것이라고 주장한다.

그처럼 완전히 성숙한 기계 지성이 가능하다는 주장에 대해서는 많은 논 란이 있어왔다. 한 가지 짐작할 수 있는 것은, 대단히 합리적이고 논리적으 로만 작동하도록 제한된 컴퓨터는 필연적으로 차갑고, 계산적이고, 무정하고, 냉정하고, 영혼도 없으며, 감정도 없는 자동인형이다. 순전히 자동적으로만 기능하기 때문에 컴퓨터는 사람에 의해서 이미 입력된 것만을 수행할 수 있 을 뿐이다. 어떤 컴퓨터도 사랑하고, 웃고, 울고, 자유의지를 실천할 수 있는 자기 동기를 가진 창조적인 인격체를 흉내내거나 그렇게 될 수가 없다. 컴퓨 터는 자동차처럼 그것의 관리인의 손에 놀아나는 머슴에 다름 없다.

논쟁의 난처한 점은, 그것이 예상을 뒤엎을 수 있다는 것이다. 신경계(뇌세포) 차원에서 사람의 머리 역시 똑같이 기계적이고 합리적인 원리에 따라 작용하지만, 그렇다고 해서 사람에게 기쁨이나 행복, 권태, 착각, 우유부단, 불합리한 행동들이 없는 것이 아니다.

'인공 지성'의 생각에 대하여 종교계에서 반대하는 주된 이유는, 기계는 영혼을 갖고 있지 않다는 것이다. 그런데 이 영혼이라는 것 역시 절망스럽게도 대단히 애매하다. 영혼에 대한 초기의 생각들은 주로 생명력이라는 개념, 즉 생명의 원천을 이루며 물체에 생기(生氣)를 주는 힘의 개념과 불가분의 관계였다. 성경은, 특히 구약은 그 주제에 대해서는 거의 언급을 하고 있지 않으며, 영혼에 대한 주제는 그 기원이 주로 플라톤(Plato)과 같은 고대 희랍철학에 있는 듯하다. 성경에서는 영혼을 숨이나 생명과 같은 뜻으로 사용하고 있으며, 신약에 와서야 다소 그 뜻이 분명해지는데, 여기서는 영혼이 '자아(self)'와 동일시 되고 있고 오늘날 우리가 '마음'이라고 부르는 것과 같은 성질인 듯하다. 영혼이라는 말은 근대 이후에 와서 사용되는 빈도수가 점차 줄어들고 있으며, 이제는 주로 신학적인 범위 안에서만 사용되고 있다. 심지어 카톨릭 백과사전에도 영혼을 '생각의 근원'이라고 정의내려놓았다.[1] 따라서 영혼과 의식의 관계는 약간 불분명하며, 이제부터는 서로 엇비슷한 뜻으로 사용하기로 하겠다.

종교 교리에서는 의식(또는 영혼)을 육체와 떨어진 하나의 독립된 '물건'으로 취급하며, 따라서 육체와 영혼 사이에 엄격한 구분선을 긋고 출발한다. 이러한 이분법은 철학자 데카르트(Descartes)에 의해 발전되어 기독교적인 사고방식에 폭넓게 자리 잡았으며, 평범한 사람들 역시 이것을 단단히 믿게 되었다. 실제로 의식(또는 영혼)의 이원론(二元論)의 개념이 우리의 문화와 언어에 너무나 깊이 뿌리박혔기 때문에 길버트 라일(Gilbert Ryle)은 그의 책 《의식에 대한 생각(The Concept of Mind)》에서 그것을 '공식적인 교리(the official doctrine)'라고 부른다.

이러한 의식의 이원론의 특징은 무엇인가? '공식적인 교리'는 다음과 같은 것이다. 인간 존재는 두 가지 따로 구별되는 물건으로 이루어져 있다. 즉 육체와 영혼(또는 의식)이다. 육체는 그것의 주인이랄 수 있는 의식을 담는 그릇 또는 거주지이며, 아니면 죽음이나 영적인 진보를 통해서만 해방될 수 있는 감옥과 같은 역할을 한다. 의식은 두뇌를 통하여 육체에 연결되며, 두

---

1) 《신카톨릭 백과사전(New Catholic Encyclopedia)》 (1967 McGraw-Hill) 13권 p. 460

뇌는 육체의 감각기관을 통하여 세상에 대한 정보를 얻고 기록하는 데에 사용된다. 또한 이 장의 앞에서 예로 든 것처럼(책을 읽을 때 바깥에서 나는 소리), 의식은 두뇌를 가지고 의지력을 실천에 옮긴다.

그러나 한 가지 중요한 사실이 있다. 의식(또는 영혼)은 두뇌 속에 위치해 있는 것이 아니며, 그렇다고 육체의 어떤 다른 부위에 자리잡고 있는 것도 아니다. 또한 사실 우주공간 속 어디에도 위치해 있지 않다(물론 물리적인 육체와 비슷한 모습으로 공간을 차지하고 있는 영체(靈體)와 혼령을 목격했다고 주장하는 몇몇 신비가와 심령가들의 '비공식적인 교리'를 무시할 때 그렇다는 것이다).

이 이론의 한 가지 중요한 특징은 의식이 하나의 물건이라는 것이다. 좀더 특별하게는 일종의 물질(物質)이라는 것이다. 물리적인 물질이 아니라 파악하기 어려운 일종의 정기(精氣)와 같은 물질이며, 무게를 지닌 평범한 물질과는 구별된, 생각과 꿈으로 이루어진 자유로운 물질이다.

허스트(R. J. Hirst)는 데카르트의 육체와 영혼에 대한 개념을 이렇게 간추려서 말했다.

기본적인 생각은 다음과 같다. 첫째, 정신적인 것과 물질적인 것의 두 가지 별개의 질서가 있다. 의식 또는 정신은 우리가 감각을 통해 알 수 있는 것이 아니며, 또한 공간 속에 자리를 잡고 있지도 않다. 그것은 지적(知的)이며, 목적을 가지고 있고, 그것의 본질은 생각을 한다는 데에 있다.[2]

라일(Ryle)은 그것을 이렇게 표현한다.

비록 사람의 육체가 일종의 엔진이긴 하지만, 그것은 평범한 엔진과는 아주 다르다. 그 엔진은 그 내부에 있는 또다른 엔진의 지배를 받아 작동하기 때문이다. 이 내부의 통치자 엔진은 매우 특별한 종류의 엔진이다. 그것은 눈에 보이지도 않으며, 들리지도 않고, 아무런 크기도 무게도 갖고 있지 않다. 그것은 딱히 어떻게 붙들어 매 둘 수도 없고, 그것이 작용하는 법칙을 평범한 엔지니어는 알 수가 없다.[3]

---

2) 허스트(R.J. Hirst)의 《지각의 문제들(The Problems of Perception)》 (1959년 Allen & Unwin) p. 181
3) 라일(G. Ryle)의 《의식에 대한 생각(The Concept of Mind)》 (1949년 Hutchinson)

라일은 이 내부의 통치자를 '기계 속의 유령'이라고 칭한다.

영혼이 비물질적인 속성을 갖고 있다는 것은 다음의 두 가지 이유 때문이다. 첫째로, 영혼은 우리의 눈에는 보이지 않으며, 어떤 직접적인 방식으로도 영혼의 물리적인 존재를 탐지할 수가 없고, 뇌수술을 해봐도 드러나지 않는다. 둘째로, 물질의 세계라면 반드시 물리법칙을 따라야 하는데, 물리법칙은 거시적인 차원에서는(즉, 양자 효과를 무시한 차원에서는) 결정론적이고 기계적이며, 따라서 영혼의 근본 속성이랄 수 있는 자유의지와는 상반된다(뒤에 가서 알게 되겠지만, 이러한 생각은 잘못이다).

하지만 이러한 논리는 단지, 영혼이 무엇인가가 아니라 어떤 것이 영혼이 아니냐를 말해줄 뿐이다. 우리는 영혼(또는 의식)을 하나의 '물체'로 보는 생각이 출처가 불분명하며, 그저 무의미한 단어들을 갖다 붙임으로써 그럴듯하고 환상적인 인상만을 심어주는 것이 아니냐는 의심을 갖게 된다. 예를 들어 의식은 기계적인 것이 아니며, 따라서 '비(非)기계적인 것'이라고 말하는데, 마치 이 '비기계적'이라는 형용사가 어떤 의미를 갖고 있는 것처럼 사용되고 있다. 라일(Ryle)의 말을 빌리면, "의식은 시계장치의 일부분이 아니며, 따라서 그것들은 '비(非)'시계장치의 일부분이다"라는 것이다.[4]

영혼이 정확히 어디에 위치해 있는가를 알려고 할 때에도 역시 많은 어려움들이 앞을 가로막는다. 만일 영혼이 공간 속에 있는 것이 아니라면 도대체 어디에 있단 말인가?(그러나 데카르트가 두뇌 속의 작은 송과선(松果腺)이 영혼의 자리이거나, 아니면 최소한 의식과 두뇌를 연결시켜주는 장소라고 믿었다는 것은 무척 흥미있는 사실이다). 현대물리학은 '구부러진 공간'이라는 신비한 개념이나 그밖의 더 고차원의 개념들을 가지고 영혼의 위치를 설명할 수 있는가?

우리는 물리학자들이 시공간을 일종의 4차원적인 고무판(아니면 풍선) 형태로 보고 거기서 분리된 또다른 고무판의 가능성을 생각한다는 것을 알았다. 그렇다면 영혼은 이러한 다른 우주들 속에 거주하는 것일까? 아니면 2차원의 고무판이 3차원의 공간에 끼어 넣어진 것처럼 시공간 역시 그보다 더 높은 차원의 공간에 의해 둘러싸인 것인지도 모른다. 영혼은, 기하학적으로 말해서, 우리의 물리적인 시공간에 매우 가까이 있지만 실제로는 시공간 속에 있는 것이 아닌, 이러한 더 높은 차원의 공간에 거주하는 것이 아닐까?

---

4) 앞의 책, p.20

이 더 높은 차원의 유리한 위치에서 영혼은 그 자신이 시공간의 한 부분이 되지 않고서도 시공간 안에 있는 한 개인의 육체에 '연결'될 수 있는 것인지도 모른다.

육체를 떠난 영혼이 하늘나라로 여행을 떠난다고 믿기를 원하는 사람들에게는 더욱 복잡한 설명이 필요할 것이다. 왜냐하면 죽어서 천국에 가는 것이라면, 살아 있는 동안에는 영혼은 천국과 같은 곳에 거주하는 것이 아니기 때문이다. 그러한 생각이 기하학적인 설명만큼이나 설득력을 가지고 일반 사람들 마음 속에 파고드는 것은 어디까지나 영혼이 하나의 위치를 가지고 있다는 일반적인 애매한 믿음 때문이다. 영혼이 한 '장소'를 차지하고 있다는 것은, 그것이 우리가 보통 느껴 알 수 있는 공간이나 또는 다른 어떤 종류의 공간 속에 영혼이 존재한다는 것을 말한다. 그렇다면 혹자는 영혼의 크기와 형태와 방위, 그리고 영혼의 운동량 등에 대하여 물을 수도 있을 것이다. 그러나 이 모든 개념들은 물질에나 적용되는 것이지, 생각들로 구성된 어떤 것에는 전혀 해당되지 않는 것들이다.

하지만 영혼에 대하여 현대물리학이 제공할 수 있는 아이디어는 아직 바닥난 것이 아니다. 제3장에서 설명한대로, 어떤 물리학자들은 시간과 공간을 기본적인 개념이라기보다는 다른 것에서 파생된 개념으로 취급한다. 그들은 물체가 소립자들로 이루어져 있듯이 시공간 역시 양자법칙을 따르는 하부(下部) 단위들—어떤 장소나 순간들이 아니라 추상적인 실체들—로 구성된 것이라고 믿는다. 그렇다면 물리적인 우주는 우리가 흔히 시공간이라고 부르는 이 세계만이 아니라 그 너머까지 확장될 수 있을 것이다. 다시 말해. 서로 연결되지 않는 하부 단위들의 크나큰 바다가 있는데, 단지 몇 부분의 하부 단위들이 그 바다를 떠나 '다른 어떤 곳'에서 조직화된 형태로 합쳐져 우리가 사는 이 시공간을 만든 것인지도 모른다. 이 바다가 바로 영혼이 거주하는 곳이 아닐까? 만일 그렇다면 영혼은 어느 특정한 장소를 차지하고 있지는 않을 것이다. 왜냐하면 그 바다의 하부 단위들은 모여서 장소를 이루지 않은 상태이며, 따라서 넓이나 방향같은 개념은 무의미한 것이기 때문이다. 사실 안, 밖, 중간, 연결, 분리와 같은 위치상의 개념들은 확정적인 것이 아닐지도 모른다. 여기에 대한 탐구가 있기를 기대하며 나는 이 문제를 미해결의 상태로 남겨두는 바이다.

시간에 관한 질문으로 방향을 돌리면 더 많은 문제들이 나타난다. 영혼이 공간 속에 있는 것이 아니라면, 그렇다면 시간 속에는 있는가? 아마도 그 대답은 '그렇다'가 되어야 할 것이다. 만일 영혼이 우리의 지각하는 능력의 원천(源泉)이라면, 마땅히 거기에는 우리가 시간을 지각하는 능력까지 포함되어야만 한다. 더구나 인간의 정신활동의 많은 부분이 시간에 의존해 있다. 계획을 짜고, 희망을 갖고, 후회를 하고, 기대하고 하는 따위가 모두 시간 속에서 진행된다.

시간을 초월해서 존재하는 영혼에는 상당한 논리적인 어려움이 뒤따를 것이다. 만일 영혼이 시간을 초월해 있기 때문에 '이전-이후'라는 것이 없다면, 우리가 죽은 '다음'의 영혼의 존재에 애착을 가질 필요가 없지 않은가? 또한 만일 그렇다면 육체가 탄생하기 이전에 영혼은 어디에 있었는가? 카톨릭 백과사전은 이 문제를 드문 일이긴 하지만 매우 유우머스럽게 해명하고 있다.

하느님이 특별히 어느 육체의 소유가 아닌 영혼들을 잔뜩 데리고 있다가 인간의 태아 속에 하나씩 불어넣는다는 생각은 아직 확실한 증거가 없다 … 영혼은 그것이 물질 속으로 부어넣어지는 바로 그 순간에 하느님에 의해 창조된다.[5]

메시지는 확실하다. 영혼이 존재하지 않을 때(탄생 이전)에도 시간은 존재한다. 이것은 영혼이 시간을 초월한다는 생각과 명백히 모순이다.

불멸에 관한 온갖 토론에도 역시 이와 똑같은 시간 문제가 뒤따른다. 한편에서는 지상의 삶이 끝난 뒤에도 자신의 인격체가 정지되거나 시간을 벗어난 존재가 아니라 모종의 행동을 하는 존재이기를 바라는 욕망이 있다. 예수는 '영원한 생명', 즉 영생을 이야기했으며, 이것은 무한한 시간의 흐름을 암시하고 있다.

다른 한편으로 보면, 그러한 생각들은 순전히 물질계에서의 시간에 대한 개념에서 생겨난 것이며, 물질적인 영역과 영적인 영역을 분리시킬 때에는 적합하지 않은 생각들이다. 만일 실제로 시간의 끝이 있을지도 모른다는 가능성(제15장 참조), 즉 어쨌든 '영원(永遠)'이라는 것이 없을지도 모른다는 가능성을 받아들이는 경우에는 문제는 더욱 심각해진다.

지금까지 소개한 생각들과 다른 많은 생각들은 다음의 사실을 말해준다.

---

5) 《신카톨릭 백과사전》 앞의 책, p. 471

영혼(또는 의식), 그리고 그것의 불멸성에 대한 생각은 최선의 경우라도 잘못된 것일 수가 있으며, 최악의 경우에는 종잡을 수 없는 것이 되어버린다.

철학자들은 이원론에 대한 몇 가지 대안(代案)을 내세웠다. 한 쪽 극단에는 인간의식의 존재를 모두 부정하는 유물론(唯物論)이 있다. 유물론자들은 정신적인 상태와 기능들은 단지 물질적인 상태와 기능일 뿐이라고 믿는다. 심리학에서의 유물론은 소위 행동주의 심리학이라는 것인데, 이것은 모든 인간이 외부의 자극에 반응하여 순전히 기계적인 방식으로 행동한다고 주장한다. 다른 극단에는 유심론(唯心論)—혹은 관념론(觀念論)—이 있는데, 이것은 오히려 물질계 전체가 마음의 표현이며, 모든 것은 관념이라고 주장한다.

필자가 보기에 이원론은, 실제로는 하나의 물체가 아니라 추상적인 개념인 것을 그것의 재료를 가지고 설명하려는 함정에 빠진 듯하다. 추상적인 개념을 물체로 환원시키고자 하는 욕구는 과학과 철학의 역사에 흔해빠진 것이다. 플로지스톤(phlogiston, 산소를 발견하기 전까지 불에 타는 물질 속에 존재한다고 믿었던 것), 열의 액체이론, 발광성(發光姓)이 있는 에텔(aether, 빛과 열, 전기, 자기 현상의 가상적 매개 물질), 생명력과 같은 신용을 해치는 개념들에서 그것을 잘 알 수 있다.

이 모든 경우에 있어서 관련된 현상들은 에너지 또는 장(場)과 같은 추상적인 관점에서의 설명이 필요한 것이다. 어떤 개념이 실질적이라기보다는 추상적이라고 해서 그것이 실재(實在)하지 않는 것이고 환상적인 것이라는 뜻은 절대 아니다. 우리의 국적(國籍)은 무게를 달 수도 없고, 자로 잴 수도 없으며, 우리의 육체 속 어느 지점을 차지하고 있지도 않다. 그래도 국적은 우리를 꾸며주는 데에는 의미 있고 중요한 부분을 차지한다. 그래서 국적을 잃은 불행한 사람은 그것을 절실히 느끼게 된다. 쓸모있다는 개념, 또는 조직화, 엔트로피, 정보 같은 개념들은 물체는 아니지만, 물체들간의 관계, 상태 등을 포함하고 있다.

이원론의 근본적인 잘못은 육체와 영혼을 동전의 양면처럼 취급한다는 것이다. 반면에 그것들은 완전히 다른 범주에 속한다. 라일(Ryle)은 의식과 육체에 관련된 혼동, 혼란, 모순 등에 대한 책임이 순전히 그러한 범주의 잘못에 있다고 비난한다.

하나의 논리적인 목소리로 거기 의식이 존재한다고 말하며, 또다른 논리적 목소리로 거기 육체가 존재한다고 말하는 것은 전적으로 옳다. 하

지만 그렇다고 해서 두개의 다른 종류의 존재가 있다는 뜻은 아니다.[6]

"바위가 존재한다"라는 말과 "수요일이 존재한다"라는 말은 둘 다 옳다. 하지만 바위와 수요일을 나란히 놓고 그것들의 상호관계를 논하는 것은 무의미한 짓이다.

라일은 이렇게 해서 최근 몇년의 '통합적인' 시각에 많은 것을 기대한다. 앞 장에서 우리가 본대로, 의식과 육체의 관계는 개미집단과 일개미들 사이의 관계, 또는 소설의 구성과 단어들 사이의 관계와 비슷하다. 의식과 육체는 이원론의 두 요소가 아니라, 두개의 전적으로 다른 개념들, 다른 차원의 설명이 필요한 개념들인 것이다. 이렇게 해서 우리는 또다시 통합주의 대 환원주의로 돌아간다.

일단 고차원의 추상적인 개념들이 어떤 신비적인 별도의 물질이나 성분이 없이도 그것들을 지탱하고 있는 저차원의 구조물들처럼 똑같이 실제적일 수 있다는 것을 이해하면, 이원론의 많은 문제들은 자동적으로 떨어져나간다. 물질이 살아있는 것이 되기 위해서 굳이 생명력이라는 추가적인 힘이 필요한 것이 아니듯이, 물질이 의식을 갖는 데에도 영혼이라는 특이한 물질이 필요한 것은 아니다.

우리의 세계는 신비적이거나 영적인 것들만으로 가득차 있지도 않으며, 단순히 물리학의 기본 구성체(building blocks, 궁극의 벽돌)로 구성된 물건들로 가득차 있는 것도 아니다. 당신은 목소리를 믿는가? 이발은 어떤가? 그러한 것이 있는가? 그것들은 무엇인가? 물리학자들의 언어로 말할 때 '구멍'은 무엇인가? 신비적인 블랙홀을 말하는 것이 아니라, 예컨대 양말에 난 하나의 구멍은? 시간과 공간 어디에 미국 국가가(또는 애국가가) 존재하는가? 그것은 단순히 미국 국회 도서관의 어떤 종이 위에 그려진 잉크 자국에 불과한 것인가? 그 종이를 불태워버려도 국가는 여전히 존재할 것이다. 라틴어는 여전히 존재한다. 하지만 그것은 더 이상 살아 있는 언어가 아니다. 프랑스의 헐거인들이 사용하던 언어는 더 이상 존재하지도 않는다. 바둑은 수천년의 나이를 가졌다. 그것은 어떤 종류의

---

6) 라일의 앞의 책, p. 23

물건인가? 그것은 동물도, 식물도, 광물도 아니다.

이것들은 질량이나 또는 화학적인 구성을 가진 물리적인 물체들도 아니지만, 그렇다고 시공간 속에 위치할 수도 없는 불변의 숫자 π 처럼 완전히 추상적인 물체도 아니다. 이러한 것들은 출생지와 역사를 가지고 있다. 그것들은 변화할 수 있으며, 여러가지 일들이 그것에 일어날 수 있다. 그것들은 마치 식물의 종(種)이나 전염병과 같은 방식으로 여기저기 돌아다닐 수 있다.

우리는 우리가 진지하게 알고자 하는 모든 것이 시공간 속을 돌아다니는 입자들의 집합체와 똑같이 생긴 것임을 과학이 밝혀줄 것이라고 가정해서는 안된다. 혹자는 '나'라는 것이 단지 특정한 살아있는 물리적인 유기체—돌아다니는 원자들—라고 믿는 것이 대단히 상식적이고 과학적인 사고방식이라고 생각할지 모른다. 그러나 사실 그러한 생각은 과학적인 상상력의 부족에서 생겨난 것이다. 어떤 특별한 살아있는 육체를 초월하는 하나의 주체를 가지고 있는 '자아'를 믿기 위하여 유령 같은 것을 믿을 필요는 없다.[7]

우리의 두뇌는 윙윙거리는 수십억개의 신경세포들로 구성되어 있으며, 그것들은 두뇌 전체의 계획을 잊기가 쉽다(앞 장에서 설명한 개미굴 속의 일개미들처럼). 이것은 물리적이고 기계적이며 전기화학적인 하드웨어의 세계이다. 반면에 우리는 생각과 느낌과 감정과 의지 따위를 가지고 있다. 이러한 위쪽 차원의 통합적인 '정신' 세계 역시 마찬가지로 저차원의 뇌세포들을 잊기 쉽다. 다시 말해, 우리는 우리의 신경세포들로부터 받는 도움을 전혀 느끼지 못하면서 행복하게 생각을 즐길 수 있다. 그러나 아래 쪽 차원이 논리에 지배되는데, 위 쪽의 정신 차원이 때로 비논리적이고 감정적이라고 해서 모순되는 것은 아니다. 호프스태터(Hofstadter)는 이 신경-정신의 상호보완성을 아주 생생하게 설명하고 있다.

예를 들어 당신이 지금 찐빵을 시킬까 만두를 시킬까 마음을 정하지 못하고 망설이고 있다고 하자. 이때 당신의 신경세포들 역시 이쪽을 자극할까 저쪽을 자극할까 망설이고 있을까? 물론 아니다. 당신의 찐빵-만두

---

7) 《의식의 나(The Mind's I)》 p. 6

의식과 영혼 135

혼란은, 아주 조직적인 방식으로 수십만 개의 신경세포들의 자극에 전적으로 의존하고 있는 위쪽 차원의 혼란인 것이다.[8]

비슷한 예로, 훌륭하게 쓰여진 한 편의 소설은 어느 정도는 정확한, 언어와 표현의 논리적인 규칙을 따르는 일련의 문법적인 구조로 이루어져 있다. 하지만 그렇다고 해서 그 소설 속의 인물들이 사랑하고, 웃고, 아무런 규칙도 없이 제멋대로 행동하지 말아야 한다는 것은 아니다. 그 소설이 논리적인 단어들로 구성되어 있으니 소설의 이야기 자체도 엄격한 논리에 따라 진행되어야 한다는 것은 터무니 없는 주장이 될 것이다. 그것은 서로 다른 설명을 필요로 하는 두개의 차원을 혼동한 것이다.

맥케이(MacKay) 역시 신경세포와 정신 활동을 이야기할 때 차원을 혼동하지 않는 일이 중요함을 역설하고 있다.

"한 가지의 상황에 두 가지 또는 더 많은 설명이 필요하며, 그 각각의 설명들이 논리적인 차원에서 저마다 완벽하다는 것은 어쩌면 추상적이고 어렵게 들릴 것이다. 하지만 우리가 지금까지 본대로, 거기에는 수많은 예들이 있을 수 있다."

반짝이는 수백개의 전구들로 이루어진 대형 광고판은 전기회로 이론의 관점에서도 완벽한 설명이 가능하지만, 또한 상업적인 메시지의 관점에서도 완벽한 설명이 가능하다고 맥케이는 지적하면서, 이 둘은 상호보완적이라고 강조한다.

"적당히 훈련이 되면, 이들 두 설명은 반대되는 것이 아니라 상호보완적이다. 설명에 포함시켜야 하지만 상대방에게서는 지적되지 않은 측면들을 서로 드러내주면서 부족한 점을 메꾸어주는 것이다."

의식의 문제도 마찬가지이다.

---

8) 호프스태터(D. R. Hofstadter)의 《괴델, 에셔, 바하(Gödel, Escher, Bach)》 (1979년 Basic Books) p.577

떼이야르 드 샤르댕(Teilhard de Chardin)과 같은 작가에 의해서 널리 보급된, 만일 인간이 의식을 갖고 있다면 원자 속에도 약간의 의식의 흔적이 있어야만 한다는 생각은 전혀 합리적인 근거가 없는 것이다… 물리적인 입자들의 행동방식을 끝까지 밝혀나간다고 해서 의식이 설명되는 것이 아니다.[9]

좀더 현대적인 말투로는, 의식은 '통합적'이다.

물론 지금까지의 이러한 이야기들이 인공 지성, 생각하는 기계 등의 가능성을 취소시켜버리는 것은 아니다. 자신이 키우는 애완동물이 의식을 갖고 있다는 것을 쉽게 받아들이는 많은 사람들이, 컴퓨터가 의식을 갖고 있다는 말을 들으면 섬짓해 하는 것은 흥미 있는 일이다. 아마도 그것은 어느 날인가 컴퓨터가 우리 자신보다 더 큰 지성적인 힘을 갖게 될지도 모른다는 불안감에 대한 자기중심적인 반응인지도 모른다. 아니면 어쩌면 그보다 더욱 미묘한 어떤 것 때문인지도 모른다.

의식과 육체에 대한 두 가지 차원(또는 다차원)의 설명은 이원론(두개의 구별된 물질로서의 의식과 육체)이나 유물론(의식의 존재를 부정하는)의 낡은 개념에 대한 위대한 발전이다. 이것은 인식과학으로 알려진 것들, 즉 인공지성, 컴퓨터 과학, 언어학, 사이버네틱스(cybernetics)* 심리학 등의 출현과 함께 급격하게 세력을 넓히고 있는 하나의 철학이다. 하드웨어와 소프트웨어처럼 컴퓨터에 관련된 개념들과 언어의 발달은 생각과 의식의 본질에 대한 새로운 시각을 열어놓았다. 이것은 과학자들로 하여금 인간 의식에 대하여 전보다 더욱 분명하게 생각할 수 있는 길을 열어주었다.

이러한 과학적 진전에 발맞추어서, 앞에 소개된 개념들과 매우 밀접하게 연결된 기능주의(functionalism)라고 하는 새로운 의식 철학이 출현하였다. 기능주의자들은 의식의 본질적인 성분이 하드웨어 차원-당신의 두뇌를 구성하고 있는 재료 또는 그것의 물리적인 과정-이 아니라 소프트웨어의 차원-그 재료들의 조직 또는 그 프로그램- 이라는 사실에 인식을 같이 한다. 그들

---

9) 맥케이(D.M. MacKay) 의 《시계장치 영상(The Clockwork Image)》 (1974년 Inter-Varsity Press) 제9장.

* 사이버네틱스(cybernetics)는 희랍어의 kybernan(지배)에서 온 말로, 기계와 살아 있는 유기체 내의 자체 통제와 규율을 연구하는 학문이다.(역주)

은 두뇌가 하나의 기계이며, 신경세포들이 순전히 전기적인 이유 때문에 자극을 받는다는 것을 부정하지 않는다. 동시에 그들은 정신 상태들 사이의 인과적인 연결을 인정한다. 쉽게 말해, 생각이 생각을 불러 일으키는 것이다.

하드웨어와 소프트웨어 차원에서의 인과적인 연결이 서로 전혀 모순되지 않는다는 것은 대부분의 컴퓨터 프로그래머들에게는 당연한 사실이다. 그들은 단숨에 이렇게 말할 것이다. "컴퓨터는 단순히 많은 회로이며, 그것이 하는 일은 전기적인 법칙에 따라서 결정된다. 그것이 출력해서 내놓는 것은 전기적인 과정의 자동적인 결과이다."

그러면서도 그들은 방정식을 풀고, 비교를 하고, 결정을 내리고, 정보처리 과정에 근거하여 어떤 결론에 도달하는 컴퓨터에 대하여 말할 것이다. 따라서 두개의 서로 다른 차원의 인과론적인 설명―하드웨어와 소프트웨어 차원―과 함께 동거하는 일이 가능하다. 소프트웨어가 어떻게 하드웨어에 작용하는가에 대한 파악을 제대로 못하고 있다고 해도 말이다.

의식이 어떻게 육체에 작용하는가에 대한 오래된 수수께끼는 단지 개념상의 차원의 혼란인 듯이 보인다. 우리는 "컴퓨터 프로그램이 어떻게 그것의 회로로 하여금 방정식을 풀게 하는가?"라고는 묻지 않는다. 또한 우리는 어떻게 생각이 신경세포에 방아쇠를 당겨 육체적인 반응을 일으키게 하는가를 물을 필요가 없다.

종교에 대한 기능주의의 의미는 무엇인가?

그것은 쌍날을 가진 칼처럼 두 가지 복합적인 의미를 가지고 있는 듯하다. 한편으로는 기능주의는, 의식은 인간에게만 있는 독특한 것이라는 것을 부정하면서 기계들도 역시 적어도 원리상으로는 생각하고 느낄 수 있다고 주장한다. 이러한 주장을 하느님이 인간에게 영혼을 주었다는 전통적인 생각과 조화시키기란 무척 어려운 일이다. 다른 한편으로는 기능주의는, 의식을 인간 육체라는 감옥으로부터 해방시킴으로써 불멸성(不滅性)에 관한 의문을 남겨놓는다.

소프트웨어 차원에서 의식을 설명하는 데에는 신경세포들을 언급할 필요가 없다…그것은 의식이 육체를 떠나서도 존재할 수 있게 해준다… 기계적인 시스템이나 또는 바람과 같은 대기의 시스템이 인간과 마찬가지로 정신적인 상태와 과정을 지니고 있을 가능성이 아무리 적다고 해도,

138

기능주의는 그러한 가능성을 부정하지 않는다.[10]

기능주의는 영혼에 대한 전통적인 의문들을 한꺼번에 모두 해결한다. 영혼은 어떤 재료로 만들어졌는가? 이러한 질문은 시민권이나 수요일이 어떤 재료로 만들어졌는가를 묻는 것처럼 무의미하다. 영혼은 하나의 통합적인 개념이다. 그것은 어떤 재료로 만들어져 있는 것이 아니다.

영혼은 어디에 위치해 있는가? 어디에도 있지 않다. 영혼이 어떤 장소에 위치해 있다고 말하는 것은 7이라는 숫자나 베에토벤의 제5교향곡을 어느 장소에 위치시키려는 시도처럼 잘못된 것이다. 그러한 개념들은 공간 속에 자리잡고 있는 것이 아니다.

시간과 영혼에 대한 문제는 어떻게 되는가? 공간 속에는 없지만 시간 속에는 존재한다는 것은 의미가 있는 말일까?

여기에서 그 주제는 보다 미묘해진다. 우리는 자주 치솟는 실업률과 변화하는 유행을 이야기한다. 이러한 것들은 시간에 의존해 있다. 의식이 시간이 흘러도 변화하지 않는다는 뚜렷한 근거는 없는 듯하다. 비록 의식이 공간 속 어디에서도 발견되지 않지만 말이다.

이제 우리는 의식이 단지 뇌세포의 활동에 불과하다는 믿음에 반대할 권리를 가지고 있다. 왜냐하면 그러한 믿음은 환원주의의 함정에 빠진 것이기 때문이다. 그렇지만 의식의 활동은 전적으로 뇌세포의 활동에 의존하고 있는 듯하며, 따라서 육체와 분리된 의식이 존재할 수 있는가 하는 의문이 떠오른다. 하지만 또다시 비유를 들어 설명한다면, 한 편의 소설은 언어로써 만들어지지만, 그 이야기는 녹음 테이프에 똑같은 내용으로 녹음될 수 있으며, 또는 부호나 계수로써 컴퓨터에 저장될 수 있다. 마찬가지로 의식 역시 다른 어떤 메카니즘이나 시스템 속으로 옮겨짐으로써 두뇌가 죽은 후에도 살아남을 수 있는 것이 아닐까? 분명히 원리상으로는 이것이 가능하다.

그러나 대부분의 사람들은 자신들의 인격체 전부가 살아남기를 기대하지는 않는다. 우리 자신을 구성하고 있는 상당 부분은 육체적인 필요성과 능력에 의한 것이다. 예컨대 육체가 없는, 또는 생식의 필요성이 없는 성(性)은

---

10) 1981. 1월호 《사이언티픽 아메리칸(Scientific American)》에 발표된 J.A.Foder의 〈의식과 육체의 문제 (The Mind-Body Problem)〉

우스운 것이 될 것이다. 또한 많은 사람들은 자신의 인격체를 구성하고 있는 것 중에서 부정적인 측면들, 이를테면 욕심, 질투, 미움 따위들은 살아남기를 원하지 않는다. 육체가 죽은 후에도 사라지지 않고 지속되는 의식의 알맹이는 명백히 육체와 관련된 것들이나 불유쾌한 속성들을 벗어버려야 할 것이다. 하지만 그러한 것들을 다 벗겨내버리고나면 과연 어떤 것이 남을까? 인격적인 주체인 '자아'는 어떻게 되는가?

7

자　아

모든 자아(自我)는 저마다 신성한 피조물이다.

존 에클리스 경(卿)

내 인생에서 후회되는 것이 하나 있다면, 그것은 내가 다른 사람이 되지 못했다는 것이다.

우디 알렌

우리는 무엇인가? 우리 각자는 의식 속에 '나'라고 하는 개인의식을 깊이 간직하고 있다. 나이를 먹고 성장하면서 생각과 취향이 변하고, 세계관 역시 바뀌며, 새로운 감정이 나타나지만, 그러한 변화를 아무리 많이 겪는다 해도 '나'는 여전히 '나'이다. 그러한 변화를 체험하는 주체가 '나'이지, 그 체험들이 '나'인 것은 아니다. 그렇다면 그러한 체험을 겪는 '나'는 도대체 무엇인가? '나'의 정체에 대한 것은 오랜 옛날부터 모두의 미스테리였다.

나 아닌 다른 사람을 가리킬 때 우리는 대개 그들을 그들의 육체나 드물게는 그들의 인격과 동일시해서 이야기한다. 그러나 우리 자신에 대하여 말할 때는 관점이 완전히 다르다. '나의 육체'는 '나의 집'이라고 말할 때처럼 '내'가 아니라 나의 소유물이다. 반면에 의식은 소유물이라기보다는 오히려 '소유자'이다. 나의 의식(意識)은 가재도구가 아니라, '나자신'에 가깝다.

이렇듯이 의식은 경험과 느낌의 '소유자', 또는 생각의 중심지이다. 나의 생각과 체험은 나의 소유물이고, 당신의 생각과 체험은 당신의 소유물이다. 스코틀랜드의 철학자 토마스 라이드(Thomas Reid)는 그것을 이런 식으로 말했다.

> 자아(自我)라고 하는 것이 무엇이든, 그것은 생각하고, 심사숙고하고, 해결하고, 행동하고, 고통받는 그 무엇이다. 생각 자체가 '나'인 것은 아니며, 행동 자체가 '나'인 것도 아니고, 느낌 자체가 '나'인 것은 아니다. 나는 생각하고, 행동하고, 고통을 느끼는 그 어떤 것이다.[1]

신학자들은 자아를 설명할 때, 파악하기 힘든 정신적인 실체(實體) 또는 영혼이라는 것으로 많이 이야기하는데, 그보다 더 자연스러운 설명은 없을까? 영혼이 공간 속에 위치하지도 않고, 쪼개거나 확산시킬 수도 없듯이, 자아의 본질도 확실하다. 쪼개거나 나눌 수 없으며, 또한 남들과 분리된 별개의 것이라는 것이 우리가 알 수 있는 '자아'의 기본 성격이다. '나'는 '하나의' 개별적인 자아이며, '너'와는 분명히 구별된다.

그렇지만 앞 장에서 살펴보았듯이, 의식(또는 영혼)은 매우 어려운 개념이며, 잘못하면 모순에 빠질 수 있다. '나는 무엇인가?'라는 질문은 결코 대답하기 쉬운 것이 아니다. 길버트 라일(Gilbert Ryle)은, "대명사로 이름 붙여진 우리의 존재를 자세히 들여다보기 시작하는 순간, 근거 없는 신비화(神秘化)가 시작된다"고 지적한다.[2]

하지만, 영혼불멸의 개념을 이해하기 위해서는 반드시 그 질문에 대한 답을 찾아야만 한다. 만일 죽은 다음에도 내가 계속 살아있다면, 그렇게 계속해서 살아 있는 그 '나'는 도대체 무엇인가?

데이비드 흄(David Hume)에 따르면, 자아는 경험의 집합체(集合體)에 불과하다.

---

1) 토마스 라이드(T. Reid)의 《인간의 지적인 힘에 대한 에세이(Essays on the Intellectual Powers of Man)》 (A.D. Woozley편저, 1969년 MIT 출판사, 1785년 초판)의 제3부 제4장.

2) 라일(G. Ryle)의 앞의 책, p.187

내가 '내 자신'이라고 부르는 것 속으로 가장 깊숙이 들어갈 때, 나는 언제나 어떤 특수한 지각 작용과 만난다. 이를테면 뜨거움과 차가움, 밝음과 어두움, 사랑과 미움, 고통과 즐거움 등과 같은 지각 작용이다. 어느 때건 '내 자신'을 생각할 때면 하나의 지각 작용과 만나게 되며, 그리고 지각 작용 외에는 어떤 것도 관찰되지 않는다[3]

이 철학을 받아들인다면, '나는 무엇인가?'라는 질문에 대한 대답은 단순히 '나는 나의 생각과 경험들이다'가 된다. 그래도 아직 만족할만한 대답이 아닌 듯하다. '생각하는 자'가 없이도 생각들이 존재할 수 있을까? 그리고 '나의' 생각과 '너의' 생각을 구분해주는 것은 무엇인가? '나의' 생각이란 과연 무엇을 의미하는가? 사실, 흄(Hume)은 나중에 자신의 첫번째 평가에 대하여 이렇게 썼다.

"나라는 개인의식에 대하여 더욱 깊이 따질수록 나는 점점 미궁에 빠진다."

어쨌든, 자아라는 것이 뭐라 정의내리기 힘든 애매한 개념이라는 사실을 우리는 인정해야 한다. 그리고 비록 경험 자체가 자아를 완벽하게 설명해주지는 못하지만, 자아의 본질을 형성하는 데에는 경험이 큰 역할을 한다는 사실을 인정해야 한다.

자아의 어떤 것들은 개인적 주체를 구분짓는 경계선상에 위치해 있는 듯하다. 예를 들어, 감정을 어느 위치에다 놓아야 적당한가? 당신은 육체를 가지고 있듯이 감정을 '가지고' 있는가, 아니면 당신의 감정은 '당신'을 구성하는 중요한 한 부분인가?

혈액의 화학 성분과 같은 물리적인 자극에 의해서 감정이 강한 영향을 받는다는 것은 잘 알려진 사실이다. 호르몬 분비의 균형이 깨지면 많은 정서장애가 일어난다. 술에 취해본 사람은 잘 알겠지만, 약이나 알콜은 다양한 정신상태나 감정상태를 일으킬 수 있다. 더 심하게는, 뇌수술은 인격체에 큰 변화를 가져올 수 있다.

이러한 사실들 때문에 우리는 인격체의 많은 장식품들만 가지고는 영혼을 설명할 수가 없다. 한편, 만일 모든 감정을 제거해버린다면 무엇이 남는가? 예를 들어, 기독교인들은 질이 낮은 감정들은 떨어져나가고, 자신의 영혼이 사랑과 존경심 같은 좋은 감정들만 갖고 있기를 바랄 것이다. 권태감이나 활

---

3) 데이비드 흄(D.Hume)의 저서 《인간의 본질에 대한 논문(A Treatise of Human Nature)》(P.H. Nidditch편저, 1978년 옥스포드대학 출판부, 1939년 초판 발행) 1권 4부 제6장.

력, 유우머 감각처럼 도덕적으로 나쁘지도 않고 좋지도 않은 느낌들은 아마도 논쟁의 여지가 많을 것이다.

보다 중요한 문제는 기억(記憶)에 관한 것들, 그리고 우리가 시간을 인식하는 방식에 관한 것들이다. 우리는 과거의 경험에 대한 기억을 바탕으로 '나'라는 것을 생각한다. 기억이 없는 상태에서도 '나'라는 것이 과연 성립될 수 있을 것인가는 확실히 미지수이다.

여기에 대하여 이렇게 반론을 펼 수도 있을 것이다. 심한 기억상실증 때문에 고통받는 사람이 있다고 하자. 기억상실증이라고 해도 그는 여전히 "나는 누구인가?"라는 의문을 품을 수가 있으며, 그 '누구'에 해당하는 '나'라는 것이 존재한다는 사실을 단 한 순간도 의심치 않을 것이다. 그렇지만 기억상실증 환자라고 해서 기억이 몽땅 사라지는 것은 아니다. 예를 들어, 컵이나 연필, 버스, 침대 등 일상적인 물건을 사용하는 데에는 아무런 불편이 없다. 더군다나 간단한 기억들은 손상되지 않는다. 만일 정원을 거닐겠다고 마음을 정한다면, 잠시 후에 그는 자신이 그곳에서 무엇을 하고 있는지 의문을 품지는 않는다.

만일 아주 심한 건망증 환자라서 방금 전에 일어난 일조차 기억하지 못한다고 한다면, 그의 주체의식은 완전히 허물어질 것이다. 그는 전혀 일관성 있게 행동하지 못할 것이다. 그의 신체 동작은 하나에서 열까지 의식있는 행동이 되지 못할 것이다. 그는 자신이 지각하는 것을 하나도 이해하지 못할 것이며, 주변 세계에 대한 자신의 경험에 체계를 세우지도 못할 것이다. 자신이 지각하는 주변 세계와 구별된 것으로서의 '자기 자신'에 대한 전체적인 개념은 무척 혼란된 상태일 것이다. 사건의 경향이나 규칙성 같은 것을 찾아볼 수가 없으며, 일관성 있게 지속되는 것도 없을 것이다. 특히 자기 자신에 대한 일관성이 없어질 것이다.

이와 같이 우리가 '나'라는 개인적 주체의식을 가질 수 있고 시간이 지나도 우리 자신을 '같은' 사람으로 인식할 수 있는 것은 대개 기억을 통해서다. 인생 전체를 통해서 우리는 하나의 육체 속에 거주하지만, 그 육체는 상당한 변화를 겪는다. 육체를 구성하고 있는 원자들은 신진대사 활동을 통해 조직적으로 바뀐다. 육체는 자라고, 성숙해지고, 나이를 먹고, 결국 죽는다. 우리의 인격체 역시 커다란 변화들을 겪는다. 그러나 이러한 끝없는 변화를 겪는다 해도 우리 자신이 여전히 똑같은 사람이라고 우리는 믿는다.

그런데 만일 우리가 인생의 앞부분에 대한 기억을 잃어버린 경우라면, 그

'같은 사람'이라는 것이 육체적으로 지속되었다는 의미 말고는 어떤 의미를 가질 수 있겠는가?

한 남자가 자신이 나폴레옹의 환생(還生)이라고 주장한다고 가정해보자. 만일 그가 나폴레옹을 닮지 않았다면, 당신이 그의 주장을 판단할 수 있는 유일한 기준은 그의 기억에 대한 것이다. 나폴레옹이 좋아한 색깔은 무엇이었나? 워터루 전투가 벌어지기 전에 그는 어떤 기분이었는가? 당신은 그 사람의 주장을 진지하게 받아들이기 전에 그가 나폴레옹에 대한 특별한 정보를, 그리고 되도록이면 확인할 수 있는 정보를 말해주기를 기대할 것이다. 그러나 그 사람이 자기가 나폴레옹이라는 것 말고는 그의 전생에 대한 모든 기억을 잃었다고 주장한다면 당신은 어떻게 할 것인가? "나는 전생에 나폴레옹이었다"라는 그의 주장이 어떤 의미가 있겠는가?

어쩌면 그는 이렇게 반박할지도 모른다.

"내가 말하는 것은 비록 나의 육체와 기억, 그리고 사실 나의 전 인격체가 존 스미스의 것이지만 존 스미스의 영혼은 죽은 나폴레옹 보나파르트의 것이라는 것이다. 나는 과거에는 나폴레옹이었고 지금은 존 스미스이지만, 하지만 그 둘은 똑같은 '나'이다. 단지 나의 특징만이 변한 것이다."

하지만 이런 말은 상당히 애매한 말이 아닐까? 우리가 한 사람의 의식을 다른 의식과 동일시할 수 있는 것은 그들의 인격체나 기억을 통해서다. 그것들 말고 어떤 옮겨 붙일 수 있는 확실한 딱지―영혼―가 있다고 주장하는 것은 완전한 억지 주장이다. 그러한 딱지는 어떤 신비한 등록표시를 나타내는 것뿐이지 어떤 독특한 고유성이 있는 것은 아니다. 따라서 영혼의 존재를 부정하는 사람에게는 무어라 말할 것인가? 그런 식으로라면 나무나 구름이나 바위나 비행기들의 영혼까지도 만들 수 있지 않겠는가?

어떤 이는 이렇게 주장할 수도 있을 것이다.

"이것은 평범한 디젤기관차처럼 보이지만, 사실은 그것은 스티븐슨이 발명한 로케트의 본질, 로케트의 영혼을 가지고 있다. 설계도 다르고, 재료도 다르고, 작동하는 것도 로케트와 닮은 점이 없지만, 그래도 실제로는 완전히 새로운 구조와 외모와 설계를 지닌, 로케트와 '똑같은' 기관차이다!"

이러한 공허한 주장이 무슨 소용이 있는가?

환생보다 더 설득력 있는 보기를 들어보자. 친한 친구가 몸 전체에 걸친 대수술을 받아서 수술 뒤에는 육체적으로 전혀 알아볼 수 없는 다른 사람이 되었다고 가정해보자. 당신은 어떻게 그가 같은 사람이라는 것을 알겠는가?

만일 그가 당신에게 자신이 지금까지 어떻게 살아왔나를 말하면서 당신과의 사이에 있었던 사소한 사건들, 개인적인 대화들을 상기시키고, 그리고 자신의 주위환경과 무리 없이 지내는 것을 보여준다면 당신은 그가 수술 전의 그 친구와 같은 사람이라는 결론을 내리기가 쉬울 것이다. "그가 틀림이 없다. 정말로 그가 아니라면 그러한 것을 알 턱이 없다"라고.

하지만 만일 그 수술 때문에 당신 친구의 기억의 상당 부분이 사라져버렸거나, 아니면 기억이 손상을 입었을 경우에는 당신은 그가 수술 전의 친구라는 것을 판단하기에 훨씬 확신이 모자랄 것이다. 만일 그가 전혀 아무런 기억을 갖고 있지도 않고 육체도 완전히 다르게 변했다면 당신은 당신 앞에 서 있는 그 사람이 당신의 친구라고 말할 아무런 기준을 갖고 있지 못하게 된다. 약간 남아 있을 신체적인 증거가 고작일 것이다.

사실 기억을 '전혀' 갖고 있지 않은 어떤 사람이 도대체 '사람'으로 생각될 수 있는지조차 분명하지 않다. 그는 우리가 보통 '개인'이라고 말할 때 관계가 있는, 인격체와 같은 일관성있는 속성을 갖고 있지 못할 것이다. 그의 행동은 전적으로 제멋대로이거나 아니면 순전히 반사적일 것이고, 그러한 행동은 약간 프로그램이 잘못 입력된 자동인형과 다를 바가 별로 없을 것이다.

영혼의 사후 생존을 믿는 이원론자(二元論者)는 여기서 상당히 곤란해진다. 만일 영혼이 두뇌를 기억 저장실로 이용하고 있다면, 육체의 사후에는 영혼은 어떤 것을 어떻게 기억하는가? 두뇌가 아닌 다른 기억 장치가 있을까? 그리고 만일 육체의 사후에는 영혼이 아무 것도 기억할 수 없다면, 우리는 어떻게 그것에 '개인'이라는 딱지를 붙일 수 있겠는가? 아니면 영혼은 두뇌 말고 일종의 비물질적인 기억 저장 시스템을 갖고 있는 것일까?

영혼은 시간을 초월한다는 주장을 통해 이러한 막다른 골목에서 벗어나려고 시도되기도 한다. 영혼이 공간 속에 위치할 수 없듯이, 영혼은 시간 속에도 위치하지 않는다. 하지만 이러한 해결 방법은 앞 장에서 살펴본대로 새로운 어려움들을 발생시킨다.

우리는 많은 철학자들이 탐구해놓은 몇 가지 주요 사실들을 통하여 자아를 이해하는 데에 더 가깝게 접근할 수 있을 것이다. 철학들은, 인간의 의식은 단순히 외부를 인식하는 것뿐만이 아니라 자기인식(self-awareness)이 가능하다는 데에 의견을 같이 한다. 다시 말해, 우리는 우리가 어떤 것을 안다는 사실을 '안다'는 것이다. 1690년 존 로크(John Locke)는 "자신이 인식하고 있다는 사실을 '인식'하지 못하고서는 어떤 것을 인식한다는 것이 불가능하다"고 강조하였다. [4] 옥스포드 대학의 철학자 루카스(J.R. Lucas)는 이 관점을 다음과 같이 표현한다.

의식을 가진 존재가 어떤 것을 안다고 하는 것은, 그가 그것을 안다는 것뿐만 아니라 그것을 안다는 사실을 알고 있다는 것을 뜻하며, 또한 자신이 그것을 알고 있다는 것을 안다는 사실을 알고 있으며, 또한 그 사실을 또 알고 있는…의식을 가진 존재는 외부의 물건을 자각할 뿐만 아니라 자기 자신을 자각할 수 있으며, 그러면서도 그 존재를 여러 부분으로 나눌 수는 없다는 데에서 의식의 패러독스(paradox, 역설)가 생긴다. [5]

비슷한 맥락에서 아이어(A.J. Ayer)도 이렇게 썼다. "한 사람의 자아는 마치 수많은 상자들을 계속해서 담고 있는 중국의 상자들을 연상시킨다." [6]

자기인식이야말로 의식의 신비를 해명하는 열쇠라는 것에는 의심할 여지가 없다. 우리는 이미 일리야 프리고진(Ilya Prigogine)이 말한, 자기 조직(self-organization)의 능력을 가진 '흩어지는 구조(散逸構造 , dissipative structure)'에서의 피이드백(feedback, 재생)과 자기연결(self-coupling)을 보았으며, 무생물이 생물을 통하여 의식체라는 복잡성과 자기조직을 갖춘 위 쪽의 차원으로 올라가는 자연적인 과정이 있는 듯하다.

하지만 여기에는 또다른 설명 방법이 있다. 앞 장에서 살펴본 개념적 차원 구분이 바로 그것이다. 생명은 통합적(統合的)인 개념이며, 환원주의 분석은 단지 우리들 내부의 무생명체인 원자만을 드러내줄 뿐이다. 마찬가지로 의식 역시 통합적인 개념이다. 우리가 하나의 세포를 그것의 구성 성분인 원자 차원에서 이해할 수 없듯이 의식을 뇌세포에 기준하여 이해할 수는 없다. 개별적인 뇌세포들 속에서 의식이나 지성을 찾으려는 것은 부질 없는 짓이다. 의식이나 지성의 개념은 뇌세포 차원에서는 그저 무의미한 것일 뿐이다. 따라서 자기인식(self-awareness)은 통합적인 속성이며, 두뇌의 특수한 전기

---

4) 존 로크(J. Locke)의 《인간 이해에 관한 에세이(Essay Concerning Human Understanding)》제27장(A.D. Woozley 편저, 1976년 Dent 출판사, 1690년 초판 발행)

5) 루카스(J.R. Lucas)의 저서 《의식과 기계(Minds amd Machines)》중에서 〈의식, 기계, 그리고 괴델(Minds, Machines and Gödel)〉 p.57 (A.R. Anderson 편집, 1964년 Prentice-Hall 펴냄)

6) 아이어(A.J. Ayer)의 저서 《철학의 주요 문제들(The Central Questions of Philosophy)》(1973년 Weidenfeld & Nicolson, 1977년 Penguin) p.119

화학적인 메카니즘으로 추적해 들어갈 수 있는 성질의 것이 아니다.

자기가 자기를 언급하는 문제(self-reference)에 대한 연구는 언제나 역설과 모순에 부딪쳤다. 자기인식에 관한 철학적인 질문뿐만이 아니라 예술에서도, 그리고 심지어 논리와 수학 차원에서도 그렇다. 희랍 철학자 에피메니데스(Epimenides)는 자기를 언급하는 진술에 관한 문제를 제시하였다. 우리는 보통 모든 의미 있는 진술은 참이거나 거짓이어야 한다고 가정한다. 하지만 다음과 같이 바꿔 쓸 수 있는 에피메니데스의 진술을 생각해보자(그 진술을 편의상 A라고 하자).

A:이 진술은 거짓이다.

A는 참인가 거짓인가? 만일 참이라면 그 진술 자체는 거짓이 되고, 만일 거짓이라면 그 진술은 참이다. 하지만 A는 참이면서 동시에 거짓일 수는 없으며, 따라서 "A는 참인가 또는 거짓인가?"는 대답이 있을 수가 없다.

우리는 제3장에서 러셀(Russell)이 말한 세트(set)의 역설에서도 비슷한 문제를 살펴본 적이 있다. 두 경우 모두, 전혀 잘못이 없는 진술이나 개념들이 둥근 고리를 이루어 그것들 자신을 가리킬 때에는 불합리가 뒤따른다. A와 같은 형태의 진술은 다음과 같다.

A: 다음의 진술은 참이다. A₁
앞의 진술은 거짓이다. A₂

여기서도 각각의 개별적인 진술 A₁과 A₂는 전혀 잘못된 곳이 없으며 모순이 아니지만, 그것들이 서로 둥근 고리를 이루어 자기자신을 가리키게 되면 그것들은 논리의 넌센스를 발생시킨다.

호프스태터(Hofstadter)는 자신의 걸작품 《괴델, 에서, 바하(Gödel, Escher, Bach)》에서 '부분적'으로는 의미가 있는 개념들이 '전체적'으로 놓고 볼 때에는 둥근 고리를 이루면서 역설 속으로 빠져드는 것이 어떻게 독일 화가 에서(M.C. Escher)의 작품 속에 충격적인 예술로 묘사되어 있는지를 지적한다. 예를 들어 그의 작품 《폭포(Waterfall)》를 생각해보자. 둥근 고리를 이루고 있는 폭포의 물길을 따라 계속해서 내려가다 보면 어느덧 우리는 자신이 처음의 원점에 되돌아와 있는 것을 보고 놀라게 된다. 각 부분에서는 하나도 잘못된 것이 없이 자연스럽고 정상적인데 갑자기 우리는 처음에 출발했던 지점으로 되돌아와 있는 것이다. 물론 전체적인 시각으로 보면 그 고리 전체는 분명히 불가능한 것이지만, 고리의 어떤 부분에서도 '잘못'되었다는 것을 발견할 수가 없다. 역설이 생겨나는 것은 순전히 전체적인 또는 통합적인 측면인 것이다. 호프스태터는 또한 바하(Bach)의 음악작품 푸가(fugues)들 속에도 음악적으로 이 '이상한 고리(strange loops)'가 존재하는 것을 발견한다.

수학의 논리적인 기초에 관심을 가진 수학자와 철학자들 역시 이러한 자기 언급(self-reference)에 대한 문제를 연구하였다. 가장 놀랄만한 성과는 1931년에 독일 수학자 쿠르트 괴델(Kurt Gödel)의 연구 결과이다. 그것은 불완전이론(Incompleteness Theorem)으로 알려진 것인데, 호프스태터의 책의 주요 부분을 차지하고 있다. 괴델의 이론은 수학의 논리적인 근거를 분명히 하기 위하여 추론 과정을 체계화하려 했던 수학자들의 시도에서 생겨난 것이다.

괴델은 수학적인 용어를 사용하여 진술을 요약하려는 착상이 떠올랐다. 그 자체는 전혀 새롭거나 충격적인 것이 아니었다. 숫자로 열거한 계약서를 읽어본 사람은 이 연습이 낯설지 않을 것이다. 괴델이 발견해낸 독특한 점은 수학에 대한 진술을 수학을 이용하여 성문화하려는 것이었다. 이 역시 자기가 자기를 가리키는 측면인 것이다. 따라서 필연적으로 에피메니데스의 역설과 비슷한 것이 생겨났으며, 괴델은 자신의 이론을 통하여 심지어 원리상으로도 그것이 참인지 거짓인지 '절대로' 알 수 없는 숫자들에 대한 진술(위의 A처럼)이 존재한다는 것을 증명하였다.

괴델의 불완전이론은, 주체와 객체를 섞음으로써 심지어 논리적인 분석의 근본 차원에서조차도 자기 언급은 역설과 불완전을 낳는다는 것을 보여준다. 여기에 그 이론의 중요성이 있다. 이것은 원리상으로도 우리가 자기자신의 의식을 완전히 이해할 수 없다는 것을 말하기 위하여 자주 인용되는 이론이다. 호프스태터는 이렇게 말한다.

"괴델의 불완전이론은, 자기를 알려고 하는 것은 언제나 불완전하게 끝나는 여행을 떠나려는 것이나 다름없다는 어떤 고대의 이야기 같은 멋을 풍긴다."[7]

---

7) 호프스태터의 앞의 책, p.697

괴델의 이론은 의식의 비(非)기계적인 성질을 입증하기 위해서도 자주 인용된다. 〈의식, 기계, 괴델(Minds, Machines and Gödel)〉이라는 제목의 에세이에서 루카스(Lucas)는 인간의 지성은 컴퓨터에 의해서는 결코 획득될 수 없음을 주장한다.

"괴델의 이론은 나에게 기계론적 우주관이 잘못되었음을 증명해주는 듯하다. 다시 말해, 의식은 기계로서는 설명될 수 없음을 증명해 주는 것이다."

루카스가 말하고자 하는 것은, 우리 인간 존재들은 숫자들에 대한 수학적인 진리를 발견할 수 있지만, 정해진 일련의 공리들에 따라 작동하도록 입력된, 그래서 괴델의 이론에 지배될 수밖에 없는 컴퓨터는 그것을 스스로 증명할 수 없다는 것이다

우리가 만든 기계가 아무리 복잡하다고 해도, 그것은 그 체계 안에서는 증명이 불가능한 공식에 지배를 받는 괴델의 이론에 걸려들기가 쉽다. 이 공식에서 비록 의식은 그것이 참이라는 것을 알 수 있지만, 기계는 그것이 참인지 거짓인지를 알 도리가 없다. 따라서 기계는 의식을 가진 모델이 될 수 없는 것이다.[8]

비기계적인 의식 또는 '영혼'에 대한 증거로 자주 인용되는 사랑과 미(美)의 감상, 유우머 등으로 이루어진 인간의 의식을 신비의 수학보다 우월한 위치에 올려놓는 것에 대하여 많은 사람들은 틀림 없이 못마땅해 할 것이다. 루카스의 논법은 사실 여러 가지 면에서 공격을 받아왔다. 예컨대 호프스태터는 이렇게 지적한다. 실제로 복잡한 수학적 진리를 발견하는 인간 의식의 능력은 극히 제한되어 있으며, 따라서 인간이 숫자에 대하여 발견할 수 있는 모든 것을 컴퓨터에 입력하면 그 컴퓨터 역시 그 모든 것을 성공적으로 수행할 수 있다는 것이다. 더구나 에피메니데스 식의 진술들 때문에 '우리'는 컴퓨터만큼이나 괴델의 불완전이론에 걸려들기 쉽다. 결코 스미스에 의해서는 증명될 수 없는 스미스를 포함한 세계 전체에 대한 논리적인 진술을 만드는 것이 가능한 것이다.

지금까지 강조했듯이 의식, 자유의지, 개인적 주체의식 등은 모두 자기가 자기를 언급하는 요소를 지니고 있으며, 따라서 역설적인 측면을 가질 수가

---

8) 루카스의 앞의 책.

있다. 관찰자가 어떤 것을 지각할 때, 예를 들어 어떤 물체를 지각할 때 감각기관의 메카니즘을 통하여 그 물체와 연결되어 있긴 하지만 그 관찰자는 정의상 관찰되어지는 물체의 외부에 존재한다. 하지만 관찰자가 자기자신을 관찰하는 자기분석 중에는 주체와 객체가 가장 복잡한 방식으로 뒤엉켜 있다. 그것은 마치 관찰자(the observer)가 그 자신의 안과 밖에 동시에 존재하는 것이나 마찬가지다.

몇 가지 흥미있는 설명이 이러한 신기한 정신 현상에 주어질 수 있다. 한 예로, 유명한 뫼비우스의 띠(Möbius band)를 생각해보자(그림 10참조). 그림은 띠를 한차례 비틀어 양끝을 이어서 고리를 만든 것이다. 고리의 각 지점에서 보면 분명히 고리의 앞쪽과 반대쪽이 있는 듯하다. 하지만 고리의 한 면을 따라 계속 걸어가면 어느덧 원점에 되돌아오기 때문에 거기에 실제로는 한개의 면밖에 있지 않다는 것을 발견할 것이다. 부분적으로 보면 두개의 범주(주체와 객체라고 할 수 있는)가 구별되어 있는 듯하지만, 전체 구조를 보면 거기에는 한 면밖에 없다.

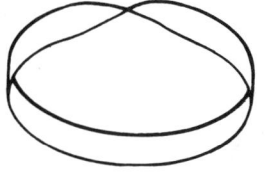

[그림10] 유명한 뫼비우스의 띠는 하나의 띠를 한 차례 비틀어 끝을 서로 연결해서 만든 고리이다. 가만히 살펴보면 거기 단지 한 면이 존재할 뿐이다.

자기가 자기를 가리키는 것에 대한 또다른 설명으로는 호프스태터의 '이상한 고리(Strange loops)'라는 용어로 표현된 것이 있다.

나는 우리의 두뇌 속에서 '솟아나는 현상'들, 이를테면 생각과 희망과 영상(映像)과 논리와 의식과 자유의지 등에 대한 설명은 일종의 '이상한 고리' 위에 그 기초를 두고 있다고 믿는다. 이 이상한 고리는, 위쪽의 차원이 아래쪽 차원에 연결되어 영향을 주며, 동시에 위쪽의 차원은 아래쪽 차원으로부터 영향을 받는 그러한 고리이다… 우리의 자아는 그것이 그 자신을 돌아볼 수 있을 때에만 존재할 수가 있다.[9]

자아를 더 잘 이해하기 위해서 행해지는 이러한 노력들의 근본 특징은 차원의 순환이다. 뇌세포의 하드웨어와 전기화학적인 장치는 생각과 상상과 의지의 소프트웨어 차원을 떠받들고 있으며, 이것들은 다시 신경 차원에 연결되어서 영향을 미친다. 육체와 영혼을 따로 생각하려는 것은 이렇게 둘둘 말린 차원들―호프스태터의 용어로는 '뒤엉킨 차원들(Tangled Hierarchy)'―을 분리시키려는 시도에서 생겨난 혼란일 뿐이다. 하지만 그것은 무의미한 모험이다. 왜냐하면 당신을 '당신'이게 만들어주는 것은 바로 그 차원들의 뒤엉킴이기 때문이다.

현대의 기독교 교리는 그리스도를 통한 '전인(Whole man)'의 거듭남을 강조함으로써 이러한 두뇌와 의식의 통합 쪽으로 이동해가고 있다. 그전에는 육체를 떠난 존재가 가능하다는 것을 증명하기 위하여 불멸의 영혼을 물리적인 육체와 분리된 것으로 생각해왔는데, 이제는 달라지고 있는 것이다.

그러나 지금까지 의식에 대하여 말해온 그 어떤 것도 인간 존재에게만 특별히 적용되는 것은 아니다. 인간에게만 어떤 특별한 신성(神性)이 깃들어 있다는 어떤 과학적인 증거도 아직은 없으며, 동시에 미래의 발전된 기계가 원리상으로라도 우리 인간과 똑같은 의식과 비슷한 감정들을 즐겨서는 안 될 근본적인 이유는 아직 분명하지 않다. 물론 이것은 컴퓨터가 영혼을 갖고 있다고 말하려는 것은 아니고, 그보다는 우리의 의식을 만들어내는 복잡하게 뒤엉킨 차원들이, 다양한 시스템들 속에서도 일어날 수 있다는 의미이다.

그러나 결정론과는 모순되는 듯이 보이는 자아의 한 가지 속성이 있는데, 그것은 '의지(意志)'라고 하는 것이다. 모든 인간 존재들은 자신들이 어느 정도 제한된 범위에서는 여러 다양한 행동들 속에서 하나를 선택할 수 있는 능력이 있다고 믿는다. 스스로 행동을 선택하는 그러한 자유가 컴퓨터 속에 입력될 수 있을까?

호프스태터는 원칙적으로는 그렇게 할 수 있다고 주장한다. 스스로 자기 자신을 가리킬 수 있는 능력을 컴퓨터 프로그램 속에 집어넣으면 컴퓨터 역시 자신이 의지를 갖고 있는 것처럼 행동하기 시작할 것이라고 주장한다. 그

---

9) 호프스태터의 앞의 책, p.709

자아 153

는 인간의 의지에도 역시 괴델의 불완전이론을 적용시키려고 시도하는데, 이것은 자기자신의 내부 활동을 관찰할 수 있는 능력을 가진 어떤 조직체에서도 필연적으로 일어나는 일이다(자유의지와 결정론에 대한 주제는 제10장에서 보다 자세히 다룰 것이다).

인간의 두뇌가 엄청나게 복잡한 전기화학적인 기계이며, 컴퓨터 같은 다른 형태의 인공 기계들에게도 사람과 똑같은 감정과 자유의지를 입력할 수 있다는 이러한 주장을 받아들인다고 하자. 그렇다고 해서 인간의 의식의 가치가 떨어지는가? '아무 것도 담고 있지 않은 창고'의 함정을 상기하자. 두뇌가 하나의 기계장치라고 주장한다고 해서 의식과 감정의 실체가 부정되는 것은 아니다. 의식과 감정의 실체는 보다 높은 차원의 설명과 관계된 것이다(지금까지 예로 든 개미굴, 소설의 구성, 조각그림 맞추기, 베에토벤의 교향곡 등과 똑같은 것이다).

두뇌가 하나의 기계장치라고 말한다고 해서, 의식이 기계적인 과정의 산물에 '불과하다'는 것은 절대로 아니다. 두뇌 활동의 결정론적인 성질로 미루어 자유의지가 하나의 환상(幻想)에 불과하다고 하는 주장은, 원자 차원의 밑바닥에 깔려 있는 무생명적인 본질을 근거로 하여 생명이라는 것이 하나의 환상에 지나지 않는다고 주장하는 것처럼 잘못된 것이다.

많은 공상과학 작가들은 의식을 가진 기계에 대한 개념을 발전시켰다. 가장 대표적으로는 로보트 소설들을 쓴 아이작 아시모프(Isaac Asimov)와 《서기 2001년의 우주여행(2001: A Space Odyssey)》을 쓴 아더 클라크(Arthur C. Clarke)가 있다. 더욱 깊은 통찰력이 있는 분석들이 몇몇 작가들에 의해서 행해졌는데, 그들은 자아를 더욱 명확하게 정의내리기 위한 시도로 '의식 이식(移植)'과정을 묘사하였다.

예를 들어, 만일 당신의 두뇌를 떼어 내어 일종의 '두뇌 버팀대'에 놓는다면 어떤 일이 발생할 것인가 생각해보자. 두뇌는 전파 방송망 같은 것을 통하여 당신의 육체에 연결되어 있다(물론 이러한 작업은 현재로서 예측할 수 있는 미래의 테크놀로지를 완전히 능가한 것이지만, 그렇게 하지 못할 이론적인 이유는 아무 것도 없다). 당신의 눈과 귀와 다른 감각들은 평소와 똑같이 기능하고 있으며, 육체 전체가 아무런 장애 없이 기능을 발휘할 수 있다. 사실 당신이 당신 자신의 두뇌를 두 눈으로 내려다볼 수 있다는 것 말고는 어떤 차이도 없을 것이다. 아마도 머리가 약간 가벼워졌다는 느낌은 있겠지만!

문제는 이것이다. 이때 '당신'은 어디에 있게 될 것인가? '당신'은 그 떨어져나온 두뇌 속에 있을 것인가, 아니면 육체 속에 있을 것인가? 만일 당신의 육체가 기차 여행을 한다면 당신이 하는 체험은 그 육체의 체험이 될 것이다. 마치 두뇌가 여전히 당신의 두개골 안에 있는 것처럼 여느 때와 똑같은 체험이 될 것이다. 당신은 당신이 열차 안에 있는 것처럼 '느낄' 것이다.[10]

이제 만일 당신의 두뇌가 다른 사람의 육체 속에 이식되었다고 상상한다면 혼란은 더욱 커진다. '당신'이 새로운 육체를 갖게 되었다고 하는 것이 옳은가, 아니면 '그것(당신의 두뇌가 이식된 육체)'이 새 두뇌를 갖게 되었다고 하는 것이 옳은가? 다른 육체를 가지고 있는데도 당신은 여전히 자신이 똑같은 사람이라고 생각할 수 있을까? 아마도 당신은 그렇게 할 수 있을 것이다. 그러나 만일 당신의 두뇌를 이식한 곳이 이성(異性)의 육체이거나 동물의 몸이라고 가정해보자. '당신'을 구성하고 있는, 다시 말해 당신의 인격과 재능 등을 구성하고 있는 많은 부분들은 신체의 화학적이고 물리적인 조건과 관계가 있다. 그리고 만일 두뇌를 이식하는 동안 당신의 기억이 깨끗이 사라져버렸다고 한다면 어떻게 될 것인가? 그 새로운 육체를 '당신'으로 여기는 것이 과연 의미가 있을까?

자아(自我)를 다른 시스템 속에 복제하는 것에 대하여 생각하면 더 새로운 문제들이 생겨난다. 당신의 두뇌 속에 있는 모든 정보 내용을 거대한 컴퓨터 속에 집어 넣었으며, 당신의 본래의 육체와 두뇌는 죽었다고 가정해보자. 그래도 '당신'은 여전히 그 컴퓨터 안에 살아 있는 것일까?

당신의 의식을 컴퓨터 안에 옮겨 심는다는 생각은 다른 많은 컴퓨터들에 복제된 다수(多數)의 '당신'이 가능하다는 전망을 준다. 물론 '다중인격(多重人格)'의 정신혼란, 그리고 두뇌의 좌반구와 우반구의 연결이 단절된—쉽게 말해 문자 그대로 오른손이 하고 있는 일을 왼손이 알지 못하는— 환자들에 대한 글들은 이미 상당수 발표되어왔다.

이러한 생각들이 다소 무섭게 느껴질지는 몰라도, 그것들은 우리가 영혼 불멸에 대한 과학적인 이해를 가질 수 있다는 희망을 준다. 왜냐하면 그것들은 의식의 본질적인 성분이 '정보'라는 것을 강조하고 있기 때문이다. 현재의 우리를 만들어주는 것은 두뇌 그 자체가 아니라 두뇌 내부의 형태이다. 베에토벤의 제5교향곡이 오케스트라가 연주를 끝냈다고 해서 더 이상 존재하지

---

10) D.C. Dennett의 《나는 어디에?(Where am I?)》(Bradford Books 1978)를 보라.

않는 것이 아니듯이, 의식 역시 다른 곳으로 정보를 옮김으로써 지속될 수 있을지도 모른다. 우리는 앞에서 어떻게 원리상으로 의식이 컴퓨터 안에 넣어질 수 있는지를 생각해보았다.

그러나 만일 의식이 본질적으로 '조직화된 정보'라고 한다면, 정보 표현의 매개체는 전혀 중요한 것이 아니다. 그것은 어떤 특정한 두뇌일 필요가 없다. '기계 속의 유령'이라기보다는 우리는 '회로의 메시지'에 더 가까울 것이며, 그리고 그 메시지 자체는 그것의 표현 수단을 초월한 것이다.

맥케이(MacKay)는 그 관점을 컴퓨터 용어로 이렇게 표현한다.

> 만일 어떤 주어진 프로그램을 작동하는 컴퓨터가 불에 타버렸거나 파괴되었다면, 우리는 그것으로 그 프로그램이 종말을 고했다고 말할 것이다. 그러나 똑같은 프로그램을 다시 작동시키고자 한다면 원래의 컴퓨터의 부품들을 재조립하거나 원래의 기계장치를 그대로 본뜰 필요는 없을 것이다. 다른 행위를 통해서도(심지어 연필과 종이만 가지고도) 원리상으로는 그것과 똑같은 프로그램을 구체화시킬 수 있을 것이다.[11]

이러한 결론은 '프로그램'이 나중에 다른 육체 안에서 재작동할 수 있는지(윤회, 환생) 또는 물리적인 우주의 한 부분인데 우리가 알지 못하는 또다른 시스템(천국?) 속에서 재작동할 수 있는지에 관한 의문을 일으킨다. 아니면 그것은 어떤 의미의 망각지대(忘却地帶)에 단순히 '저장되는' 것일까? 프로그램은 그것이 작동될 동안에만 시간과 관계를 맺는다. 프로그램은 교향곡처럼 일단 창조되면 본질적으로는 시간에 구애를 받지 않고 존재한다(오케스트라가 연주를 끝냈다고 해서 교향곡이 없어지는 것이 아니듯이 말이다).

이 장에서는 인식과학의 탐구가, 사람과 기계 속의 의식에 유사성이 있다는 것을 강조하는 쪽으로 기울어지는 경향이 있음을 살펴보았다. 종교 쪽에서 보면 이것은 많은 복합적인 의미가 있다. 한편에서는 이러한 연구들이 전통적인 영혼관을 부정하는 반면에, 다른 한편에서는 인격체의 사후생존의 가능성의 길을 열어놓는다.

의식은 매우 복잡한 개념이기 때문에 보통 물리학의 틀 안에서는 연구되지 않는다. 특히 주로 단순한 기본 원소들에 대한 차원을 집중 탐구하는 환

---

11) 맥케이(MacKay)의 앞의 책, p. 75

원주의의 물리학에서는 더욱 그렇다. 그러나 의식이 아주 근본적인 차원에서 다루어지는 현대물리학의 새로운 분야에 있어서 많은 물리학자들은 신비주의 쪽으로 몰고 가고 있다. 그것은 양자론(量子論)이라고 불리는데, 그것은 종교의 전통적인 틀을 똑바로 가로질러가면서 우리를 '이상한 나라의 앨리스'의 세계로 데려간다.

8

양 자 론

양자론에 충격을 받지 않은 사람이 있다면, 그는 아직 양자론을 제대로 이해
하지 못한 사람이다.

닐스 보아(Niels Bohr)

앞의 두 장에서 전개된 이야기는, 의식이 어떤 정해진 구성 성분을 가지고
한 장소에 위치하는 어떤 '물건'은 아니지만, 그럼에도 불구하고 전체적인
'고차원'의 관점에서 볼 때는 엄연한 실체(實體)라는 것을 넌지시 암시하고
있다. 고대로부터의 수수께끼인 몸과 마음의 관계는 컴퓨터의 하드웨어와 소
프트웨어의 관계와 같다. 소프트웨어(프로그램)는 호프스태터(Hofstadter)가
말하는 '뒤엉킨 차원' 또는 '이상한 고리'라고 부르는 것 속에서 하드웨어와
연결되어 있고, 또는 함께 맞물려 있다고 할 수 있다. 자기가 자기를 가리키
는 이러한 맞물림은 의식의 본질적인 속성이다.

하드웨어와 소프트웨어, 두뇌와 의식, 물질과 정보의 연결 구조에 대한 생
각은 과학에서는 새로운 것이 아니다. 1920년대에, 기초물리학에 하나의 혁

명이 일어나 과학계를 뒤흔들었으며, 전에는 그런 일이 없었는데 관찰자와 관찰되는 외부 세계와의 관계에 관심을 집중시켰다. 양자론이라고 알려진 이 혁명은 현대물리학의 대들보가 되었으며, 의식(意識)이 물질계에서 근본적인 역할을 한다는 가장 확실한 과학적 증거를 제공하였다.

양자론이 나온 지 몇십년이 지났다는 것을 생각하면 이 근사한 이론이 일반인의 의식 속으로 파고드는 데 그토록 오랜 세월이 걸렸다는 것은 특기할 만한 일이다. 그러나 그 이론이 의식의 본질과 외부세계의 실체에 대한 몇 가지 놀라운 통찰력을 담고 있다는 인식이 날로 높아져가고 있으며, 아울러 창조주와 인간 존재에 대한 탐구를 함에 있어서 양자론의 가치를 충분히 평가해야만 한다는 생각이 커져가고 있다. 현대의 많은 작가들은 양자론에서 사용된 개념들이 선(禪)과 같은 동양의 신비주의와 밀접한 관계를 갖고 있다는 것을 역설하고 있다. 하지만 자신의 종교적인 신앙이 무엇이든간에 양자론의 가치를 무시할 수는 없다.

이 주제에 대한 토론에 들어가기 앞서, 양자론은 본래 물리학의 실질적인 한 분야이며, 그 점에 있어서 눈부신 성공을 거두고 있다는 것을 분명히 알아야 한다. 그것은 우리에게 레이저와 전자현미경, 트랜지스터, 초전도(超電導), 원자력 등을 가능하게 해주었다. 또한 화학 결합, 원자와 원자핵의 구조, 전기 전도, 고체의 기계적인 속성과 열에 따른 속성, 별의 붕괴, 그리고 그밖에도 많은 중요한 물리 현상들을 단숨에 해결해주었다. 그 이론은 이제 대부분의 과학 분야에 파고들었으며, 지난 두 세대에 걸쳐 과학도라면 자동적으로 그 과정을 배워야 했다. 오늘날 그것은 많은 실용적인 방식으로 공학에 적용되고 있다. 결론적으로 말해, 양자론은 일상 생활에 대단히 많이 적용되는 매우 현실적인 주제이다.

양자론의 기이한 철학적 의미에 대하여 전문 물리학자들은 아직도 생각을 거듭하고 있지만, 그것의 신비한 특징은 처음부터 곧바로 드러났다. 그 이론은 원자와 그 구성 성분의 행동방식을 기술하기 위한 시도에서 생겨났으며, 따라서 그것은 본래 미시(微視)의 세계(microworld)와 관련된 것이다.

물리학자들은 방사성 붕괴같은 어떤 과정들이 마구잡이식이고 예측이 불가능하다는 사실을 알고 있었다. 대다수의 방사성 원소들이 통계적 법칙을 따르고 있는 반면에, 개별적인 원자핵들의 정확한 붕괴 순간은 예측할 수가 없었다. 이 근본적인 불확정성(不確定性)은 모든 원자와 원자 이하의 세계에 적용되며, 그것을 설명하기 위해서는 상식적인 믿음을 근본적으로 수정할 필요가 있다.

금세기 초에 원자 세계의 불확정성이 발견되기 전까지는, 모든 물체는 엄격히 역학(力學)의 법칙을 따르는 것으로 추측되었다. 그 역학 법칙이 작용하기 때문에 별들은 궤도를 그리며 돌고, 총에서 튀어나간 탄알은 곧장 과녁에 가서 맞는다고 생각되었다. 원자는 그 내부의 구성 성분들이 정확한 시계장치처럼 회전하고 있는, 마치 태양계를 축소한 모형과 같은 것으로 상상되었다.

그것은 환상임이 밝혀졌다. 1920년대에 원자의 세계는 암흑과 혼돈으로 가득차 있다는 것이 드러났다. 전자(電子)같은 입자는 전혀 정해진 궤도를 따르는 것 같지 않다. 한 순간에는 그것은 여기서 발견되고, 다음 순간에는 엉뚱하게 저기에 있다. 전자뿐만 아니라 모든 원자 이하의 입자들―심지어 원자 전체가―은 어떤 특정한 운동에 속박되지 않는다. 우리가 일상적으로 체험하는 모든 단단한 물체들은 그 내부를 자세히 들여다보면 덧없는 허깨비들의 대소동으로 변해버린다.

불확정성(uncertainty)은 양자론의 근본적인 성분이다. 그것은 곧바로 '예측할 수 없음(unpredictability)'으로 귀결된다. 모든 사건은 원인을 가지고 있는가? 그렇지 않다고 할 사람은 없을 것이다. 제3장에서 원인-결과의 사슬이 우주만물의 맨처음 원인인 하느님의 존재를 증명하는 데 어떻게 사용되는지를 설명하였다. 그러나 양자론은 원인 없이 일어나는 결과를 허용함으로써 그 사슬을 단호히 끊어버린다.

20세기 초부터 원자의 예측 불가능성에 대한 논쟁에 불이 붙었다. 자연은 본질적으로 변덕스러운가? 전자와 다른 소립자(素粒子)들은 아무런 이유 없이 그저 마구잡이식으로 나타나는, 원인 없는 결과인가? 아니면 이 입자들은 현미경으로도 보이지 않는 미지의 파도에 의해서 흔들리는 부표(浮漂)와 같은 것인가?

덴마아크의 물리학자 닐스 보아(Niels Bohr, 1885-1962)의 주도 아래 대부분의 과학자들은 원자 세계의 불확정성이 실제로 자연의 본질이라는 사실을 받아들였다. 시계장치의 규칙성은 당구공같은 익숙한 물체에는 적용될지 모르지만, 원자 세계로 들어가면 그 규칙성은 루울렛(회전하는 원반 위에 공을 굴리는 노름)처럼 되어버린다. 유명한 이야기이긴 하지만, 의견을 달리하는 목소리는 알버트 아인슈타인의 것이었다. 그는 "신은 주사위놀이를 하지 않는다"고 단호히 선언하였다.* 증권시장이나 날씨 같은 것들도 예측이 불가능하긴 하지만, 그것은 단지 우리의 무지 때문이다. 만일 우리가 거기에 관련된 모든 영향력과 힘에 대하여 완벽한 지식을 갖추고 있다면, 우리는 적어도 원리상으로는 모든 천변만화(千變萬化)를 예측할 수가 있을 것이다.

보아와 아인슈타인의 논쟁은 어떤 세부적인 것에 관한 논쟁이 아니었다. 그것은 과학의 가장 성공적인 이론을 구축하고 있는 전체 개념과 관련된 것이었다. 그 주제의 핵심에는 다음과 같은 꾸밈 없는 질문이 자리잡고 있었다.

"원자는 물체인가, 아니면 폭넓은 범위의 관찰을 설명하기 위해 상상으로 만들어낸 추상적인 구조인가?"

만일 원자가 하나의 독립된 실체로서 '진짜로' 존재한다면 적어도 그것은 하나의 위치와 정해진 운동량을 가지고 있어야만 한다. 하지만 양자론은 이것을 부정한다. 양자론은 말하기를, 당신은 위치와 운동량 중 어느 하나만을 가질 수 있지, 둘 다를 한꺼번에 가질 수가 없다는 것이다.

이것이 바로 양자론의 창시자 중의 한 사람인 하이젠베르그(Werner Heisenberg)의 유명한 '불확정성의 원리(uncertainty principle)'이다. 이것은 원자이든지 전자이든지 아니면 그 어떤 것이든간에, 그것이 어디에 위치해 있으며 '또한' 어떻게 움직이고 있나를 동시에 알 수 없다는 것을 말해준다. 당신이 그것을 알지 못할 뿐 아니라, 정확한 위치와 운동을 가진 원자의 개념 그 자체가 무의미하다. 원자가 어디에 위치해 있는가를 물을 경우 당신은 거기에 따른 의미있는 대답을 얻을 수 있다. 아니면 그것이 어떻게 움직이고 있나를 물을 경우 당신은 역시 거기에 따른 의미 있는 대답을 얻을 수 있다. 하지만 "그것이 어디에 있으며 그리고 어느 정도 빠르게 움직이고 있는가"라는 질문에는 대답할 길이 없다. 미시(微視)의 소립자 세계에서는 위치와 운동(정확히 말해서 운동량)은 어깨동무를 할 수가 없다. 그러나 만일 그것이 어딘가에 위치해 있지 않거나 아니면 어떤 의미 있는 운동량을 갖고 있지 않다고 한다면, 과연 원자를 '물체'라고 볼 근거가 무엇인가?

보아에 따르면 원자의 애매하고 불확실한 세계는 관찰자가 관찰을 행할 때에만 구체적인 실체를 갖는다. 관찰이 행해지지 않을 경우, 원자는 하나의

---

* 아인슈타인은 막스 보른(Max Born, 1882-1970, 폴란드 태생으로 영국에 귀화한 이론물리학자)에게 보낸 편지에서 이렇게 말했다. "양자역학은 매우 인상적이오… 하지만 신은 주사위놀이를 하지 않으리라 확신하는 바이오…"(역주)

허깨비에 불과하다. 그것은 단지 당신이 그것을 들여다볼 때에만 형태를 갖는다. 그리고 당신은 당신이 무엇을 볼 것인가를 결정할 수 있다. 그것의 위치를 찾는가? 그러면 당신은 어떤 장소에 위치한 원자를 얻을 수가 있다. 그것의 운동량을 찾는가? 그러면 당신은 어떤 속도를 가진 원자를 얻을 수가 있다. 하지만 당신은 그 둘 다를 가질 수는 없다. 관찰되어지는 그것이 관찰자의 선택과 분리될 수가 없는 것이다.

만일 당신이 이 모든 것이 도무지 종잡을 수가 없고 받아들이기는 너무나 역설적이라고 주장한다면, 아인슈타인 역시 거기에 동의할 것이다. 저 밖에 있는 세계는 당신이 그것을 관찰하든지 하지 않든지에 상관 없이 확실히 존재하지 않는가? 모든 현상은 그 자체의 이유 때문에 일어나는 것이지 우리가 지켜보고 있다고 해서 일어나는 것이 아니지 않는가? 관찰을 통해 우리가 원자의 실체를 드러낼 수는 있어도, 어떻게 그 관찰의 행위가 원자를 '창조'할 수 있단 말인가? 원자나 그 구성 성분들은 종잡을 수 없고 불확실한 방식으로 행동하는 것처럼 보일지 모르지만, 그것은 단지 그러한 절묘한 물체를 파악하는 우리의 기술이 아직 서투르기 때문이 아닐까?

이 본질적인 문제는 평범한 텔레비전의 도움을 얻어서 살펴볼 수가 있다. 텔레비전 스크린의 영상은 세트 뒤에 설치된 전자총에서 발사된 전자들이 형광 스크린을 때릴 때 방출되는 무수한 빛의 순간파동(pulse)에 의해서 생겨난다. 당신이 눈으로 보는 영상은 전자들의 숫자가 엄청나기 때문에 합리적으로 부드럽게 연결된 것으로 보이는 것이며, 평균 법칙에 의하여 전자들이 어떤 모양으로 집합을 이룰지는 예측이 가능하다. 그러나 예측 불가능성을 가진 개별적인 전자는 스크린의 어디로든지 갈 수가 있다. 이 전자가 어느 장소에 도착하여 영상의 어느 부분을 구성할지는 불확실하다.

보아의 이론에 따르면, 평범한 총으로부터 발사된 총알은 정확한 길을 따라 목표물에 가서 맞지만, 전자총에서 튀어나온 전자들은 단순히 과녁에 나타날 뿐이다. 그리고 아무리 당신이 겨냥을 잘 한다고 해도 과녁의 중심에 맞춘다는 보장은 없다. '텔레비전 스크린 위의 X지점에 도착한 전자'는 총이나 그밖의 다른 어떤 것이 '원인'이 된 것이라고 생각할 수가 없다. 왜냐하면 그 전자가 다른 어떤 지점이 아니고 꼭 그 X지점에 가야만 할 아무런 이유도 발견할 수 없기 때문이다. 영상을 이루고 있는 각 부분은 원인이 없는 사건이며, 따라서 다음 프로를 기대하고 있는 당신의 입장에서 볼 때는 이것은

162

실로 놀라운 주장이다.

물론 전자총이 전자의 도착과 아무런 상관이 없다고는 아무도 말하지 않는다. 단지 전자총이 그 도착지점을 결정짓지는 않는다는 것이다. 과녁에 나타난 전자가 도착 전에도 실제로 존재했으며 정확한 궤도를 따라 총을 떠나 과녁에 도착했다는 것을 상상하는 대신에, 물리학자들은 총을 떠난 전자가 일종의 허깨비집단이 모여 있는 망각지대(忘却地帶)에 있는 것으로 생각한다. 그 허깨비집단은 각자가 나름대로의 길을 더듬어 스크린으로 가지만 스크린 자체에는 실제로 단 하나의 전자만이 모습을 나타낸다.

이 기이한 생각을 어떻게 하면 확인할 수 있을까?

1930년대에 아인슈타인은 양자 허깨비론의 사기성을 폭로하고 아울러 모든 사건이 명백한 원인과 결과에 의해서 진행됨을 밝혀줄 실험을 머리 속으로 상상하였다. 그 실험은, 허깨비집단은 개별적으로 행동하는 것이 아니라 함께 짜고서 움직인다는 원리에 바탕을 둔 것이었다. 아인슈타인은 이렇게 주장했다. 하나의 입자가 두개의 파편으로 폭발하여 이 파편들이 방해를 받지 않고 먼 길을 여행할 수 있게 되었다고 가정하자. 두개의 파편은 완전히 분리되긴 했지만 각자가 상대방의 흔적을 지니고 있을 것이다. 예를 들어, 만일 한 쪽이 시계 방향으로 돌면서 날아가면 다른 한 쪽은 거기에 대한 반동으로 시계 반대 방향으로 회전할 것이다.

허깨비 이론은, 각각의 파편들은 하나가 아니라 사실은 존재 가능성이 있는 수많은 파편들의 대표라고 주장한다. 다시 말해, 파편 A는 두개의 허깨비를 가지고 있어서, 하나는 시계 방향으로 회전하고 다른 하나는 시계 반대 방향으로 회전한다. 어느 허깨비 파편이 '진짜' 파편이 되느냐는 정확한 측정이나 관찰이 행해질 때라야 결정된다고 양자론은 주장한다. 마찬가지로 반대쪽으로 달려가고 있는 그것의 짝인 파편B 역시 서로 반대 방향으로 돌고 있는 두개의 허깨비로써 설명할 수 있을 것이다.

그런데 여기서 만일 파편 A를 관찰한 결과 시계 방향으로 도는 허깨비를 실제의 입자로 만들었다면, B는 선택의 여지가 없다. 즉, 그것은 시계 반대 방향으로 도는 허깨비를 실체화시켜야 한다. 두개의 분리된 허깨비 입자들은 작용과 반작용의 법칙에 따라서 서로 연결되어 있는 것이다(그림 11참조).

잔말은 빼고라도, 파편 B는 파편 A가 두개의 허깨비 중에서 어떤 것을 선

양자론 163

[그림11] 하나의 원자 또는 하나의 아원자 입자가 붕괴하면 두개의 서로 반대 방향으로 회전하는 입자들(즉, 광자)이 생겨나서 반대 쪽으로 여행할 수가 있다.

택했는가를 어떻게 '알' 수 있을까? 실로 당혹스러운 일이 아닐 수 없다. 파편 A와 파편 B가 완전히 분리되어 있다면 어떻게 둘 사이의 의사전달이 가능할 수 있을까? 더구나 만일 파편 A와 파편 B를 동시에 관찰한다면, 두 파편이 어떤 신호를 보낼만한 시간이 전혀 없다. 그래서 아인슈타인은 이렇게 주장하였다. 입자가 폭발하여 분리되는 순간 이미 어떤 특정한 방식으로 돌

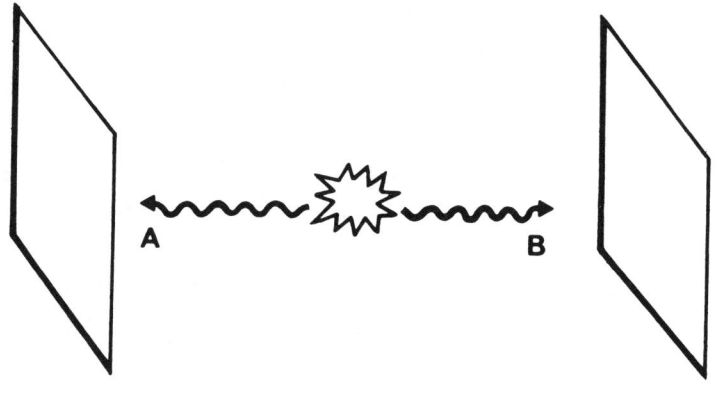

[그림12] 상호연결된 회전과 이동방향을 가진 두개의 광자가 평행으로 된 편광탐지기와 만나면 그것들은 100퍼센트 협동체계를 보여줄 것이다. 즉 광자 A가 차단되면 B 역시 그렇게 한다. 이 협동은 비록, (1)광자와 편광탐지기의 만남의 실제적인 결과를 전혀 예측할 수 없으며, (2)광자들이 아무리 멀리 떨어져 있다는 상황이라 해도 반드시 일어난다.

고 있는 두개의 파편이 '진짜로' 존재하는 것이며(허깨비 운운할 것이 아니라), 그 파편들은 정확히 자신들의 회전(spin)을 가지고 있음에 틀림이 없다. 그렇지 않고서는 그러한 결과는 모순이다. 거기에는 허깨비같은 것은 있지도 않다. 관찰을 할 때까지 입자의 선택을 미루고 자시고 할 것도 없고, 의사전달이 아닌 어떤 신비한 협동체계 같은 것은 있지도 않다.

보아는 아인슈타인의 추론이, 두 파편이 완전히 분리되어 있기 때문에 그것들은 독립적으로 실재(實在)한다는 가정을 한 것이라고 응답하였다. 사실세계를 수많은 분리된 조각들(bits)로 이루어져 있다고 간주하는 것은 가당치 않은 일이라고 보아는 주장하였다. 비록 그 두개의 파편이 몇 광년의 거리를 떨어져 있다고 해도 관측이 이루어지기 전까지는 A와 B는 하나의 종합체(綜合體)로 간주되어야 한다는 것이다. 이것은 '분명히' 통합론이다!

아인슈타인이 상상한 실험은 전쟁이 끝난 뒤에야 실제로 행해졌다. 1960년대에 물리학자 존 벨(John Bell)은 아인슈타인 식의 실험을 뒷받침하는 가장 주목할만한 이론을 세웠다. 그는 분리된 시스템들 사이의 협조는 어떤 정해진 최대치를 초과할 수 없다는 아주 일반적인 이론을 내세웠다. 이것을 아인슈타인에 대입하면, 파편들은 관찰이 행해지기 이전에 이미 실제로 분명하게 정해진 상태에서 존재하는 것이라고 추측할 수 있다. 반대로 양자론은 이러한 제한된 협조 범위는 충분히 초과될 수 있다고 예언한다. 필요한 것은 실험이었다.

기술의 발전은 실험을 통한 테스트를 가능하게 해주었고, 그리하여 벨의 이론이 잘못되었음을 입증하였다. 그런 실험들이 몇몇 행해져왔지만, 가장 훌륭한 실험은 알랭 아스펙(Alaine Aspect)과 그의 동료들에 의해서 1982년 파리대학에서 행해졌다. 원자 이하의 파편으로 그들은 하나의 원자에서 동시에 방출된 광자를 이용하였다. 각각의 광자가 나아가는 길에 편광탐지기가 설치되었다. 이것은 탐지기의 축과 나란한 축으로 진동하지 않는 광자들을 걸러낸다. 이렇게 해서 정확한 방향을 가진 허깨비 광자들만이 편광탐지기에 나타날 것이다. 또다시 광자 A와 B는 협동을 한다. 왜냐하면 반대쪽으로 달려가고 있는 그것들은 작용과 반작용에 의해서 움직이고 있기 때문이다. 만일 광자 A가 차단되면 광자 B도 동시에 차단된다.

그런데 이 실험에서 두 편광탐지기를 서로에게 약간 비스듬하게 놓았을 때 서로의 협동체계가 훨씬 줄어들었다. 왜냐하면 광자 쌍은 이제는 둘 다

양자론 165

각각의 편광탐지기와 나란할 수 없게 되었기 때문이다. 그리고 여기서 보아
와 아인슈타인의 논쟁은 결론이 났다. 아인슈타인의 이론은 오히려 보아의
이론보다 훨씬 적은 협동체계를 예측해준다.

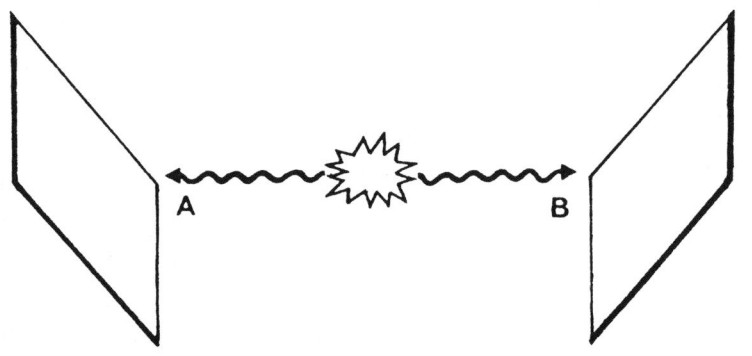

[그림 13]　벨(Bell)의 불공정 실험: 만일 편광자가 비스듬하게 놓이면 A와 B사이의 협
동은 감소된다. 때로는 B가 차단되었는 데에도 A는 그냥 통과한다. 그러나 약간의 나머
지는 협동이 발견되었는데, 이것은 (1)외부세계의 독립된 실체와 (2)시간을 역행하는
어떤 비밀스러운 의사전달 따위는 있지도 않다고 가정하는 이론에 의해서 더 잘 설명될
수 있다.

그렇다면 결과는 무엇이었나?

보아가 승리하고 아인슈타인이 졌다. 70년대에 행해진 다른 덜 정확한 실
험들과 함께 이 파리 실험은 미시세계의 불확정성이 본래의 고유한 것임을
의심할 여지가 없게 해주었다. 원인이 없는 결과들, 허깨비 영상들, 오직 관
찰자의 관찰에 의해서만 발동이 걸리는 실체—이 모든 것이 실험을 통해 증
명되었으며, 우리는 그것을 받아들이지 않을 수 없게 되었다.

이 기이한 결론이 말하는 바는 무엇인가?

자연계의 이 반역(反逆)적인 태도가 미시의 작은 세계에만 국한되는 한
'저 바깥에 있는' 세계의 견고한 실체들이 와르르 무너지리라고 걱정할 필요
는 없다. 일상생활에서는 의자는 어디까지나 의자이다. 안 그런가?

글쎄, 전적으로 그렇지는 않다.

의자는 허깨비 원자들로 이루어져 있다. 많은 허깨비들이 결합한다고 해

서 어떻게 실제적이고 단단한 것을 만들 수가 있는가? 그리고 관찰자 그 자신은 어떤가? 관찰자 역시 그러한 허깨비 원자들로 만들어져 있지 않은가? 인간 존재에게 어떤 특별한 무엇이 있길래 불확실한 원자를 확실한 실체로 만들 수가 있단 말인가? 그리고 관찰자는 딱히 인간이어야만 하는가? 한 마리의 고양이나 또는 컴퓨터는 부적당한가?

양자론은 실로 가장 이해하기 어렵고 기술적인 문제이며, 지금까지의 간단한 이야기는 그 기상천외한 개념들을 독자들이 약간이나마 엿볼 수 있도록 하기 위해 신비의 베일을 한 쪽 귀퉁이만 살짝 들어보인 것에 지나지 않는다(이 주제는 필자가 쓴 《이상한 세계(Other Worlds)》에서 훨씬 자세히 다루어져 있다). 그러나 이러한 간략한 이야기만으로도, 우리의 관찰과는 무관하게 '저기 바깥에' 실제로 존재하고 있는 물체들을 인정하는 상식적인 세계관이 양자세계에서는 완전히 무너진다는 것을 증명해준다.

양자론의 많은 당혹스러운 개념들은 흥미있는 '파동-입자'의 이중성(二重性)의 시각에서 이해할 수가 있다. 이것은 의식-육체의 이중성을 생각나게 한다. 이것에 따르면 전자나 광자같은 미시계의 실체들은 어떤 때는 입자처럼, 그리고 어떤 때는 파동처럼 행동한다는 것이다. 그것은 실험의 종류가 어떤 것이냐에 따라 달렸다는 것이다. 입자는 파동과는 전적으로 다른 성질을 갖고 있다. 입자는 한 곳에 응축된 물질의 작은 덩어리이며, 반면에 파동은 흩어져 퍼져갈 수 있는 형태 없는 떨림이라고 할 수 있다. 그런데 어떻게 이 두 가지 속성을 가질 수 있단 말인가?

이것은 또다시 상호보완성과 관련이 있다. 의식은 어떻게 생각이면서 동시에 신경의 자극일 수 있는가? 어떻게 소설은 이야기이면서 동시에 단어들의 집합체일 수 있는가? 파동-입자의 이중성은 또다른 소프트웨어-하드웨어식의 이중성이다. 입자의 측면은 원자의 하드웨어 측면, 즉 소리내며 굴러가는 작은 구슬들이다. 파동의 측면은 소프트웨어, 또는 의식, 정보에 해당한다. 왜냐하면 양자의 파동은 우리가 흔히 보는 어떤 파동과는 종류가 다른 파동이기 때문이다. 그것은 어떤 물질이나 물리적인 재료로 이루어진 파동이 아니라, 지식 또는 정보의 파동이다. 그것은 우리에게 원자에 대하여 알 수 있는 것을 말해주는 파동이지 원자 그 자체의 파동이 아니다. 원자가 일종의 파동처럼 둘레로 퍼져갈 수 있다고 주장하는 사람은 아무도 없다. 원자가 둘레로 퍼져나가는 것이 아니라, 관찰자가 원자에 대하여 알 수 있는 어떤 정보가 둘레로 퍼져나가는 것이다. 비슷한 예를 들어 우리는 범죄의 파동성(波動性)을 잘 알고 있다. 이것은 물질로 이루어진 파동이 아니라, '일어날 가능성(probability)' 파동이다. 범죄의 파동이 센 곳에서는 강력 범죄가 일어날 가능성이 높다.

양자 파동은 '일어날 가능성-확률'의 파동이다. 그것은 당신에게, 그 입자가 어디에 있기를 기대할 수 있는가, 그리고 그것이 회전이나 에너지같은 이러이러한 성질을 가질 확률이 얼마만큼인가를 말해준다. 이처럼 그 파동은 양자세계의 고유한 불확정성과 비예측성과 관련되어 있다.

토마스 영(Thomas Young, 1773-1829, 영국의 의사, 물리학자, 고고학자)의 두개의 틈새를 가진 스크린 실험(이것을 전문 용어로 쌍 슬릿 실험double-slit experiment라고 한다)만큼 입자-파동의 이중성을 잘 설명해주는 예도 없다. 고전 물리학의 오랜 전통에 따르면 빛은 하나의 파동이다, 즉 하나의 전자기 파동, 전자기장의 파동이다. 그러나 1900년 쯤 막스 플랑크(Max Planck, 1858-1947)는 수학적으로, 빛의 파동은 입자와 같은 방식으로 행동할 수 있다는 것을 증명하였다. 우리는 그것들을 광자(光子, photon)라고 부른다. 플랑크에 따르면 빛은 쪼개어질 수 없는 덩어리 또는 묶음 (여기서 라틴어의 양자quantum라는 말이 나왔다)이다. 이 생각은 아인슈타인에 의하여 더욱 세련되었는데, 아인슈타인은 이들 미립자의 광자들은 원자 속의 전자를 때려서 밖으로 내보낼 수 있다고 말했다. 구슬치기 놀이와 똑같은 식이다. 이것이 현재 광전관(光電管)에서 응용되고 있는 현상이다. 기이하지만 터무니 없지는 않다.

첫번째 예상치 못한 결과는 두개의 광선을 겹쳐 놓았을 때 나타났다. 두개의 파동을 겹쳐놓으면 간섭(干涉)이라고 하는 현상이 일어난다. 두개의 돌멩이를 몇 센티미터의 간격을 사이에 두고 고요한 연못에 떨어뜨렸다고 해보자. 둥글게 원을 그리며 퍼져가는 물결들이 서로 겹쳐지면서 복잡한 파동무늬가 일어난다. 어떤 지역에서는 두 파동이 같은 높낮이로 만나 물결이 더 높아질 것이고, 다른 곳에서는 파동들이 반대되는 높낮이로 만나 서로를 지워 없앨 것이다.

빛으로도 같은 결과를 얻을 수 있나를 보기 위하여 우리는 스크린에 구멍 두개를 뚫어 빛을 비출 수가 있다. 각각의 구멍을 통과한 빛의 파동은 퍼져나가 간섭무늬를 일으키면서 겹쳐지며, 이것은 사진건판을 통해 쉽게 읽을 수가 있다. 두 구멍의 영상은 단순히 두개의 흐릿한 원이 아니라, 빛과 어둠의 띠가 번갈아 사진건판에 나타난다. 이것은 두개의 파동열(波動列)이 같은 높낮이로 도착한 곳과 다른 높낮이로 도착한 곳을 아주 훌륭하게 가리켜준다(그림 14참조).

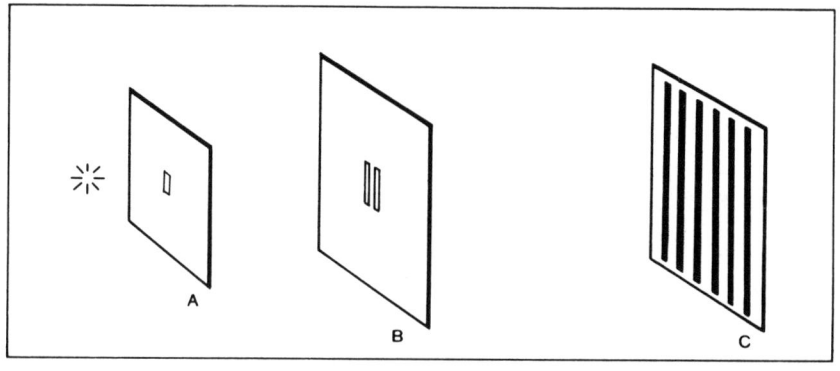

[그림14] 토마스 영의 대단히 유명한 '두 구멍 실험(쌍 슬릿 실험, double-slit experiment)'은 빛의 신기한 입자-파동 이중성을 드러내기에는 이상적인 실험이다(이것은 광자뿐 아니라 전자나 다른 입자들을 가지고도 실험할 수 있다). 스크린 A의 작은 구멍은 스크린 B의 수직으로 잘린 두개의 좁은 구멍을 비춘다. 구멍의 모습은 판대기 C에 나타난다. 그런데 단순히 두 줄이 흐릿한 빛이 나타나는게 아니라, 거기 빛과 어둠의 띠들(간섭 줄무늬들)이 번갈아 나타난다. 이것은 두 구멍을 통과한 빛의 파동이 어느 경우에는 파동이 겹쳐서 서로를 한층 강력하게 해주기도 하고, 다른 경우에는 서로를 더 약하게 만드는 결과를 빚기 때문에 나타나는 현상이다. 한번에 한개의 광자가 이 장치를 통과할 때에도 하나의 반점 형태로 똑같은 간섭무늬가 나타난다. 비록 그 광자가 판대기 B의 두 구멍 중에서 어느 한 쪽만을 통과할 수 있고, 또한 그것과 간섭현상을 일으킬 다른 광자들이 없긴 하지만 말이다.

이 모든 것은 19세기 초기부터 이미 잘 알려진 사실이다. 그러나 빛의 입자성을 생각하면 다른 의미가 따라나온다. 각각의 광자는 사진건판의 어떤 특수한 지점을 때려 작은 반점을 만든다. 따라서 텔레비전의 경우처럼 확대된 영상은 싸락눈처럼 광자들이 건판을 때려 수백만개의 작은 반점들을 생기게 하기 때문에 만들어지는 것이다. 광자 하나하나의 도착지점은 예측이 불가능하다. 우리가 아는 것은, 그것이 밝은 띠 지역에서 건판을 때릴 확률이 상당히 높다는 것뿐이다.

그러나 이것이 전부는 아니다. 우리가 '한번에 한개씩의 광자'만이 이 기구를 통과하도록 광선총을 이용했다고 하자. 충분히 오랫동안 광자를 계속해서 쏘아보내면 사진건판에 쌓이는 반점들은 여전히 밝고 어두운 띠의 간섭무늬를 형성할 것이다. 여기서의 모순되는 사실은, 어떤 광자이든지 두 구멍 중의 하나만을 통과할 수 있다는 것이다. 그런데 간섭무늬를 이루려면 각각의 구멍으로부터 하나씩 오는 '두개'의 겹쳐지는 파동열을 필요로 한다는 것이다. 사실 이 실험은 빛 대신에 원자나 전자, 혹은 다른 원자 이하의 입자들을 가지고도 실험할 수 있다. 어떤 경우에나 하나하나의 반점들로 구성된 간섭무늬가 나타난다. 이것은 광자, 원자, 전자, 중간자 등등이 파동과 입자의 측면 모두를 가지고 있다는 것을 증명한다.

1920년대에 보아(Bohr)는 이 모순에 대한 해결책을 제시하였다. 광자가 구멍 A를 통과하는 경우를 하나의 가능한 세계(세계A)라고 생각하고, 구멍 B를 통과하는 것을 또다른 가능한 세계(세계B)라고 하자. 보아는 주장하기를, 우리의 경험계는 A가 아니면 B인 것이 아니라, 그 둘의 합성(合成)이라는 것이다.

동시에 이 합성체는 단순한 두 세계의 '더하기'가 아니라 미묘한 결혼이다. 즉 각각의 세계는 상대방과 '간섭'하여 우리에게 알려진 형태를 이룬다. 그 두 세계는 마치 두개의 영화 필름이 하나의 영사막에 동시에 비추어지는 것처럼 서로 겹치고 결합된다.

영원한 회의주의자인 아인슈타인은 이 합성체를 받아들이기를 거부하였다. 그는 두 구멍 실험을 약간 수정 해석하여서 보아와 맞붙었다. 이 실험에서는 스크린이 자유롭게 움직이도록 되어 있었다. 아인슈타인은 이렇게 주장하였다. 자세히 관찰해보면 어느 구멍을 통하여 양자가 갔는가를 결정할 수가 있다는 것이다. 왼쪽 구멍으로의 통과는 양자가 오른쪽으로 약간 구부러지는 결과를 낳을 것이며, 그렇게 되면 그 반동으로 스크린은 원리상 왼쪽으로 움직이는 것이 보일 것이다. 반대로 스크린이 오른쪽으로 이동하는 것은 양자가 오른쪽으로 통과했음을 말해줄 것이다. 이것이 뜻하는 바는, 실험을 통해서 세계 A가 실체를 구성하는가, '아니면' 세계 B가 실체를 구성하는가를 확실히 알 수 있다는 것이다. 나아가 원래의 실험에서 나타난 양자의 불확실한 행동은 실험 기술의 부족함 때문이라고 할 수 있다.

보아는 단호하게 반박하였다. 아인슈타인은 게임 중간에서 규칙을 바꾸었다는 것이다. 만일 스크린이 자유롭게 움직일 수 있다면, 그 운동 역시 양자 물리학의 불확정성에 지배를 받아야 마땅하다. 그 반동 효과는 사진 건판 위

의 간섭무늬를 파괴하고 대신에 단순히 두개의 작은 얼룩을 남긴다는 것을
보아는 쉽게 증명할 수 있었다. 스크린이 고정되어 있어서 빛의 파동성이 간
섭무늬 형태로 나타나든지, 아니면 스크린이 자유롭게 움직일 수 있어서 양
자의 정해진 궤적이 나타나든지 둘 중의 하나이다. 하지만 후자의 경우에는
파동과 같은 측면은 사라지며, 빛은 단순히 입자의 방식으로 행동한다. 이렇
게 해서 이 두 가지는 완전히 다른 실험이 되는 것이다. 그것들은 서로 모순
되는 것이 아니라 상호보완적인 것이다. 따라서 아인슈타인의 실험은 혼합된
세계가 나타나는 원래의 실험과는 무관한 것이다.

여기서 얻어낼 수 있는 결론은, 우리는—즉 실험자들은— 근본적인 방식으로
실체의 본질에 개입한다는 것이다. 스크린을 고정시킴으로써 우리는 하나의
신비한 합성체를 구축할 수 있으며, 여기서는 양자가 분명하게 규정된 궤적
을 갖고 있지는 않다.

1979년 존 휠러(John Wheeler)는 아인슈타인 탄생 100주년을 기념하는 한
심포지움에서 아이러니컬하게도 두 구멍 실험으로부터 더욱 깜짝 놀랄만한
결론을 끌어내었다. 실험 장치를 약간 변경함으로써 양자가 스크린을 통과한
'다음'에도 우리의 측정 선택이 그것에 영향을 미칠 수 있다는 것이다. 하나

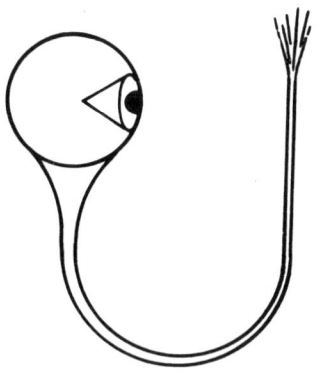

[그림15] 이 상징적인 그림은 자기가 자기를 관찰하는 시스템으로서의 우주를 표현한
것으로, 존 휠러의 이론에 근거를 둔 것이다. 토마스 영의 쌍 슬릿 실험의 변경을 통해,
오늘의 관찰자가 부분적으로 먼 과거의 실체를 창조하는 데에 책임이 있음을 알 수 있
다. 이 그림의 꼬리 부분은 우주의 초기 단계를 나타내는데, 머리 부분에 해당하는 나중
의 관찰자는 그 존재를 꼬리 부분에 의존하면서 동시에 관찰을 통하여 꼬리 부분이 구
체화 되는 데에 영향을 미친다.

의 합성체를 만드는 우리의 결정은 그 세계가 존재를 나타낸 다음까지도 연기될 수 있다는 것이다! 실체의 정확한 본질은 관찰자의 의식의 참여를 기다려야만 한다고 휠러는 주장한다. 이런 식으로 의식은 시간을 거슬러 올라가 실체의 창조에 영향을 미치는 것이다. 심지어 인간이 존재하기 이전에 존재했던 실체계에까지 인간의 의식을 소급해서 영향을 미칠 수 있다. 이것이 앞에서 말한 시간을 소급하는 인과론이다.

지금까지 설명한 내용을 통하여 양자론이 실체의 본질에 대한 몇 가지 소중한 상식적인 개념들을 파괴하고 있음을 분명히 알았을 것이다. 주체와 객체, 원인과 결과의 구별을 애매하게 만들어버림으로써, 그것은 우리에게 통합적인 세계관을 강력히 시사해준다. 아인슈타인의 실험에서 우리는 두개의 멀리 떨어진 입자들이 하나의 단일 체계로 간주되어야 한다는 것을 보았다. 우리는 또 실험을 통해서가 아니면 원자의 조건, 또는 심지어 원자라는 바로 그 개념에 대하여 말하는 것이 얼마나 무의미한가를 보아왔다. 원자가 어디에 있으며 '동시에' 어떻게 움직이는가를 묻는 것은 금지되어 있다. 먼저 당신이 관찰하기를 원하는 것이 무엇인가를, 위치인가 아니면 운동인가를 결정해야만 한다. 그래야만 당신은 의미 있는 대답을 얻게 될 것이다. 그리고 그 관찰의 행위 속에는 거시적인 세계의 실험장치들이 폭넓게 포함될 것이다. 이와 같이 미시의 실체는 거시의 실체로부터 분리시킬 수가 없다. 동시에 거시의 세계는 미시의 세계로 만들어져 있다. 실험장치들은 원자들로 이루어져 있지 않은가! 또다시 호프스태터의 '이상한 고리(Strange Loops)'이다.

대표적인 양자 이론가인 데이비드 보옴(David Bohm)은 그의 저서 《전체와 그 속에 담긴 질서(Wholeness and the Implicate Order)》에서 이렇게 말했다.

양자이론은 이렇듯 세계를 서로 독립되어 있으면서도 상호작용하고 있는 개체들로 분석하는 입장을 떨쳐버렸다. 그보다는 '쪼개어지지 않은 전체(undivided wholeness)'를 근본적으로 강조하고 있다. 여기서는 관찰하는 도구는 관찰되는 대상으로부터 분리되어 있지 않다.

한 마디로 말해, 세계는 제각기 분리되어 있으면서 서로에게 작용하는 '물

---

1) 데이비드 보옴

체들'의 집합이 아니라, 오히려 '관계'의 그물 그 자체이다. 여기서 보옴은 베르너 하이젠베르그(Werner Heisenberg)의 다음과 같은 말을 되외치고 있는 것이다. "이 세계를 주체와 객체, 내부세계와 외부세계, 육체와 영혼이라는 것으로 상식적으로 나누는 것은 더 이상 적합하지가 않다."

우리는 미시적인 세계로 구성되어 있는 거시적인 세계-일상적 경험의 세계-가 다시 미시적인 세계의 존재를 결정한다는 이 역설적인 고리를 어떻게 해결할 것인가? 이것은 양자 측정이 이루어질 때 실제로 어떤 일이 일어나는가를 살피면서 부딪히게 되는 문제이다. 어떻게 관찰자가 불확실한 미시세계를 견고한 실체로 바꾸어놓는 것일까?

양자 '측정문제'*는 실제로 의식-육체, 또는 소프트웨어-하드웨어와 발음 철자가 다르지만 뜻이 같은 말이다. 물리학자들과 철학자들은 몇십년 동안 이 문제를 가지고 씨름을 해왔다. 하드웨어(입자)는 하나의 파동에 의해서 설명되는데, 이 파동은 관찰자가 입자의 어떤 것을 발견하려고 하는가에 대한 정보를 암호화 한다. 관찰이 행해질 때 파동은 특수한 상태로 '붕괴'되면서 그 관찰되는 값을 정해준다.

순전히 하드웨어 차원을 통해서만 관찰의 행위를 설명할 때 모순이 생긴다. 전자 하나가 과녁을 맞추고 튕겨나간다고 가정해보자. 그것은 왼쪽이나 오른쪽으로 갈 것이다. 당신은 파동을 계산하여 그 파동이 어디로 갈 것인가를 알아낸다. 파동은 과녁을 맞추면서 분산되어 부분적으로는 오른쪽으로, 부분적으로는 왼쪽으로 똑같은 세기로 퍼져나갈 것이다. 이것은 관찰을 통해 당신이 왼쪽 '또는' 오른쪽에서 전자를 발견할 확률이 50 대 50이라는 것을 뜻한다. 그러나 관찰이 실제로 행해지기 전까지는 과녁의 어느 쪽에 전자가 '실제로' 존재한다고 말하는 것이(또는 그것에 대해 토론하는 것이) 불가능하다는 것을 기억하는 것이 중요하다. 전자는 당신이 실제로 살짝 들여다보기 전까지 선택을 보류해놓고 있다. 혼합된 허깨비로 포개진 가운데 두개의 가능한 세계가 공존한다(그림 16참조).

이제 당신이 관찰한 결과, 말하자면 그 전자가 왼쪽에서 발견되었다고 하자. 그 즉시 오른쪽 '허깨비'는 사라진다. 파동은 갑자기 과녁의 왼쪽으로 구부러진다. 왜냐하면 거기 이제 오른쪽에 전자가 존재할 가능성이 없어졌기

---

* 관찰되어지는 입자, 탐지기, 관찰자 등을 2개 부분으로 나누는 것을 '측정의 문제(Problem of Measurement)' 때로는 '측정이론(The Theory of Measurement)'이라고 한다. (역주)

때문이다. 이 극적인 붕괴의 원인은 무엇인가?

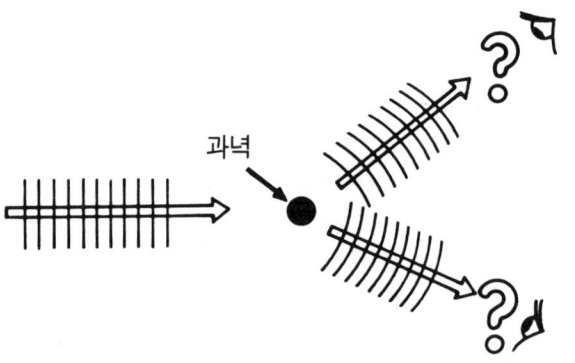

[그림16] 파동의 형태로 묘사한다면 전자는 왼쪽과 오른쪽으로 이동하는 물결을 만들면서 과녁을 스쳐지나간다. 전자가 어느 쪽으로 비껴갔는가에 대한 관찰이 행해지기 전까지는 혼합된 비실체(非實體) 상태 속에 두개의 허깨비 세계(또는 허깨비 전자들)이 존재한다는 것을 가정할 필요가 있다. 관찰이 행해지는 순간 허깨비들의 한 쪽이 사라지면서, 그것과 관련된 파동은 단순히 붕괴해버리며, 동시에 전자는 망각지대에 있다가 하나의 견고한 실체로 나타난다. 관찰자가 도대체 어떻게 하길래 이렇게 일이 갑자기 일어나는가는 미스테리이다. 그것은 물질에 작용하는 의식(mind over matter)인가? 아니면 우주는 두개의 나란한 실체들로 나누어지는 것인가?

관찰을 하기 위하여 전자를 한 덩어리의 외부 장치와 연결시키거나, 아니면 일련의 측정 장치가 필요하다. 이 측정 장치가 전자가 어디에 있는지 냄새를 맡고, 아울러 그것이 기록될 수 있는 거시적인 차원에 그 신호를 증폭시킨다. 하지만 이러한 측정 장치 역시 그 자체가 원자들(물론 대단히 많은 수이긴 하지만)로 이루어져 있으며, 따라서 이것들 역시 양자 역학에 지배를 받아야 마땅하다. 우리는 측정 장치를 하나의 파동으로 설명할 수 있다. 측정 장치에 바늘이 설치되어 있어서 전자가 왼쪽에 있을 경우에는 이쪽을 가리키고, 전자가 오른쪽에 있을 경우에는 저쪽을 가리키게끔 되어 있다고 가정해보자. 만일 이때 전자와 측정장치를 합친 전 체계를 하나의 양자 체계로 취급하면, 전자의 불확실한 허깨비 상태가 이제는 바늘로 옮겨졌다는 결론을 내리지 않을 수 없다. 측정장치로 인해서 전자는 확실한 실체를 갖게 되지만,

174

이번엔 측정장치가 양자의 망각지대 상태로 들어가야만 하는 모순에 빠진다. 이런 식으로 계속 나가다보면, 실험실 전체가 악몽같은 양자 세계로 빠져들게 된다.

이 모순은 수학자 요한 폰 노이만(J. von Neumann)이 내놓은 것인데, 그는 간단한 수학적 모델을 사용하여 다음과 같은 것을 증명하였다. 전자를 측정 장치에 연결시키면 전자는 왼쪽이냐 오른쪽이냐를 선택하게 되지만, 그 댓가로 이번에는 그 혼합된 비실체가 측정장치의 바늘로 옮겨지게 된다. 그러나 만일 그 장치가 또다른 측정장치와 연결되어 측정 결과를 읽을 수 있도록 하면, 먼저의 측정장치의 바늘은 어느 쪽인가를 결정하게 되지만, 또다시 그 댓가로 두번째 측정장치가 허깨비 상태로 들어가게 된다고 노이만은 설명한다. 이와 같이 서로를 들여다보면서 '이것이냐 저것이냐'의 결과를 기록할 수 있는 측정장치들이 계속 연결되어 전체 사슬을 이룰 수는 있지만, 이 노이만 사슬의 맨 마지막 항은 언제나 비실체의 상태로 남겨질 것이다.

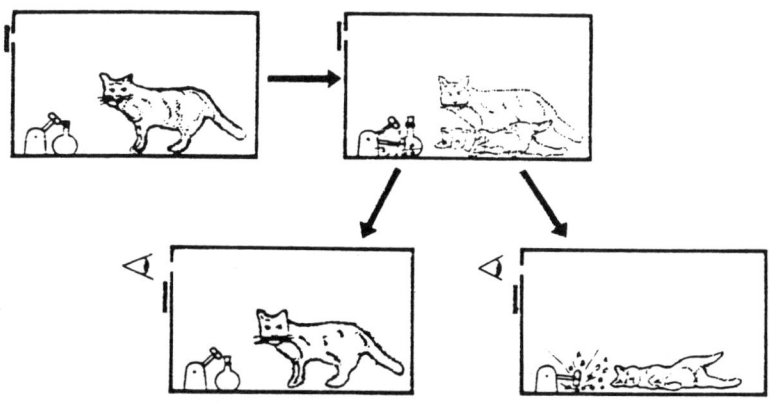

[그림17] '슈뢰딩거의 고양이'의 슬픈 이야기. 밀폐된 상자 안에 고양이가 넣어져 있고, 시안화물이 든 병이 한 쪽에 있으며, 양자 역학에 의해서 망치가 그 병을 깨뜨려 고양이를 죽일 확률은 50 대 50이다. 양자론에 따르면 관찰자가 관찰을 행하기 전까지는, 고양이는 삶과 죽음이 혼합된 상태의 허깨비로 존재한다. 관찰이 행해져야 비로소 살아 있는 고양이냐 '아니면' 죽어 있는 고양이냐가 결정날 것이다. 이러한 생각은 양자론에서 관찰의 행위에 얼마나 중요한 의미를 두고 있는가를 말해주는 하이라이트이다.

정상을 벗어난 결과는 슈뢰딩거(Schrödinger)가 내놓은 유명한 패러독스에서 극치를 이룬다. 양자 역학에 의하여 망치가 독약이 든 병을 깨뜨려 고양이를 죽일 수 있는 이 실험에서, 왼쪽-오른쪽 바늘 이분법은 삶-죽음 고양이의 이분법이 된다. 어떤 사람 또는 어떤 장치에 의해서 관찰이 행해질 때까지 고양이는 '삶-죽음'의 혼합 상태에 정지해 있다는, 터무니없어 보이는 결론을 내릴 수밖에 없다.

만일 우리가 고양이 대신 사람을 이 실험에 이용한다고 상상해보자. 그 역시 삶-죽음의 상태를 체험하는가? 물론 아니다. 따라서 양자 역학은 그것이 인간 관찰자로 올 때에는 무너지는가? 폰 노이만의 사슬은 그것이 인간의 의식과 만나면 끝이 나는가? 이 놀라운 주장은 사실 대표적인 양자 이론가 유진 위그너(Eugin Wigner)가 내놓은 것이다. 위그너는 양자 체계가 관찰자의 의식과 만나는 순간 혼합된 허깨비 상태가 분명하고 견고한 실체의 상태로 전환된다고 말한다. 이렇게 해서 관찰자 자신이 측정 장치의 바늘을 들여다봄으로써 바늘이 위치를 결정하는 원인이 되며, 아울러 그런 식으로 사슬을 따라 내려가 역시 전자가 마음을 정하도록 압력을 가한다.

만일 위그너의 가정을 받아들인다면, 우리는 이원론(二元論)이라는 낡은 사상으로 되돌아가게 된다. 즉 의식은 물질과 같은 차원에 존재하는, 물질과는 분리된 실체로 존재하며, 그리고 물질에 작용하여 물질이 물리학의 법칙에 상관 없이 행동하도록 만든다는 것이다. 위그너는 이 사실을 편안하게 받아들인다.

"의식은 두뇌의 물리화학적인 조건에 영향을 미치는가? 다시 말해, 인간의 육체는 무생명체의 연구를 통해 수집한 물리학의 법칙을 벗어나는가?" 이 질문에 대한 전통적인 대답은 '아니다'이다. 즉 육체는 의식에 영향을 미칠 수가 있지만 의식은 신체에 영향을 미치지 않는다는 것이다. 하지만 최소한 두 가지 이유를 근거로 그것에 반대되는 이론을 세울 수가 있다.[2]

위그너가 인용하는 그 두 가지 이유들 중의 하나는 작용과 반작용의 법칙이다. 만일 신체가 의식에 작용한다면 그 역도 진실이다. 다른 한 가지 이유는, 앞서 말한 양자 측정의 문제에 대한 해결이다.

비록 어떤 이들은 물질에 영향을 미치는 의식의 양자역학을 근거로 염력

---

2) 《과학자의 사색(The Scientist Speculas)》 (I.J. Good 편저, 1962년 Heinemann) 중에서 〈의식-육체 문제에 관한 의견(Remarks on the Mind-Body Question)〉.

(念力)이나 금속 구부리기와 같은 특정한 초현상(超現象)을 인정하려들지만, 위그너의 이론을 지지하는 물리학자는 매우 적은 수라는 것을 인정해야만 할 것이다(어떤 이들은 이렇게 말한다. "만일 의식이 신경세포를 자극할 수 있다면 숟가락을 구부리지 못할 이유가 무엇인가").

위그너의 이론에서의 문제점은 차원의 혼동이다. 하드웨어(신출귀몰한 전자들)의 기능을 소프트웨어(관찰자의 의식)로써 설명하려는 시도는 우리를 이원론자의 함정에 빠지게 만든다. 여기서는 이 문제가 더욱 미묘하다. 왜냐하면 하드웨어와 소프트웨어는 양자론(예를 들어 파동-입자의 이중성)에서는 뗄래야 뗄 수 없이 한덩어리로 결합되어 있기 때문이다. 위그너의 이론이 어떤 쓸모가 있든지간에, 그것은 의식-육체 문제의 해결이 양자 측정 문제의 해결과 매우 밀접하게 연결되어 있다는 것을 암시한다.

양자 측정의 패러독스를 해결하기 위한 또다른 시도는 아마도 관찰자의 의식에 호소하는 위그너의 이론보다 더욱 기이한 것이다. 제한된 물리 시스템을 취급하고 있는 한, 폰 노이만의 사슬은 계속해서 뻗어나갈 수 있다. 당신은 당신이 지각하는 모든 것이 실체라고 언제나 주장할 수 있다. 왜냐하면 '관찰'이나 '측정'을 통하여 대상 시스템을 견고한 실체로 만드는 더 큰 시스템이 존재하기 때문이다. 하지만 최근 몇년 동안 물리학자들은 양자우주론(量子宇宙論)의 주제에 관심을 가져왔다. 다시 말해 우주 전체를 하나의 양자로 보는 이론이다. 하나의 양자로서의 우주 전체를 견고한 실체로 만들기 위한 관찰자가 우주 밖에는 아무 것도(어쩌면 하느님을 제외하고는) 존재할 수가 없다. 정의상 우주 전체에는 우주의 모든 것이 다 포함되기 때문이다. 이렇게 되면 우주는 망각지대 또는 우주적 이중성 상태에 붙잡혀 있는 것이 된다. 위그너가 말하는, 그것을 통합하는 관찰자의 의식이 없이는 우주는 단순히 허깨비들의 집합, 양자택일적인 실체들의 혼합체이며, 그것들 중의 어느 것도 '진짜' 실체가 아닌 그러한 상태일 수밖에 없다.

우리가 직면한 이 애타는 문제에 대한 대담한 생각이 하나 있다. '평행우주론(The parallel universe theory)'이 그것이다. 물리학자 휴 에버리트(Hugh Everett)가 1957년에 제안하고, 이어서 현재 오스틴의 텍사스 대학에 있는 브라이스 드위트(Bryce DeWitt)가 지지한 이 이론은, 모든 가능한 양자 세계들은 똑같이 실재하는 것이며, 서로가 평행으로 존재한다고 주장한다. 예를 들어 측정을 통해 고양이가 살았는가 죽었는가를 결정할 때마다 우주는 둘로 갈라지며, 한 우주는 살아 있는 고양이를 담고 있고 다른 한 우주는 죽은 고양이를 담고 있다는 것이다. 두 세계는 똑같이 실재적이며, 그리고 둘 다 인간 관찰자를 포함하고 있다. 그러나 각각의 세계에 거주하는 관찰자는 오로지 자기가 거주하는 세계만을 지각할 뿐이다.

전자의 기이한 행동에서 출발하여 결국 우주가 두 갈래로 갈라진다는 데까지 발전한 이 터무니 없는 이론에 대하여 우리의 상식은 심하게 반발을 느낄 것이지만, 우리는 좀더 자세히 이 이론을 살펴볼 필요가 있다.

우주가 둘로 갈라질 때 우리의 의식도 따라서 갈라지며, 그리고 각자의 우주만이 유일한 것이라고 생각한다. 그들이 둘로 갈라지는 것을 그들 자신이 느끼지 못한다고 반대하는 사람이 있겠지만, 태양 둘레를 도는 지구의 운동을 우리가 전혀 느끼지 못한다는 사실을 생각해야만 한다. 모든 원자와 원자 이하의 입자들이 날뛸 때마다 갈라진 우주는 또다시 갈라지고 갈라져나간다. 매 초마다 무수히 많은 우주가 복제된다. 또는 그러한 복제가 일어나기 위해서 굳이 실제 측정이 행해질 필요가 없다. 하나의 소립자는 어떤 식으로든 거시적인 체계와 상호작용하는 것만으로도 충분하다. 드위트(Dewitt)는 그

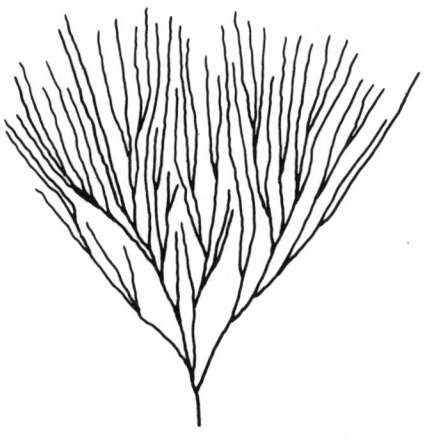

[그림18] 삶-죽음의 고양이 문제, 그리고 그밖의 이중적인 양자의 비실체 문제를 피하기 위하여 에버리트는 선택이 행해질 때마다 우주가 끝 없이 수 많은 '평행한 우주들'로 갈라져나간다는 이론을 세웠다. 이 평행 우주들은 물리적으로 떨어져 있으면서 똑같이 실제로 존재한다. 관찰자의 의식 역시 이 과정에 의해서 셀 수 없이 많은 복제품들 속으로 갈라진다.

178

것을 이렇게 표현한다.

> 모든 별, 모든 은하계, 멀리 떨어진 우주의 모든 구석에서 일어나고 있는
> 양자변이(量子變移)는 지구상의 우리의 세계를 수 많은 복제품으로 갈라
> 지게 한다…여기에 극단적인 분열증이 있는 것이다.[3]

실체를 회복하는 댓가로 가능한 모든 실체들이 중복되어 나타난다. 평행
우주들은 갈수록 수없이 늘어나면서 각각의 가지를 따라 갈라져나간다.

이러한 다른 세계들은 어떻게 생겼을까? 우리는 그 세계들을 여행할 수
있을까? 유 에프 오(UFO)나 버뮤다 삼각지대의 신비한 실종사건들을 이 다
른 세계들이 설명해줄 수 있을 것인가? 유 에프 오 주장자들에게는 슬픈 일
이지만, 에버리트의 이론은 다음과 같은 점에서는 명백하다. 즉 그 평행한
세계들은 일단 분리되면 모든 실제적인 목적을 위해서 물리적으로 엄격히
분리되어 있다. 그 세계들을 재결합하기 위해서는 측정의 행위를 되돌려야
하며, 이것은 시간을 되돌리는 일에 해당한다. 그것은 깨어진 달걀을 원자와
원자끼리 재결합하는 일과 같은 것이다.

그런데 이들 세계들은 어디에 있는가? 어떤 의미에서는 우리 자신의 세계
와 아주 닮은 그 세계들은 아주 가까이에 위치해 있을 것이다. 하지만 그것
들은 전혀 접근이 불가능하다. 즉 우리는 우리 자신의 시공간을 지나 아무리
멀리 여행을 떠난다 해도 거기에 도달할 수가 없다. 이 책의 독자는 그의 수
백만의 복제품들로부터 1센티도 안 떨어져 있다. 그러나 그 1센티는 우리의
공간 지각을 통해서는 도저히 측정할 수 없는 거리이다.

그 세계들이 더 멀리 가지를 쳐나갈수록 그것들의 차이는 더욱 커진다. 어
떤 사소한 방식으로 우리 자신으로부터 갈라져나간 세계들은 두 구멍 실험
에서의 광자의 궤적처럼, 인과론으로 구분되어지지 않는다. 어떤 세계에서는
히틀러는 존재하지도 않을 것이며, 존 케네디 대통령이 살아 있을 것이다.
하지만 다른 세계들은 더 많이 다를 것이다. 특히 태초부터 서로 다르게 갈
라져나간 세계는 지금의 우리 세계와 너무나 많이 다를 것이다. 사실 일어날
가능성이 있는 모든 것(비록 인간이 상상할 수 있는 모든 것은 아니더라도)

---

3) 《양자역학의 기초(Foundations of Quantum Mechanics)》 (B. D'Espagnat 편저,1971년 Academic
Press)

은 어딘가에서, 이러한 갈래쳐진 우주의 어딘가에서 일어나고 있을 것이다.

모든 가능한 세계들의 동시적인 존재는 이 책이 읽혀지고 있는 이 세계가 다른 어떤 세계가 아니라 바로 지금의 이 세계인가 하는 흥미 있는 질문을 불러 일으킨다. 분명한 것은, 당신은 모든 세계 속에, 또는 사실 다른 대다수의 세계들 속에 존재할 수가 없다. 왜냐하면 그 세계들의 환경은 생명이 일어나기에는 부적합하기 때문이다(우리는 제12장에서 이 주제로 되돌아갈 것이다).

많은 이들은, 양자론은 아주 기본적인 형태로 의식과 관계를 맺고 있기 때문에 자유의지를 이해할 수 있는 길을 열어놓는다고 생각한다. 우리가 하는 모든 행동이 우리의 탄생 이전에 이미 우주의 역학에 의해서 결정되었다고 하는 결정론적인 우주관은 양자론에 의해 새롭게 혁신을 꾀해야 할 필요가 있는 것 같다. 따라서, '자유의지는 엄연히 있는 것이며, 그 힘을 발휘하고 있는가' 하는 이 문제를 다루기 위해서는 우리는 먼저 시간의 신비 속으로 더 깊이 탐구해 들어가야만 한다.

9

시　간

과거와 미래의 구별을 전제조건으로 하지 않는다면 '경험'이라는 말은 아무런 의미가 없다.

칼 폰 바이즈재커

그러나 나는 언제나 등 뒤에서
시간의 빠른 전차가
서둘러 달려가는 소리를 듣네.

앤드류 마아벨

현대물리학의 커다란 혁명 두 가지는 양자론과 상대성이론이다. 거의 아인슈타인 혼자의 힘으로 세워놓은 상대성이론은 시간, 공간, 그리고 운동에 관한 이론이다. 이 이론의 결과는 양자론과 마찬가지로 당혹스럽고, 심오하며, 아울러 우주의 본질에 대한 많은 소중한 개념들을 파괴시켰다. 시간에 대한 관점은 더욱 그렇다. 시간이야말로 세상의 모든 종교들이 오래 전부터 관심을 가져온 강렬한 주제이다.

시간은 세계에 대한 우리의 경험의 근본을 이루기 때문에 그것을 서투르게 손대려 했다가는 큰 반발과 회의에 부딪친다. 매주일 나는 아마츄어 과학자들이 쓴 원고를 수없이 받는다. 그들은 지난 80년 동안 상대성이론의 잘못을 입증하는 단 한 건의 실험도 없었음에도 불구하고 계속해서 아인슈타인의 허점을 지적하고 상식적이고 전통적인 시간 관념으로 되돌리려는 시도를 한다.

인격적 주체를 구성하는 자아 또는 영혼의 개념은, 계속되는 체험과 그 체험에 대한 기억과 불가분의 관계이다. 이 순간 '나는 존재한다'라고 주장하는 것만으로는 불충분하다. 개인이라는 것은 기억과 같은 몇 가지 특성과 더불어 경험의 연속을 뜻한다. 이 주제에 대하여 감정적으로나 종교적으로 말이 많은 것은 현대물리학의 주장에 대한 반발을 의미하면서, 동시에 과학자들이나 일반인들이 상대성이론의 의식굴절 현상에 깊은 매력을 느끼고 있다는 것을 의미한다.

1905년에 출판된 소위 특수상대성이론은 물체의 운동과 전자기(電磁氣) 교란에서 오는 전파 사이의 갈등을 해소시키려는 시도에서 생겨난 것이다. 특히 빛 신호의 행동방식은, 모든 등속운동(等速運動)은 순전히 상대적이라는 오래된 원리를 파괴하는 듯하였다. 여기서 기술적인 세부 사항은 우리의 관심사가 아니다. 이 논문에서 아인슈타인은 빛 신호가 개입할 경우에도 상대성이론이 유효함을 입증하였다. 그러나 거기에 따른 댓가를 치루어야만 했다.

특수상대성이론의 첫번째 충돌은 시간이 절대적이며 보편적인 현상이라는 믿음이었다. 아인슈타인은 실제로는 시간이 탄력성이 있으며, 운동에 의해서 늘어나거나 줄어들 수 있다는 것을 증명하였다. 각각의 관찰자는 그 자신의 개인적인 시간의 크기를 가지고 있으며, 동시에 그 크기는 대개 다른 사람의 시간의 크기와 일치하지 않는다. 우리 자신의 틀 속에서 보면 시간은 절대로 비틀려서 나타나지 않지만, 다른 속도로 움직이고 있는 다른 관찰자와 비교하면 우리의 시간은 그들의 시간과 속도가 다르게 나타난다.

이러한 불가사의한 시간 크기의 혼란은 우리를 일종의 시간여행으로 데려간다. 어떤 의미에서는 우리는 모두가 미래를 향해 여행해가는 시간 속의 여행자들이다. 하지만 시간의 탄력성은 우리를 다른 사람들보다 더 빠르게 그

시간 183

곳에 도착할 수 있게 해준다. 빠른 운동은 당신이 갖고 있는 시간의 크기를 깨뜨리며, 말하자면 세상을 매우 빠르게 돌진하게 만든다. 이러한 방법으로 당신은 빠르게 움직임으로써 가만히 앉아있는 것보다 더욱 빠르게 멀리 떨어진 시간대에 도달할 수가 있다. 원리상으로 따지면 불과 몇 시간 안에 2천년을 통과할 수 있다. 그러나 어느 정도의 구부러진 시간을 손에 넣기 위해서는 초당 수천 마일의 속도가 필요하다. 현재의 로케트 속력으로는 단지 정밀한 원자시계만이 몇 초의 시간 확장을 나타낼 뿐이다.

[그림19] 이제 물리학자들로서는 판에 박힌 체험이 되어버린 시간의 팽창 효과는 빠르게 움직이고 있는 예민한 원자시계 또는 붕괴율이 알려진 원자 이하의 입자를 사용함으로써 증명할 수 있다. 움직이는 시계는 다른 시계에 비해 느리게 움직인다. 여기서 우리는 그 유명한 '쌍동이 효과'를 얻게 된다. 쌍동이 효과란, 우주비행사가 고속도의 우주여행에서 돌아와보니 지구에 있던 쌍동이 형제에 비해 몇년 정도 젊어져 있었다는 것이다.

이 시간 확장 효과의 열쇠는 빛의 속도이다. 빛의 속도에 접근할수록 시간의 구부러짐은 점점 커진다. 이론에 따르면 누구든지 광속도(光速度)의 벽을 깨뜨리는 것이 금지되어 있다. 그렇게 되면 시간이 뒤집힐 것이다.

고속도로 움직이는 원자 이하의 입자들을 사용하여 극적으로 시간의 구부러짐을 들여다보는 일이 가능하다. 거대한 가속기(加速機) 속에서 광속도에 가까운 속도로 빙빙 도는 '뮤온(muon)'이라고 불리우는 입자들은 정지해 있을 때보다 수십 배 더 오래 '살아 있을' 수 있다.

마찬가지의 평범치 않은 효과들이 공간을 괴롭힌다. 공간 역시 탄력적이다. 시간이 늘어날 때 공간은 줄어든다. 정거장을 지나가는 열차를 타고 있을 때 정거장의 시계는 당신의 기준으로 보면 플랫홈 위의 짐꾼이 보는 것에 비해 약간 느리게 움직인다. 그 댓가로 플랫홈은 당신에게는 다소 짧게 보인다. 물론 우리는 이러한 효과들을 눈치채지 못한다. 왜냐하면 평범한 속도에서는 그 효과가 너무나 작기 때문이다. 하지만 정밀한 기구로는 그것을 쉽게 측정할 수 있다. 시간과 공간의 상호 비틀림은, 공간(줄어드는)을 시간(늘어나는)으로 전환시킬 수 있음을 말해준다. 그러나 1초의 시간은 엄청난 양의 공간, 정확히 말해 18만 6천 마일의 값어치가 있다.

이러한 종류의 시간의 비틀림은 공상과학소설에서 즐겨 쓰이는 주제이지만, 거기에는 허구적인 요소는 없다. 그러한 일은 실제로 일어난다. 한 가지 기상천외한 현상은 '쌍둥이 효과(twins effect)'라고 하는 것이다. 쌍둥이 중의 한 명이 거의 광속에 가까운 속도로 근처의 별에 다녀왔다고 하자. 로케트가 되돌아왔을 때 지구에 남아 있던 그의 쌍둥이 형제가 열살을 더 먹은 것에 비해 그는 한살밖에 먹지 않았다. 높은 속도 덕분에 그는 지상에서 10년이 흐를 동안 1년의 시간밖에 체험하지 않은 것이다.

아인슈타인은 여기에 중력의 효과를 포함시키기 위하여 그의 이론을 일반화시켰다. 그 결과로 생겨난 일반상대성이론은 중력을 하나의 힘으로써가 아니라, 시공간 기하학의 비틀림에 참여시킨다. 이 이론에서 시공간은 학교의 기하 시간에 배우는 일반적인 규칙을 따르는 '평평'한 것이 아니라, 휘었거나 구부러져 있다. 여기서 '구부러진 공간(spacewarps)'과 '구부러진 시간(time-warps)'이 탄생한다.

제2장에서 살펴본대로 현대의 기술도구들은 대단히 정밀하기 때문에 지구의 중력에 의한 시간의 구부러짐까지도 로케트 안의 시계를 이용하여 탐지할 수 있다. 시간은 지구의 중력이 약해진 우주공간에서는 실제로 더 빨리 달려간다.

중력이 더 강할수록 시간의 구부러짐은 더 심하다. 어떤 별들은 중력이 너무나 꽉 움켜쥐고 있기 때문에 그곳의 시간은 우리의 시간에 비해 형편 없이 느리다. 사실 이러한 별들은 더 이상 어떻게 손쓸 수 없을 정도로 시간이 비틀리기 직전의 상태에 와 있다. 만일 별의 중력이 몇 배만 더 컸다면 시간은 더욱 구부러져 마침내 중력이 일정치를 넘어서면 시간은 일제히 정지해 버릴 것이다. 지구에서 바라보면 이 별의 표면은 완전히 정지한 채 얼어붙어 있을 것이다. 그러나 우리는 이러한 예외적인 시간의 정지를 보지 못한다. 왜냐하면 그 별의 빛 역시 똑같이 마비되고, 그것의 주파수는 우리가 볼 수 있는 스펙트럼의 영역을 초과해버리기 때문이다. 그 별은 그냥 검게 보일 것이다.

[그림20] 지상에서도 실험을 통해 증명할 수 있듯이 중력은 시간을 느리게 한다. 탑의 꼭대기에 있는 시계는 그 바닥에 있는 시계에 비해 더 빨리 간다.

이론에 따르면, 이러한 조건하에 있는 별은 활동력이 있을 수가 없으며, 그것 자체의 중력에 굴복하여 허공에 하나의 구멍—검은 구멍(블랙홀, black hole)—을 남겨 놓으면서 시공간 특이점(特異點) 상태로 수백만 분의 1초 안에 붕괴되어 들어갈 것이다.

그러므로 블랙홀은 영원으로 가는 지름길이다. 이렇게 극단적인 경우에는 로케트에 탄 쌍둥이는 미래에 더 빨리 도달할 뿐 아니라 눈깜빡할 사이에 '시간의 끝'에 도달할 수 가 있다. 그가 구멍 속으로 들어가는 순간, 바깥 세상의 영원이 그에게 있어서는 한 순간에 지나가버릴 것이다. 따라서 일단 그 구멍 안으로 들어가면, 그는 구부러진 시간의 감옥에 갇힐 것이며, 다시 우주 밖으로 돌아나오는 것이 불가능하다. 왜냐하면 바깥의 우주에서는 이미 영원한 시간이 지나가버렸기 때문이다. 문자 그대로 그는 바깥의 우주의 관점에서 보면 시간의 끝을 넘어선 것이다. 그 구멍에서 빠져나오려면 그는 그곳에 들어가기 '이전'에 빠져나와야 한다. 이것은 모순이며, 따라서 그가 거기서 탈출할 방법이 없다. 그 구멍의 단단한 중력의 손아귀는 이 운 나쁜 우주비행사를 특이점으로 끌어들일 것이며, 수백만 분의 1초 뒤에는 그는 시간의 가장자리에 도달하게 되어 지워져버릴 것이다. 특이점은 '무(無)장소'와 '무(無)시간'으로 가는 일방통행의 여행인 것이다. 그곳은 물리적인 우주가 정지하는 일종의 무(無)이다.

상대성이론이 나오기 전에는, 우리는 시간을 절대적이고 고정되어 있으며 우주 어디에나 적용되는 보편적인 것—물체나 관찰자와는 아무 상관이 없는—으로 생각해왔다. 이 점을 생각한다면 상대성이론의 시간 개념이 얼마나 혁명적인가를 알 수 있다. 오늘날 시간은 '역동적'이다. 그것은 늘어나거나 줄어들 수가 있으며, 휠 수도 있고, 특이점에서는 한꺼번에 멈출 수도 있다. 시간이 흐르는 속도는 절대적인 것이 아니라 관찰자의 운동 상태와 중력적인 상황에 따라 상대적이다.

보편성이라는 족쇄에서 시간을 해방시켜 관찰자 각자의 시간이 자유롭고 독립적으로 흐를 수 있도록 함으로써 우리는 지금까지의 시간에 대한 몇 가지 가정을 버릴 수밖에 없다. 예를 들어, '지금'이라는 것에 대한 만장일치의 동의는 있을 수가 없다. 쌍동이 실험에서 로케트에 탄 쌍동이는 우주여행을 하는 동안 이런 의문을 가질 수 있을 것이다. "지구에 있는 내 쌍동이 형제는 '지금' 무엇을 하고 있을까?" 그러나 각자가 가지고 있는 시간의 크기가 다르기 때문에 로케트 안에서의 '지금'은 지구에서 판단한 '지금'과는 상당히 다르다. 보편적인 '현재 순간'이라는 것은 없는 것이다. 서로 다른 장소에서 일어나고 있는 두 사건 A와 B를 한 사람의 관찰자는 동시에 일어나는 것으로 판단하는 반면에, 다른 관찰자는 B가 일어나기 전에 A가 먼저 일어난 것으로 판단할 것이다. 또다른 관찰자는 B가 먼저 일어난 것으로 판단할 수도 있다.

두개의 사건이 일어나는 순서가 관찰자마다 다르게 보일 수도 있다는 생각은 상당히 역설적이다. 그렇다면 총이 발사되기 전에 과녁에 총알이 박힐 수도 있다는 말인가? 다행히 인과론 때문에 이러한 일은 일어나지 않는다.

사건 A와 B가 불확실한 시간 순서를 갖기 위해서는 매우 짧은 간격을 두고 그 사건들이 일어나야 한다. 빛이 A장소에서 B장소로 이동하는 것이 불가능할 정도로 짧은 간격이어야 한다. 상대성이론에서는 빛 신호가 모든 규칙을 만들며, 특히 어떤 영향이나 신호가 빛보다 빠르게 여행하는 것이 금지되어 있다. 만일 빛이 A와 B를 연결하기에 충분히 빠르지 않다면, 그 어떤 것도 그렇게 빠를 수가 없으며, 따라서 A와 B는 어떤 식으로든 서로에게 영향을 줄 수가 없다. 그것들 사이에는 아무런 인과관계가 없다. 따라서 A와 B의 시간 순서를 거꾸로 하는 것은 원인과 결과를 거꾸로 하는 것과는 다르다.

보편적인 현재 순간이 없다는 사실은 결과적으로 과거, 현재, 미래의 질서 정연한 시간 구분을 파괴시킨다. 이러한 용어들은 한 사람의 인접지역에서는 의미를 가질지 모르지만, 모든 곳에 적용될 수는 없다. "화성에는 '지금' 무슨 일이 일어나고 있는가?"라는 따위의 질문은 그 별에서의 특정한 순간을 언급하려는 의도이다. 하지만 앞에서 본대로, 로케트에 앉아서 지구를 스쳐 지나가면서 같은 순간에 같은 질문을 하는 우주비행사는 화성에서의 다른 순간을 언급한 것이 된다. 사실 지구 근처의 관찰자(자신의 운동량을 가지고 있는)의 '현재'는 화성에서는 몇 분으로 늘어난다. 그 거리가 커질수록 이 '현재들'의 범위도 따라서 커진다. 먼거리에 있는 퀘이서(quasar)로서는 '지금'이 몇십억 광년이 될 수가 있다. 심지어 걸어서 산책하는 것 정도의 효과도 퀘이서에서의 '현재 순간'을 수천년이나 변경시킬 수 있다!

과거, 현재, 미래의 구별을 포기하는 것은 대단히 힘든 일이다. 지금 이 순간이 '실제로 존재한다'라고 가정하려는 유혹이 대단히 크기 때문이다. 깊은 생각 없이 우리는 미래가 아직 일어나지 않았으며 아마도 아직 결정되지 않았다고 추측한다. 그리고 과거는 가버렸으며, 기억에 남아 있긴 하지만 되돌이킬 수 없이 사라져버린 것이라고 가정한다. 우리는 과거와 미래가 존재하지 않는다고 믿고 싶어한다. 단지 '한번에' 한 순간씩 일어나는 듯하다. 상대성이론은 그러한 개념들을 우스개소리로 만들어 버린다. 과거, 현재, 미래는 똑같이 실제적이어야 한다. 왜냐하면 한 사람의 과거는 다른 사람에게는 현재이고, 또다른 사람에게는 미래이기 때문이다.

물리학자들은 상대성 효과에 따라 시간을 취급하는데, 이것은 일반인들에게는 아주 생소한 것으로 보일 것이다. 물론 물리학자 자신은 그것에 대하여 생각을 고쳐먹으려고 하지 않는다. 그는 시간을 '일어나고 있는' 사건들의 연속으로 취급하지 않는다. 그대신 모든 과거와 미래는 단순히 '거기'에 있으며,

188

그리고 시간은 어떤 주어진 순간으로부터 양쪽 방향으로 뻗어나간다. 마치 어떤 특정한 장소로부터 공간이 뻗어나가듯이. 사실 이것은 단순한 비교 이상의 것이다. 왜냐하면 시간과 공간은 상대성이론에서는 따로 뗄 수 없이 한 덩어리이기 때문이다. 그래서 물리학자들은 그것들을 따로 부르지 않고 '시공간'이라고 합쳐서 부른다.

우리의 심리학적인 시간의 시작은 물리학자의 시간모델과 근본적으로 다르기 때문에 심지어 많은 물리학자들까지도 어떤 중요한 요소가 빠져 있는

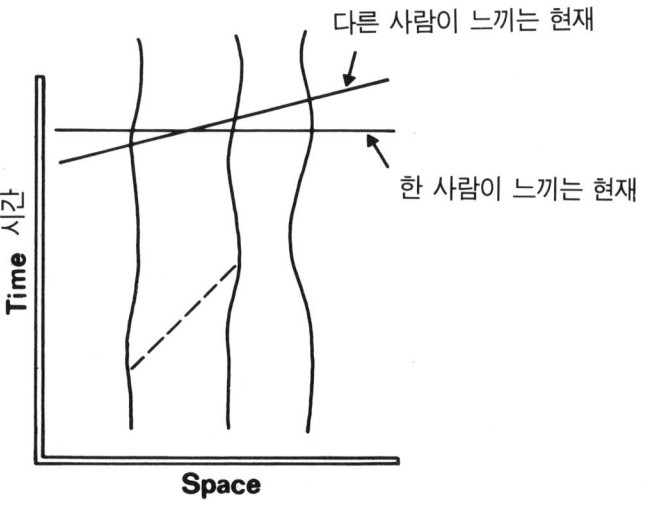

[그림21] 물리학자들은 시간을 흘러가는 것으로 생각하지 않고 '시공간'의 한 부분으로 펼쳐져 있는 것으로 생각한다. 여기 이 그림은 4차원의 시공간에서 2개의 공간 차원을 생략하여 2차원의 평면 위에 나타낸 것이다. 종이 위의 점은 '사건'을 나타낸 것이고, 꿈틀거리는 선들은 움직이는 물체들이 나아가는 길이다. 그리고 점선은 그 두 물체들 사이에 오가는 빛 신호의 길이다. 그림 속의 수평선은 한 사람의 관찰자의 입장에서 바라본 한 순간에서의 모든 공간을 나타낸다. 다르게 움직이고 있는 다른 관찰자는 사선으로 그어진 부분을 요구할 것이다. 따라서 거기 하나의 공통된 '현재'를 나타내는 보편적인 '부분'이란 있을 수가 없다. 이러한 이유 때문에 보편적으로 과거, 현재, 미래를 나누는 것은 불가능하다.

것이 아닌가 의심할 정도이다. 에딩톤(Eddington)은 한 때 우리의 의식에는 일종의 '검은 문(black door)'이 있어서 시간이 그 문을 통해 의식 속으로 들어간다고 가정한 적이 있다. 우리의 시간의 지각은 어쨌든 공간의 범위나 물질의 지각보다 더 근본적이다. 특히 우리는 시간의 '흐름'을 느낀다. 이 느낌이 너무나 뚜렷하기 때문에 그것은 우리의 체험의 가장 기본적인 측면을 구성한다. 그것은 우리의 모든 생각들과 행위가 지각되는 기본 배경이다.

시간의 신비한 흐름을 조사하면서 많은 과학자들은 대단히 혼란스러워진다. 모든 물리학자들은 우주에는 과거-미래 비대칭(非對稱)이 있음을 깨닫는다. 이것은 열역학 제2법칙의 작용에 의해서 생겨난 것이다. 질서에서 무질서로 향해 가고 있기 때문에 과거와 미래가 대칭이 될 수 없는 것이다. 그러나 제2법칙의 기반을 자세히 살펴보면 그러한 비대칭이 사라져버린다.

이 모순은 쉬운 예를 들어 설명할 수 있다. 밀폐된 방안에 뚜껑이 열린 향수병이 하나 있다고 가정해보자. 잠시 후 그 향수는 증발하여 방안 전체에 퍼질 것이며, 누구라도 그 향기를 분명히 맡을 수 있다. 액체였던 향수에서 기체의 향기로 바뀌는 것은 질서에서 무질서로 옮겨간 것이며, 이것을 거꾸로 되돌리는 것은 불가능하다. 다시 말해, 비가역적(非加逆的)이다. 아무리 오래 기다린다고 해도 공기 중에 흩어진 향수의 분자(分子)들이 자발적으로 향수병으로 되돌아와 향수 액체로 재구성되지는 않는다. 향수가 증발하여 공기 중으로 흩어지는 것은 과거와 미래 사이의 비대칭의 전형적인 예이다. 만일 향수가 병으로 되돌아가는 장면이 나오는 영화를 보았다면, 우리는 즉각적으로 그것이 조작에 의해서 영화를 거꾸로 돌린 것임을 알아챌 것이다. 그만큼 이것은 거꾸로 되돌릴 수가 없다.

그런데 여기에 하나의 모순이 있다. 향수는 수십억개의 분자들의 폭격 속에서 서로 충돌하면서 증발하고 흩어진다. 끊임없는 열교란(thermal agitation) 상태에 있는 공기의 분자들은 마구잡이식으로 향수 분자들을 때려 향수가 공기와 완전히 뒤섞일 때까지 이리 섞고 저리 섞고를 되풀이할 것이다. 그러나 개별적인 분자 충돌은 완전히 가역적이다. 두개의 분자가 접근하여 튕겨서 물러난다. 여기에는 시간 비대칭이란 없다. 그것을 거꾸로 돌리는 과정 역시 접근하여 튕겨서 물러난다.

체계적이고 조직적으로 충돌하는 분자의 운동으로부터 어떻게 과거-미래

190

비대칭이 생겼는지, 시간의 화살에 대한 미스테리는 많은 뛰어난 물리학자들의 상상력을 자극시켰다. 여기에 대해서는 19세기 말의 루드비히 볼츠만(Ludwig Boltzmann)이 맨 먼저 말했으나, 그 논쟁은 오늘날까지 계속되고 있다. 어떤 과학자들은 특수한 비물질적인 성분인 '시간흐름(time flux)'같은 것이 존재한다고 주장하였다. 평범한 분자운동은 시간 위에 과거-미래 비대칭을 남길 능력이 없으며, 그래서 이러한 별도의 성분인 시간흐름이 필수적이라는 것이다. 이 시간흐름을 양자역학이나 우주의 팽창에서 그 기원을 찾으려는 많은 노력들이 행해졌다. 여러 가지 면에서 시간흐름에 대한 믿음은 생명력(生命力)에 대한 믿음과 비슷하며, 미심쩍은 것도 똑같다.

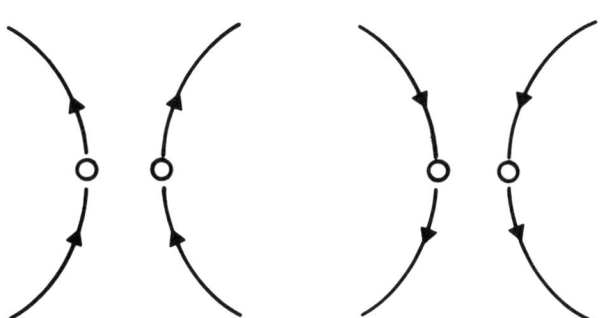

[그림22] 우리가 원자 차원의 물질을 조사할 때면 세상의 시간 비대칭의 기원은 하나의 미스테리이다. 두개의 분자 사이의 충돌은 완전히 되돌릴 수가 있으며, 과거에서 미래로 흐르는 흐름을 전혀 나타내지 않는다.

여기서의 실수는, 시간 비대칭이 생명처럼 하나의 통합적인 개념이기 때문에 개별적인 분자들의 속성으로 환원시킬 수 없다는 사실을 간과한 것이다. 분자 차원의 대칭성과 거시(巨視) 차원의 비대칭성 사이에는 모순이 없다. 그것은 단순히 서로 다른 두개의 설명 차원인 것이다. 그렇다면 시간은 실제로는 전혀 '흐르지' 않는 것이며, 모두가 우리의 의식 속에 있는 것임을 어렴풋이 느끼게 된다.

우리의 지각작용 속에서 시간흐름의 기원을 찾아내려고 할 때 우리는 자아를 이해하려고 할 때처럼 똑같은 패러독스와 혼돈을 만나게 된다. 그리고 이 두 가지 문제가 실제로 매우 밀접하게 연결되어 있다는 인상을 지우기가 어렵다. 우리가 우리 자신을 자각할 수 있는 것은 오로지 시간의 흐르는 강물 속에서다. 앞에서 말했듯이 호프스태터(Hofstadter)는 '자기가 자기를 가리키는 것의 둘둘 말린 소용돌이'에 대하여 말했다. 이 둘둘 말린 소용돌이에서 우리가 의식이나 자각(自覺)이라고 부르는 것이 생겨난다. 나는 바로 이 소용돌이가 심리적인 시간 흐름을 낳는 원인이라고 강하게 믿는다. 그래서 나는 우리가 시간의 비밀을 이해해야만 의식의 비밀이 풀리게 된다고 주장하는 것이다.

시간의 소박한 이미지들은 그림과 문학 어디에서도 쉽게 발견된다. 시간의 화살, 시간의 강물, 시간의 전차, 시간의 행진 등 시간의 흐름을 묘사한 것들은 얼마든지 있다. 때로 우리는 '지금' 또는 우리 의식의 현재 순간이 과거로부터 미래로 시간을 통하여 느리게 이동하고 있다고 말한다. 그래서 결과적으로 2000년이 '지금'이 될 것이고, 마찬가지 방식으로 당신이 이 책을 읽는 지금 이 순간은 지나가버려 역사 속에 과거가 되어버릴 것이다.

또한 때로는, '지금'이 닻을 내리고 있는 시간 그 자체가 흐르는 것으로 말하기도 한다. 마치 강둑에 관찰자가 앉아 있고 강물이 흘러지나가는 것과 같다. 이러한 생각은 자유의지라는 것과 불가분의 관계이다. 미래는 아직 형성되지 않은 것처럼 보이고, 그래서 그것이 도착하기 전에 우리의 행동에 의해서 미래를 형성할 수 있다. 과연 이러한 생각들이 옳은 것일까?

이러한 생각들을 주장하려고 들면 당장에 많은 문제점이 일어난다. 1983년에 물리학자와 회의론자 사이의 대화가 행해졌다면 아마도 다음과 같았을 것이다.

회의론자: 이제 막 아인슈타인이 한 말을 읽게 되었다. "현재를 강조하는 당신의 주관적인 시간은 전혀 객관적인 의미가 없다는 사실을 당신은 받아들여야 한다…과거니, 현재니, 미래니 하는 구분은 다만 환상일 뿐이다."라고 했는데, 틀림 없이 아인슈타인은 좀 돌았을걸?

물리학자: 전혀 그렇지 않다. 외부 세계에는 과거, 현재, 미래라는 것이 존재하지 않는다. 현재라는 것은 어떤 기구로도 측정할 수 없지 않은가? 그것은 순전히 심리적인 개념일 뿐이다.

회의론자: 오, 진정으로 하는 말인가? 누구나 미래가 아직 일어나지 않았고 반면에 과거는 이미 가버렸다는 것을 알고 있다. 우리는 과거에 일어난 일들을 기억하고 있다. 그런데도 당신은 어제와 내일, 또는 오늘을 혼동한단 말인가?

물리학자: 물론 당신은 연속해서 지나가는 날들을 구분해야만 하겠지만, 그것은 어디까지나 당신이 만든 상표일 뿐이다. 내가 반대하는 것도 그것이다.

회의론자: 그것은 말장난에 지나지 않는다. 내일은 오긴 오는데, 단지 우리가 그것을 오늘이라고 부르는 것일 뿐이다.

물리학자: 바로 그렇다. 모든 날들은 그날이 되면 오늘이라고 불리운다. 모든 순간들은 우리가 그것을 체험할 때마다 '지금'이라고 불리운다. '그' 과거와 '그' 미래의 구분은 언어상의 혼란에서 생긴 결과이다. 예를 들어 1997년 10월 3일 오후 2시라는 것을 생각해보자. 날짜 시스템은 인위적인 것이며, 우리가 관습에 따라 일단 그렇게 정해놓는 것일 뿐이다. 모든 사건들에 편의상 날짜라는 상표를 붙임으로써 우리는 과거, 현재, 미래와 같은 애매한 구조물에 의존하지 않고서도 세상의 모든 것을 묘사할 수 있는 것이다.

회의론자: 하지만 1997년은 미래에 있다. 그것은 아직 일어나지 않았다. 당신의 날짜 시스템은 시간이라는, 다시 말해 시간의 흐름이라는 매우 중요한 요소를 무시한 것이다.

물리학자: '1997년이 미래에 있다'는 것은 무슨 뜻인가? 그것은 1998년의 과거가 아닌가?

회의론자: 하지만 '지금'은 1998년이 아니지 않은가?

물리학자: 지금이라고?

회의론자: 그렇다. '지금'.

물리학자: 지금이란 언제를 말하는가? 모든 순간들은 우리가 그 순간을 체험할 때마다 '지금'이다.

회의론자: 지금 이 순간 말이다. 나는 바로 이 순간의 지금을 말하는 것이다.

물리학자: 1983년을 지금이라고 하는 것인가?

회의론자: 아무래도 좋다.

물리학자: 1998년은 지금이 아닌가?

회의론자: 아니다.

물리학자: 그렇다면 당신이 말하는 것은 1997년이 1983년의 미래이고, 그것은 또 1998년의 과거라는 것이다. 그것은 나도 부정하지 않는다. 내가 말하는 날짜 시스템이라는 것도 바로 그것이다. 그 이상은 아니다. 당신도 알다시피, 당신이 말하는 과거와 미래는 전혀 불필요한 것이다.

회의론자: 하지만 그것은 터무니 없는 얘기다! 1997년은 아직 일어나지 않았다. 여기에 대해서는 당신도 분명히 동의하겠지?

물리학자: 물론 그렇다. 당신이 말하고자 하는 것은, 우리의 대화가 1997년 이전에 일어났다는 것이다. 다시 한번 말한다면, 분명한 이전-이후 또는 과거-미래의 관계를 가진 일련의 사건들이 있다는 것은 부정하지 않는다. 나는 단지 과거 자체, 현재 자체, 미래 자체가 존재한다는 생각에 반대하는 것이다. 거기 분명히 현재가 '하나만' 있는 것이 아니다. 당신과 나는 인생에서 수많은 '현재들'을 체험해왔다. 어떤 사건들은 다른 사건들의 과거나 미래에 놓여 있지만, 그 사건들 자체는 단순히 '거기에 있는 것이다.' 그것들은 '하나씩 하나씩' 일어나는 것이 아니다.

회의론자: 물리학자들이 말하는, 과거와 미래의 사건들은 현재와 나란히 존재하며, 그것들은 '거기에' 있을 뿐인데 단지 우리가 그 사건들을 순서대로 만나는 것이라고 하는 것이 바로 그 뜻인가?

물리학자: 우리는 실제로 전혀 그것들을 '만나는' 것이 아니다. 우리가 의식하는 모든 사건들을 우리는 체험할 뿐이다. 쉽게 말해 그것들은 우리가 다가가 만나 주기를 기다리고 있는 것이 아니다. 거기에는 단순히 사건들과, 그것들과 관계가 있는 의식 상태만이 있을 뿐이다. 당신은 마치 오늘의 의식이 시간 속에서 앞으로 나아가다가 내일의 사건에 걸려 넘어지는 식으로 말하고 있다. 당신의 의식은 시간 속에 확장되어 있다. 내일의 의식 상태는 내일의 사건들을 반영하며, 오늘의 의식은 오늘의 사건을 반영하는 것이다.

회의론자: 확실히 나의 의식은 오늘에서 내일로 이동하지 않는가?

물리학자: 천만에! 당신의 의식은 오늘과 내일의 모두를 지각한다. 아무것도 앞으로도, 뒤로도, 옆으로도 이동하지 않는다.

회의론자: 하지만 나는 시간이 흐르는 것을 느낀다.

물리학자: 잠깐. 먼저 당신은 의식이 시간 속에서 앞으로 이동한다고 말했으며, 이제는 시간 그 자체가 앞으로 움직여가고 있다고 말한다. 어느 것인가?

회의론자: 나는 시간이 흐르는 강물처럼 흘러가면서 미래의 사건들을 나에게로 데려다준다고 느낀다. 나의 의식이 고정되어 있는데 시간이 그것을 통과해 과거에서 미래로 지나가는 것일 수도 있고, 아니면 시간이 고정되어 있는데 나의 의식이 과거를 지나 미래로 가고 있는 것일 수도 있다. 나는 이 두 가지 얘기가 결국은 똑같은 것이라고 생각한다. 그 움직임은 상대적이다.

물리학자: 그 움직임은 환상일 뿐이다! 어떻게 시간이 움직일 수 있는가? 만일 움직인다면 그것은 속도를 가지고 있어야 한다. 시간의 속도는? 하루에 하루씩? 그것은 넌센스다. 하루는 하루이고, 그 하루는 또 하루이고, 그 하루는 또……

회의론자: 그러나 만일 시간이 지나가지 않는다면 어떻게 모든 것에 변화가 있을 수 있는가?

물리학자: 변화라는 것은, 물체들이 시간 속에서 공간을 통해 움직이기 때문에 일어나는 것이다. 시간은 움직이지 않는다. 어렸을 때 나는 곧잘 이런 의문을 갖곤 했다. "왜 지금은 다른 어떤 순간이 아니라 꼭 지금이어야 할까?" 나중에 나는 그러한 의문이 무의미하다는 것을 배웠다. 그러한 의문은 어떤 순간에나 적용될 수 있는 것이다.

회의론자: 내가 보기에 그것은 지극히 당연한 의문이다. 도대체 왜 1983년일까?

물리학자: 어떤 1983년 말인가?

회의론자: 왜 지금은 1983년일까?

물리학자: 그것은 마치 "왜 나는 나이고 다른 어떤 사람이 아닐까?"라고 하는 의문이나 마찬가지다. 나는 정의상 나일 뿐이다. 어떤 사람이든지 그렇게 물을 수가 있다. 분명히 1983년에 우리는 1983년을 '지금'으로 취급한다. 그것은 어느 해에도 적용될 수 있다. 오히려 적절한 의문은 이런 것이 될 것이다. "왜 나는 기원전 5천년이 아니라 1983년에 살고 있는 것일까?" 또는 "우리는 왜 이러한 대화를 1998년이 아니라 1983년에 하고 있는 것일까?" 그러나 그러한 토론을 하는 데에는 과거, 현재, 미래라는 개념에 의존할 필요가 전혀 없다.

회의론자: 아직도 나는 확신을 못하겠다. 일상생활의 모든 생각들, 활동들, 언어의 시제(時制), 희망, 불안, 믿음 따위는 모두가 과거, 현재, 미래라는 근본적인 구분에 깊이 뿌리내리고 있다. 나는 죽음을 두려워하는데,

그것은 내가 아직 그것을 만나지 못했으며 그 너머에 무엇이 있는지 모르기 때문이다. 그러나 나는 세상에 태어나기 전에 내가 어떤 존재였는지 모르기 때문에 두려워하지는 않는다. 우리는 과거에 대하여 두려워할 수는 없다. 다시 말해, 과거는 변경이 불가능하다. 우리는 기억이라는 것이 있기 때문에 무엇이 일어났는지 안다. 그러나 우리는 미래에 대하여 알지 못하며, 그것이 아직 결정된 것이 아니고 우리의 행동에 따라 변화시킬 수 있는 것이라고 믿는다. 현재라는 것은, 에, 그것은 우리가 외부 세계와 접촉하는 순간이며, 이 순간 속에서 우리는 육체에 명령을 내려 행동할 수가 있다. 시인 바이런은 이렇게 말했다. "행동하라. 지금 이 순간 속에서 행동하라." 이 말은 내 얘기를 잘 요약해준다.

물리학자: 당신이 말하는 것의 대부분은 사실이다. 하지만 아직 '움직이는 현재'라는 것을 필요로 한다. 물론 기억과 같은 우리의 체험 속이 아니라 외부 세계에는 과거와 미래 사이에 하나의 비대칭(非對稱)이 있다. 예를 들어, 열역학 제2법칙은 모든 시스템이 점점 더 무질서해지려는 경향이 있음을 말해준다. 어떤 시스템들은 축적된 기록과 '기억'을 가지고 있다. 달의 분화구를 생각해보라. 그것은 미래의 사건이 아니라 과거의 사건의 기록이다. 당신이 말하고자 하는 것은, 나중의 두뇌는 이전의 두뇌보다 더 많은 정보를 저장하고 있다는 것이다. 그렇다면 우리는 그 단순한 사실을 근거로 "우리는 미래가 아니라 과거를 기억하고 있다"는 애매하고 불확실한 말을 하고 있는 것이 된다. 과거 자체는 전혀 의미가 없는 말임에도 불구하고. 사실, 1998년에 우리는 1997년을 기억할 것이지만, 1997년은 1983년의 미래에 있다. 날짜를 이용하면 시제라든가 시간의 흐름, 또는 지금이라는 말이 필요가 없다.

회의론자: 하지만 이제 금방 당신 입으로도 '기억할 것이다'라고 하지 않았는가?

물리학자: 이렇게 말할 수도 있다. "1998년의 나의 두뇌는 1997년에 일어난 사건들에 대한 정보를 기록하고 있다. 그러나 1997년은 1983년의 미래에 있으며, 그래서 1983년의 나의 두뇌에는 기록되어 있지 않다." 보라. 전혀 과거라든가 미래의 시제가 필요 없다.

회의론자: 미래에 대한 불안, 자유의지, 비예측성 같은 것은 어떻게 되는가? 만일 미래가 이미 존재하는 것이라면 그것은 완전한 결정론 아닌가? 아무 것도 변화될 수가 없다. 자유의지라는 것은 속임수에 지나지 않게 된

다.

물리학자: 미래는 '이미' 존재하는 것이 아니다. 그것은 두 변을 가진 삼각형처럼 말에 모순이 있는 것이다. 사건들이 그 이전의 사건들과 동시에 존재한다는 말은, '이전'이라는 말의 정의상 명백히 모순되는 표현이다. 비예측성이라는 것은 실제상의 제한일 뿐이다. 우리는 세상의 복잡한 규칙성에 힘입어 일식(日蝕)현상 같은 것을 예측할 수가 있다. 하지만 예측할 수 있다고 해서 결정론인 것은 아니다. 세상의 미래는 이전의 사건들에 의해서 결정되지만, 실제적인 관점에서는 예측이 불가능하다.

회의론자: 하지만 미래는 결정되어 있지 않은가? 아, 미안! 모든 사건들은 이전의 사건들에 의해서 완전히 결정되어 있지 않은가?

물리학자: 실제로는 그렇지 않다. 예를 들어 양자론은 원자 차원에서는 사건들이 전혀 이전의 원인에 상관 없이 마구잡이식으로 일어난다는 것을 보여준다.

회의론자: 그렇다면 미래는 존재하지 않는 것이다! 따라서 우리는 그것을 변화시킬 수 있다!

물리학자: 우리의 행동이 사전에 개입되든 개입되지 않든 미래는 일어날 것이다. 물리학자들은 시공간이 지도처럼 펼쳐져 있는 것으로 생각한다. 이 때 시간은 한쪽 면을 따라 펼쳐져 있다. 사건들은 그 지도 위에 점으로 표시된다. 어떤 사건들은 이전의 사건들과 인과론적인 관계들에 의해서 연결이 되지만, 방사성 핵붕괴 같은 것들은 '저철로' 일어난 것으로 간주된다. 인과론적인 고리에 의해서 연결되든 그렇지 않든 그 모든 것은 '거기에' 있다. 따라서 거기 과거, 현재, 미래라는 것이 없다는 나의 주장은 자유의자나 결정론과는 아무런 상관이 없다. 그것은 완전히 별도의 주제인 것이다. 바로 혼돈하기 쉬운 지점이다.

회의론자: 그래도 당신은 아직 내가 어째서 시간의 흐름을 '느끼는지'에 대해서는 아무런 설명도 하지 않았다.

물리학자: 나는 심리학자가 아니다. 그것은 아마도 기억의 메카니즘과 관련이 있을 것이다.

회의론자: 당신은 그 모든 것이 마음 속에 있는 것이며, 하나의 환상이라고 말하고 있는 것인가?

물리학자: 당신의 느낌을 외부 세계의 물리적인 속성으로 돌리는 것은 현명치 못한 일이다. 당신은 현기증을 느껴본 적이 있는가?

회의론자: 물론.

물리학자: 현기증을 느낄 때 당신은 세상이 돌고 있는 것처럼 '느끼고' 있음에도 불구하고 그 현기증이 우주와 관련된 것으로 생각하지는 않는다.

회의론자: 그렇다. 그것은 분명히 환상이다.

물리학자: 시간이 흐르는 것을 느끼는 것도 마찬가지다. 과거, 현재, 미래에 대한 시제와 무의미한 문장을 동원한 혼란된 언어 구조 때문에 우리는 그것이 실재한다는 느낌을 갖는 것이다.

회의론자: 좀더 이야기를 하자.

물리학자: 지금은 그만하자. 시간이 너무 늦었다.

우리의 일상 생활을 엮어가는 데 있어서 우리는 과거, 현재, 미래의 개념에 상당히 의존하고 있다는 것은 의심할 여지가 없다. 그리고 시간이 실제로 흐른다는 것에 대해서는 전혀 의심하지 않는다. 심지어 과학자들조차도 시간에 대한 분석을 끝내고 일상생활로 돌아오면 앞의 대화에서 보았듯이 그런 식으로 말하고 생각한다. 그러나 이러한 생각들은 자세히 따질수록 더 애매해지고 불확실해진다는 것을 인정해야만 한다. 물리학자들은 시간의 흐름을 필요로 하지 않으며, 물리학의 세계에서는 '지금'이라는 것이 필요 없다. 실제로 상대성이론은 모든 관찰자들에게 적용되는 보편적인 현재라는 것을 부정해버린다.

만일 이러한 개념들이 옳다고 한다면 (맥타가르트 McTaggart 같은 많은 철학자들은 그것이 옳다고 말한다) 그것들은 물리학보다는 심리학에 속하는 문제가 될 것이다.[1] 이것은 무척 흥미있는 신학적인 의문을 불러일으킨다. 창조주는 시간의 흐름을 체험하는가?

기독교인들은 하느님이 영원한 존재라고 믿는다. 그러나 '영원(永遠)'이라는 단어는 서로 다른 두 가지의 뜻을 가지고 있다. 간단한 해석으로는, 영원은 무한히 계속되고, 무한한 기간 동안 시작도 끝도 없이 존재하는 것을 말한다. 하지만 하느님을 그러한 개념으로 생각하는 데에는 많은 반대가 있다. 시간 속에 있는 하느님은 변화해야만 한다. 그러나 무엇이 그 변화의 원인이 되는가? 만일 하느님이 모든 존재하는 것들의 원인이라면(제3장의 우주론

---

1) 《시간, 환원, 실체(Time, Reduction and Reality)》(Richard Healey 편저, 1981년 Cambridge University Press)의 〈맥타가르트, 불변성과 실현 (McTaggart, fixity and coming true)〉.

논법에서 본대로) 그 궁극의 원인 그 자체가 변화한다고 말하는 것이 무슨 의미가 있겠는가?

앞 장들에서 우리는 시간이라는 것이 단순히 홀로 떨어져 존재하는 것이 아니라 물리적인 우주의 한 부분이라는 것을 알았다. 시간 역시 탄력성이 있어서, 물질의 행동방식을 설명하는 분명한 수학 법칙에 따라 늘어나거나 줄어들 수 있다. 또한 시간은 공간과 밀접하게 연결되어 있으며, 그리고 시간과 공간은 중력장의 작용을 대변한다. 간단히 말해 시간은 다른 물질들과 똑같이 모든 자질구레한 물리적인 과정에 소속되어있다. 시간은 신성불가침의 속성을 가지고 있는 것이 아니라 인간의 조작에 의해서도 물리적으로 변경시킬 수가 있다.

따라서 시간 속에 존재하는 하느님은 어떤 의미에서는 물리적인 우주의 작용에 지배를 받는다고 볼 수 있다. 사실 시간은 미래의 어떤 단계에 가서는 완전히 정지할 가능성도 상당히 있다(여기에 대해서는 제15장에서 다루게 될 것이다). 그럴 경우에는 하느님의 위치도 몹시 불안해진다. 만일 하느님이 시간의 물리법칙에 지배를 받는다면 하느님은 전능할 수가 없으며, 만일 그가 시간을 창조하지 않았다면 우주를 창조한 것일 수도 없다. 실제로 시간과 공간은 한덩어리이기 때문에 시간을 창조하지 않은 하느님은 공간도 창조할 수가 없다.

그러나 우리가 살펴본 바와 같이, 일단 시공간이 존재하면 모든 물질과 우주의 질서는 순전히 자연적인 활동의 결과로 자동적으로 생겨났을 것이다. 그렇기 때문에 많은 사람들은, 하느님은 단순히 시간(엄격히 말해 시공간)만 창조하면 되었지, 일일이 모든 것을 창조할 필요가 없었다고 주장한다.

여기서 우리는 영원의 또다른 의미와 만나게 된다. 그것은 '시간을 초월해 있음'이라는 뜻이다. 시간을 초월한 하느님의 개념은 줄잡아 아우구스티누스(Augustine)까지 거슬러 올라간다. 그는 하느님이 시간을 창조했다고 주장하였다. 이 주장은 많은 기독교 신학자들로부터 지지를 받았다. 성 안셀름(St. Anselm)은 그러한 생각을 이렇게 표현하였다.

"당신(하느님)은 어제나 오늘이나 내일 존재하는 것이 아니라, 항상 시간 밖에 계십니다."[2]

---

2) St. Anselm의 《Proslogion》(M.J. Charlesworth 번역, 1979년 Notre Dame 대학 출판부) 제19장. 시간을 초월한 하느님의 개념을 지지한 초기의 철학자로는 보에티우스(A.M.S. Boethius, 480-

시간을 초월한 하느님은 앞에서 언급한 문제들과는 상관이 없지만, 제3장에서 이미 얘기한 결점을 지니고 있다. 그러한 하느님은 생각하고, 대화하고, 느끼고, 계획을 짜는 등등의 일을 하는 인격적인 하느님일 수가 없다. 왜냐하면 이러한 행위들은 모두가 시간 속에서 일어나는 일이기 때문이다. 시간을 초월한 하느님이 시간 속에서 행동할 수 있다는 것은 매우 이해하기 어려운 일이다(비록 이러한 일이 불가능하지 않다는 주장이 있긴 하지만). 우리는 또한 자아의 존재를 느끼는 일이 시간의 흐름을 체험하는 일과 밀접하게 연결되어 있다는 것을 알았다. 따라서 시간 밖에서 존재하는 하느님은 우리가 아는 범위에서는 하나의 '개체' 또는 개인적인 존재로 생각될 수가 없다.

이러한 불안 때문에 많은 현대의 신학자들은 영원한 하느님에 대한 생각을 부정하게 되었다. 폴 틸리히(Paul Tillich)는 이렇게 말했다.

"만일 우리가 하느님을 살아있는 하느님이라고 부른다면, 그것은 곧 그가 덧없음의 속성을 가지고 있으며, 아울러 시간에 지배를 받는다고 인정하는 것이 된다."[3]

칼 바르트(Karl Barth) 역시 "하느님에게서 시간성을 완전히 배제하면 기독교 메시지의 내용은 형태가 무너지게 된다"라고 말했다.[4]

시간의 물리학은 하느님이 전지(全知)하다는 믿음에 대해서도 매우 흥미있는 의미를 던진다. 만일 하느님이 시간 밖에 존재한다면 그는 생각을 할 수가 없을 것이다.

왜냐하면 생각이란 시간 속에서 일어나는 행위이기 때문이다. 그러면 시간 밖에 있는 존재가 지식을 가질 수 있을까? 지식을 갖는다는 것은 분명히 시간과 관계가 있다. 예를 들어, 만일 하느님이 오늘의 모든 원자의 운동을 알고 있다해도 그 지식은 내일 변화해야만 할 것이다. 영원을 안다는 것은 과거, 현재, 미래의 모든 시간에 일어날 모든 사건들을 알아야만 한다는 문제가 해결되어야 하기 때문이다.

이와 같이 하느님에 대한 전통적인 생각들과 현대물리학의 시간 개념을 조화시키기란 근본적으로 어려움이 있다. 현대물리학은 시간의 변덕스러움

---

524)가 있다. 《철학의 위안(The Consolation of Philosophy)》(W. Anderson 편저, 1963년 Centaur) 제 5, 6장 참조.

3) P. Tillich 《Systematic Theology》(S.C.M. 1978) 1권 p. 305

4) K. Barth 《Church Dogmatics 2》(G.W. Bromiley와 T.F. Torrance 번역, T.& T. Clark 1956)p. 620

을 발견하면서부터 하느님의 전능함과 그의 인격적인 존재 사이에 쐐기를 박기 시작했다. 하느님이 이 두 가지 속성을 다 가지고 있다고 주장하기는 심히 어렵게 되었다.

10
자유의지와 결정론

아무 것도 불확실하지 않으며, 미래도 과거와 마찬가지로 '우리의' 눈에 나타날 것이다.

피에르 드 라플라스

뉴우튼이 역학에 관한 법칙들을 발견했을 때 많은 사람들은 이것이 자유의지의 종말을 불러왔다고 생각했다. 뉴우튼의 이론에 따르면 우주는 거대한 시계장치와 같다. 그것은 이미 정해진 길을 따라 변경이 불가능한 미지의 상태를 향해서 서서히 태엽이 풀려가는 시계장치이다. 모든 원자의 궤도는 법칙에 따라 정해지고, 이미 그 모든 것은 태초부터 결정되어 있었다. 인간 존재들은 이러한 거대한 우주 역학 속에 꼼짝할 수 없이 붙잡힌 일개 부속품에 지나지 않아 보였다. 그러다가 현대물리학이 시공간의 상대성과 양자의 불확정성(不確定性)을 들고 나타났다. 그리하여 선택의 자유와 결정론에 관한 모든 논쟁에 다시금 불이 붙었다.

현대물리학의 중심을 이루는 두개의 이론은 근본적으로 서로가 뜻이 맞지 않는 듯하다. 한편에서는 양자론이 관찰자에게 물체의 본질을 구성하는 살아 있는 역할을 부여한다. 앞에서 본 바대로, 우리가 상식적으로 가지고 있는 '객관적 실체'라는 생각에 반대되는 확실한 실험 증거들이 있다고 많은 물리학자들은 주장한다. 이것은 뉴우튼 시대에는 꿈조차 꿀 수 없었던 일로, 물리적인 우주의 구조에 영향력을 행사하는 특별한 능력을 인간 존재에게 안겨주었다.

반면에 양자론과 함께 현대물리학의 근간(根幹)을 이루는 상대성이론은 보편적인 시간이라는 개념을 부수었으며, 동시에 절대적인 과거, 현재, 미래의 구분 관념을 부정하면서 이미 '거기에' 존재하고 있는 미래라는 개념을 새롭게 탄생시켰다. 그리하여 양자역학의 도움을 얻어 우쭐해졌던 인간 존재를 다시금 나약하게 만들어버렸다. 만일 미래가 이미 '거기에' 있다면 우리는 그것을 어떻게 바꿔볼 도리가 없다는 뜻이 아닐까?

뉴우튼 이론에서는 모든 원자들은 그것에 작용하는 여러 가지 힘에 의해서 결정된 궤도를 따라 움직이고, 그 힘은 다시 다른 원자들에 의해서 결정되며, 그렇게 계속된다. 뉴우튼 역학은 지금 이 순간에 알 수 있는 것을 바탕으로 앞으로 일어날 모든 일에 대하여 원리상 정확한 예측을 할 수 있다고 말한다. 거기 원인과 결과의 엄격한 그물이 있으며, 분자 하나의 미세한 진동에서부터 은하계의 폭발에 이르기까지 모든 현상들은 이미 오래 전에 자잘한 것까지 결정되어 있다. 이러한 역학 개념을 바탕으로 피에르 드 라플라스(Pierre de Laplace, 1749-1827)*는 만일 우주의 모든 입자들의 위치와 운동량을 아는 사람이 있다면, 그 사람은 우주 역사의 전 과거와 미래를 계산하는 데에 필요한 모든 정보를 손에 넣은 것이나 다름없다고 선언하였다.

그러나 '라플라스식 계산기(Laplacian Calculator)'의 논법은 보기처럼 그렇게 간단한 것만은 아니다. 첫째로, 어떤 주어진 두뇌가 원리상으로라도 그 자신의 미래상태를 계산할 수 있는가 하는 문제가 있다. 맥케이는 누구에게

---

* 프랑스의 수학자이며 천문학자인 라플라스(Pierre-Simon Laplace)는 뉴우튼 물리학을 이용하여, 무한정 밀도가 높은 중력장에 빛과 물체가 들어가면 영원히 빠져나올 수 없다는 이론을 세워 블랙홀에 대한 현재의 각종 이론이 나올 수 있는 기폭제가 되었다. 그는 다음과 같은 유명한 말을 남겼다. "어떤 주어진 순간에 자연에서 작용하고 있는 모든 힘을, 그리고 세계를 구성하는 모든 것들의 위치를 알고 있는 사람은 그러한 자료들을 분석할 만큼 뛰어난 지성을 갖고 있다면, 우주의 가장 거대한 것들과 가장 미세한 원자들의 운동을 능히 파악할 수 있을 것이다. 거기에는 불확실한 것은 아무 것도 없을 것이며, 미래도 과거와 같이 그의 눈앞에 보일 것이다.(역주)

나 '자기예측(self-predictability)'은 불가능하며, 심지어 뉴우튼식의 기계적인 우주에서도 그러한 것이 불가능하다고 주장하였다.[1] 어떤 초과학자가 당신의 두뇌 속을 들여다보면서 당신이 미래의 이러이러한 경우에 어떻게 행동할 것인가를 정확하게 계산해 낼 수 있다고 가정한다 해도, 이것은 논리적으로 당신의 자유의지를 박탈하는 것은 아니다. 비록 그가 정확하게 당신의 행동을 예측할 수 있을지 몰라도, 그는 사전에 당신에게 그것을 말할 수가 없다. 말을 하기만 하면 그의 계산은 틀려버린다. 예를 들어 그가 당신에게, "당신은 이제 곧 손뼉을 칠 것이다."라고 말한다면, 당신의 두뇌는 그 말을 듣는 순간 반드시 이전과는 다른 상태가 될 것이다. 그렇게 되면 그 예언은 이제 믿을만한 것이 못 된다. 왜냐하면 당신은 이제 다른 두뇌 상태를 갖게 되었기 때문이다. 따라서 당신의 미래 행동에 대하여 정확한 어떤 예측도 있을 수가 없다.

맥케이는 따라서 이렇게 주장한다. 가상의 초과학자로서는 당신의 미래의 행동이 아무리 예측가능하고 필연적이라고 해도, 당신에게는 여전히 그것이 논리상 예측불가능하며, 따라서 우리가 흔히 자유의지라고 이해하고 있는 요소를 당신은 여전히 갖고 있는 것이 된다.

그러면 뉴우튼 역학에서는 우주가 예측가능한 것일까? 역학 시스템에 대한 최근의 진전된 수학적 연구는 다음과 같은 사실을 밝혀내었다. 어떤 형태의 힘(力)들이 작용하면 특정한 시스템은 몹시 불안정하게 진화하기 때문에 예측이라는 것이 무의미해진다. '정상적인' 역학 시스템에서는 처음에 약간의 변화를 주면 단지 약간 변경된 결과를 낳는 반면에, 이러한 고도로 민감한 시스템들은 극히 작은 차이에 의해서도 완전히 다른 방식으로 전개될 수가 있다. 더구나 현대우주론의 발견에 따르면, 우리의 우주는 공간에 팽창하는 지평선을 가지고 있으며, 매일 새로운 방해요인과 영향력들이 그 지평선 너머에서 우주 속으로 넘나들고 있다. 지평선 너머의 그 지역들은 태초 이래로 우리의 우주와 인과론적인 의사소통을 해본 적이 없기 때문에, 외부에서 수입되는 이러한 영향력들이 어떤 것이 될지는 원리상으로도 알 수가 없다.

그러나 완전한 예측가능성에 맞서는 가장 중요한 이론은 양자론이다. 양자론의 근본 원리에 따르면 자연은 본래부터 예측이 불가능하다. 하이젠베르그(Heisenberg)의 유명한 '불확정성의 원리'는, 원자 이하의 시스템에는 언제

---

1) MacKay의 앞의 책 p.134

나 비결정론이 있다는 것을 확인시켜준다. 미시(微視)의 세계에서는 사건들이 어떤 뚜렷한 원인이 없이 일어난다.

이렇게 결정론이 무너진다면, 그것은 상대성이론과 갈등을 일으키지 않을까? 상대성이론에 따르면 보편적인 현재라는 것은 없으며, 우주의 전 과거와 미래는 쪼갤 수 없는 전체(全體)이다. 4차원의 세계(3차원의 공간과 1차원의 시간)와 모든 사건들은 단순히 '거기에' 있을 뿐이다. 미래는 '일어나거나' 또는 '전개되는' 것이 아니다.

사실 갈등처럼 보이는 것은 환상일 뿐이다. 결정론은 모든 사건들이 그보다 앞선 원인에 의해서 완전히 결정된 것인가 아닌가에 상관이 있을 뿐이지, 그 사건이 '거기에' 있는가에 대해서는 언급하지 않는다. 결국 미래는 그것이 앞의 사건들에 의해서 결정되든 결정되지 않든 상관없이, 일어나기로 되어 있던 대로 일어날 것이다. 상대성이론은 단지 시공간을 절대적인 방식으로 보편적인 순간들로 나누는 것을 금지할 뿐이다. 서로 다른 장소에서 '동시에' 일어나는 두 사건은 관찰자의 운동 상태에 따라 상대적으로 평가된다. 한 관찰자는 그것이 같은 순간에 일어났다고 판단할지 모르지만, 다른 관찰자는 하나가 다른 하나보다 나중에 일어났다고 판단할지 모른다. 따라서 우리는 우주가 공간뿐만 아니라 시간에 있어서도 늘어나고 줄어들 수 있는 것으로 생각해야만 한다. 그러나 이 이론은 그러한 시간의 구부러짐이 그곳에서 발생한 사건들 사이의 원인과 결과의 엄격한 사슬을 파괴한다고는 말하지 않는다. 따라서 과거, 현재, 미래의 구분이 아무런 객관적인 의미를 갖고 있지 않다고 상대성이론은 말하고 있지만, 인간 존재가 먼저의 행동에 의해서 나중의 사건들을 결정하는 것을 금지하지는 않는다(먼저-나중의 질서 관계는 비록 그것들이 과거 자체, 미래 자체는 아닐지라도 시간의 객관적인 속성이라는 것을 상기하라).

그러나 비결정론적인 우주가 실제로 자유의지의 존재를 뒷받침해주는지는 조금도 분명하지 않다. 실제로 결정론자들은 자유의지는 '결정론적인' 우주에서만 가능한 것이라고 주장할지도 모른다. 자유로운 행위자란 물질세계에서 자신의 의지대로 어떤 행동을 일으킬 수 있는 사람을 말한다. 그런데 비결정론적인 우주에서는 사건들이 원인 없이 일어난다. 따라서 사건들이 원인 없이 일어난다면, 다시 말해 당신이 원인이 되어 일어나는 것이라면, 그 사건들이 당신의 행동과 무슨 관련이 있겠는가? 자유의지를 지지하는 사람은, 당신의 행동이 성격이나 취향, 개성에 의해서 '결정'된다고 주장할 것이다.

평소에는 온순하고 선량하던 사람이 갑자기 폭력을 휘둘렀다고 가정해보자. 비결정론자는 이렇게 말할 것이다. "그것은 아무런 사전 원인이 없는 우발적인 사건이다. 따라서 그 사람을 비난할 수 없다." 반면에 결정론자들은 그 사람에게 책임이 있다고 선언할 것이다. 물론 교육이나 설득, 심리요법, 약물치료 등의 '원인'을 통해서 그를 원상 회복시킬 수 있으며, 그래서 앞으로는 그러한 행동을 하지 않게 할 수 있다고 생각할 것이다.

사실 대부분의 종교가 전하는 주요 메시지는, 우리는 우리의 성격을 개선할 수 있다는 것이다. 하지만 그것은 어디까지나 우리의 미래의 성격이 그 이전의 행동과 결단에 의해서 결정된다는 범위에서만 가능한 일이다. 결정론이란 우리가 어떤 행동을 한다 해도 그것에 '상관 없이' 사건들이 일어난다는 것을 말하는 것이 아님을 깨닫는 것이 중요하다. 어떤 사건들은 '우리 자신'이 그것들을 결정했기 때문에 일어난다.

결정론을 운명론과 혼동해서는 안 된다. 운명론은 미래의 사건들이 전적으로 우리의 권한 밖이라고 주장한다. "미래에 일어날 일들은 이미 모두가 별자리에 적혀 있다"라고 운명론자들은 선언한다. "어쨌든 일어날 일이 일어날 것이다"라는 것이 그들의 교리이다, 총알이 빗발치는 전쟁터에서 "어차피 총알에 맞을 운명이라면 내가 어떤 조심을 한다고 해도 나는 죽음을 피할 수가 없다"라고 생각하면서 무모하게 행동하는 병사야말로 전형적인 운명론자다. 어떤 동양의 종교들은 특히 운명론적인 목소리가 높으며, 날이 갈수록 많은 사람들이 점점 운명론자가 되는 경향이 있다. 특히 커다란 세상사가 관련된 상황에서는 더욱 그렇다. "아무리 머리를 굴리고 발버둥을 쳐봐야 나는 그러한 상황을 어쩔 수가 없다." 이는 분명한 사실이다. 평범한 사람들은 세계대전이 일어나는 것을 막을 수가 없으며, 갑자기 거대한 별똥이 떨어져 한 도시가 파괴되는 것을 막을 도리가 없다.

하지만 일상생활에서 우리는 계속해서 자질구레한 사건들의 결과에 영향을 미치고 있다. 아무도 이렇게 정색을 하고 말하지는 않을 것이다. "어차피 나의 수명이 결정되어 있다면 내가 왜 횡단보도를 건너는데 주위를 살펴볼 것이냐?"

그래도 우리는 결정론에 대하여 강한 불안을 느끼고 있다. 그래서 양자론이 그 개념을 깨자 그토록 많은 사람들이 안심해 하는 것이다. 자유에 대한 우리의 욕망 속에는, 우리가 결정하고 우리 자신이 원인이 되어 일어나기를 바라는 욕구가 포함되어 있다. 하지만 결정론적인 우주에서는 그 결정이라는 것 자체가 이미 사전에 결정되어 있다. 그러한 우주에서는 아무리 우리 자신이 좋아하는 대로 행동한다고 해도 그 '좋아하는 것 자체'가 이미 결정되어져 있다.

이 논법은 이렇게 진행된다. 당신이 커피보다는 차를 마시기로 선택했을 때 그 결정은 주변의 영향(예를 들어 차가 더 싸다든가), 심리적인 요인(커피는 너무 자극적이라든가), 문화적인 경향(차는 전통문화라든가) 등에 기인한 것이다. 결정론자들은 모든 결정이─모든 일시적인 변덕까지도─사전에 결정되어 있다고 주장한다. 만일 그렇다면 당신이 아무리 자유롭게 차냐 커피냐를 선택한다고 해도 그 선택은 이미 당신이 태어나는 순간부터, 또는 그 이전에 이미 결정되어 있었다. 완전한 결정론적인 우주에서는 '세상만사'가 우주창조 순간부터 이미 결정되어 있다. 자, 이렇게 되면 우리는 훨씬 덜 자유로와지는가?

문제는 우리가 어떤 종류의 자유를 원하는가를 정확하게 결정하기가 어렵다는 것이다. 하나의 가정은 이런 것이다. 당신이 차냐 커피냐를 결정하는 상황이 다시 되풀이되고, 아울러 그 선택에 영향을 미치는 우주의 모든 주변상황이 똑같이 재현된다고 가정하자(당신의 두뇌 상태 역시 똑같은 상황이라고 하자. 당신의 두뇌 역시 우주의 일부분이기 때문이다). 이때 당신이 진정으로 자유로울 수 있으려면 아무리 똑같은 결정을 내리게 하는 주변상황이 재현된다고 해도 매번 다른 것을 선택할 수 있어야 한다. 그렇게 되면 분명히 결정론과는 다른 것이 된다. 하지만 자유에 대한 이러한 극단적인 해석을 어떻게 실험으로 증명할 수 있겠는가? 어떻게 우주가 똑같은 상태로 재현될 수 있겠는가? 그렇다면 이것은 과학적인 증거라기보다는 개인적인 믿음의 문제에 해당하는 것일 수밖에 없다.

어쩌면 자유는 다른 어떤 것을 의미하는지도 모른다. 혹시 맥케이(MacKay)가 말하는 '예측불가능성'이 아닐까? 당신의 미래의 행동은 당신의 능력 밖에 있는 어떤 요인들에 의해서 결정되지만, 당신 자신은 당신이 어떤 행동을 하게 될 것인지 원리상으로도 전혀 알지 못한다? 이러면 자유의지가 바라는 것을 채워주기에 충분한가?

자유에 대한 또다른 관점이 있다. 어떤(또는 모든) 사건들은 원인에 의해서 일어나지만, 우리 자신이 원인이 된 사건들은 오로지 우리 자신이 원인일 뿐 우주의 다른 것으로부터는 아무런 원인도 갖고 있지 않다는 것이다. 특히 이 생각은 주장하기를, 우리의 '의식'은 물질계의 바깥에 있지만(이원론 철학) 의식은 어떻게든 물질계에 영향을 미쳐서 어떤 일이 일어나게 할 수 있다는 것이다. 따라서 물질계만 생각할 때는 아직 모든 것은 결정된 것이 아니다. 왜냐하면 그것에 명령을 내릴 수 있는 의식은 물질계의 일부분이 아니기 때문이다. 그래도 혹자는 이렇게 물을 것이다. 의식이 그런 식으로 결정을 내리도록 하는 원인들은 어디서 오는 것인가? 만일 그 원인들이 물질계에서 오는 것이라면(어떤 것은 분명히 그렇다), 그렇다면 우리는 다시 결정론으로 돌아가는 것이 되고, 비물질적인 의식을 끌어들인 것은 괜한 짓이 되어버린다.

하지만 만일 그러한 원인들의 어떤 것은 물질계에서 오는 것이 아니고 비물질적인 것이라고 한다면 우리는 좀더 자유롭게 될 것인가? 만일 그러한 비물질적인 원인들이 우리의 통제 밖에 있다면, 그것은 물질적인 원인들을 통제하지 못하는 것보다 나을 것이 하나도 없다. 그런데 만일 우리가 그러한 원인들을 통제할 수 있다면, 그렇게 통제하도록 결정하게 만드는 원인은 또 무엇인가? 더 내부의 원인들(물질적이든 비물질적이든)인가, 아니면 '우리 자신'인가? "나는 내 자신이 그렇게 하도록 만든 내 자신을 그렇게 하도록 만든 내 자신을… 그렇게 하도록 만들었기 때문에 그렇게 한다." 이 사슬은 어디서 끝날 것인가? 무한히 소급해 들어가야 하는가? 우리는 이 사슬의 첫번째 항이 '스스로의' 원인을 가진 것이라고, 그것은 외부로부터의 어떤 원인도 필요하지 않다고 말할 수 있는가? 이 자기원인(self-causation)−원인 없는 원인−이 과연 의미가 있는 것일까?

지금까지 우리는 비결정론을 한 쪽에 제쳐 놓았었다. 대부분의 물리학자들은 결정론과 자유의지 사이의 갈등이 부적절하다고 주장할 것이다. 왜냐하면 우리는 어쨌든 양자역학이 결정론을 부정해 버리리라는 것을 알고 있기 때문이다. 하지만 우리는 여기서 조심해야 한다. 양자효과는 너무도 작기 때문에 아마도 신경차원에서의 두뇌의 기능에 별로 많은 영향을 미치지는 못하겠지만, 그래도 만일 그것이 영향을 미친다고 한다면 우리는 확실히 자유의지를 갖지 못한 것이 되고, 혼란에 빠지게 된다. 정상적으로는 신경세포가 자극을 받지 않아야 할 때에 가서 양자 변이 때문에 느닷없이 자극을 받는다거나 또는 자극을 받아야 할 때에 가서 자극을 안 받거나 한다면, 그것은 정상적인 두뇌의 기능에 대한 일종의 간섭일 수밖에 없다. 만일 당신의 두뇌에 전극을 꽂아 외부에서 멋대로 자극을 보낸다면, 그만큼 당신의 자유는 '줄어든' 것이 된다. 그때 당신은 누군가 두뇌의 기능을 '떠맡고' 있거나 아니면 '간섭'하고 있다고 느낄 것이다. 마찬가지로 당신 머리 속에서 일어나는 마구잡이식의 양자 변덕은 '잡음'이 아니면 무엇이겠는가? 당신은 팔을 들어 올리기로 결정하고 신경세포에 명령을 내렸는데, 갑자기 양자 변덕이 그 신호를 교란시켜 대신에 다리가 움직인다면, 이것이 자유이겠는가? 이것이 비결정론의 근본적인 문제이다. 즉, 당신은 당신의 행동을 통제할 수 없을지도 모른다. 왜냐하면 그 행동들은 당신 자신이나 그밖의 어떤 것에 의해서도 결정될 수 없기 때문이다.

그래도 양자 요소는 자유에 대한 약간의 희망을 안겨준다는 느낌을 버리기가 어렵다. 확실히 우리는 신경섬유의 자극이 일단 시작된 뒤에는 방해받기를 원하지 않지만, 처음 단계(도입 단계)에서는 양자 효과가 중요하다고 주장할 수도 있다. 지금 신호를 받을 준비가 된 하나의 신경을 상상해보자. 그 신경을 자극하는 데에는 원자 차원에서의 아주 미세한 교란만이 필요하다고 하자. 양자론은 말한다. 그 신경세포가 자극을 받을 것인지 자극받지 않을 것인지, 거기 명확한 확률이 있다고. 아직 실제적인 결과는 결정되어 있지 않다. 이때 의식(또는 영혼)이 개입한다. 그것은(무의식적으로) 이렇게 말한다. "전자여, 오른쪽으로 움직여라." 아니면 그런 비슷한 명령을 내린다. 따라서 신경세포가 자극을 받는다. 물질에 작용하는 의식을 이런 식으로 해석하면, 물리법칙이 전혀 파괴되지 않는다. 왜냐하면 어쨌든 그 신경세포가 자극을 받을 명확한 확률이 있었기 때문이다. 의식은 단순히 그 확률을 확실히 하기 위하여 균형을 깼을 뿐이다.

그러나 두뇌가 실제로 그렇게 정교하게 균형이 있다는 증거의 부족은 둘째 치고라도(만일 두뇌가 그렇게 정교하다면 외부로부터 오는 전류와 자장에 의해 의식은 정신 없이 영향을 받을 것이다), 불행히도 이 시나리오는 이미 앞에서 살펴본 문제점을 달고 나온다. 즉, 무엇이 의식으로 하여금 애초에 오른쪽으로 움직이라고 명령을 내리게 하느냐는 문제이다. 또한 의식과 육체의 이원론적인 분리를 반대하는 사람들은 이 시나리오에 강하게 반발할 것이다. 그들은 의식이 두뇌에 '작용할' 수 있는 물질이 아니라고 주장할 것이다. 만일 의식이 두뇌의 전기화학적인 구조를 대표하는 소프트웨어라고 한다면 두뇌에 작용하는 의식에 대하여 말하는 것은 또다시 차원의 혼돈에 빠지는 것이 되고 만다. 그것은 소설의 출판을 그 소설 속의 인물들의 책임으

로 돌리는 것이나 또는 컴퓨터 스위치 회로가 프로그램이 그렇게 하도록 강
요했기 때문에 불이 들어오는 것이라고 말하는 것처럼 무의미하다.

지금까지 얘기한 것들 중 어떤 것도, 실체를 결정하는 데 마음이 독특한
역할을 한다는 양자론의 주요 패러독스를 진정으로 이해하지 못한 것이다.
앞에서 본대로 관찰자의 행동은 수없이 포개져서 존재하는 잠재가능성이 있
는 허깨비 실체들을 한개의 구체적인 실체로 존재를 나타나게 하는 원인이
된다. 그냥 내버려두면 원자는 선택을 할 수가 없다. 우리가 관찰이라는 행
위를 통해 개입해야만 하나의 특수한 결과가 실현된다. 당신이 '한 장소에
있는 원자' 또는 '하나의 속도를 가진 원자'가 창조되도록 결정할 수 있다는
사실은, 의식의 본질이 무엇이든간에 당신의 의식은 어떤 의미에서는 물질계
에 작용할 수 있다는 것을 확신시켜준다.

하지만 우리는 또다시 '왜' 당신은 원자의 운동보다 위치를 측정하려고 결
정하게 되었느냐고 물을 수 있다. 실체를 구성하는 이러한 자유는, 우리가
흔히 접촉에 의해서 물체를 움직임으로써 외부 세계에 영향을 미치는 자유
보다 더 강력한가?

오늘날 많은 물리학자들은 소위 에버리트의 다우주해석(Everett many-uni-
verses interpretation)을 향하여 기우는 경향이 있다. 이 관점(제8장에서 간
략히 설명된)은 자유의지에 대하여 기묘한 의미를 갖고 있다. 에버리트에 따
르면 모든 가능한 세계는 실제로 실현이 되어 나란히 존재한다. 이러한 세계
의 복제는 인간의 선택권을 넓혀준다. 당신이 어떤 선택에 직면했다고 가정
해보자. 차냐 커피냐? 에버리트 해석은 말한다. 그 순간 우주는 즉각적으로
두 갈래로 갈라진다고. 한 갈래에서는 당신은 차를 마시며, 다른 갈래에서는
커피를 마신다. 이런 식으로 당신은 각각의 우주에서 실현 가능한 모든 행동
을 하고 있는 것이다!

다우주이론(多宇宙理論)은 앞에서 토론한 선택의 자유에 대한 궁극적인
판단기준이 된다. 우주의 복제가 일어날 때 각각의 결과를 낳는 환경들은 모
든 면에 있어서 동일하다. 그것들은 사실 '똑같은' 우주다. 그런데 두개의 서
로 다른 선택이 만들어지는 것이다(앞에서 말했듯이 아무도 직접적으로 이
이론을 증명할 수 없다. 왜냐하면 '누구든지' 갈라진 우주의 한 갈래에만 존
재해야 하기 때문이다). 하지만 이 승리는 막대한 희생을 치루고 얻은 승리
이다. 만일 당신이 '모든' 가능한 선택들을 피할 수 없는 경우라면, 당신은 실

제로 자유로운 것인가? 이 경우, 자유라는 것을 얻기 위해서 우리는 지나치게 몰고간 결과 오히려 자유를 파괴한 것 같다.

당신은 차냐 커피냐를 선택하고자 하는 것이지, 차와 커피를 동시에 선택하고자 하는 것은 아닌 것이다. 차냐 커피냐를 당신의 의지에 의해서 선택할 수 있어야 자유이지, 당신이 이쪽 우주에서 차를 선택하는 순간 다른 당신은 다른 우주에서 커피를 선택한 것이 된다면, 이것을 당신의 의지에 의한 자유로운 선택이라고 할 수는 없는 것이다.

하지만 이 때 다우주론 지지자는 말한다. "아, 하지만 여기서 당신은 '당신'이라는 것으로 무엇을 의미하는가?" 차를 마시는 '당신'은 커피를 마시는 그 '당신'과 전혀 같지 않다. 그들은 서로 다른 우주들 속에 거주한다. 다른 것은 빼고라도, 우리가 쉽게 '당신'이라고 말하는 이 두 개체는 그들의 지각 체험에 있어서 달라질 것이다(예컨대 마시는 차와 커피의 맛을 느끼는 것에서). 그 둘은 '같은' 사람일 수가 없다. 따라서 이 선택을 함에 있어서 당신은 실제로 전혀 차와 커피를 동시에 마시는 것이 아닌 것이다. 지금의 당신이 그 두 당신들 중에서 어느 쪽이든지, 바로 그 당신이 선택을 한 것이다. 이 관점에 따르면, 당신이 커피보다 차를 더 좋아해서 선택했다는 것은 곧 '당신'을 정의내리는 것에 다름아니다. '나는 차를 마실래'라고 말하는 것은 바로 '나는 차 마시는 사람이야'라는 것을 의미한다. 이와같이 비록 한명의 '당신'이 선택의 기로에 섰을지라도, 그 결과는 한명이 아니라 두명의 당신을 탄생시킨다. 이런 식으로 에버리트 이론에서 자아는 끝없이 무한한 숫자의 사본(寫本)들로 불어난다(이것을 하나의 독립된 영혼에 대한 전통적인 개념과 비교해보는 것도 흥미있을 것이다).

자유의지와 죄(罪)에 대한 책임과 비난의 의문에 대해서는 많은 글들이 발표되었다. 만일 자유의지가 환상에 불과한 것이라면, 사람들이 자신들의 행동 때문에 비난받아야 할 이유가 무엇인가? 그리고 만일 모든 것이 이미 사전에 결정되었다면 우리 모두는 이미 탄생 이전에 결정된 프로그램에 따라 움직이고 있는 것이 된다. 존재 이전에 결정된 행위의 과정에 묶여 있는 것이다. 에버리트의 다우주이론에서는 중죄인이라 해도, 그의 다자아(多自我)의 최소한 하나의 구성원은 양자론의 법칙에 의해 어쩔 수 없이 범죄를 저지르도록 되어 있었던 것이라고 변호할 수 있지 않을까? 그러나 우리는 많은 덫이 널려 있는 이 지역에서 서둘러 빠져나와서, 결정론적인 우주에서의 하느님의 위치에 대하여 질문해야 한다. 하느님이 개입하는 순간 우리는 더욱 당혹스러워진다.

하느님은 자유의지를 행사하여 결정을 내릴 수 있는가?

만일 인간이 자유의지를 지니고 있다면 확실히 하느님 역시 자유의지를 갖고 있는 것일까? 자유의 개념에 대하여 지금까지 얘기한 모든 문제들이 하느님에게도 적용될 수 있다. 이에 따라 무한하고 전능한 하느님과 관련된 온갖 당황스러운 문제들이 생긴다. 만일 하느님이 자신의 의지에 따라 우주에 대한 어떤 '계획'을 가지고 있다면, 어째서 그는 그 계획이 반드시 달성되는 하나의 결정론적인 우주를 창조하지 않았을까? 아니면 더 나아가 이미 계획이 성취된 우주를 창조하지 않았을까? 그러나 만일 우주가 결정된 것이 아니라면, 그것은 하느님의 능력이 제한되어 있어서 어떤 결과가 나올지 결정하거나 예측할 수 없었다는 의미가 아닐까?

하느님은 원한다면 자신이 어떤 능력을 포기할 수 있다고 주장할지도 모른다. 하느님은 우리가 원한다면 자신의 계획에 반대되게 행동할 수 있는 자유의지를 우리에게 부여할 수 있으며, 아울러 원자들에게는 양자 요소를 줄 수 있고, 그래서 자신의 우주창조를 운에 맡긴 일종의 우주적 승부 게임으로 돌려버릴 수 있다고 말할지도 모른다. 하지만 전능한 행위자가 과연 실제로 자신의 어떤 능력을 포기할 수 있는지에 대해서는 논리적인 문제가 있다.

전능한 능력자의 자유는 일반인들이 즐기는 자유의 종류하고는 질적으로 다르다. 당신은 차나 커피를 선택하는 데에 자유로울지도 모른다. 그러나 그 자유는 차나 커피가 공급될 수 있는 한에서만 성립한다. 당신은 당신이 하고 싶은 것은 '무엇이나' 할 수 있을만큼 자유롭지 못하다. 대서양 한복판에서 수영을 즐긴다든지 아니면 달을 피빛으로 물들게 한다든지 할 수가 없다. 인간의 능력은 극히 제한되어 있으며, 단지 작은 범위의 욕망들만이 성취될 수 있다. 반면에 전능한 하느님은 제한이 없으며, 그러한 존재는 자신이 원하는 것은 무엇이나 할 수 있는 자유를 가지고 있다.

전능(全能)의 개념은 몇 가지 곤란한 신학적인 의문을 낳는다. 하느님은 자유롭게 악(惡)을 방지할 수 있는가? 만일 그가 전능하다면, 그렇게 할 수가 있다. 그렇다면 왜 그는 그렇게 하지 못하는가? 이 강력한 반박은 데이비드 흄(David Hume)에 의해서 전개되었다. 만일 세상의 악이 신의 의도와는 상관 없는 것이라면, 그렇다면 신은 자비롭지 못하다. 따라서 신은(대부분의 종교가 주장하듯이) 전능하면서 동시에 자비로울 수가 없다.

이러한 논리에 대한 반응 한가지는, 악은 전적으로 인간에 달린 문제라는 것이다. 왜냐하면 하느님은 우리에게 자유를 주었기 때문에 우리는 악을 행할 자유가 있으며, 그럼으로써 하느님의 계획을 파괴하게 된다. 그래도 만일 하느님이 우리가 악을 행하는 것을 방지할 수 있는 데도 그렇게 하지 못했다면 하느님 역시 약간의 책임을 함께 져야 하지 않을까? 버릇 없는 아이가 마구 날뛰어 이웃을 괴롭히도록 내버려둘 때 우리는 대개 아이의 부모에게도 얼마간의 책임을 물을 것이다. 따라서 우리는 악이(아마도 어느 정도는) 하느님의 계획의 일부분이라고 결론내려야만 하지 않을까? 아니면 하느님은 결국 우리가 그의 계획에 어긋나는 행동을 하는 것을 방지할만한 능력이 없는 것일까?

하느님이 시간을 초월해서 존재한다고 믿는 기독교 교리가 개입하는 경우에는 새로운 문제들이 튀어나온다. 왜냐하면 선택의 자유라는 개념은 본질적으로 시간적인 것이기 때문이다. 어떤 특별한 순간에서가 아니라 시간 밖에서 하나의 선택을 한다는 것은 무슨 의미일까? 그리고 만일 하느님이 이미 미래를 모두 알고 있다면, 우주의 계획이라든가 거기에 대한 인간의 참여 따위가 무슨 의미가 있을까? 무한한 하느님은 우주의 모든 곳에서 일어나고 있는 일들을 모두 알 것이다. 하지만 앞에서 본대로 거기 보편적인 현재의 순간은 없으며, 따라서 하느님의 지식은 만일 그것이 공간 속으로 확장된다면 '마땅히' 시간 속으로도 확장되어야 한다. 따라서 우리는 선택의 자유를 갖고 있다는 기독교의 영원한 하느님은 무의미한 것이라고 결론내릴 수 밖에 없다. 그렇다면 창조주가 갖지 못한 능력을 피조물인 인간이 가질 수 있는가? 우리는 선택의 자유는 실제로는 '구속'이라는 모순적인 결론에 다다른 것 같다. 즉 미래를 알면서도 무능력해지는 그러한 모순이다. 현재의 감옥에서 해방된 하느님은 자유의지를 가질 필요가 전혀 없다.

이 문제는 극복하기가 상당히 어려워보인다. 현대물리학은 의심할 여지없이 자유의지와 결정론이라는 오래된 수수께끼에 새로운 조명을 비춘다. 양자론은 결정론의 명성을 깎아내리지만, 동시에 자유에 관한 그 자체의 문제점들을 데리고 나온다. 즉 복수(複數)의 실체들이 존재할 가능성과 같은 문제이다. 상대성이론은 우리에게 공간뿐 아니라 시간 속으로 확장된 우주를 제공해주지만, 행위의 자유에 대한 문제를 여전히 안고 있다. 분명 앞으로 시간에 대한 이해가 깊어짐에 따라 우리의 존재에 대한 이러한 근본적인 문제들에 새로운 빛이 던져질 것이다.

11
물질의 기본구조

실체의 점점 더 작은 단위들을 발견함으로써 우리는 실체를 이루고 있는 기본 단위 또는 더 이상 쪼갤 수 없는 단위들에 도달하는 것이 아니라, 그렇게 쪼개는 일이 더 이상 무의미해지는 지점에 도달하게 된다.

베르너 하이젠베르그

통일장 이론(統一場理論)에 대한 오늘날의 시도는 실로 대단히 단순하다.

I.M. 싱거

과학은 오로지 우리가 단순한 수학적 법칙에 따르는 질서잡힌 우주에 살기 때문에 가능한 것이다. 과학자들의 직업은 자연 속의 그 질서를 연구하고, 분류하고, 서로 관련시키는 일이지 그것의 기원에 질문을 던지는 것은 아니다. 하지만 신학자들은 오래 전부터 물질계의 질서야말로 하느님의 존재를 입증해주는 것이라고 주장해왔다. 만일 이것이 사실이라면 과학과 종교는 공통적으로 하느님의 작업을 밝히는 데에 그 목적이 있다고 할 수 있다. 실제로 서양 과학문명의 출현은 하느님의 우주 계획을 강조하는 기독교 유대문명에 영향을 받은 것이라고 주장하는 사람도 있다. 스티븐 헤일즈(Stephen Hales, 1677-1761)는 그것을 이렇게 표현한다.

전지전능한 창조주께서 우주를 만들 때 그냥 아무렇게나 만든 것이 아니라 정확한 비율, 숫자, 무게, 치수를 지켰다고 여겨지기 때문에, 우리가 창조주의 작업을 가장 잘 알 수 있는 방법도 마땅히 숫자, 무게, 치수를 통한 것이어야 한다.

우주가 질서를 가지고 있다는 것은 자명한 사실이다. 우리가 보는 모든 곳, 멀리서 빛나는 은하계들로부터 원자의 가장 깊숙한 곳에서까지 우리는 규칙성과 복잡한 조직을 만난다. 물질이나 에너지가 혼란스럽게 흩어져 있는 경우는 발견되지 않는다. 그것들은 원자와 분자, 결정체, 생명체, 혹성계, 별무리 등 단계별로, 차원별로 질서 있게 배열되어 있다. 동시에 모든 물질계는 우연의 지배를 받는 것이 아니라, 법칙에 따라 체계적으로 행동한다. 과학자들은 자연의 미묘한 미(美)와 우아함 앞에서 경외감과 놀라움을 자주 체험한다.
질서의 종류를 구별하는 것이 자연계를 이해하는 데에 도움이 된다. 첫째로 단순한 질서가 있는데, 예를 들면 태양계나 흔들이의 주기적인 진동에서 볼 수 있는 질서가 그것이다. 그 다음에 거기 복잡한 질서가 있는데, 이것은 목성 표면의 소용돌이치는 대기 속 기체들의 배열이나 또는 생명체의 복잡한 조직같은 것이다. 이러한 구별은 환원주의 대 통합주의의 또다른 예이다. 환원주의는 복잡한 구조물들 속의 단순한 요소들을 드러내려고 추구해 나간다. 반면에 통합주의는 그 복잡성을 전체적인 시각에서 다룬다. 복잡한 질서는 그 시스템을 이루고 있는 모든 구성원이 어떤 특별한 목적을 성취하기 위하여 서로 협력하면서 조화롭게 어울리고 있음을 말해준다. 이 장에서 우리는 단순한 질서를 살펴볼 것이고, 아울러 기초물리학에서 이루어진 아주 최근의 발견들을 통하여 수학적인 규칙성이 어떻게 자연계를 통제하고 있는가를 알아볼 것이다. 복잡한 질서에 대해서는 다음 장에서 살펴보기로 하자.

인간의 의식이 세상을 의미 있게 만들기 위해서 세상에 질서를 부여한다고 임마누엘 칸트(I. Kant)가 말했지만, 나는 이러한 주장에 많은 과학자들이 동의한다고는 생각하지 않는다. 칸트는 예를 들어 원자나 원자핵의 구조에 대해서는 아무것도 몰랐다. 원자의 연구를 통하여 태양계의 조직에서 일어나는 것과 똑같은 종류의 수학적인 규칙성이 원자 속에도 존재한다는 것이 밝혀졌다. 이것은 분명 놀라운 사실이며, 그러한 규칙성은 우리가 세상을 지각하는 방식과는 아무런 상관이 없는 것이다.

더구나 원자핵을 구성하고 있는 물질들이 몇 가지 단순하고 강력한 대칭(對稱)원리에 의해서 지배를 받는다는 것을 알게 될 것이다. 예를 들어 자연계의 근본적인 힘과 관련된 왼손 오른손 대칭은 인간 의식에만 관련된 것이라고 보기는 어렵다.

자연계 속의 단순한 질서는 전통적으로 환원주의 과학에 의해서 밝혀져 왔다. 복잡한 체계를 더 단순한 구성요소들로 나누고, 그 구성요소들을 따로 떼어 연구함으로써 그러한 일이 가능했다. 모든 물질이 작은 수의 기본단위들—본래 의미의 '원자'—로 구성되었다는 생각은 고대 희랍까지 거슬러 올라가지만, 원자 세계를 자세히 연구하고 이해할 수 있을 정도로 기술이 발전한 것은 금세기 들어와서 였다. 금세기에 접어 들자마자 주로 라더포드 경(Lord Ernest Rutherford, 1871–1937, 1911년에 원자 모델 창안)의 작업에 힘입어 이루어진 초기의 발견 사실들 가운데 하나는 원자들이 전혀 기본적인 입자들이 아니고, 그것들 역시 내부의 구성원을 가진 보따리 구조(composite structures) 라는 것이었다.

원자 질량의 대부분은 크기가 불과 수천억 분의 1센티미터도 안 되는 미세한 원자핵에 집중되어 있다. 원자핵은 더 가벼운 입자들(전자)로 둘러싸여 있다. 이 입자들은 원자핵에서 수천만 분의 1 센티미터의 거리까지 뻗어나가 있다. 이와 같이 원자의 상당 부분은 텅빈 허공이다. 여기에 덧붙여 양자 요인(量子要因)이 전자의 정확한 궤도를 교란시키며, 따라서 원자는 약간 비현실적이며 애매모호한 실체로 보이기 시작한다.

전자들은 전기적인 힘에 의해서 원자핵에 붙들어 매어져 있다. 원자핵은 양전기를 띠고 있으며, 음전기를 띤 전자들은 붙들어 매는 전기적인 힘에 의하여 둘러싸여 있다. 이미 오래 전에 원자핵 역시 그 자체가 하나의 합성체(보따리 구조)라는 것이 밝혀졌다. 원자핵은 두 가지 형태의 입자들로 구성되어 있다. 양전기를 띤 양성자(陽性子)와 전기적으로 중성인 중성자(中性子)라고 불리는 입자들이 그것이다. 양성자와 중성자는 둘 다 전자보다 1800 배 정도 무겁다.

일단 이러한 기본구조를 알게 되자 물리학자들은 원자에 양자이론을 적용할 수가 있었으며, 아울러 원자 내부에서 작용하고 있는 단순한 수학적 법칙들을 밝혀낼 수가 있었다. 원자에서 전자를 양성자에 묶어두는 힘은 수학적으로 대단히 간단하다.

물리학에서 역제곱 법칙으로 알려진 이 유명한 법칙은, 양성자와 전자 사이의 간격이 두 배가 되면 그 끌어당기는 힘이 4분의 1로 떨어진다고 하는 것이다. 만일 그 간격이 세 배가 되면 그 힘은 9분의 1이 된다. 천체들 사이에서 작용하고 있는 중력 역시 수학적인 규칙성을 가지고 있다. 예를 들어 혹성들과 태양 사이의 잡아당기는 힘 역시 역제곱 법칙에 지배된다. 그렇게 해서 태양계의 규칙적인 운동이 이루어지며, 우리는 일식이나 그밖의 현상을 계산에 의해서 예측할 수 있는 것이다.

원자핵의 구조가 명확해지자마자 물리학자들은 그 원자핵을 함께 묶어두는 내부의 핵력(核力)에 대하여 의문을 품기 시작하였다. 중력은 너무나 약하고, 전기적인 힘들은 같은 성질끼리는 서로 밀어낸다. 따라서 양성자들은 같은 전기를 가지고 있으면서도 어떻게 서로 밀어내지 않는지 미스테리가 아닐 수 없다. 분명히 거기 이러한 전기적인 반발을 이겨낼 수 있는 강력한 잡아당기는 힘이 있음이 틀림없다. 실험 결과, 핵력은 전기력보다 훨씬 강력하며 동시에 양성자로부터 일정한 거리만큼 멀어지면 급격히 약해진다는 것이 밝혀졌다. 이 거리는 대단히 짧으며—핵의 크기보다 짧다— 그래서 단지 아주 가까운 이웃에 있는 입자들만이 그 힘에 영향을 받는다. 중성자와 양성자들은 핵력의 지배를 받는다. 그 힘이 너무나 강하기 때문에 원자핵을 분리시키려면 대단한 에너지가 필요하지만, 이것은 가능한 일이다. 무거운 핵들은 훨씬 덜 안정되며, 그래서 결과적으로 에너지를 방출하면서 쉽게 붕괴될 수가 있다.

원자핵은 복잡한 구조를 이루고 있다. 입자들이 여러 종류이기 때문만이 아니라 핵력이 단순한 역제곱 법칙에 따르지 않기 때문이다.

물리학자들이 1930년대에 양자론의 문맥에서 핵력을 연구함에 따라, 그 힘의 본질은 입자들의 구조와 분리시킬 수 없다는 것이 명백해졌다. 일상 체험에서 우리는 물질과 힘을 완전히 구별된 개념으로 생각한다. 중력이나 전자기 효과를 통해서, 또는 직접적으로 물리적인 접촉을 통해서 힘은 물체에 작용한다. 하지만 물질은 힘을 전달하는 대행자로서가 아니라, 단지 힘의 원천(源泉)으로만 생각된다. 이렇게 해서 태양은 빈 허공을 지나서 지구에 중

물질의 기본구조 217

력을 미치며, 이것은 장(場)의 용어로 설명할 수 있다. 즉 태양의 중력장은 지구와 상호작용하면서 힘을 미치는 것이다.

원자 이하의 영역으로 내려가면 여기서는 양자 효과들이 매우 중요하며, 용어와 설명이 크게 변한다. 에너지가 분리된 양(quanta)으로 전달된다고 하는 것이 양자론(quantum theory)의 중심 특징이다. 그래서 그 이론에 그러한 이름이 붙여진 것이다. 따라서 예를 들어 광자(光子)는 전자기장의 양(量)인 것이다. 두개의 전기적 입자들이 서로에게 접근할 때 그것들은 그것들의 상호 전자기장과 그것들 사이에서 작용하는 힘의 영향권 안에 들어오게 된다. 그 힘들은 입자들의 운동에 영향을 미친다. 하지만 하나의 입자가 장(場)을 통하여 다른 입자에 영향을 미칠 때, 그 힘은 광자의 형태로 전달되는 것이 확실하다. 따라서 전기를 띤 입자들 사이의 상호작용은 지속적인 과정이라기 보다는 하나 또는 더 많은 광자들의 전달로 인한 갑작스러운 충격과 같은 것이라고 생각하는 것이 가장 정확하다.

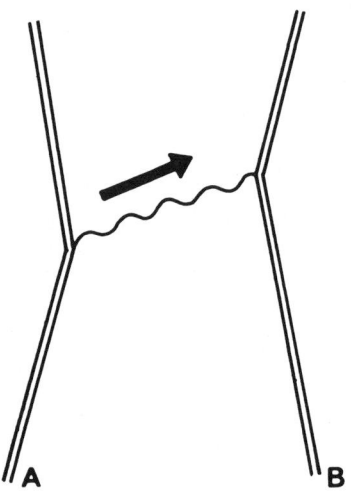

[그림23] 양자 차원에서는 전기를 띤 입자A와 B 사이의 전자기력은 광자의 교환이나 전달을 통해 서로에게 영향을 미친다. 입자A의 길은 광자가 방출됨에 따라 반동을 나타내며, B는 그 광자를 흡수함으로써 기울어진다. 이런 식으로 입자들 사이에서 작용하는 힘은 다른 입자들(이 경우에는 광자)에 의해서 전달된다.

리차드 파인만(Richard Feynman)에 의해서 밝혀진 도표를 사용하면 이러한 과정을 이해하는 데에 도움이 된다. [그림23]은 두개의 전자 사이에 전달되는 한개의 광자를 보여준다. 이러한 상호작용의 메카니즘은, 공을 주고받음으로써 행위가 서로 연결되는 두명의 테니스 선수에 비교할 수가 있다. 따라서 여기의 광자는 전하를 띤 두개의 입자들 사이를 앞뒤로 오가면서 상대방에게 전기를 띤 입자가 저쪽에 있다는 것을 말해주는 메신저(messenger) 역할을 한다. 그래서 하나의 반응을 유발시킨다. 이러한 개념을 사용하여 물리학자들은 원자 차원에서 일어나는 많은 전자기 효과를 계산해 낼 수 있다. 모든 경우에 있어서 이 계산은 실험 결과와 놀랄 정도로 정확하게 들어맞는다.

전자기장의 양자이론은 대단히 성공적이기 때문에 1930년의 물리학자들로서는 그것을 핵력장(核力場)에도 적용하는 것이 무척 자연스러운 일이었다. 이것은 일본 물리학자 유가와 히데끼(Yukawa Hideki)에 의해서 행해졌는데, 그는 양성자와 중성자들 사이의 힘이 실제로 메신저인 양자의 교환에 의해서 형성될 수 있지만, 그러한 그 양자는 우리가 익히 아는 광자들과는 완전히 다른 성질을 지닌 양자들이라는 사실을 발견하였다. 매우 짧은 범위에서 힘의 효과를 재생산하기 위하여 유가와의 양자는 질량을 가지고 다녀야만 했다.

이것은 난해하지만, 그러나 매우 중요한 사실이다. 입자의 질량이란 운동변화에 따른 관성 또는 저항력을 수치로 나타낸 것이다. 가벼운 입자는 무거운 입자보다 주어진 힘에 의해서 쉽게 움직여질 수 있다. 만일 입자가 극도로 가벼워지면 그것은 어떤 산란된 힘들에 의해서도 가속화될 것이며, 따라서 매우 빨리 여행하는 경향을 갖게 될 것이다. 질량이 점점 줄어서 거의 무(無)에 가까운 경우에는 그 입자는 가능한 가장 빠른 속도로 언제나 여행할 것이다. 바로 빛의 속도로. 이것이 바로 거의 질량이 없는 입자로 간주되는 광자(光子)의 경우이다. 반면에 유가와의 양자는 질량을 가지고 있으며, 빛보다 더 느리게 여행한다. 유가와는 그것들을 중간자(meson, 그리이스어로 중간 크기)로 불렀는데, 그것들은 이제는 파이온(pion)으로 알려져 있다.

원자핵 안에서 파이온은 중성자와 양성자들 사이를 앞뒤로 날아다니면서 그것들을 핵력으로 함께 붙들어 매어놓는다. 대개의 경우 파이온은 보이지 않는다. 왜냐하면 그것들은 창조되자마자 당장에 다른 핵입자에 의해서 다시 흡수되기 때문이다. 그러나 이 원자핵 체계 안에 에너지를 보내어 한개의 파

물질의 기본구조 219

이온을 따로 빼내어 연구할 수가 있다. 이것은 두개의 양성자가 고속으로 충돌할 때 일어난다(제3장에서 간단히 얘기한 과정).

2차 세계대전이 끝난 직후 파이온이 이런 식으로 최초로 발견됐을 때 그것은 유가와의 이론을 훌륭하게 증명한 것이었으며, 아울러 파이온의 발견은 이론물리학의 성공 또는 장(場)에 대한 양자이론의 개가로서 환영을 받았다. 파이온이 갖고 있는 또 다른 눈에 띄는 특징은, 그것들이 대단히 불안정하며 그리고 거의 즉각적으로 더 가벼운 입자들로 붕괴된다는 것이다. 이렇게 파이온이 붕괴되어 생겨나는 산물들 가운데 하나인 뮤온(muon)이라고 하는 것은 질량을 제외한 모든 측면에서 전자와 똑같다. 뮤온은 전자보다 훨씬 무거우며, 동시에 쉽게 붕괴한다.

물리학자들은 고속 아원자 입자 충돌에 의해서 새로운 물질 알맹이들을 만들 수 있다는 것을 깨닫게 되자, 그 일을 하기 위해서 거대한 가속기계(加速機械)들을 세우기 시작하였다. 이러한 기계들은 모든 원자 이하의 알맹이들을 광속도에 가까운 속도로 끌어올릴 수가 있으며, 그것들을 충돌시켜 완전히 새로운 세계의 원자 활동의 길을 열어놓는다. 일단 이러한 기계들이 실용화되자 지금까지는 전혀 예측하지 못했던 수많은 새로운 입자들이 나타났다. 따라서 물리학자들이 급히 이름을 붙여준 신참내기들이 많아졌다. 잠깐 동안에 다양하게 불어난 입자들은 무질서한 동물원에 비유되기도 했다. 그런 다음 원자이하의 입자들 사이에서 어떤 질서의 형태를 엿보기 시작하면서 물리학자들의 당혹스러움은 점차로 가라앉았다. 질서 있는 형태가 나타나기 시작한 것이다.

1930년대 이래로 거기 핵력이 한 가지만 있는 것이 아니라 두 가지가 있다는 것이 알려져왔다. 강력한 핵력은 원자핵 입자들을 함께 묶어놓지만, 거기 역시 대단히 약한 힘이 또 하나 있다. 약한 힘은 몇 가지 불안정한 핵입자들이 붕괴하는 원인에 책임이 있다. 예를 들어 파이온과 뮤온은 약한 핵력의 영향 아래 붕괴된다. 어떤 입자는 강한 힘과 약한 힘을 동시에 느끼지만, 다른 것들은 강한 힘을 느끼지 못한다. 이들 후자의 입자들은 더 가벼운 것들로 되어가는 경향이 있는데, 뮤온과 전자와 중성미자(中性微子 neutrino)가 여기에 포함된다. 현재 최소한 두 종류의 중성미자가 존재하는데, 이것들은 과학에서는 가장 알 수 없는 정체불명의 물체들이다. 이것들은 다른물질과 너무나 미약하게 반응하기 때문에 심지어 몇 광년 두께의 고체납을 뚫고 통과할 수가 있을 정도이다!

무게가 가벼우며 약하게 상호작용하는 입자들에게 경립자(lepton, 그리이스어로 가벼운 것)라는 집합적인 이름이 주어졌다. 전자처럼 전기를 띤 경립자들은 약한 힘과 전자기의 힘을 동시에 느끼지만, 전하가 없는 중성미자들은 전자기력에는 문외한이다. 더 무겁고 또 강하게 상호작용하는 입자들은 강립자(hadron)라고 불리워지는데, 이것은 다시 두 종류로 나누어진다. 한쪽에는 양성자와 중성자, 그리고 그것들로 붕괴되는 수없이 많은 무거운 입자들이 있다. 이것들은 중립자(baryon, 그리이스어로 무거운 것들)로 알려져 있다. 그 나머지는 중간자(meson, 그리이스어로 중간 크기)라는 것으로, 파이온이 여기 포함된다.

이러한 대략적인 집단들 안에는 많은 하부집단들이 있다. 어떤 특정한 하부집단의 구성원들은 질량, 전하, 그리고 그밖의 다양한 기술적인 속성들과 같은 고유성을 지니고 있으면서 체계적으로 한 구성원에서 그 다음 구성원으로 변화한다. 1960년대에 이론가들은 이러한 단계적이고 체계적인 고유성들을 수학을 이용하여 매우 우아한 방식으로 표시할 수 있다는 것을 발견하였다. 이것의 밑바닥에 깔려 있는 원리는 대칭(對稱)의 개념이며, 일단 원자 이하 세계의 대칭의 개념이 분명해지자 물리학자들은 조금도 머뭇거리지 않고 곧장 앞으로 나아갔다고 해야 옳을 것이다.

자연계의 조직 구조에 있어서 대칭성이 살아 있는 역할을 한다는 것은 언제나 이해되어온 사실이다. 태양의 대칭적인 모습, 눈송이의 규칙성, 또는 하나의 결정체와 같은 보기들은 우리 모두에게 익숙한 것들이다. 그러나 모든 대칭성이 전부 기하학적인 것은 아니다. 남자와 여자 사이 또는 음전기와 양전기의 대칭성 역시 유용한 개념들이며, 여기서는 그 대칭성이 일종의 추상적인 성질을 가지고 있다. 마찬가지로 중립자와 중간자들 사이에서도 역시 추상적인 대칭성이 발견되었다. 이로 인해 어떤 특수한 집단의 구성원들은 단순한 수학적 틀에 의해 가깝게 연결되어 있다는 것이 밝혀진 것이다. 이러한 개념은 우리에게 익숙한 몇 가지 기하학적인 대칭성을 비유로 들면 그 묘미를 맛볼 수가 있다. 거울 앞에 서면 왼손이 오른손으로 반사된다는 것은 누구나 아는 사실이다. 왼손과 오른손은 두 가지 성분의 대칭 체계를 이룬다. 따라서 거울 두개를 놓고 두 차례 연속적으로 반사하면 당신의 원래 모습대로 돌아온다. 어떤 의미에서는 양성자와 중성자는 이러한 왼손과 오른손의 관계와 비슷한 것으로 생각될 수 있다. '반사'시키면 중성자는 양성자로 변하며, 그 역(逆)도 마찬가지이다. 물론 그 반사는 실제 공간에서의 평범한 반사가 아니라, 전문용어로는 하전스핀 공간(isotopic spin space)이라고 알려진 일종의 상상적인 공간에서의 추상적인 반사이다. 비록 그 대칭성이 추상적이 긴 하지만 그것의 수학적인 설명은 기하학적인 대칭성과 다를 바 없으며, 그리고 그 대칭의 결과는 실제로 존재하는 것이다.

더욱 복잡한 대칭성 집단들은 양성자와 중성자뿐만이 아니라 더 많은 구성원들을 가지고 있다. 어떤 집단은 여덟개, 열개, 또는 그보다 더 많은 입자들을 포함하고있다. 때로 특정한 대칭성들은 첫눈에는 나타나지 않는다. 왜냐하면 그것들은 복잡한 효과들에 의해서 가려져 있기 때문이다. 하지만 수학적인 분석과 세밀한 실험을 통해서 그것들을 밝혀낼 수가 있다.

물질의 내부 작용의 비밀을 들려주는 이러한 추상적인 대칭성의 미묘한 아름다움에 감동을 받지 않은 물리학자는 드물다. 원자핵 이하의 입자들에 관한 연구는 확고한 신념에 기반을 둔 것이다. 어떤 확고한 신념이냐 하면, 자연의 모든 복잡성의 심장부 어딘가에는 단순성이 있다는 확신이다. 처음으로 여덟개 중간자 집단 속에 감추어진 대칭성을 발견한 위발 니이만(Yuval Ne'eman)과 머레이 겔만(Murray Gell-Mann)은 자신들의 새로운 원리를 석가모니 부처의 가르침을 따라 '팔정도(八正道, the eightfold way)'라고 불렀다. 부처의 팔정도는 정견(正見), 정사유(正思惟), 정어(正語), 정업(正業) 정명(正命), 정정진(正精進), 정념(正念), 정정(正定)이다.

갈수록 더 많은 대칭성이 밝혀짐에 따라 입자물리학자들은 태고적부터 원자 깊은 곳에 묻혀서 비밀로 남아 있던 이러한 신비한 규칙성에 깊은 감동을 받게 되었다. 이제 그것들은 진보된 기술과 어지러운 도구들의 도움을 받아 처음으로 인간 존재에 의하여 목격된 것이다.

물리학자들이 그 대칭성 속에 깃든 의미에 대하여 의문을 품기 시작한 것은 그리 오래되지 않는다. 즉, "그것은 마치 자연이 우리에게 뭔가를 말해 주려 하고 있는 듯하다"라는 것이다. 이 시점에서 수학적인 분석의 힘이 또다시 표면에 나타났다. 그 결과 그러한 많은 대칭성들은 매우 단순한 배열의 조화로 이루어졌을 가능성이 있다는 것이 밝혀졌다. 이것을 입자들의 용어로 번역하면, 강립자들은 전혀 기본적인 것이 아니라 또다시 더 작은 많은 입자들의 합성체(보따리 구조)라는 것을 수학자들은 제안한 것이다.

바퀴 속의 바퀴들! 원자는 원자핵과 전자들로 이루어져 있고, 원자핵은 양성자와 중성자로 이루어져 있으며, 양성자와 중성자는 또…? 원자 차원에서 세 단계나 아래로 내려간 새로운 최소 단위들은 이름이 필요했다. 겔만이 쿼크(quark)라는 이름을 만들어 냈으며, 그 이름이 굳어졌다. 강립자는 쿼크들로 이루어져 있다. 모든 물질은 작은 수의 진실로 기본적인 입자(그들이 말하는 '원자')로 이루어져 있다는 고대 희랍의 훌륭한 이론은 따르기 힘들다는 것이 증명되었다. 여기서 손수건이 멈출 것인가, 아니면 쿼크 역시 더 작은 다른 원소로 구성된 보따리 구조인가?

쿼크는 두 종류의 배열, 즉 쌍동이와 세쌍동이로 결합한다. 쌍동이 쿼크 결합은 한개의 중간자를 만들며, 세 쌍동이 쿼크 결합은 중립자이다. 쿼크들 역시 양자 에너지 주위에 위치하며, 에너지를 흡수하면 흥분이 되어 더 높은 준위로 올라간다. 강립자가 흥분하면 마치 다른 입자처럼 보이며, 그전에 구별되어 보이던 많은 입자들이 사실은 하나의 쿼크 결합체가 흥분된 것임이 밝혀졌다.

지금까지 알려진 모든 강립자들을 설명하기 위하여 쿼크가 한 종류가 아니라 여러 종류가 있다고 가정하는 것이 필요하다. 1970년대 초기에 별난 이름과 함께 세가지 쿼크가 정해졌다. '위(up)', '아래(down)', '이상야릇(strange)', 그러다가 더 많은 강립자들이 나타났으며, 그래서 네번째 쿼크인 '매혹(charmed)' 쿼크가 첨가되었다. 최근엔 더 많은 입자들이 나타났으며, 그래서 두개의 쿼크, '꼭대기(top)'와 '밑바닥(bottom)' 쿼크가 필요하다고 생각되었다. 그러나 이러한 쿼크 뼈대 작업의 성공은 놀랄만한 것이다. 매우 다양한 입자의 행동거지들을 세부적인 쿼크 계산을 통하여 체계적인 방식으로 이해할 수 있게 되었다.

쿼크이론의 기초가 되는 가정은, 쿼크들 자신은 실제로 구조를 갖지 않는 최종적인 기본 입자들이라는 것이다. 그 내부에 별도의 구성원을 갖고 있지 않은 점같은 물체가 바로 쿼크이다. 이러한 점에서 쿼크는 경립자와 같은데, 경립자는 쿼크로 구성된 것이 아니라 그들 스스로 기본적인 최소 단위처럼 보인다. 사실 쿼크와 경립자들 사이에는 자연적인 밀접한 상호교류가 있으며, 이것은 자연계의 작용 방식에 대한 한 가지 흥미로운 통찰력을 제공해준다. 그 관계가 [도표1]에 체계적으로 나타나 있다. 오른쪽 칸에는 쿼크들이 있으며, 왼쪽에는 모든 알려진 경립자들이 있다. 경립자는 약력(弱力)을 느끼며, 쿼크는 강력(強力)을 느낀다는 것을 상기하라. 또 다른 차이는 경립자는 전자를 전혀 갖고 있지 않거나 한 단위의 전하를 갖고 있는 반면에 쿼크는 한 단위의 3분의 1 또는 3분의 2의 전하를 가지고 있다.

〔도표1〕

	경 입 자		쿼 크	
	이 름	전 하	이 름	전 하
I	전자(e) 전자−중성미자(Ve)	−1 0	위(u) 아래(d)	$+\frac{2}{3}$ $-\frac{1}{3}$
II	뮤온(μ) 뮤온−중성미자($V\mu$)	−1 0	이상야릇(s) 매혹(c)	$-\frac{1}{3}$ $+\frac{2}{3}$
III	타우(τ) 타우−중성미자($V\tau$)	−1 0	꼭대기(t) 밑바닥(b)	$+\frac{2}{3}$ $-\frac{2}{3}$
?	?	?	?	?

원자 이하의 입자들은 경립자와 쿼크라는 두 가지의 큰 분류로 나눌 수 있다. 쿼크들은 개별적으로는 발견되지 않으나 두개 혹은 세개의 집단으로 결합되어 있다. 이것들은 얼마 안 되는 전하를 가지고 있다. 모든 평범한 물체들은 [단계1]의 입자들로 이루어져 있다. [단계2]와 [단계3]은 [단계1]의 단순한 복제품처럼 보이며, 그 입자들은 극도로 불안정한 상태에서 관계한다. 아직 발견되지 않은 더 많은 단계들이 있을지도 모른다. 이 뼈대에서 빠진 것이 메신저 입자들인 광자와 중력자(graviton), 그리고 W와Z로 알려진 핵력의 중개자들이다.

이러한 차이에도 불구하고 도표의 각 단계에 의해서 쿼크와 경립자를 연결하는 심오한 수학적인 대칭성들이 존재한다. 첫번째 단계는 바로 네개의 입자들, 위 쿼크와 아래 쿼크, 전자와 중성미자를 포함한다. 흥미롭게도 모든 평범한 물질들은 이들 네 가지 입자만으로 구성되어 있다. 양성자와 중성자는 위 쿼크와 아래 쿼크들이 세개가 한 벌이 되어 결합해서 만들어지고, 전자는 다른 필요한 아원자 입자만을 구성한다. 중성미자는 단순히 우주 속으로 사라지며 물질의 전체 구조 역할을 하지 못한다. 우리가 말할 수 있는 것은, 만일 이 입자들을 제외한 다른 모든 입자들이 갑자기 존재하지 않는다면 우주는 아주 조금만 변화하리라는 것이다.

다음 단계의 입자들은 다소 무겁다는 것을 제외하고는 단순히 처음 단계의 복사판인 것처럼 보인다. 그러나 모든 것이 대단히 불안정하며, 이것들이 구성하는 다양한 입자들은 단계1의 입자들 속으로 급격히 붕괴된다. 세번째 단계 역시 같은 이야기의 반복일 뿐이다.

그렇다면 이들 다른 단계들은 무엇을 위한 것이냐는 질문이 제기될 것이다. 우주를 구성하는 데에 그들은 어떤 역할을 맡는가? 그것들은 단순히 남아도는 것들인가, 아니면 어떤 신비한, 아직은 불분명하게만 알 수 있는 어떤 조각그림 맞추기의 조각들인가? 더욱 혼란스러운 것은, 거기 단지 이 세 가지 단계만이 있는가, 아니면 더 많은 단계들-어쩌면 끝없이 이어질지도 모르는-이 미래에 고에너지 입자 가속기가 실용화됨에 따라서 점차로 나타나게 될 것인가?

더 깊이 들어감으로써 우리의 당혹스러움은 커져간다. 양자물리학의 기본 이론과의 갈등을 피하기 위하여 각각의 쿼크들이 실제로 '색깔'로 알려진 세 가지 구별된 형태가 된다고 가정하는 것이 필요하다. 비유적으로 말해서 쿼크는 계속해서 '빨강'에서 '초록'으로, 다시 '파랑'으로 빛나는 다색(多色)의 혼합체를 상상할 수 있다. 이 모든 것은 또다시 어지러운 동물원처럼 보이기 시작한다. 그러나 도움이 되는 것이 가까이 있다. 대칭성이 또다시 도움을 주기 위하여 다가온다. 이 대칭성은 정확히 말해서 초대칭(supersymmetry)으로 알려진 더 깊고 미묘한 형태이다.

초대칭을 이해하기 위하여 우리는 다른 요소를 끌어올 필요가 있다. 입자 동물원의 복잡성이 어떤 본질을 갖고 있든지간에, 거기 네 가지 기본 형태의 힘만이 존재하는 듯하다. 일상생활에서 친숙한 중력과 전자기력, 약한 핵력과 강한 핵력이다. 중성자와 양성자 사이의 강력(强力)은 물론 근본적일 수가 없다. 왜냐하면 이러한 입자들은 그것들 자신이 원소가 아니라 다른 원소들의 합성체이기 때문이다. 두개의 양성자가 서로 잡아당길 때 우리는 실제로 그 속에서 상호작용하는 여섯개의 쿼크들의 결합된 효과를 보는 것이다. 근본적인 힘은 그 쿼크들 사이에 있다.

전자기장의 형식에 따라서 내부 쿼크의 힘을 묘사하는 것이 가능하다. 광자의 짝은 소위 글루온(gluon)이라고 하는 것인데, 이것이 하는 일은 이미 설명한 '메신저'와 같은 것으로, 쿼크들 사이를 앞뒤로 끊임 없이 뛰어다니므로써 쿼크들을 함께 붙들어 매는(glue) 역할을 한다.

이십여년 전(1960)에 몇몇 선견지명이 있는 이론가들은 자연계의 네 가지 근본적인 힘들이 너무 많다고 생각했으며, 어쩌면 그것들이 실제로는 전혀 독립된 것이 아닐지도 모른다고 추측하였다. 1860년 대에 맥스웰(J.C. Maxwell, 1831-1897)은 전기력과 자기력을 전자기력이라는 하나의 이론으로 통합하는 수학적 설명을 탄생시켰다. 아마도 그 이상의 종합이 가능했을 것이다.

1960년 대에 스티븐 와인버그(Steven Weinberg)와 압두스 살램(Abdus Salam) 에 의하여 자연계의 네 가지 힘의 통합이론이 발전되었으며, 그들은 그 업적으로 1980년에 노벨상을 받았다. 이제 물리학자들은 네 가지 대신 세 가지의 자연의 힘을 말하기 시작하였다. 이것은 최근에 대통합이론(grand unified theory)으로 발전하였다.

이 장에서 설명된 사실들은 환원주의에 기초를 둔 현대물리학의 성공을 말해준다. 물질을 최종 구성 단위—경립자, 쿼크, 전달자—로 환원시키려는 시도를 통해서 물리학자들은 물질의 구조와 행동방식을 결정짓는 모든 힘들의 근본 법칙을 흘낏 엿보기 시작했으며, 그래서 우주의 많은 기본 특징들을 설명할 수 있게 되었다. 그럼에도 불구하고, 최종적인 진실을 향한 이러한 접근은 전체 이야기의 절반밖에 되지 않는다. 앞 장에서 우리는 환원주의가 집합적이고 통합적인 성격을 가진 많은 현상을 설명하는 데에는 실패한다는 것을 보았다. 의식이나 살아 있는 세포, 또는 폭풍같은 무생명체들을 쿼크의 관점에서 이해하려고 한다는 것은 어리석은 것이다.

이 장에서 사용된 많은 용어들은 물리학자들이 물질의 구조에 관련시켜 개발해낸 다소 불분명한 개념들이다. 한 물리학자가 양성자는 쿼크로 '이루어져' 있다고 말할 때, 그것은 글자 뜻 그대로가 아니다. 예를 들어, 동물이 세포로 이루어져 있고 도서관이 책으로 이루어져 있다고 말할 때, 그것은 당신이 그 세포 하나, 책 한 권을 뽑아 내어 따로 조사할 수 있다는 뜻이다. 쿼크는 그렇지가 않다. 우리가 말할 수 있는 것은, 실제로 양성자를 분리하여 쿼크를 빼내기가 불가능하다는 것이다.

12
우연 또는 계획된 것?

우리가 세상에서 보는 이 모든 질서와 아름다움은 어디서 생겨나는 걸까?
아이작 뉴우튼

인간은 마침내 이 우주의 무정한 거대함 속에서 자신이 혼자라는 사실을 발
견하였다… 그 우주에는 그의 의무라든가 운명같은 것은 적혀 있지도 않다.
자끄 모노의 《우연과 필연》

윌리암 팰리(William Paley,1743-1805)는 자신의 저서《자연신학(Natural
Theology)》에서 신의 존재를 증명하는 가장 강력한 논법을 제시하였다.

산길을 걸어가다가 돌멩이가 발에 걸어채였다고 하자. 그리고 이때 이 돌
멩이가 어떻게 해서 그곳에 오게 되었는가 의문을 갖게 되었다고 하자. 아

무래도 잘은 모르지만 나는 그 돌멩이가 그냥 그곳에 놓여 있었던 것이라고 스스로 결론을 내릴 것이다. 이 결론이 모순이라는 것을 밝히는 것은 그다지 쉬운 일이 아니다. 그런데 이번에는 돌멩이가 아니고 그 장소에서 시계를 걷어차게 되었다고 하자. 그렇다면 당연히 그 시계가 어떻게 해서 그곳에 있게 되었나를 생각하게 될 것이다. 이 경우에 조금 전과 같은 결론을 내리기는 어렵다. 즉 그 시계가 그냥 그곳에 있었다고는 할 수 없다. 그러면 어째서 시계와 돌멩이의 경우에 같은 결론이 성립될 수 없는 것인가?[1]

시계의 복잡하고 정교한 조직, 꼭 들어맞게 되어 있는 내부 성분 등은 누군가 그것을 의도적으로 설계했다는 움직일 수 없는 증거이다. 전에 시계를 한 번도 본 적이 없는 사람은 이 기계장치가 분명히 어떤 목적이 있어서 지성인이 고안해낸 것이라고 결론내릴 것이다.

팰리는 우주가 그 조직이나 복잡성에서 시계를 닮았다는 식으로 얘기를 펼쳐나간다. 물론 규모에 있어서는 대단한 차이가 있지만 말이다. 따라서 어떤 목적을 가지고 세상을 이런 식으로 배치한 우주 설계자가 반드시 존재한다. 자연은 복잡성이나 미묘함이나 신기함에 있어서 어떤 예술품에 비할 바가 아닌 것이다.

설계자가 존재한다는 논법은 '목적론(teleology)'의 개념에 연결되었다. 목적론이란, 우주가 어떤 최종적인 목적을 향하여 진화해나가도록 입력되어 있다는 생각이다. 넓게 볼 때 목적론은 단순성의 질서와 복잡성의 질서 모두를 포함하고 있다. 그것은 아주 오래된 생각이다. 아퀴나스(Aquinas)는 이렇게 썼다.

"하나의 결말을 향하여 질서 있게 움직여가는 행동방식은 자연 법칙에 따르는 모든 것들 속에서 발견된다. 비록 그것들 자체는 의식하지 못하고 있다 해도 말이다… 그것들은 참으로, 어떤 사건이 일어나지 않는 이상은 무엇인지 목적을 향해 나아가려는 경향이 있음을 말해준다."

비록 아퀴나스는 물리학의 기본 법칙의 수학적인 단순성에 대하여 아무 것

---

1) 《윌리암 팰리 전집(The Works of William Paley)》(Oxford, Claredon Press, 1938) 제4권 p. 1

도 모르고 있었지만, 그는 물체들이 질서 있는 법칙을 따른다는 분명한 사실을 발견하였으며, 그 사실을 설계자이신 하느님에 대한 증거로 사용하였다.

목적론 논법은 많은 공격을 받았기 때문에 오늘날 그것을 다룰 때에는 신학자들은 무척 조심을 한다. 그래도 몇명의 신학자들은 그것을 지지한다. 스윈번은 이렇게 말했다.

"우주에 질서가 있다는 사실은 신이 존재할 가능성을 대단히 높여준다."[2]

그러나 스윈번은 자신의 논리의 근거를 복잡한 질서보다는 단순한 질서에 두었다. 복잡한 자연 구조가 우주 설계자의 존재를 증명해준다는 생각은 평판이 좋지 않다. 그것에 대한 주된 반대는, 복잡한 질서와 구조를 나타내는 많은 시스템들이란, 사실 전적으로 평범한 자연 과정에 의한 결과로 생겨난 것들이라는 것이다. 물론 이것은 질서를 갖춘 모든 시스템들이 자연적으로 생겨났다는 얘기가 아니다. 그보다는 우리가 어떤 물체나 현상을 놓고 그것이 우연에 의해서 생겨났다고 보기에는 너무 복잡하다는 이유 때문에 그것의 설계자의 존재를 가정하는 것은 무척 위험한 일이라는 것을 일깨워준다.

복잡한 질서가 생겨나는 과정에 대해서도 깊은 이해가 있어야 하는 것이다.

이러한 상반되는 철학들 사이의 갈등은 찰스 다아윈(Charles Darwin)이 《종의 기원(The Origin of the Species)》을 출판하면서 시작되었다. 생명체의 기막힌 구조는 초자연적인 설계자의 존재 가능성을 가장 잘 말해주지만, 생물학과 지질학에서 발견되는 증거들은 생물체의 예외적인 특성에 대한 적절한 설명을 제공해준다. 생물학적인 질서가 돌연변이와 자연도태(自然淘汰)에 의해서 발전되었다고 하는 사실은 이제 사실상 과학자들과 신학자들 모두에게서 별 이의 없이 받아들여지고 있는 사실이다. 비록 다아윈의 이론 전부가 사실로 굳어진 것은 아니지만, 그 기본 원리와 진화의 메카니즘은 더 이상 의심할 여지가 없다.

다아윈 진화론의 기본 성격은 우연성이다. 순전히 맹목적인 우연에 의해서 돌연변이가 일어나며, 유기체의 특성이 이렇듯 마구잡이식으로 변화하는 덕분에 자연은 더 안정되고, 유리한 것을 선택할 수 있는 범위가 넓어진다.

---

2) 스윈번(R. Swinburne)의 《신의 존재(The Existence of God)》(Oxford, Claredon Press, 1979) 제8장.

이런 식으로 자잘한 변화가 수없이 일어나면서 복잡한 조직체가 생겨날 수 있는 것이다. 따라서 열역학 제2법칙과의 갈등은 사라진다.

다아윈의 진화론이 완전한 이야기라는 것을 받아돌일 준비가 되어 있든 그렇지 않든간에, 돌연변이와 자연도태가 생물학적인 질서의 발전에 주된 기여를 한다는 사실은 부정할 수가 없다. 물리 체계가 자발적으로 복잡한 구조로 자신을 조직화 할 수 있다는 근본 원리는 실험을 통해 증명되고 있는 사실이다. 제5장에서 우리는 최근 몇년 동안 물리학자들과 화학자들에 의해서 실험실에서 행해지고 있는 자기 조직체에 대한 간단한 예들이 무척 많다는 것을 알았다. 사실 이러한 연구는 대단히 중요하기 때문에 그것들을 묘사하기 위하여 새로운 단어-사이버네틱스(Cybernetics)*-가 만들어지기도 했다. 결론을 말하면, 어떤 시스템에 나타나는 질서가 아무리 현저하고 복잡하다 하더라도, 그것 자체만으로는 설계자의 필연성을 입증하지 못한다. 질서는 자발적으로 생겨날 수 있으며, 또 실제로 그렇게 생겨난다.

그러나 이러한 관찰은 여전히 지극히 중대한 문제거리를 남겨놓는다. 질서의 자발적인 출현은 다른 곳에서 거기에 따른 보상으로 무질서가 증가하는 한 열역학 제2법칙과 아무런 갈등을 일으키지 않지만, 우주 전체가 상당한 양의 질서(낮은 엔트로피)로부터 시작되지 않는 한 질서는 전혀 존재할 수가 없다는 것은 분명한 사실이다. 만일 열역학 제2법칙에 따라 전체적인 무질서가 계속해서 증가한다면, 우주는 아마도 고도로 질서잡힌 상태에서 창조되었음이 틀림 없을 것이다. 이것은 설계자인 창조주의 존재를 지지하는 강력한 증거가 아닐까? 결국, 비록 자연적인 과정에 의해서 국부적인 질서가 자력(自力)으로 생겨난다 할지라도, 처음에 그러한 과정이 진행될 수 있도록 하려면 낮은 엔트로피가 필요하다. 사실 이것은 시계의 태엽을 감아서 그 시계가 움직일 수 있도록 한 설계자의 존재를 입증할 뿐만 아니라, 그 기술이 대단히 놀라울 정도로 초자연적인 솜씨를 지니고 있음을 말해준다. 그 이유는 다음과 같다.

엔트로피 또는 무질서는 확률과 순열의 개념과 밀접하게 관련되어 있다. 높은 엔트로피 또는 무질서한 체계는 매우 다양한 방식으로 만들어질 수 있다. 예를 들어 고른 온도와 밀도를 가진 평형 상태에 있는 기체 상자를 생각

---

* 사이버네틱스(Cybernetics)는 희랍어의 '지배(kybernan)'에서 온 말로 기계나 살아 있는 생명체 내의 자기통제와 자체규율을 연구하는 학문이다. (역주)

해보자. 이것은 기체로서는 최대의 엔트로피 상태이다. 이러한 상황 아래서 기체 분자는 기체의 전체적인 성질에 영향을 주지 않고서도 매우 여러 가지 방식으로(예를 들어, 다른 위치로 옮겨 가거나 속도를 바꿈으로써) 재배열 될 수 있다.

반면에 모든 분자들이 나란한 궤도를 가지고 움직이고 있거나 또는 전체 기체 분자들이 상자 한구석에 몰려 있는, 매우 낮은 엔트로피 상태를 생각해 보자. 이러한 질서 있는 배열은 사소한 분자 재배열에도 고도로 민감하며, 또한 전체 가능한 분자 배열 방식 중에서 극히 제한된 범위에 의해서만 이 러한 상태가 가능하다. 따라서 질서잡힌(낮은 엔트로피) 체계는 생겨날 가 능성이 극히 적으며 또한 불안정하다. 수많은 분자들이 조심스럽게 협력해야 만 그러한 상태가 가능하다. 무질서(높은 엔트로피) 상태에서는 모든 분자 들이 다른 분자를 생각할 필요 없이 제멋대로 움직일 수가 있다.

이제 수없이 가능한 분자 배열 중에서 마구잡이로 한 가지만 고르라고 한 다면, 당신은 틀림 없이 최대의 엔트로피(무질서) 상태의 분자 배열을 고르 기가 십상일 것이다. 왜냐하면 질서 있는 분자 배열보다는 무질서한 분자 배 열이 이루어질 가능성이 대단히 높기 때문이다. 그것은 마치 원숭이가 피아 노 앞에 앉아서 마구잡이로 건반을 두들기는 것과 같다. 원숭이가 전혀 되지 도 않는 곡조를 두들길 확률에 비해서 뜻밖에 잘 알려진 곡조를 두들길 확 률은 대단히 낮다. 수학적으로 연구해보면, 질서 상태는 재배열에 지수함수 (指數函數)적으로 민감하다. 다시 말해, 임의로 고른 것이 질서 있는 상태일 확률은 그 질서(엔트로피 감소)의 정도가 어느 정도냐에 따라 지수함수로 줄어든다. 지수함수의 관계에 있는 것은 급속한 속도로 커지거나 줄어든다. 예를 들어,지수함수적으로 증가하는 인구는 정해진 시간 동안 1, 2, 4, 8, 16, 32…식으로 두배의 크기가 된다.

지수함수적이라는 것은 쉽게 말해, 무작위로 질서 상태가 발생할 확률과 **무질서상태가 발생할 확률의 차이가 천문학적으로 커진다**는 것을 뜻한다. 예 를 들어 1리터의 공기가 상자 한 쪽으로 자발적으로 모여들 확률은 1대 $10^{10^{20}}$ 이다. 생각해보라. $10^{10^{20}}$은 1뒤에 100, 000, 000, 000, 000, 000, 000개의 0이 뒤따르는 숫자이다! 따라서 전체가능한 배열 상태에서 엔트로피가 낮은 상 태를 고르려면 이루 말할 수 없는 세심한 주의를 기울여야 한다.

이것을 우주론적인 문맥으로 바꾸면, 어려운 문제란 바로 이 점이다. 우주 를 하나의 사건으로 볼 때, 그것이 어느 정도의 질서를 가지고 탄생할 확률

232

은 지극히 작다는 것이다. 만일 대폭발이 무작위로 일어난 사건이라고 한다면, 그 때 나타난 우주 물질들이 질서가 전혀 없는 최대의 엔트로피라는 열평형 상태였을 가능성은(대폭 줄여서 말한다 해도) 가히 '압도적'이다. 그런데 분명 그러한 상태가 아니었기 때문에, 우리는 우주의 실제 상태가 무수히 많은 가능한 상태로부터 어떤 식으로든 선택되고 '골라 내어진' 것이라는 결론을 내리지 않을 수 없다. 그리고 만일 그처럼 확률이 낮은 상태가 선택되었다면, 거기 분명히 그것을 '고른' 선택자나 설계자가 있었어야만 하지 않을까?*

여기서 우리는 핀 하나를 손에 들고 있는 창조주를 연상할 수 있다. 그의 앞에는 우주의 광범위한 '장보기 품목(shopping list)'이 있다. 만일 창조주가 핀을 가지고 무작위로 그 중에서 하나를 찍는다면, 전혀 조직이라든가 구조를 갖추지 않은 고도로 무질서한 우주가 선택될 확률이 압도적이다. 사실 질서를 갖춘 우주를 선택하기 위해서 창조주는, 너무 숫자가 많아서 전체 우주 크기만큼 커다란 종이 위에 적어도 다 못 적을 우주 모형(模型)들 속을 뒤지고 다녀야 했을 것이다.

우주가 어떻게 낮은 엔트로피 상태(질서 상태)를 가졌느냐 하는 미스테리는 지난 수세대 동안 많은 물리학자들과 우주론자들의 상상력을 자극해왔다. 그들 중의 많은 이들은 신의 선택에 의존하기를 꺼렸다. 통계 열역학의 선구자 루드비히 볼츠만(Ludwig Boltzmann)은 맹목적인 기회(순전한 우연) 쪽을 택하는 편이다. 그는 우주의 질서가 매우 드문 일이긴 하지만, 평형 상태의 동요에 의해서 저절로 생겨났다고 주장한다. 평형 상태라 할지라도 기체 분자들은 가만히 있는 것이 아니라, 끊임 없이 제멋대로 움직인다. 시간이 지남에 따라 순전히 우연에 의해서 몇개의 분자들 사이에 무의식적인 협조가 이루어질 것이며, 질서를 갖춘 조그만 지역이 거대한 혼돈의 바다 속에서 덧없이 생겨날 것이다. 시간이 흐름과 함께 결국 더 넓은 질서 지역이 우연히 생겨날 것이다. 따라서 충분한 시간이 흐르기만 한다면 조만간 모든 별, 모든 은하계들이 우연에 의해서 형성되리라는 것을 기대할 수 있다. 발생 확

---

* 이것을 Lecomte du Noüy는 《인류의 운명(Human Destiny)》(Longmans, Green and Co. 1947년 발행)이라는 저서에서, 검은 모래와 흰 모래를 마구잡이로 섞었을 때 위쪽에는 검은 모래, 아래쪽에는 흰 모래만 정확히 모일 확률이 어느 정도이냐를 말하면서 어떤 선택자나 설계자의 존재를 인정해나간다. (역주)

률이 지극히 희박한 이러한 사건이 일어나는 데에는 원리상 무지막지한 시간(최소한 $10^{10^{80}}$ 년)이 걸린다. 이러한 시간 길이는 영원한 우주를 믿는 사람에게는 별로 문제가 안 될 것이다.

이러한 관점에 따르면, 우주는 거의 모든 시간을 아무런 조직도 갖추지 않은 완전한 혼돈 속에서 보냈다고 할 수 있다. 그러나 무한한 시간이 지난 뒤에 때때로 우연한 질서를 갖춘 우주가 몇십억년 동안 생겨난다. 그러한 기적이 없이는 생명이 존재할 수가 없다. 그러한 기적이 있었기에 우리 인류는 현재 이렇게 존재하면서 그러한 극히 드문 현상을 목격하고 있는 것이다. 생명체는 낮은 엔트로피(높은 질서)를 먹고 살기 때문에(제5장 참조), 의식을 가진 관찰자는 평형 상태가 '기적적으로' 동요하기 시작하는 시대에만 존재하게 될 것이다.

볼츠만 이론의 흥미 있는 부산물 한 가지는, 그 이론이 영원불멸을 지지한다는 것이다. 우주가 '태엽을 감는 데에' 결정적인 역할을 하는 분자 재배합은 다음과 같은 묘한 성질을 갖는다는 것이 수학적으로 증명되었다. 분자들이 순환함에 따라 우주는 한 가지 상태에서 그 다음 상태로 여행한다. 결국, 존재 가능성이 있는 모든 상태들이 일어날 것이다. 일어날 수 있는 것은 어떤 것이든지 조만간 일어나게 될 것이다. 그런 다음에도 분자의 재배합은 계속되어서, 우주는 이전에 일어났던 상태들을 또다시 방문하게 될 것이다. 결국 우주는 모든 상태를 또 한번씩 거쳐가게 될 것이고, 이러한 과정이 되풀이될 것이다.

이러한 무제한의 반복과 중복 현상은 이것을 증명한 수리물리학자 앙리 포앙카레(Henri Poincare)의 이름을 따서 포앙카레 싸이클(Poincare cycle)이라고 부른다. 문자 그대로 해석하면 포앙카레 이론은, 충분한 시간이 지나면 오래 전에 사라졌던 지구라는 혹성은 그 안에 거주하는 모든 생명체들과 함께 다시 재구성된다는 것을 뜻한다. 더구나 이러한 일은 무한히 계속 반복될 것이다. 그러나 정확히 재현되기보다는 현재의 배열 상태와 약간씩 차이가 있는 셀 수 없이 많은 경우들이 있을 것이다. 이전의 경우와 꼭 들어맞게 재현될 확률은 그만큼 적을 것이고, 시간이 더 오래 걸릴 것이다.

볼츠만의 우주론을 진지하게 받아들이는 물리학자는 극히 드물다. 우주가 혼합이 끝난 상태에서 가만히 앉아 있는 것이 아니라 계속해서 팽창하는 상태에 있다는 것이 현재로서는 잘 알려진 사실이긴 하지만, 포앙카레 순환은 의심받을 여지가 있다. 이러한 팽창 때문에 우주는 한정된 나이를 가질 수밖에 없다는 것이 일반적인 이론이다. 수백억년에 불과한 그것의 수명은 아주 적은 양의 엔트로피 감소(질서 증가)가 일어나는 데에 필요한 엄청난 시간대에 비하면 새발의 피다.

그러나 볼츠만의 이론은 한 가지 불후의 가치를 지니고 있다. 생명은, 그리고 생명에서 연유하는 의식(意識)은 적절한 물리적인 조건하에서만 발전할 수 있다는 기본적인 필수조건의 시각에서 보면, 우리가 현재 지각하는 우주는 필연적으로 '우리에 의해서' 선택되었다고 할 수 있다. 말뜻상 우리는 생명체가 존재하지 않는 우주를 관찰할 수가 없다. 잠시 뒤에 보게 될 것이지만, 이러한 단순한 사실을 가지고 어떤 이들은 이렇게 주장한다. 우리가 현재 관찰하는 이 대단히 희귀한 저(低)엔트로피의 우주는 발생 가능한 수많은 종류의 우주들—이것들 거의 대부분이 무질서한 상태이다—로부터 선택되었는데, 그 선택은 신에 의해서가 아니라 '우리 자신'에 의해서 이루어졌다는 것이다.

따라서 이것을 대폭발 시나리오에 적용하면, 우리는 우주가 대단히 질서있는 상태에서 폭발했다는 결론을 내릴 도리밖에 없다. 비록 우연히 창조된 우주가 완전히 무질서한 상태일 확률이 실제상으로는 대단히 높다고 해도 말이다. 우주론의 이러한 근본적인 패러독스는 여러 가지 반응들을 불러일으켰다.

1. 그래서 어쨌단 말이냐?

많은 과학자들은, 이미 일어난 현상을 놓고서 그것의 확률과 가능성을 따지는 것은 무의미한 일이라는 견해를 갖고 있다. 만일 당신이 해변가에서 아무렇게나 조약돌 하나를 주워서 그것의 크기와 생김새를 자세히 살펴본다고 하자. 당신이 바로 그렇게 생긴 조약돌을 집어들 확률은 대단히 희박하다고 할 수 있다. 그런데도 바로 그렇게 생긴 조약돌을 집어들었으니 이것은 기적에 가까운 일이며, 따라서 어떤 초자연적인 존재나 신비한 존재가 당신으로 하여금 그 조약돌을 집어들게 했다고 주장하는 것은 타당성이 없는 얘기다. '사건이 일어난 뒤'에는 그러한 주장은 아무런 쓸모가 없다. 물론 조약돌을 집어들기 전에 그렇게 생긴 조약돌을 집어들 것이라고 예언했는데, 그것이 딱 들어맞았다면 놀라워 하는 것이 당연하다. 같은 맥락에서, 우주가 이미 존재하고 있다면, 그것의 특별한 구조는 전혀 놀라워 할 것이 못 된다. 그것은 단순히 그렇게 생긴 것일 뿐이다.

우연, 또는 계획된 것? 235

무엇이 문제냐 하면, 확률이라는 것은 근본적으로 여러 차례 시도한 끝에 결정될 수 있는 것이다. 예를 들어 주사위를 던져서 2가 나올 확률은 6분의 1이라는 것은, 수없이 많이 던졌을 때 그 던진 횟수의 얼추 6분의 1이 2가 나올 수 있다는 뜻이다. 던지는 횟수가 많아질수록 6분의 1의 확률에 더 가까워질 것이다. 최소한 확률에 대하여 토론하려면 서로 비교할만한 비슷한 것들의 집합체나 총체(總體)가 있어야만 한다. 예를 들어, 주사위의 한 면은 다섯개의 이웃면들을 갖고 있으며, 해변가의 조약돌은 수백만개의 이웃 조약돌들을 갖는다. 그런데 만일 하나의 우주밖에 존재하지 않는다면, 그것의 이웃들에 대하여 토론하는 일이 어떤 의미가 있을 것인가?

하지만 이 논법은 완전한 확신은 없다. 예를 들어, 해변가에서 주워든 조약돌이 완전한 구형(球型)이라고 한다면, 비록 구형의 조약돌을 집어들 것이라고 미리 말하지 않았더라도 그것은 당연히 놀라운 일이다. 구형은 수학적으로 대단히 일정한 각도와 변을 가진 매우 특별한 형태이다. 비록 이미 그것을 주워든 뒤라 할지라도, 완전한 구형의 조약돌을 무작위로 선택했다는 것은 어떤 설명이 필요한 특별한 상황으로 평가받을 만하다. 마찬가지로, 인간이 거주하기에 적합한 환경을 가진 우주는, 대부분의 다른 가능한 우주-생명체가 존재하지 않는 우주-에는 존재하지 않을 '우리'에게는 특별한 의미를 지니고 있다.

여기서 "그래서 어쨌단 말이냐?"고 반문한 사람은, 만일 우주가 지금과 같은 상태로 배열되지 않았다면 우리는 여기서 그것에 대하여 놀라워할 수도 없을 것이라고 말한다. 사실 지성적인 피조물이 그 안에 거주하면서 철학적이고 수학적인 의문들을 제기할 수 있는 우주는 말뜻상 현재 우리가 관찰하는 우주이다. 다시 말해, 그들은 주장하기를, 우리가 지각하는 고도로 질서 잡힌 우주는 매우 특별한 것도 아니고 신비한 것도 아니라는 것이다. 왜냐하면 그렇지 않았으면(분명히) 우리는 그것을 지각할 수가 없었을 것이기 때문이다.

이러한 형태의 논리는, 우리가 '결코 관찰할 수 없는 것'에 대하여 논의하는 것은 무의미한 것이라고 주장하는 철학이나 논리적인 실증론 등에서 다소의 지지를 받고 있다. '의식을 가진 관찰자를 내부에 갖고 있지 않은' 우주에 대하여 토론하는 것이 도대체 무슨 의미가 있는가? 그러한 우주는 관찰에 의해서 입증되거나 반박될 수가 절대로 없기 때문에, 그러한 우주가 존재한다는 것은 의식을 가진 각 개체에게는 아무런 의미나 중요성이 없다.

한 가지 여기에 관련된 논법은 소위 강력한 인류발생론의 **원리**인데, 천체물리학자 브랜든 카터(Brandon Carter)에 의해서 처음으로 자세히 설명되었으며, 최근에 물리학자들과 천문학자들 사이에서 많이 이야기되고 있다. 이 원리에 따르면, "우주는 어떤 단계에 가서 의식 있는 생명체가 반드시 출현하도록" 되어 있었다(반드시는 필자가 쓴 것임). 이것이 말하고자 하는 뜻은, 별로 놀라운 일은 아니지만, 우주는 생명체가 출현하는 데에 필요한 질서를 가지고 나타날 수밖에 달리 도리가 없었다는 것이다.

이러한 두 입장—논리적인 실증론과 강력한 인류발생론 원리—은, 관찰자가 인간(또는 외계인) 지성체냐 아니냐에 달려 있다. 신학자들은 하느님이 관찰자이며, 하느님은 어떤 특별한 물리적인 조건이 성립되어야만 존재할 수 있는 것이 아니라고 주장한다. 따라서 만일 하느님이 관찰자인 경우에는, 생명체를 낳지 않는 우주들도 여전히 의미를 갖고 있는 것이 된다.

2. 다우주론(多宇宙論)

이러한 관점에 따르면, 거기 우주들의 총체(總體)가 존재하며, 우리의 우주는 그 가운데 하나의 구성원에 불과하다. 우리가 지각하는 우주는 거대한, 어쩌면 무한한 집합체 중의 하나이며, 각각의 우주는 어떤 식으로든 서로 다르다. 이러한 우주 집합체 가운데 어딘가에 물질과 에너지의 배열이 적절히 이루어진 우주가 존재할 것이다. 전체 우주들 대다수가 생명체가 출현하기에는 부적합한 조건을 갖추고 있으며, 또 최대의 엔트로피(열평형)라는 완전한 혼돈 상태일 가능성이 크긴 하지만, 그럼에도 불구하고 우연하게 조건이 꼭 들어맞는 극히 일부분이 존재할 것이며 그 속에서 생명체는 발전하게 되는 것이다. 오직 그러한 우발적인 우주만이 생명체들에 의하여 지각될 수 있을 것이며, 이 생명체들은 자신들이 사는 세계가 대단히 존재 가능성이 희박하다는 사실에 놀라워 하면서 거기에 대한 책을 쓸 것이다.

앞에서 말한 볼츠만의 가설은 논리상 다우주이론과 같다. 그가 말하는 우주들은 연속적으로 발생하지만, 한 우주 다음에 다른 우주가 생겨나기까지는 엄청난 시간이 걸리기 때문에 실제로 그 우주들은 물리적으로 아무런 상관이 없다. 연속적으로 발생하는 우주 시나리오가 현대적으로 변화한 것은 바로 혼들이 우주론(the oscillating theory)이다. 제15장에서 자세히 살펴보게 될 것이지만, 현재의 우주 팽창은 무한정 계속되지는 않을 것이다. 그렇다고

우연, 또는 계획된 것? 237

한다면 우주는 결과적으로 '대압축(big crunch)'이라고 하는 대변동을 일으키면서 다시금 수축하기 시작할 것이다. 어떤 과학자들은, 고도로 압축된 우주가 하나의 시공간 특이점에서 망각 속으로 사라지기보다는 어떤 어머어마한 밀도에서 반동을 일으킬 것이며, 그래서 다시 새로운 팽창 국면으로 접어들게 될 것이라고 생각한다. 이 팽창은 다시 수축으로 이어지고, 수축은 팽창으로 이어지면서 무한히 계속될 것이다. 이 시나리오에서는 우주는 마치 고무풍선이 계속해서 부풀었다 줄어들었다 하는 것처럼 압축과 팽창 사이를 왔다리 갔다리 하면서 돌고 도는 식으로 무한히 계속된다.

흔들이 우주는 제2장에서 간단하게 지적한 바 있듯이 무한한 나이를 지닌 우주들과 관련된 물리적인 문제점을 가지고 있다. 그러나 고도로 붕괴된 상태에 대해서는 불확실하기 때문에 여러 가지 생각이 가능하며, 존 휠러(John Wheeler)가 내놓은 한 가지 추측은 '압축-폭발'이 우주를 재생(再生)하는 효과를 가지고 있다는 것이다. 이것은 다시 말해, 팽창과 수축의 새로운 싸이클이 일어날 때마다 물리적인 상태가 임의로 재구성된다는 것이다. 이러한 일이 어떻게 일어나는가를 설명하려는 시도는 아직 없었지만, 우주가 충분한 숫자의 싸이클을 거치게 되리라는 것은 분명히 가능한 일이다. 물론 거의 천문학적인 숫자의 싸이클을 거치게 될 것이다. 그리고 또다시 우연에 의해서 생명체가 존재하게 된 싸이클에서만 우주론자들은 그것에 대한 생각을 발전시켜 나가게 될 것이다.

시간 속에서 우주들의 총체를 가정하는 것의 대안(代案)으로서, 거기 단지 하나의 우주밖에 없는데 그것이 공간적으로 무한히 뻗어 있다고 가정하는 것이다. 이 우주의 거의 모든 부분이 평형 상태(아무런 조직도 구조도 없는 상태)에 가깝지만, 그래도 여기저기서 질서의 오아시스가 혼돈으로부터 자발적으로, 우연한 변동(變動)에 의해서 생겨날 것이다. 물론 이 오아시스들 사이의 거리는 상상 못할 정도로 크지만, 생명체와 의식 있는 관찰자들이 이 오아시스들 안에서 생성될 것이다.

그러나 아마도 가장 평판이 좋은 다우주론은 에버리트(Everett)의 양자론 해석에서 나온 이론이다. 이 이론에서는 '가능한 모든' 양자(量子) 세계가 실제로 실현되면서, 아울러 서로 나란히 존재한다. 이와같이 하나의 전자가 두 가지 선택에 직면하는 매순간마다 '양쪽' 선택이 이루어지면서 우주 전체는 두 가지로 분리된다. 각각의 우주에 존재하는 거주자들은 전자(電子)가 양자택일 중 하나를 선택하였다고 믿는다. 정상적인 시간이나 공간을 통하여 하나에서 다른 하나로 여행하는 것이 불가능하다는 의미에서 이 두 우주는 서로 분리되어 있다. 약간 추상적인 의미에서는 그것들은 '바로 곁에' 또는 '평행'으로 존재한다. 그리고 양자(量子) 선택이 있는 수만큼 많은 우주가 존재하기 때문에 물질과 에너지의 모든 가능한 배열이 무한히 많은 나란한 세계들 가운데 어딘가에서 일어나고 있는 것이다.

이러한 형태의 이론은 약한 인류발생론의 원리로 알려져 있다. 이 생각은 철학과 물리학 양면에서 많은 공격을 받고 있다. 첫번째로 그것은 어떤 의미에서 너무 성공적이라는 것이다. 모든 가능성을 인정함으로써 그 어떤 것이라도 '설명될' 수가 있다. 사실 그렇게 되면 우리는 과학이라는 것이 전혀 필요 없게 된다. 그럼에도 불구하고 다우주론자들은 그들 이론의 '다른 세계'가 원리상으로도 결코 검토될 수 없다는 것을 인정한다. 양자(量子)의 '가지들'을 건넌다는 것은 금지되어 있다. 더구나 무한한 우주나 흔들이 우주 모형에서는 질서를 갖춘 지역이 거대한 시간 또는 공간을 사이에 두고 떨어져 있기 때문에 관찰자는 실험을 통해 다우주(多宇宙)들을 입증하거나 반박할 수가 없다. 그러한 순전히 이론상의 모형이 어떻게 해서 과학적인 의미에서 자연의 특징을 '설명'하는 데에 사용할 수 있었는지 이해하기 어려운 것이다. 물론 어떤 이는 무한한 신보다는 무한한 우주 배열을 믿는 쪽이 더 쉽다고 주장할지 모르지만, 그러한 믿음은 어디까지나 관찰보다는 신앙에 근거한 것일 수밖에 없다.

3. 혼란에서 생겨난 질서

우주 질서기원의 신비에 대한 세번째 반응은, 우주 질서가 어쨌든 초기의 혼돈 상태에서 자연적인 물리과정을 통하여(상상할 수 없을 정도로 드문 변이變移에 의해서가 아니라) 생겨났음을 입증하려는 시도이다(이 생각은 이미 제4장에서 자세히 토론된 바 있으므로 여기서는 간단하게만 말하겠다).

얼핏 보면 이러한 접근방식은 실패로 끝날 것처럼 여겨진다. 열역학 제2법칙은 혼돈에서 질서가 생겨난 것이 아니라 거꾸로 질서에서 혼돈으로 변화해간다는 것을 말해주고 있지 않은가?

그것은 사실이지만, 거기에 대해 좀더 자세히 살펴볼 필요가 있다. 엄격히 말해서 열역학 제2법칙은 완전히 독립된 시스템에만 적용된다. 분명히 우주의 어떤 부분도, 그것이 아무리 넓은 크기라 할지라도 완전히 고립되어 있지는 않다. 왜냐하면 그것은 항상 주위와 접촉하고 있기 때문이다. 더 중요한 사실은, 우주 전체가 그 유명한 팽창을 하고 있으며, 이러한 외부에서의 교란이 온갖 차이를 일으킬 수 있다는 것이다.

여기에서 한 가지 훌륭한 비유는 일반 가솔린 엔진에서 볼 수 있는 평범한 피스톤과 실린더 체계이다. 피스톤 아래의 실린더 안에 가스가 가득차 있다고 하자. 피스톤이 쉬고 있는 상태라면 가스는 균일한 온도와 압력을 가진 —최대의 엔트로피가 되기 위한 조건— 열평형 상태에 도달할 것이다. 더 이상 어떤 변화도 기대할 수가 없다. 어떤 질서 있는 구조나 조직화된 활동도 나타나지 않는다. 이제 피스톤이 갑자기 바깥으로 움직여서 가스를 팽창시킨다고 가정해보자. 변화된 가스는 더 이상 균일한 상태가 아니다. 피스톤이 후퇴하면서 이용 가능한 공간이 넓어지는 지역에서는 밀도가 더 낮아진다. 가스가 이공간을 향해 흘러드는 것에 따라서 소용돌이가 발생한다. 만일 그런 다음에 피스톤이 방향을 바꾸어 다시 출발지점으로 돌아오면 가스는 결과적으로 또다시 새로운 열평형 상태가 될 것이지만, 이러한 교란의 결과로 엔트로피는 증가했을 것이다. 피스톤이 움직임에 따라서 가스의 구조와 조직이 순간적으로 커질 것이다.

여기에 제2법칙과 모순되는 점이 있는가? 아니다. 피스톤이 한 바퀴 순환함에 따라 가스의 엔트로피는 계속 증가한다(더 뜨거워진다). 초기의 평형 상태는 이 시스템의 외부 작용과 관련된 최대의 엔트로피 상태였다. 그런데 피스톤이 움직임에 따라 이 외부 작용이 변하고, 따라서 가스는 더 높은 엔트로피 상태가 된다. 결론적으로 말해서, 초기의 평형 상태는 단지 상대적인 것이며, 절대적인 최대치는 아니라는 것이다.

우주론의 경우에 있어서 우주의 팽창은 피스톤과 비슷한 역할을 하면서 변화하는 외부 요인이 된다. 우주론자들은, 초기의 우주는 질서 상태와는 거리가 먼, 열평형 상태에 가까웠다고 지적한다. 현재 우리가 관찰하는 은하계들, 별들, 원자들과 같은 익숙한 구조물들은 대폭발 때에는 존재하지 않았다. 사실 태초 1분 전이나 1분 후에는 온도가 너무나 높았기 때문에, 심지어 원자핵 같은 것들도 존재할 수가 없었다. 어쨌든 현재의 질서 있는 구조물은 초기의 혼돈 상태에서 생겨난 것이다. 그렇다면 어떻게?

생명조직이나 기후형태처럼 지구상에서 우리에게 익숙한 대부분의 복잡한 조직체는, 우리 모두를 먹여살리는 저(低)엔트로피의 살아 있는 원천인 햇빛에 의해서 생겨난 것이다. 태양의 저엔트로피의 창고는 바로 그것의 핵연료(주로 수소)이다. 가장 풀어진 고엔트로피의 핵물질 형태는 철과 같은 것으로 이루어져 있다. 햇빛의 생성은 일련의 핵반응을 통하여 수소에서 철로 변화해가는 과정에서 생겨나는 엔트로피를 대표한다. 태양과 대부분의 다른 별들의 질서(저엔트로피)의 비밀은 그것들이 함유하고 있는 수소로써 설명할 수 있다. 우주의 질량의 4분의 3은 수소로 이루어져 있으며, 그 나머지 대부분은 헬륨이다. 어째서 모두가 철로 이루어져 있지 않은가?

그 대답은 제4장에서 설명하였다. 초기 우주는 철이 존재하기에는 너무나 뜨거웠으며, 또한 그 냉각 속도가 너무 빨랐기 때문에 중요한 핵반응이 일어날 수조차 없었다. 이렇게 해서 원시 우주는 저엔트로피의 수소 형태로 남아 있게 되었으며, 별이 나타날 때까지 그것의 목적지인 고엔트로피에 도달할 수가 없었다.

이런 식으로 설명해나가면 우주가 특별한 질서 상태에서 창조되었다고 가정하는 것은 결국 불필요한 것이 된다. 원시 물질은 실제로 완전한 무질서(최대의 엔트로피) 상태에 있었다. 그러한 상태는 수많은 방식으로 존재할 수가 있으며, 따라서 핀을 가진 창조주는 단지 '쇼핑 리스트'에서 아무렇게나 하나를 찌르기만 하면 되었다. 이렇게 해서 우주 질서의 수수께끼는 해결이 된다.

아니면 다른 어떤 설명이?

우주 재료의 원자핵이 어떤 상태에 있었는가는 확실히 현재 관찰되는 구조물과 조직체를 낳는 데에 결정적인 요소였다. 하지만 그것만으로 이야기가 끝나는 것은 아니다. 보다 큰 구조물들─별과 은하계들─은 중력에 의해서 형성된다. 더구나 중요한 우주 팽창도 중력에 지배를 받는다. 우주의 중력 조직에 대해서는 어떤 설명이 가능한가? 우리는 중력의 관점에서 볼 때 고도로 질서잡힌 우주에 살고 있는가, 아니면 무질서한 우주에 살고 있는가? 이러한 질문이 다음 장의 주제를 이룬다.

13

블랙홀과 우주의 카오스

혼돈은 어디에나 있다.

존 바로우

우리의 우주는 매우 특별한 상태에서 창조되었기 때문에 충분한 시간이 지나면 생명체와 의식이 반드시 꽃피어나게끔 되어 있었던 것일까? 아니면 우리는 기괴하고 우연한 사건 속에 살고 있으며, 우주는 순전히 마구잡이식으로 무(無)에서 생겨난 것일까? 오늘날의 우주론자들에게 존재에 대한 의문보다 더 무거운 과제는 없다.

앞 장에서는 열역학 제2법칙의 불가피성에서도 불구하고 우주 질서의 상당량이 완전한 혼돈상태였던 초기우주로부터 자연적으로 생겨났으며, 이것은 우주의 우연적이고 마구잡이식의 기원과 전적으로 일치한다는 논법이 소개되었다. 그러나 중력을 계산에 넣으면 양상이 크게 달라진다.

중력은 자연계에서 작용하고 있는 힘 중에서 가장 약한 힘이다. 하지만 그 힘이 누적되면 그것은 큰 규모의 현상을 지배한다. 팽창하는 우주의 운동뿐만 아니라 별무리들과 은하계들의 구조를 설명하기 위하여 우리는 중력으로 시선을 돌린다. 비록 중력의 성질이 아인슈타인의 일반상대성이론의 관점에서 잘 이해되긴 하지만, 중력의 '질서' 개념에 대해 설명하려면 물리학은 헤매기 시작한다. 중력 체계에서 작용하는 열역학에 대해서는 아직까지 제대로 이해되지도 않고 있고, 의견의 일치도 이루어지지 않고 있으며, 중력장(重力場)에서의 엔트로피 같은 개념은 아직 애매모호하게만 설정되어 있는 형편이다.

제4장에서 설명한 바대로, 중력 엔트로피의 모순된 측면은 다음과 같은 것이다. 우리에게 더 구조잡힌 상태로 보이는 것이 실제로는 덜 구조잡힌 상태보다 엔트로피(무질서)가 더 높다는 것이다. 예를 들어 별들의 초기의 고른 분포는 중력에 의해 갈수록 더욱 복잡한 구조를 이루어가고, 중력의 중심부에 가까이 갈수록 별들이 빠르게 움직이고 밀도가 높아지며, 동시에 그 둘레에 있는 별들은 속도가 느리고 분포도가 엷다. 중력이 작용하는 시스템이 자발적으로 구조를 키워가는 이러한 경향은 자기 조직(self-organization)의 훌륭한 예이다. 이것은 중력이 무시되는 상태에서의 기체의 행동방식과 정반대가 된다. 그 기체는 전체적으로 고른 온도와 밀도를 가진 균일한 상태로 향하려는 경향이 있다. 그러나 중력이 작용하는 체계는 균일하지 않고 덩어리진 상태로 된다.

다른 힘들이 작용하지 않으면, 중력 시스템은 완전히 붕괴할 것이다. 예를 들어 지구는 그 물질들의 단단함 때문에 자신의 무게를 지탱하고 있다. 마찬가지로 태양은 중심부의 핵 아궁이에서 생성되는 거대한 내부 압력 덕분에 내부로 붕괴되지 않는다. 이러한 내부의 힘들을 제거하면 이 두 천체는 가속화되는 속도로 수 분 내에 오그라들 것이다. 오그라들면서 중력이 더욱 커질 것이고, 수축 속도도 자연히 가속화될 것이다. 조만간 그것들은 블랙홀로 변할 것이다. 바깥에서 보면 시간이 사라질 것이고, 더 이상의 변화도 일어나지 않을 것이다. 블랙홀은 최대의 엔트로피를 가진 중력 체계의 열평형 종말 상태를 나타낸다.

비록 일반 중력 체계에서의 엔트로피가 아직 알려져 있지 않긴 해도, 양자론을 블랙홀에 적용한 쟈콥 베켄스타인(Jacob Bekenstein)과 스티븐 호우킹(Stephen Hawking)의 작업을 통하여 이러한 물체들의 엔트로피를 산출해내는 하나의 공식이 만들어졌다. 예측했던대로 그것은 같은 질량을 가진 별의 엔트로피보다 훨씬 컸다. 엔트로피와 확률 사이의 관계를 중력이 작용하는 시스템에 적용하면 아주 흥미 있는 결과가 나온다. 중력이 작용하는 물질을 마구잡이식으로 분포하게 하면 그것이 하나의 별이나 흩어진 가스 구름을 형성할 확률보다 블랙홀이 될 확률이 압도적으로 크다는 것이다. 따라서 이러한 결론은 우주가 질서 상태에서 창조되었는가, 아니면 무질서 상태에서 창조되었는가에 대한 의문에 새로운 조명을 비추어준다. 만일 초기의 상태가 마구잡이식으로 선택되었다면, 대폭발이 흩어진 가스층에서 이루어졌다기보다는 블랙홀에서 뱉아졌을 확률이 대단히 높다. 별과 가스 구름의 형태로 비교적 낮은 밀도로 분포되어 있는 물질과 에너지의 현재 배열 상태는 분명히 초기의 여러 상태 중에서 특별히 선택하여 이루어진 것이다.

블랙홀만이 유일한 쟁점은 아니다. 우주의 큰 규모의 구조나 운동 역시 똑같이 주목할 만하다. 우주의 누적된 중력은 팽창하는 중력을 잡아당겨서 서서히 그 팽창속도를 떨어뜨린다. 초기의 팽창 속도는 오늘날보다 훨씬 빨랐다. 이와 같이 우주는 대폭발의 폭발력과, 흩어지는 조각들을 다시 잡아당기려는 중력의 힘 사이의 경쟁사이에서 생겨났다고 해도 과언이 아니다. 요 몇 해 사이에 천체물리학자들은 이러한 경쟁이 얼마나 섬세하게 균형잡혀 왔는가를 깨달았다. 만일 대폭발이 조금만 약했더라면 우주는 금새 대압축 속에 다시 수축되었을 것이다. 반대로 만일 그것이 조금만 더 강했더라도 우주의 물질들은 너무나 급속도로 팽창했기 때문에 은하계같은 것들이 형성되지 못했을 것이다. 현재 우리가 관찰하는 이 우주는 팽창력과 중력 사이의 정확한 균형에 매우 민감하게 의존하고 있다.

계산에 의하여 그 민감도가 어느 정도인지를 밝혀낼 수 있다. 소위 플랑크 시간(10^{-43}초, 시간과 공간이 의미를 갖는 최초의 순간)에서 그 균형은 10^{60}의 1 부분만 달라도 깨어진다. 다시 말해 팽창의 강도가 10^{60}의 1만 달랐어도 현재 우리가 관찰하는 이 우주는 존재하지 않았을 것이다. 이러한 숫자들이 의미하는 바를 이해하기 위하여 한가지 예를 들어보자. 당신이 지금 2백억 광년 떨어진 우주 저쪽편에 있는 1인치 크기의 표적에 총알을 발사하려고 한다고 하자. 당신의 조준은 10^{60}의 1만큼만 달라져도 표적을 맞추지 못할 것이다.

이러한 전체 균형의 정확도는 별문제로 하더라도, 우주가 물질의 분포와 팽창 비율에 있어서 어째서 그토록 특출나게 고르냐에 대한 수수께끼가 있다. 대부분의 폭발은 혼돈스러운 사건이며, 이곳 저곳의 힘의 정도에 따라 대폭발이 다르리라고 예상할 수 있다. 그런데 실제로는 그렇지 않았다. 우주의 팽창은 그 비율에 있어서 일정하게 진행되고 있다.

수수께끼는, 인과론적으로 완전히 분리된 우주의 여러 지역들이 구조와 행동방식에 있어서 어째서 그토록 비슷하냐 하는 것이다. 어째서 그것들은 비슷한 평균 크기와 형태를 가지고 비슷한 후퇴 속도로 서로에게서 멀어져 가는 은하계들을 가지고 있는가? 이러한 행동 방식이 은하계가 처음 형성되었을 당시에 생겨난 아주 오래 전의 유물이라는 사실을 알고 나면 수수께끼는 더욱 깊어진다.

여기에 관련된 한 가지 문제는 우주가 극도로 등방성(等方性)을 가지고 있다는 것이다. 즉 각 방향에서 고르다는 것이다. 지구 바깥에서 보면 우리가 어떤 방향을 선택하여 바라보든지 우주는 같은 규모이다. 만일 대폭발이 마구잡이식의 사건이었다면 이러한 특별난 균일성은 불가능했을 것이다.

여기서 얻어낼 수 있는 결론은 우주의 중력적인 배열이 당혹스러울 정도로 규칙적이고 균일하다는 것이다. 왜 우주가 혼란스럽고 불규칙한 방식으로 팽창하면서 제멋대로 난폭하게 행동하여 거대한 블랙홀을 형성하지 않는가에 대한 명백한 이유는 아직 밝혀지지 않고 있다. 폭발력을 규칙적이고 조직화된 운동 형태로 바꾸는 것은 하나의 기적처럼 보인다. 이러한 수수께끼에 대해서는 최근에 등장한 대통일장 이론이나 앞 장에서 간단히 설명한 인류 발생론의 원리 등 다양한 해답이 제시되고 있으나, 그만큼 그 해답에 대한 반대 의견도 많다.

만일 그러한 해답들이 실패한다면, 우주의 고도의 균일성은 창조주의 존재를 위한 증거일 수가 있을 것이다. 그러나 그것은 단지 부정적인 증거에 지나지 않는다. 앞으로 초기 우주에 대한 이해가 깊어짐에 따라 질서잡힌 우주에 대한 완벽한 설명이 물리학적으로 가능할 수도 있는 것이다. 태양계와 같은 복잡하고 질서잡힌 구조물들이 한 때 신의 존재를 증명하는 것으로 사용되었다가 천체물리학의 영역에 포함되었듯이, 대규모 우주 질서에 관한 수많은 수수께끼들도 초자연적인 관점보다는 순전히 자연적인 관점에서 이해하게 될 날이 올 것이다.

여기서 내릴 수 있는 결론 한 가지는, 우주의 질서(낮은 엔트로피의 의미에서)를 창조하고 설계한 초자연적인 존재를 증명하는 긍정적인 과학적 증거는 아직 없다는 것이다. 사실 현재의 물리학 이론들이 머지않아 이러한 특징들을 만족할 만하게 설명하리라는 강한 기대가 대두되고 있는 실정이다.

그러나 우주의 역학적인 법칙이나 복잡한 질서보다 더 본질적인 것이 있다. 우리가 설명해야만 할 세번째 성분이 있는데, 바로 자연의 소위 '근본 상수(常數)'이다. 이것은 하나의 거대한 설계를 입증해주는 가장 놀라운 증거에 속한다.

물리학자들이 말하는 근본 상수라는 것은 물리학에서 기본적인 역할을 하며 동시에 우주의 어디서나 매 순간 똑같은 숫자상의 값을 가지고 있는 것을 뜻한다. 약간만 예를 들어도 이것을 금방 이해할 수 있다. 수소 원자는 멀리 떨어진 별에서나 지구에서나 똑같다. 그것은 같은 크기, 같은 질량, 같은 내부 전하(電荷)를 가지고 있다. 하지만 이러한 숫자상의 양은 우리에게는 대단한 신비이다. 어째서 수소 원자의 양성자는 전자보다 1938배나 무거운가? 어째서 꼭 그 숫자인가? 어째서 그것들이 가지고 있는 전하는 다른 양이 아니라 꼭 그만큼의 양인가?

모든 자연의 힘들은 그것들의 강도와 범위를 결정짓는 이러한 일정한 수치를 가지고 있다. 언젠가 우리는 보다 근본적인 관점에서 이러한 수치들을 설명하는 이론을 갖게 될지도 모른다. 그렇다 할지라도 이 실제 수치들은 물질계의 구조를 이루는 데에 결정적인 역할을 한다.

프리먼 다이슨(Freeman Dyson)이 내놓은 간단한 예를 들어보자. 원자핵들은 제11장에서 말한대로 쿼크와 글루온들에서 발생한 강한 핵력(核力)에 의해서 함께 결합되어 있다. 만일 그 힘이 조금만 약했더라면 원자핵은 불안정해져서 분해되었을 것이다. 가장 단순한 합성액은 중수소(重水素)로, 한개의 양성자가 한개의 중성자에 결합되어 있다. 이 쌍은 강한 핵력에 의해서 결합되어 있지만, 그 결합력은 매우 약하다. 만일 핵력이 불과 몇 퍼센트만 약했더라도 양자 교란에 의해서 이 결합이 깨어졌을 것이다. 그 효과는 대단히 극적이었을 것이다. 태양과 대부분의 다른 별들은 중수소를 이용하여 핵반응 사슬의 결합을 이루어 밝게 빛난다. 중수소를 제거하면 별들은 사라지거나 아니면 열을 내기 위하여 새로운 길을 모색했을 것이다. 어느 쪽이나 우주의 구조를 엄청나게 변화시켰을 것이다.

만일 핵력이 아주 조금만 더 강했어도 무서운 결과가 잇따라 일어났을 것이다. 그렇게 되면 두개의 양성자가 서로 밀쳐내는 전기적인 힘을 이겨내고 함께 달라붙었을 것이다. 대폭발 중에는 양성자들이 중성자보다 훨씬 풍부했다. 원시 물질이 식어졌을 때, 중성자들은 양성자를 찾아 결합하였다. 그 결과로 생겨난 중수소는 계속해서 헬륨 원소를 형성하기 위한 더 많은 종합을 거쳤다. 하지만 쌍을 이루지 못한 나머지 양성자들은 별들의 재료를 형성하였다. 만일 이러한 양성자들이 쌍을 이룰 수 있었다면, 각각의 쌍은 중성자로 붕괴되었을 것이고, 그렇게 해서 중수소를 거쳐 헬륨이 되었을 것이다. 따라서 핵력이 몇 퍼센트 강한 세계에서는 대폭발로부터 수소가 전혀 남겨지지 않았을 것이다. 태양과 같은 안정된 별들이 존재할 수가 없고, 물도 존재할 수 없었을 것이다. 핵력이 어째서 지금과 같은 정도의 강도를 가지고 있는가를 우리는 알지 못하지만, 만일 그러한 강도가 아니었다면 우주는 완전히 다른 형태가 되었을 것이다. 이 경우에는 생명이 존재하지 못하리라는 것은 의심할 여지가 없는 사실이다.

많은 과학자들에게 깊은 인상을 심어놓는 것은 근본 상수의 변화가 물질계의 구조를 변화시킨다는 사실 말고도, 현재의 관찰되는 구조가 그러한 변화에 대단히 민감하다는 사실이다. 힘들의 약간의 변화만으로도 구조 자체에 극적인 변화가 찾아온다.

또다른 예로서 물질에 작용하는 전자기력(電磁氣力)과 중력의 상대적인 크기를 생각해보자. 이 두 힘은 별들의 구조를 형성하는 데에 결정적인 역할을 한다. 별들은 중력에 의해서 묶여 있으며, 중력의 크기는 별들의 내부 압력과 같은 것을 결정하는 데에 도움을 준다. 반면에 에너지는 전자기 방사에 의해서 별들로부터 흘러나온다. 이러한 두 힘의 상호작용은 대단히 복잡하지만 합리적으로 잘 이해될 수 있다. 무거운 별들은 더 밝고 뜨거워지려는 경향이 있으며, 중심부에서 발생하는 에너지를 빛과 열 방사의 형태로 표면으로 옮기는 데에 별 문제가 없다. 그러나 가벼운 별들은 더 차가우며, 그 내부의 것들은 방사만으로는 충분히 빠르게 에너지를 내보내지 않는다. 그러한 별은 대류(對流)에 의해서 보조를 받아야만 하며, 이것이 원인이 되어 표면층을 끓게 만든다.

이런 두 가지 형태의 별들—뜨겁고 방사적이거나 차갑고 대류적이거나—은 푸른 거인과 붉은 난장이로 알려져 있다. 이것들은 별들의 질량을 아주 좁은 범위 내에 제한시킨다. 별들 내부의 힘들의 균형이 그러하기 때문에 거의 모든 별들은 푸른 거인별과 붉은 난장이별 사이의 매우 좁은 범위에 위치한다. 그러나 브랜든 카터(Brandon Carter)가 지적한 바대로, 이러한 행복한 상황은 전적으로 자연의 근본 상수들 사이의 특별한 숫자상의 우연의 일치덕분이다.[1] 단지 10^{40} 의 1 부분만 중력의 크기가 달라져도 이러한 숫자상의 우연

---

1) B. Carter의 〈우주론에서의 인류발생 원리와 대단히 많은 우연의 일치(Large Number coincidences and the anthropic principle in cosmology)〉(M.S. Longair 편저, Reidel, 1974)

의 일치가 깨어진다. 그러한 세계에서는 모든 별들은 푸른 거인별이거나 붉은 난장이별이 되었을 것이다. 태양과 같은 별도 존재할 수가 없고, 따라서 태양과 같은 형태의 별에 의존하고 있는 생명체들도 존재할 수 없었을 것이다.

현재 관찰되는 세계를 구성하는 데에 필수적인 역할을 하는 숫자상의 '우연적인 사건'들의 목록은 대단히 길기 때문에 여기서 다 살펴볼 수가 없다 (충분한 설명이 필요한 독자는 필자가 쓴 《우연적인 우주(The Accidental Universe)》를 참조할 것). 이러한 우연의 일치의 중요성에 대해서는 과학자들 사이에서 의견이 매우 다양하다. 이것을 설명하기 위해서 각각의 우주들이 서로 다른 근본 상수들을 갖는 다우주 가설에 의존하려는 시도도 행해질 수 있을 것이다.

이러한 숫자상의 우연의 일치들은 설계의 증거로 생각될 수 있다. 물리학의 다양한 분야들이 교묘하게 꼭 들어맞을 수 있도록 상수의 값이 정교하게 일치되어 있다는 것은 하느님의 존재를 증명하는 것일지도 모른다. 약간의 변화에도 대단히 민감하도록 만들어진 현재의 이 우주 구조가 대단히 정밀하게 만들어졌다는 인상을 떨쳐버리기가 어렵다. 물론 그러한 결론은 주관적일 수 있다. 끝에 가서 이러한 결론은 개인적인 신앙에 관한 논쟁을 불러일으킨다. 이러한 것을 설명하기 위하여 다우주이론을 믿는 것이 더 쉬운가, 아니면 창조주의 존재를 믿는 것이 더 쉬운가? 어느 쪽 가설이든 엄밀한 과학적 의미에서 실험해보기는 어려운 일이다. 앞 장에서 설명한대로, 만일 우리가 다른 우주를 방문할 수가 없고 직접 체험할 수 없다면, 그것은 하느님에 대한 신앙 만큼이나 그 존재를 입증하기 어려운 문제이다. 아마도 미래의 과학의 발달은 다른 우주들의 존재를 직접적으로 증명하는 데에 도움을 줄지 모른다.

그러나 그때까지는 자연계의 존재를 지탱해주고 있는 근본상수의 놀라운 수치는 우주가 임의대로 생겨난 것이 아니라 설계된 것이라는 가장 설득력 있는 증거가 될 것이다.

14

기 적

신은 결코 무신론자들을 설득하기 위하여 기적을 행사하지는 않는다. 그것은
신의 평상시의 작업만으로도 충분히 설득력이 있기 때문이다.

프란시스 베이컨

역사 전체를 살펴볼 때, 전혀 망상에 빠지지 않았다고 안심해도 될만큼 건전
한 상식과 학식을 갖춘 사람들에 의해서 입증된 기적은 단 한 건도 발견된
예가 없다.

데이비드 흄

아무리 설득력 있게 보인다 할지라도, 우주론에 바탕을 둔 창조주의 존재
에 대한 논법이나 자연계 속에 나타난 의도적인 설계의 주장들은 기껏해야
간접적인 것에 지나지 않는다. 어떤 이들은 기적을 통하여 신의 활동이 물질
계에서 직접적으로 목격될 수 있다고 주장한다. 세상의 어떤 종교이든지 기
적에 따른 전설을 갖고 있기 마련이다. 성경은 그러한 자료를 숱하게 가지고

있으며, 오늘날에도 기적은 흔히 보고되고 있다.

그러한 증거의 중요성을 평가하기에 앞서 첫번째로 부딪치는 문제는 기적의 의미가 정확히 무엇인가를 결정하는 일이다. 여기에 대해서는 누구나 동의할 만한 결론이 없다. '현대 과학의 기적'이라는 말은 비범하고 웅장한 인상을 주지만, 기적이라는 말이 이 경우에 본래 뜻 그대로 사용되고 있다고 주장할 사람은 아무도 없을 것이다. 토마스 아퀴나스(Tomas Aquinas)는 기적을 "일반적으로 사물 속에서 진행되고 있는 질서에 의해서가 아니라 신성한 힘에 의해서 생겨난 어떤 것"이라고 정의내렸다. 현대적인 말로 하면 이것은 신에 의해서 창조된 자연법칙이 깨어지는 것을 뜻한다. 다시 말해 신이 세상 속에 직접 개입하여 '법칙을 깨어서' 어떤 것을 비정상적으로 변화시키는 것을 말한다. 만일 그러한 사건들이 확실하게 증명될 수만 있다면 신의 존재와, 세상과 신의 관계에 대한 실로 강력한 증거가 될 것이다.

그러나 이따금 어떤 기적은 훨씬 약한 것을 뜻하기도 한다. 재난에서의 '기적적인 탈출'은 신의 자비심을 증명해주었다. 비행기 추락 사고에서 혼자 살아남은 생존자는 자신의 구출을 하나의 기적으로 여길 것이다. 비록 사고로 죽은 다른 동료 승객들의 입장에서는 그 사고가 엄청난 참사이긴 해도 말이다.

이 평범치 않은 사고에 대한 '수호천사' 식의 해석은 자연법칙의 파괴와는 완전히 다른 것이다. 물리법칙이 중지되었기 때문에 비행기 사고에서 살아남은 것이라고 주장할 사람은 아무도 없을 것이다. 그러한 사건은 정상적인 물리법칙의 기능 속에서 일어난 순전히 우연한 일일 뿐이다. 고장난 낙하산을 타고 건초더미 위에 떨어진 낙하병은 단순히 운이 좋아 그곳에 떨어진 것이다. 거기에 신이 직접 개입했다는 증거는 없는 듯하다.

있을 법하지 않은 우연의 사건이나 행운의 탈출을 신의 자비로 생각하는 사람들은, 비록 평범하진 않다 해도 어디까지나 자연적인 사건에 자기들 나름대로 유신론적인 해석을 내리고 있는 것이다. 그러나 아무리 그 행운아가 '신이 나에게 미소짓고 있다'라고 확신한다 할지라도, 이러한 종류의 사건을 통해 신의 존재를 입증할 만한 객관적인 사례를 만들기는 어렵다. 축구 도박에서 우승의 행운을 안았다고 해서 그것이 신의 뜻인 것은 아니다. 게임이 규칙에 의하여 누군가는 이기게 되어 있었다고 생각할 수도 있다. 그리고 신의 도움을 요청하면서 전쟁에서 적군을 학살하는 군인들이라도 적군의 총알이 자기에게 맞는 순간 신이 어디에 있느냐고 반문할지도 모른다.

유신론자: 내 의견은 기적이야말로 하느님이 존재한다는 최선의 증거이다.

무신론자: 나는 기적이 뜻하는 바를 정확히 알지 못한다.

유신론자: 에, 기적이란 어떤 특별하고 예측할 수 없는 것을 말한다.

무신론자: 거대한 별똥의 떨어짐, 또는 화산의 폭발도 특별하고 예측할 수 없다. 기적이란 그러한 것들이라고 말하는 것은 물론 아니겠지?

유신론자: 물론 아니다. 그러한 현상은 자연적인 사건일 뿐이다. 기적은 초자연적인 현상이다.

무신론자: 초자연적이라니, 무슨 뜻인가? 그것은 단지 기적의 다른 표현이 아닌가? (옥스포드 사전을 뒤지면서) 여기에는 기적이 이렇게 풀이되어 있다. '초자연적인 현상. 원인과 결과의 평범한 기능을 초월해 있다.' 흐음, 당신이 말하고자 하는 바는 모두 이 '평범한'이라는 단어에 달려 있군.

유신론자: 평범하다 함은 우리에게 익숙하고 이해하기 쉽다는 것을 뜻한다.

무신론자: 발전기나 라디오는 전자기 현상에 익숙하지 못한 우리의 조상들에게는 기적으로 여겨지겠군.

유신론자: 그들이 그러한 장치들을 기적적인 것으로 여기리라는 것에는 동의하지만, 그것은 어디까지나 잘못된 것이다. 왜냐하면 그 장치들은 자연법칙에 따라 작동하기 때문이다. 진정으로 초자연적인 사건은 그것의 원인이 미지의 것이든 이미 알려진 것이든 어떠한 자연법칙에서도 발견될 수 없는 것을 말한다.

무신론자: 그러한 얘기는 하나마나한 것이다. 어떤 법칙의 미지의 것인지 아닌지 당신이 어떻게 아는가? 아직 세상에는 우리가 체험하지 못한 기이하고 예기치 않은 법칙이 있을지도 모르는 일이다. 공중에 떠다니는 바위를 상상해보라. 당신은 이것을 기적으로 여기겠는가?

유신론자: 그것은 경우에 따라 다르다… 나는 먼저 그곳에 환상이나 속임수가 없는지 확인해봐야 할 것이다.

무신론자: 하지만 거기에는 아무도 의심하지 않을 절대적인 환상을 만들어내는 자연법칙이 있는지도 모르는 일이다.

유신론자: 그런 식으로 말하면 우리의 모든 경험이 하나의 환상일지도 모르고, 따라서 우리는 더이상 토론을 하지 않는 편이 좋을 것이다.

무신론자: 좋다. 거기에 대해서는 그만 이야기하자. 하지만 당신은 어떤 변덕스러운 자기(磁氣) 효과나 중력의 효과가 그 바위를 공중에 뜨게 했

다고는 확신할 수 없을 것이다.

유신론자: 이상한 자력 현상보다는 하느님을 믿는 쪽이 더 쉬울 것이다. 이것은 어디까지나 믿음의 문제이다.

무신론자: 아! 기적이라는 것을 놓고 당신은 "하느님이 일으키는 어떤 것"이라고 생각하는군!

유신론자: 물론이다! 비록 하느님이 이따금 인간을 매개체로 사용하기는 하지만 말이다.

무신론자: 그렇다면 당신은 하느님의 존재를 입증하는 증거로서 기적을 이용할 수가 없게 된다. 당신의 논리는 돌고 도는 것이 될테니까. "기적은 어떤 힘의 존재를 증명하는데, 그 어떤 힘이 바로 기적을 일으킨다"라는 것이 된다. 당신이 인정한 대로 결국 이것은 단지 개인적인 믿음의 문제일 뿐이다. 당신의 말대로라면 기적이 어떤 의미를 가지려면 우리는 먼저 하느님에 대한 믿음을 가져야만 한다. 아무리 기적적인 사건으로 보이는 것일지라도 그 자체로는 하느님의 존재를 증명하지 못한다. 그것은 자연의 돌연변이에서 생겨난 사건일지도 모르니까.

유신론자: 공중에 떠 있는 바위를 기적의 관점에서 보기에는 의심스러운 점이 있다는 것을 나도 인정한다. 하지만 다른 유명한 기적을 생각해보자. 예수가 무리를 먹여 살린 것을 생각해보자. 당신은 어떠한 자연법칙도 예수가 한 것처럼 빵과 물고기를 그 자리에서 몇십 배로 늘릴 수 있다고 말하지는 못할 것이다.

무신론자: 하지만 이천년 전에 상당수의 미신적인 광신자들이 그들 자신의 종교를 선전하기 위해서 쓴 이야기를 사실 그대로 믿어야만 하는 정당한 이유라도 있는가?

유신론자: 정말 냉소적인 사람이군. 빵과 물고기 이야기는 그 자체만으로는 별 의미가 없다. 당신은 그것을 성경 전체의 문맥에서 보아야 한다. 성경에는 기적이 그것만 기록된 것이 아니다.

무신론자: 다른 예를 하나 더 말해보라.

유신론자: 예수는 물 위를 걸으셨다.

무신론자: 공중부양 말이군! 그러한 종류의 기적은 의심스러운 점이 있다는 것을 당신이 이미 인정한 줄 알았는데!

유신론자: 바위의 경우에는 그렇지만, 예수의 경우에는 그렇지 않다.

무신론자: 어째서 그렇지 않은가?

유신론자: 왜냐하면 예수는 하느님의 아들이고, 따라서 초자연적인 힘을 소
　유하고 있기 때문이다.

무신론자: 하지만 당신은 다시금 논점을 교묘하게 피하고 있다. 나는 예수가
　초자연적인 힘을 갖고 있었다고 믿지 않는다. 만일 그가 실제로 물 위를
　걸었다면 나는 그것이 자연의 돌연변이적인 사건이리라고 추측한다. 그
　러나 나는 어쨌든 그 이야기를 믿지 않는다. 왜 내가 그 이야기를 믿어
　야 한단 말인가?

유신론자: 성경은 수천만이 넘는 사람들에게 영감을 주는 원천이 되어오고
　있다. 그것을 가볍게 여기지 마라.

무신론자: 칼 마르크스의 저술도 마찬가지다. 나는 마르크스가 얘기한 기적
　에 대한 어떤 설명 역시 믿지 않는다.

유신론자: 당신은 성경의 얘기를 부정할지 모르지만, 최근 몇년 동안에도 기
　적을 체험했다고 주장하는 수백만명의 얘기를 가볍게 넘길 수는 없다.

무신론자: 사람들은 온갖 것을 주장하고 있다. 외계인과의 만남, 염력으로
　물건 이동하기, 투시력(透視力)등… 오직 바보나 미친 사람들만이 그러
　한 터무니 없는 얘기에 귀를 기울인다.

유신론자: 조잡하고 공상적인 주장들이 많이 행해지고 있다는 것은 나도 인
　정한다. 하지만 신앙 치료에 대한 증거는 명백하다. 루르드의 기적*을 생
　각해보라.

무신론자: 심령치료 말이군! 당신이 한 말을 인용해보자. "모든 것은 믿음의
　문제이다." 나도 그 말에 동의한다. 확실히 어떤 기형적인 의학적 사건을
　믿느니보다 신의 힘을 믿는 것이 쉽겠지?

유신론자: 당신은 모든 기적을 심령치료라는 것으로 헐뜯을 수는 없다. 어쨌
　든 그 용어가 뜻하는 바가 무엇인가? 그것은 '의학적으로 불가해한 것'
　을 부드럽게 표현한 것에 지나지 않는다. 만일 그것이 단지 자연적인
　우연에 지나지 않는다면 어째서 그토록 많은 사람들이 기적에 대하여
　확신을 갖고 있을까?

무신론자: 그것은 모두 주술시대(呪術時代)의 유물일 뿐이다. 과학이 생기
　기 전에, 또는 세계의 주요 종교들이 생겨나기 전에 원시시대의 사람들

---

* 프랑스의 루르드에서 공중에 나타난 성모 마리아를 본 어린 소녀가 마리아의 말대로 땅을 팠더
니 물이 솟아오르기 시작했다. 이후로 많은 불치의 환자들이 이 루르드의 샘물 덕분에 치료가
되었다.(역주)

은 거의 모든 현상이 주술에 의해서 일어난다고 믿었었다. 그들은 작은 신들이나 악마들이 모든 일을 일으킨다고 믿었다. 시간이 지남에 따라 과학이 더 많은 것을 해명하고 종교들이 유일신에 대한 생각을 발전시킴에 따라서 주술적인 세계관은 사라져가기 시작했지만, 아직도 그 흔적이 남아 있는 것이다.

유신론자: 당신은 지금 루르드의 순례자들이 악마를 숭배하는 자들이라고 주장하려는 것은 설마 아니겠지!

무신론자: 명백하게 아니다. 하지만 심령치료에 대한 그들의 믿음은 아프리카의 주술적인 의사들이나 영매들에 관한 믿음과는 별로 차이가 없다. 주술시대로부터 물려받은 미신이 기성종교에서는 단지 조직화된 것에 불과하다. 기적에 대하여 말하는 것은 단지 모양새 좋게 꾸민 기적장사꾼에 지나지 않는다.

유신론자: 세상에는 선과 악의 힘이 있다. 그것들은 여러가지 방식으로 나타난다.

무신론자: 그러면 당신은 사악한 초자연적인 사건 역시 하느님에 대한 증거로 생각하겠는가? 하느님 역시 사악한 힘을 휘두르는가?

유신론자: 선과 악의 관계는 미묘한 신학적인 주제이다. 당신의 질문에는 많은 견해들이 있다. 인간의 사악함이 궁극적으로 어디서 생겨났든지간에 그것은 악의 표현이지 하느님의 표현은 아닌 것이다.

무신론자: 따라서 당신은 만일 소위 마술적인 비법이 존재한다면, 그것이 반드시 하느님에게서 연유했다고는 생각하지 않겠지?

유신론자: 그렇다. 반드시 그렇지는 않다.

무신론자: 그렇다면 초자연적인 사건에는 최소한 두 가지 형태가 있을 수 있겠군. 하느님에게서 파생한 것, 이것이 바로 당신이 기적이라고 부르는 것이다. 그리고 두번째는 굳이 이름을 붙인다면 흑마술(黑魔術), 이것의 기원은 논란의 여지가 있다는 것이다. 그렇다면 내 생각으로는 그 중간적인 것도 있을 것이다. 심령치료나 예언능력 같은 것 말이다. 이 모두가 나에게는 약간 복잡하게 들린다. 나는 이 모든 주제들이 단순히 원시적인 환상, 주술시대의 유물, 다신론의 잔재라고 믿고 싶다. 기적에 대한 당신의 믿음은 단지 원시적인 미신이 약간 세련된 것일 뿐이다. 그리고 당신이 말하고 있는 권능과 힘을 가진 하느님에게는 어울리지 않는 것들이다.

유신론자: 나로서는 초자연적인 힘이 존재하며, 그것이 선 또는 악 등의 다양한 방식으로 취급될 수 있다고 생각하는 것이 전혀 불합리하게 느껴지지 않는다. 심령치료는 선한 측면의 것이다.

무신론자: 그리고 그것은 하느님에 대한 증거를 제공한다, 이 말이지?

유신론자: 나는 그렇게 믿는다.

무신론자: 재난에 대한 것은 어떤가? 치료 요청에 하느님이 응답하지 않는 불행한 사람들의 경우는 어떤가? 하느님은 그들을 돌보지 않는 것인가? 아니면 하느님의 능력은 경우에 따라서 변하는 것인가?

유신론자: 하느님은 신비한 방식으로 일하시지만, 그분의 능력은 절대적이다.

무신론자: 그것은 단지 당신이 알지 못한다는 것의 상투적인 표현에 지나지 않는다. 그리고 만일 하느님의 능력이 절대적이라면 무엇 때문에 기적이 필요하겠는가?

유신론자: 무슨 말인지 이해 못하겠다.

무신론자: 우주 전체를 통치하며, 어떤 일이든지 일어나게 할 수 있는 전능한 하느님이라면 기적같은 것이 별도로 필요할 까닭이 없을 것이다. 만일 그가 어떤 사람이 암으로 죽지 않기를 원한다면 애초에 그는 그 사람이 그 병에 걸리는 것을 막을 수 있었을 것이다. 사실 나는 기적이라는 것을, 신이 세상을 통제하기에 실패를 했기 때문에 그 손해를 메꾸려고 재치 없이 서두르고 있다는 증거로 간주하고 싶다. 하느님이 이 모든 기적을 연출할 이유가 도대체 무엇인가?

유신론자: 기적을 통해서 하느님은 자신의 신성한 힘을 증거하고 계신다.

무신론자: 그렇다면 어째서 그토록 불확실한가? 왜 하느님은 확실하게 하늘에다 분명한 선언문을 쓰거나, 달을 삼각형으로 만들거나, 아니면 다른 어떤 전혀 논쟁의 여지가 있을 수 없는 것을 하지 않는가? 더 좋은 일로는, 몇 가지 대규모 자연재해가 일어나지 않도록 막아주거나, 아니면 무서운 전염병이 퍼지는 것을 미리 방지해주지 않는가? 루르드에서의 병치료가 대단히 놀라운 것인지는 몰라도, 아직도 인간의 고통은 산적해있다. 다시 말하건대, 당신이 묘사하고 있는 기적은 전능한 하느님과는 관련이 없는 것들인 것같다. 전능한 하느님이라면 그렇게 할 리가 없다. 공중부양이나 물고기를 몇 갑절로 늘리는 일, 이것들은 마술적인 분위기를 띠고 있다. 확실히 그것들은 유치한 인간의 상상력의 산물에 지나지

않는다.

유신론자: 어쩌면 하느님께서는 언제나 재난을 막아주고 계신지도 모른다.

무신론자: 그런 대답이 어디에 있는가! 누구라도 똑같은 것을 주장할 수 있다. 내가 매일 아침 주문을 외어서 세계 전쟁이 일어나는 것을 방지하고 있다고 주장하면서, 실제로 세계전쟁이 터지지 않고 있는 사실을 그 증거로 든다고 상상해보라. 실제로 어떤 유 에프 오 광신자 집단은 그런 주장을 하고 있다.

유신론자: 기독교인들은 하느님께서 계속해서 세상을 존재하도록 해주고 있다고 믿으며, 따라서 어떤 의미에서는 세상에서 일어나고 있는 모든 일이 하나의 기적이며, 자연적인 것과 초자연적인 것을 구별해서 말하는 것 자체가 실제로는 주의를 딴데로 돌리기 위한 것이다.

무신론자: 당신이야말로 화제를 딴데로 돌리고 있다. 당신은 하느님이 곧 자연 그 자체라고 말하고 있는 것처럼 들린다.

유신론자: 나는 하느님께서 자연계에서 일어나는 모든 것의 원인이라고 말하고 있는 것이다. 비록 어떤 면에서는 그렇지 않는 것도 있지만 말이다. 하느님은 모든 것이 운행되도록 하실 뿐만 아니라 뒤쪽에 앉아 계신다. 하느님은 세상 밖에 계시며, 모든 존재를 지탱하면서 동시에 자연의 법칙을 초월해 계신다.

무신론자: 나로서는 우리가 지금 말을 가지고 구차한 변명을 하고 있는 것처럼 느껴진다. 자연은 일련의 훌륭한 법칙을 가지고 있으며, 우주는 이 법칙들에 의해 진화의 길을 걸어가고 있다. 당신이 말하는 '지탱해준다'는 것 역시 똑같은 얘기를 유신론자 식으로 표현한 것에 지나지 않는다. 당신이 말하는 하느님이라는 것 역시 단지 말의 표현이 다른 것이 아닐까? 그것은 단순히 우주가 계속해서 존재한다고 말하는 것과 어떻게 다른가?

유신론자: 우주가 존재한다는 단순한 사실만으로는 충분하지 않다. 그것은 우주의 존재는 어떤 것의 '표현'임에 틀림이 없다. 나는 그것이 바로 하느님의 표현이라고 믿는다. 대부분의 경우 하느님은 질서 있는 방식으로 우주를 존재시켜 나가고 있다. 이것은 당신의 관점에서는 물리법칙이라고 부르는 것이다. 하지만 때때로 하느님은 법칙을 벗어나 인간에 대한 경고, 또는 믿는 자들을 돕기 위하여 극적인 사건들을 연출해내기도 한다. 히브리인들을 위하여 홍해 바다를 갈랐을 때처럼 말이다.

무신론자: 내가 이해하기 어려운 것은 어째서 당신은 이 초자연적인 기적을 일으키는 자를 우주를 창조한 존재, 기도에 응답하는 존재, 물리법칙을 발명한 존재, 심판석에 앉아 계신 존재와 '동일시'하는가, 하는 것이다. 이 존재들을 각각 서로 다른 초자연적인 행위자들이라고 볼 수도 있지 않은가? 많은 종교들이 각각 자기들이 믿는 신들에 의해서 행해지는 기적을 이야기하고 있다. 따라서 기적을 믿는 사람은 수많은 초자연적인 존재들이 있다는 것을 인정해야만 할 것이다.

유신론자: 하나의 하느님이 많은 수의 하느님보다 더 간단하다.

무신론자: 나는 아직도 소위 기적적인 사건들이 아무리 확실하다 해도 그것이 어떻게 해서 하느님의 존재에 대한 증거로 간주될 수 있는지 알 수가 없다. 나로서는 당신이 사람이라면 누구나 가지고 있는 상상 속의 성모(聖母)에 대한 감정을 이용해서 그것을 실제 인물로 믿고는 그녀를 하느님으로 부르고 있는 것처럼 여겨진다. 당신은 어떻게 해서 그러한 기적들을 그토록 심각하게 받아들이는가?

유신론자: 나는 하느님을 불신할 수 있는 어떤 증거도 발견하지 못한다. 하느님은 세상만물을 다루고 계시는 모두의 창조주이다. 그가 우주를 창조한 기적에 비하면 홍해를 가른 것쯤이야 아무것도 아니지 않은가?

무신론자: 하지만 당신은 아직 당신의 논쟁을 하느님이 존재한다는 가정에 근거를 두고 있다. 그 가정이 부정되면 당신의 모든 얘기는 쓸모가 없어진다. 만일 당신이 묘사하고 있는 종류의 무한이고, 전지전능하고, 자비심 많은 등등의 신이 존재한다면, 홍해를 가르는 것쯤은 그에게는 하찮은 일이었을 것이다. 하지만 우리는 그가 존재한다는 것을 어떻게 알 수 있는가?

유신론자: 이 모든 것은 전적으로 믿음의 문제이다.

무신론자: 정말 그렇다!

결론이 안 난 이 대화를 통해 과학과 종교가 초자연적인 문제에 부딪쳤을 때 겪게 되는 갈등의 본질을 설명해주기를 나는 희망한다. 신이 활동하고 있다는 것을 믿으면서 자기 주변의 모든 것 속에서 매일 신의 작업을 보고 있는 종교인은 기적에 대하여 별로 거부감을 느끼지 않을 것이다. 왜냐하면 기적이란 세상에서 신이 활동하는 또다른 방식이기 때문이다. 반면에 세상이 단순히 자연법칙에 따라 움직이는 것으로 생각하기를 좋아하는 과학자들은 기적을 '무례한 짓', 자연의 세련미와 아름다움에 누를 끼치는 일종의 병리학적인 사건으로 간주할 것이다. 대부분의 과학자들은 기적이라는 것 없이 지내기를 원할지도 모른다.

물론 기적에 대한 증거는 논란의 여지가 상당히 많다. 만일 기존의 증거들로 미루어 기적의 존재를 인정한다면 다른 모든 것들도(이를테면 유 에프 오, 유령현상, 숟가락 휘기, 독심술 등) 부정할 정당한 이유가 없다. 비록 어떤 과학자가 기적을 인정하도록 설득당했다고 해도 기적적인 사건과 소위 초현상적인 사건들 사이에는 실제적인 구분이 있을 수 없다.

금속 구부리기에서부터 이 에스 피(ESP)에 이르기까지 초현상에 대한 관심들이 대단히 높으며, 날로 그 관심도가 높아져가고 있다. 자신들이 다루는 주제를 신학적인 언어로 풀이하는 초현상 연구가들은 극히 드물다. 심지어 심령치료의 경우에도 그것을 신과는 별로 상관이 없는 기적으로 취급하고 있다. 유명한 어떤 일요신문에서는 예수를 초능력자 유리 겔러(Uri Geller)와 비교한 적이 있다. 불행하게도 지금까지 보고된 많은 기적들은 마술쇼를 연상케 한다. 그 결과 한 예로, 쿠베르티노의 성 요셉(St. Joseph of Cubertino)은 걸핏하면 공중에 떠다녀서 그의 성스러운 형제들을 당황시켰기 때문에 오로지 대중에게 보여주려는 목적에서만 방안에 갇혀 지냈다고 한다.

이른바 초자연적인 종교 현상들을 상징하는 것들 중에 많은 것이 현대의 유 에프 오 단체에서 재등장하고 있다는 사실에 주목할 필요가 있다. 예를 들어 유 에프 오의 조종자들을 만나자 오랫동안 앓던 병이 치료되었다고 주장하는 목격담이 있다. 또는 단지 유 에프 오를 흘낏 본 것만으로도 그런 일이 일어났다고 주장하는 사람도 있다.

공중 부양 역시 큰 부분을 차지하고 있다. 비행접시가 하늘을 조용하고 평화롭게 속력을 내면서 인간세계의 거추장스런 로케트나 추진 엔진의 힘에 의지하지 않고서도 지구의 중력과 상관 없이 날아다녔다고 사람들은 주장한다. 이따금 유 에프 오에서 나타난 외계인들 자신이 중력이 없이 땅 위를 흘러다니기도 한다.

분명히 하늘의 기현상, 공중부양, 치료능력 등은 인간 심성에 깊이 뿌리박고 있다. 주술의 시대에 그러한 것들은 더 기승을 부렸다. 조직화된 종교의 발달과 더불어 그것들은 좀더 세련되어지거나 모습을 감추었지만, 강력한 원시적인 요소는 아직도 표면에서 사라진 역사가 없다. 이제 조직화된 종교에 식상하는 물결이 일어나자 그러한 원시적인 요소들은 좀더 기술적이고 세련된 모습을 하고서 우주선과 유사과학과 심령현상, 염력 등의 언어로 나타나기 시작하였다. 이를테면 원시적인 미신과 우주시대의 현대물리학 등 수개 국어가 혼합된 모습을 하고서 재등장하기 시작하였다.

기적은 언제나 종교의 흥행 사업으로 결말지어지며, 다른 소위 초현상들 곁에 불쾌한 모습으로 서 있다. 기적이라고 하는 것들의 상당수는 마술처럼 상당히 불미스럽다. 신자들은 첫번째로 그러한 현상이 실제로 일어난다고 무신론자를 설득해야 한다. 이것은 대부분의 증거가 미심쩍기 때문에 꽤나 힘든 일이다. 동시에 그 기적들이 신과 직접적으로 연결되어 있다고 하는 사실을 설득시켜야 하는 이중적인 어려움을 신자들은 안고 있다. 그러려면 모든 초자연적인 사건을(심지어 불쾌한 사건들까지도) 신의 작업이라고 인정하든지, 아니면 어떻게 해서든 신의 기적과 나머지 것들 사이에 분명한 구분선을 그어놓아야만 한다. 그리고 초능력 등의 현상들이 대단히 익숙해진 시대에는, 기적을 믿는 사람들은 그 기적이 신의 능력보다는 인간의식의 힘에 의한 것이라고 생각하기가 쉽다.

15
우주의 종말

그와 같이 땅에서도 영광이 이루어지이다.

만일 우주가 신에 의해서 설계되었다면, 거기에는 반드시 목적이 있을 것이다. 만일 그 목적이 달성되지 않는다면 신은 실패한 것이 된다. 그리고 만일 그 목적이 달성되면 우주는 더 이상 존재할 필요가 없을 것이다. 우리가 알고 있는 한 우주는 종말을 맞이하게 될 것이다.

세상의 종교들은 우주가 종말을 맞이할 시간과 방식에 대해서 얘기가 많이 다르다. 어떤 이들은 종말이 멀지 않았으며, 그것은 대파괴와 함께 갑작스럽게 닥쳐올 것이라고 주장한다. 그리고 그때 죄인들은 엄중히 심판받게 될 것이라고 경고한다. 또 어떤 이들은 현재 우리가 사는 이 험난하고 불확실한 세계가 끝이 나고 조만간 천국이 도래할 것이라고 말한다. 동양의 몇몇 종교들은 세상은 계속해서 순환한다는 철학을 가지고 있는데, 이 관점에 따르면 이 세계의 종말이란 또다른 비슷한 세계가 탄생한다는 신호일 뿐이다.

현대 과학은 우주의 종말에 대하여 어떤 시나리오를 가지고 있는가?

제2장에서 열역학 제2법칙이 어떻게 우주의 조직과 질서를 혼란 속으로 끌어내리는가를 살펴보았다. 우리가 보는 모든 것, 우주의 구석구석에서 엔트로피(무질서의 수치)가 되물릴 수 없이 증가하고 있으며, 따라서 우주의 질서량은 서서히 그러나 분명히 고갈되어가고 있다. 우주는 열평형과 최대한의 무질서 상태를 향하여 무너져가고 있는 운명인 듯하다. 그 다음에 어떤 일이 벌어질지는 아무도 모를 일이다. 물리학자들은 이러한 우울한 현상을 '열사망(熱死亡, heat death)'이라고 부른다. 이는 일세기가 넘도록 얘기되어 온 문제이다.

열역학 제2법칙은 물리학의 모든 분야에 있어서 아주 기본적이기 때문에 그것의 쓸모에 대해서 의문을 제기하는 물리학자는 거의 없다. 제9장에서 본 대로 열역학 제2법칙은 시간의 비대칭을 만들기 때문에 그 결과 과거와 미래 사이에 구분이 생긴다. 따라서 제2법칙을 파괴하는 것은 시간의 흐름을 거꾸로 돌리는 것에 해당한다.

그러나 열역학 제2법칙은 우주를 최대한의 무질서인 종말적 상황으로 몰고가는 우주 대파국의 본질에 대해서는 아무 것도 말해주지 않는다. 지난 30년 간 현대 천문학이 급속도로 발전함에 따라서, 세상의 복잡한 조직과 정교한 활동을 여지 없이 파괴할 몇 가지 대사건들에 대한 세부적인 시나리오를 작성하는 것이 가능하게 되었다.

지구의 운명은 태양의 운명과 밀접하게 연결되어 있다. 지구의 생명체들은 햇빛을 먹고 살아가며, 태양이 현재의 침묵을 깨고 큰 변화를 일으키면 지구는 막대한 재난에 휘말려들 것이다. 태양이 경련을 일으키면 지구는 생명이 살 수 없는 불모지로 변하리라는 데에는 의심할 여지가 없다. 태양의 일정한 열 방출이 약간만 변화해도 지구의 미묘한 기후는 균형이 깨어질 것이고, 자연히 우리는 종말적인 빙하시대로 던져질 수 있다. 소위 태양풍이라고 하는 것—태양 표면에서 나오는 끊임 없는 입자들의 흐름—과 관련된 태양계의 자기(磁氣) 변화 역시 똑같은 격렬한 변화를 지구에 불러일으킬 수 있다. 마찬가지로 근처에 있는 별이 폭발하면 우리는 치명적인 방사선 속에 목욕을 하게 될 것이며, 블랙홀 하나가 태양계를 지나가도 그 궤도 안에 있는 혹성들은 요란하게 진동할 것이다.

그러나 지구가 이 모든 불쾌한 가능성들로부터 요행히 벗어난다고 가정해도, 모든 것이 지금처럼 '영원히 영원히' 계속될 수 없다는 것은 분명하다. 태양에서 뿜어져 나오는 풍부한 열 에너지는 핵연료를 댓가로 치룬 것이며, 결과적으로 태양의 연료창고는 언젠가는 바닥나기 시작할 것이다. 천체물리학자들은 이것이 앞으로 40억년이나 50억년 내에는 일어나지 않을 것이라고 계산하고 있는데, 이것은 실로 막대한 시간이다. 그러나 우주의 역사가 180억년이며 태양은 이미 45억년의 나이를 먹었다는 것을 생각하면, 우주는 어느덧 중년의 나이에 접어들었다고 할 수 있다.

연료 잔고가 낮아질수록 태양은 점점 크게 부풀어올라서, 천문학자들이 말하는 '붉은 거인(red giant)'이라는 별로 바뀔 것이다. 태양의 중심은 계속해서 필요한 에너지를 생산하기 위하여 절망적으로 싸우면서 움츠러들 것이다. 이 단계에서 태양은 너무나 부풀어올라서 태양계 내부의 혹성들을 빨아들일 것이며, 지구의 대기권은 사라지고 딱딱한 바위들은 녹아 없어지거나 증발할 것이다. 그 후에 태양은 새로운 체험을 겪게 되는데, 오늘날 그토록 풍부한 수소는 쓸모가 덜한 헬륨으로 대체될 것이며, 제13장에서 설명한 바대로 점점 무거운 원소들로 대체될 것이다.

마침내 모든 원소가 고갈되었을 때 태양은 철과 같은 적당히 무거운 원소들로 이루어지게 될 것이다. 이제 에너지를 생산하는 더 이상의 핵융합이 일어나지 않을 것이다. 철은 가장 안정된 형태의 원자핵이며, 열역학 제2법칙에 따라 모든 시스템은 가장 안정된 상태를 추구하기 마련이다. 이러는 동안 태양의 중심 온도는 꾸준히 높아져서 10억도가 넘을 것이다. 이제 모든 연료를 다 써버린 상태에서 내부의 지탱 압력이 불안정해지면서 중력이 지배하게 될 것이다. 이제 태양은 그 자신의 무게를 견디지 못해 수축되기 시작할 것이며, 그 내부의 물질들이 사정 없이 부서지면서 그 밀도가 1입방센티미터당 100만 그램이 넘게 될 것이다. 수축되고 불이 꺼진 태양은 지구의 크기로 작아질 것이며, 서서히 흐려지고 식어가서는 결국 하나의 검은 난장이 별로 경력을 마감하면서 수백억년의 세월동안 활동 없이 남아 있게 될 것이다. 이렇듯 모든 별은 더 이상 중력의 무자비한 힘에 자신의 무게를 지탱할 수 없을 때까지 계속해서 불타고 있다.

어떤 별들은 초신성(超新星)처럼 더욱 장관을 이루면서 죽을 것이다. 그러한 별들은 내부가 순식간에 폭발하여 거대한 에너지를 방출하면서 자신을 파편조각으로 우주공간에 날려버릴 것이다. 이러한 가미가제 식의 별들은 그 파편 하나가 상당량의 고도로 으깨어진 물질로 이루어져 있어서, 태양의 질량에 해당하는 것이 단지 몇 마일 직경의 덩어리 속에 압축되어 있을 것이다. 그러한 물체의 중력은 너무나 거대하기 때문에 단지 한 숟갈의 물질이 지구의 무게보다 더 무거울 것이다. 그 힘이 너무나 크기 때문에 심지어 원자들도 그 힘을 견디지 못하고 내면으로 짜부러져 중성자만으로 이루어진 바다를 형성할 것이다. 이러한 중성자별은 천문학자들에게는 익숙한 것이어서 과거에 일어난 초신성 폭발물들 속에서 그러한 별을 발견할 수가 있다.

이것보다 더 무거운 별들은 중성자별로 전환하는 것으로도 중력의 힘 앞에서 당해낼 재간이 없다. 그러한 별들은 점점 빠른 비율로 수축하여 마침내 블랙홀로 생애를 마감할 것이다.

우주론자 에드워드 해리슨(Edward Harrison)은 다음과 같은 생생한 용어로 우주의 서서히 진행되는 파멸을 묘사한다.

별들은 깜빡거리는 양초들처럼 서서히 흐려지기 시작하면서 하나씩 꺼져가고 있다. 거대한 천체 도시들인 은하계들은 서서히 죽어가고 있다. 수십억 년이 지나면서 어둠이 깊어져가고 있다. 이따금 깜박이는 빛 하나가 우주의 밤을 빛내며, 어디선가 활동이 생겨나 은하계의 무덤이라는 우주의 최종선고를 다소 연기시킨다.[1]

물질계는 가장 높은 엔트로피 상태(열평형 상태)를 향해 나아가면서 몇가지 기이한 과정을 겪는다. 별들이 어쩔 수 없이 불타 없어짐에 따라 우리 은하계의 조직은 크게 흔들리기 시작한다. 태양과 같은 별들의 경우에는 이것이 수십억년이 걸리며, 이 기간 동안 새로운 별들이 계속해서 별들간의 가스층으로부터 형성될 것이다. 작은 별들은 죽는 데에 수천 배가 더 오래 걸릴 것이다. 그러나 결과적으로 별들이 갖고 있는 에너지는 열 방사의 형태로 우주공간에 마구 뿌려지고 있으며, 따라서 은하계는 점점 흐려지고 차가워질 것이다. 다른 은하계에도 비슷한 운명이 일어날 것이다.

죽은 별들은 아직 더 많은 것을 겪게 되겠지만, 이 경우에는 시간의 규모가 엄청나게 커진다. 타버린 찌꺼기들은 은하계 주변을 돌기 때문에 이따금 충돌이 발생할 것이다. 블랙홀은 어떤 별 또는 어떤 물질을 만나든지 삼키려 할 것이며, 그리고 만일 몇몇 천문학자들이 믿듯이 우리의 은하계 중앙에 거대한 블랙홀이 있다면 그것은 주위의 물질을 끌어들여 점점 커져갈 것이다. 별들의 궤도는 서서히 붕괴할 것이다. 수많은 시간이 지나면 별들의 찌꺼기

---

1) 해리슨(E.R Harrison)의 《우주론(Cosmology)》(1981년 캠브리지 대학 출판부) p.360

는 은하계의 중심 부분으로 더 가까이 표류해 들어갈 것이며, 마침내 탐욕스러운 괴물 구멍 속으로 빨려들어가 최후를 맞이할 것이다. 그래도 몇몇 죽은 별들은 다른 별들과의 뜻하지 않은 만남을 통해 은하계 밖으로 던져짐으로써 이러한 운명에서 벗어날 것이다. 그리하여 은하계들 사이의 광대무변한 우주공간 속을 외롭게 떠돌 것이다.

블랙홀의 덫에서 벗어난 별들이나 또는 가스들, 먼지들은 그 집행유예가 단지 일시적인 것에 지나지 않는다. 만일 대통합이론(大統合理論)이 옳다면, 이러한 우주 방랑자의 핵물질은 대단히 불안정하며, 그래서 10^{32}년쯤 뒤에는 증발해버릴 것이다. 중성자들과 양성자들은 양전자(陽電子)와 전자들로 붕괴하기 시작할 것이며, 그러면서 이것들은 서로를 소멸시킬 것이다. 모든 견고한 물질들은 분해될 것이다. 이러한 대량학살의 결과는 우주가 실제로 얼마나 빠른 속도로 팽창하느냐에 달려 있다. 만일 그 팽창속도가 더 빠르다는 계산이 옳다면 전자와 양전자들은 서로에게 달려가 소멸되는 속도보다 더 빠른 팽창 속도에 의해서 갈라질 것이다. 그래서 완벽한 대학살은 일어나지 않을 것이다. 거기 언제나 약간의 입자들이 남겨질 것이다. 그렇게 소멸된 것들은 감마선을 방출할 것인데, 이것은 우주 팽창과 함께 서서히 약해질 것이다. 동시에 우주 속에서 대폭발 때에 생긴 중성자들과 열 방사선이 있을 것이다. 이 모든 성분들은 서서히 절대 온도 0도를 향해 식어갈 것이다. 물론 비율은 각각 다를 것이다. 물질(전자와 양전자들)은 방사선보다 더 빨리 식어갈 것이다. 이렇게 해서 비록 둘 다 절대 온도 0도를 향해 접근해가고 있으며 그래서 그것들의 온도 차이는 줄어들긴 했지만, 그럼에도 불구하고 거기 언제나 어느 정도의 온도 차이가 있을 것이다. 이 온도 차이는 원리상 자유 에너지(엔트로피 감소)가 생겨나는 원천이 될 수 있다. 이처럼 비록 대단히 황폐해진 우주가 최종적인 소멸 상태에 가까와지긴 하지만 완전하게 그렇게 될 수는 없으며, 따라서 어떤 의미에서는 진정한 열사망은 일어나지 않을 것이다.

만일 우주가 좀더 느리게 팽창한다면 전자와 반전자들의 소멸이 더욱 쉬워질 것이다. 그러나 단순한 충돌로는 상호파괴가 일어나지 않는다. 전기적인 힘들은 전자와 반전자를 끌어당긴다. 그래서 그것들로 하여금 '포지트로늄(positronium)'이라고 알려진 원자를 형성하게 해줄 것이다. 계산에 따르면 느리게 팽창하는 우주에서는 대부분의 입자들이 10^{71}년 뒤에는 포지트로늄을 형성할 것이다. 하지만 포지트로늄은 사실 매우 기묘하게 생긴 원자라서, 크기가 자그만치 수천억 광년이나 된다. 입자들은 서로의 둘레를 너무나 천천히 돌기 때문에 단 1센티미터를 움직이는 데에도 백만년이 걸린다. 포지트로늄은 대단히 불안정하며, 이들 거대한 궤도들은 아주 낮은 에너지 광자들을 방출하면서 매우 느리게 붕괴될 것이다. 10^{116}년 뒤에는 대부분의 포지트로늄은 붕괴될 것이며, 입자들은 서로 부딪치면서 즉각적인 소멸이 발생할 것이다. 붕괴 기간 동안 10^{22}개를 넘지 않은 광자들이 각각의 포지트로늄 원자들에 의해서 방출될 것이다. 거대한 엔트로피 증가이다.

블랙홀 역시 아무런 활동이 없이 남아 있지는 않는다. 제13장에서 간단히 소개된 양자 효과에 따르면, 그 구멍은 엄격히 말해 검은 색이 아니라 아주 적은 양의 빛으로 불타고 있다. 태양만한 질량을 가진 블랙홀의 경우 그 온도는 절대 온도 0도보다 겨우 100억분의 1도 정도 높은 온도이며, 크기가 더 큰 구멍은 그 온도가 더 낮다. 우주의 배경 온도가 이것보다 높게 유지되는 한 구멍들은 열 흡수에 의해서 매우 서서히 커져갈 것이다. 구멍들이 다른 물체들이나 다른 별들과 부딪침에 따라 몇 가지 활동이 계속 일어날 것이고, 어떤 회전하는 구멍들은 회전이 서서히 느려질 것이다. 하지만 우주공간의 온도가 마침내 구멍의 온도보다 아래로 떨어졌을 때 가장 심한 변화가 일어나기 시작할 것이다.

주변환경보다 뜨거운 온도를 가진 블랙홀은 열을 빼앗기는 경향이 있을 것이며, 따라서 에너지를 잃을 것이고, 자연히 서서히 수축하게 될 것이다. 수축하면 온도가 다시 약간 올라갈 것이고, 이것이 또다시 에너지 방출을 가속화시키는 원인이 될 것이다. 구멍은 이렇게 해서 점점 빠른 속도로 증발해 버릴 것이다. 무한히 긴 시간대를 거치면서 수축 비율은 증가할 것이며, 마침내 아마도 10^{108}년 뒤에는 아무리 거대한 블랙홀이라고 해도 완전히 사라져 버릴 것이다.

하나의 블랙홀이 마지막에 어떻게 죽는지 아는 사람은 아무도 없다. 하지만 그것은 미시(微視)차원으로 줄어들어 너무나 뜨거워진 나머지 물질을 창조하기 시작할 가능성이 크다. 그 단계에서는 그것은 단지 몇십억년밖에 살지 못한다. 결과적으로 그 구멍은 아마도 감마선의 소나기 속에서 폭발할 것이며, 그래서 이전의 존재라곤 찾아볼 수가 없게 될 것이다.

이러한 연구들은 현재 우리가 살고 있는, 대단한 영광과 활동으로 가득찬 이 우주의 비참한 운명을 말해준다. 비록 그렇게 되기까지 걸리는 시간이 인간의 상상력을 초월하긴 하지만(10^{100}이 1 다음에 0이 100개 온다는 것을 상상해보라), 현재 관찰되는 모든 구조물들이 마침내 차갑고 어두운, 거의 허공에 가까운 공간만을 남겨둔 채 사라져버릴 운명이라는 것에는 의심할 여지가 없다. 이 공간 속에는 몇몇의 분리된 중성자와 광자, 그리고 그밖의 소수의 다른 것들이 엷게 분포되어 있을 것이고, 이것들마저 그 밀도가 점점 엷어져갈 것이다. 이것은 많은 과학자들이 심히 우울하게 엮어내는 시나리오다.

그러나 또다른 운명이 가능하다. 위의 결론은 우주가 계속해서 더 많이 팽창할 것이라는 가정하에서 얻어진 것이다. 이것은 분명하지 않다. 중력이 은하계들의 물러남을 잡아당기기 때문에 팽창 속도가 꾸준히 떨어지고 있다는 사실이 얘기되고 있으며, 어떤 우주론자들은 우주가 어느 날인가는 팽창을 멈추고 정지할 것이라고 믿는다. 그렇든 그렇지 않든간에 이것은 어디까지나 우주의 중력에 달린 문제이며, 중력은 물질의 밀도에 달린 문제이다. 물질이라고 하면 중력파같은 보이지 않는 에너지뿐만 아니라 중성미자(中性微子)나 블랙홀같은 물질까지 포함되기 때문에, 우주의 총 밀도가 어떻게 될것인가를 판단하기란 거의 불가능하다.

만일 팽창이 정지되는 경우에는 우주는 정적(靜的)인 상태로 머물러 있지는 않을 것이며, 팽창할 때와 같은 속도로 다시 수축하기 시작할 것이다. 처음에 그 수축은 매우 느린 속도가 될 것이지만, 수십억년이 지나면서 그 속도는 가속화될 것이다. 현재 서로 물러나고 있는 은하계들은 이번에는 줄곧 속도가 빨라지면서 서로 접근하기 시작할 것이다. 이러한 상태는 엄청난 대변동을 일으킬 것이다.

우주가 현재 크기의 100분의 1의 크기로 움츠러들었을 때 그 압축 효과는 온도를 물이 끓는 점까지 높일 것이고, 그러면 지구는(만일 태양의 대변동에서 살아남았다면) 생명체가 생존할 수 없는 환경이 될 것이다. 또한 각각의 은하계들은 더 이상 식별이 불가능할 것이다. 왜냐하면 은하계 사이의 공간이 좁혀짐에 따라 은하계들끼리 서로 얽혀들 것이기 때문이다. 나아가 수축으로 인해 온도가 계속 올라가서 하늘 전체가 아궁이처럼 불타오르기 시작할 것이며, 이 뜨거운 흰색 공간 속에 묻힌 별들은 부글부글 끓기 시작하다가 마침내 폭발할 것이다.

사건의 진행속도는 이제 상당히 빨라진다. 모든 구조물들이 증발하며, 그 원자들은 흩어져버린다. 몇십만년 안에(그 이상은 아니다) 원자핵들은 높아가는 온도 속에서 조각조각 부서질 것이다. 사건들은 이제 미친듯이 진행된다. 누적되는 중력이 우주의 수축을 가속화시킴에 따라 우주는 몇 분, 그러다 몇 초, 그러다 백만 분의 1초 내에서도 금방 식별할 수 있을 정도로 맹렬히 움츠러들 것이다. 이것이 바로 대폭발에 반대되는 현상인 '대압축(big crunch)' 이다.

이러한 무자비한 사건에 영감을 받아 시인 노만 니콜슨 (Norman Nicholson) 은 이렇게 썼다.

> 만일 우주가 방향을 바꾸어
> 어떤 댓가를 요구한다면,
> 만일 현재 관찰가능한 빛이
> 내부로 흘러 하늘이
> 은하계들의 눈보라를 내린다면,
> 밤의 렌즈는 불탈 것이다
> 촛점이 맞추어진 태양보다 더 밝게.
> 그리고 인간은 뜨겁고 하얀 어둠으로
> 장님이 되어버릴 것이다.

우주는 이제 백만분의 1초 뒤면 죽음을 맞이한다. 대압축은 대폭발의 거꾸로 과정이다. 원자핵 입자들은 쿼크들로 찢어질 것이고 모든 원자핵 이하의 파편들이 잠깐 모습을 나타내겠지만, 우주 전체는 원자의 공간보다 더 작은 크기로 움츠러들며, 이때 시공간 자체가 분해되어버린다.

많은 물리학자들은 대압축이 물리적인 우주의 종말이라고 믿는다. 우주가 —모든 시간, 공간, 물질이— 대폭발 속에 존재를 나타냈다는 것을 믿듯이, 그들은 우주의 존재가 대압축 속에 소멸될 것이라고 믿는다. 이것은 완벽한 소멸이다. 아무 것도 남겨지지 않는다. 아무런 장소도, 아무런 순간도, 아무런 물체도 없다. 마지막으로 하나의 '특이점(singularity)'이 남을 것이다. 이 특이점 상태에서는 모든 존재가 중력의 무한히 파괴적인 힘에 굴복해버린다. 그리고는 더 이상 아무것도 남지 않는다. 우주의 산파 역할을 한 중력은 또한 우주의 장의사인 것이다.

그러나 모든 과학자들이 우주의 이러한 장엄한 종말을 받아들이는 것은 아니다. 어떤 이들은 미지의 물리적인 힘이 작용하기 때문에 밀도가 어느 정도로 높아지면 대압축이 정지할 것이며, 그리하여 우주가 또다시 팽창과 재생의 싸이클 속으로 반동해 들어간다고 주장한다. 이러한 팽창과 수축의 순환은 무한히 반복된다는 것이다. 이것은 이미 제12장에서 언급한 '흔들이 우주(oscillating universe)'이다. 초고에너지 물리학 연구가 더 진행되어야 이 주제에 관한 것이 풀릴 것이다.

과학이 우주의 운명에 대한 다양한 시나리오를 제공해주긴 하지만, 모두가 한결같이 이 우주의 종말을 예견하고 있다. 이점에 있어서는 대부분의 종교적인 말세론과 일치한다. 그러나 그렇게 되기까지 걸리는 시간은 상상을 초월할 정도로 엄청나기 때문에 우주의 죽음을 지금의 인간 존재와 연결시키는 것은 불가능한 일이다. 만일 현재와 우주창조 시기의 구분이 불가능할 정도로 아득히 먼 미래에까지 어떤 의식을 가진 생명체들이 존재한다면, 그 생명체는 인간 존재는 아닐 것이다. 수천억년에 걸친 진화와 기술 발전으로 그 시대에는 전혀 다른 생명체가 살고 있을 것이다.

우선 무엇보다도 '인공지성'의 발전으로 말미암아 인간은 최고의 지적 우월권의 자리를 기계에게 내주어야 할 것이다. 사실 이것은 어떤 의미에서는 이미 일어나고 있는 일이다. 지금으로부터 아득히 먼 미래가 되었을 때 계속되는 발전에 힘입어 기계가 인간 두뇌의 능력을 훨씬 능가하게 될 가능성은 많다. 그리고 그러한 기계들은 크기의 제한이 없기 때문에 우리가 현재 이해할 수 있는 것을 완전히 초월한 인공 초(超)두뇌의 괴물을 상상하기란 어렵지 않다. 게다가 정보를 곧바로 서로에게 전달할 수 있는 전기장치의 개발로 그 모든 기계두뇌들은 하나로 연결될 수 있을 것이다. 도처에서 일하는 수많은 초두뇌들을 하나의 초특급두뇌로 연결망을 조직하여 우주전체를 연결하는 정교한 전파통신망을 상상할 수도 있다.

유전자 조작의 발달은 생각하는 기계에 새로운 전환을 가져올 것이다. 지금까지는 생명체의 발전은 자연적인 진화의 힘에 의해서만 가능했으나, 우리의 물질적 정신적 특성들을 결정짓는 분자 구조물들을 통제할 수 있게 됨에 따라 현존하는 유기체들을 바꾸는 일이 가능할 것이며, 심지어 새로운 유기체를 개발하는 일도 가능할 것이다. 이종교배(異種交配)와 상호 유도를 통해서 극히 제한된 범위에서 이미 행해지고 있다. 분자 공학을 통하여 두뇌들이 새로운 질서로 '성장'하지 못할 아무런 이유가 없다. 그렇게 되면 자연적인 지성과 인공 지성의 구별은 사라질 것이다. 인간에 의해서 창조된 이들 우수한 두뇌들은 유전인자가 조작된 생물학적인 유기체들로 간주되거나, 아니면 고착된 상태의 하드웨어 대신에 유기체적인 하드웨어를 사용하는 진보된 컴퓨터들로 간주될 것이다. 심지어 그 두 가지가 공생(共生)하는 것까지도 상상해보는 일이 가능하다. 유기체적인 두뇌가 고착된 상태의 회로에 연결되거나, 또는 미래의 슈퍼칩(superchip)이 일종의 '보조 장비'로서 두뇌 속에 이식될 수 있을 것이다. 아니면 좀더 판에 박힌 생각하는 기계에서는 반도체 대신에 유기체적인 성분들을 사용하는 것이 의미 있을 것이다. 물론 이러한 가능성들의 어떤 것도 우리가 볼 수 있는 가장 먼 미래에 실현가능하리라고 주장하지는 않지만, 그렇다고 백만년에 걸친 과학적인 탐구 끝에도 그것들이 성취되지 않으리라고 자신 있게 주장할 수 있을까? 현재의 과학은 불과 몇 세기밖에 되지 않은 것임을 상기하라.

우주와 우주에 거주하는 존재들이 과연 아득히 먼 미래에 어떻게 될 것인가를 생각할 때 한 가지 고려해야 할 문제는, 그때에 가서 지적인 생명체가 자연계에 어느 정도 힘을 발휘할 수 있는가 하는 것이다. 이 우주는 강력한 원자핵 상호작용에서부터 넓은 범위에 걸친 중력의 효과에 이르기까지 엄청난 우주적 힘에 의해서 형태가 만들어졌다. 하지만 우리는 인공적인 환경의 기초도 본다. 물줄기를 돌리고, 댐을 쌓고, 숲이 만들어지고, 파괴되고, 사막이 경작되고, 산들은 파괴된다. 지구 표면에서 인간 활동의 증거를 보여주지 않는 지역은 거의 없다시피 할 정도이다. 기술과 과학적인 이해가 진보함에 따라 우리는 후손들이 더 폭넓고 더 복잡한 물리적인 시스템들을 통제하는 능력을 얻게 되리라고 예상할 수 있다. 프리먼 다이슨(Freeman Dyson)은 자신들이 사는 혹성의 구조를 철저하게 개조하는 진보된 기술 공동체를 상상한 적이 있다. 이 기술 공동체는 방출되는 에너지를 최대한 활용하기 위하여 혹성 둘레에 인공 천체 껍질을 씌운다. 혹성들을 개조하는 데에 필요한 기술 차원은 영원히 환상으로 그칠지 모르지만, 그러한 모험은 기술이 아니라 근본적으로 시간과 돈과 자원을 필요로 한다.

그러므로 우리는 흥미 있는 관점 한 가지를 갖게 되었다. 기술 계획에 필요한 사실상 무제한의 시간을 가진 우주에서는, 우리는 물리법칙에 관련된 그 '어떤 것'도 조종할 수 있지 않을까? 불과 몇 천년 동안에 인간은 겨우 한 뼘 크기의 손연장 규모에 있던 기술에서 크기가 몇 마일이나 되는 대규모 공학계획(다리, 터널, 댐, 도시)으로 진보하였다. 만일 이러한 추세가 계속 발전한다면, 아무리 그 발전 속도를 느리게 잡는다 해도 머지 않아 지구 전체가, 그 다음에는 태양계가, 그리고 결국에는 별들까지 모두 '기술화'될 것이다. 은하계 자체는 조작에 의해서 형태가 바뀔 수도 있을 것이며, 별들의 궤도도 바뀌고, 또한 가스 구름으로부터 인공적으로 창조될 수도 있을 것이며, 아니면 기초가 불안정한 공학을 이유로 파괴될 수도 있을 것이다. 블랙홀은 에너지원(源)으로, 또는 우주 사회의 폐기물들의 처리장치로 쓰이기 위해 인공적으로 형성되거나 통제될 수 있을 것이다.

그리고 만일 은하계가 이것이 가능하다면, 왜 우주 전체라고 해서 안 되겠는가? 이것을 터무니 없는 비약이라고 간단히 처리할지 모르지만, 이것은 중요한 철학적인 문제를 불러일으킨다. 자연적인 것과 인공적인 것, 맹목적인 힘과 지성적인 통제 사이에 구분이 있다면, 그 구분점은 무엇인가? 이것은 자유의지와 결정론에 대한 논쟁에 새로운 시각을 준다.

하나의 시스템이 지성적인 통제 아래 있을 때 그것은 여전히 물리법칙을 따를 것이다. (의식-육체 상호작용의 차원에서 논쟁의 여지가 있는 것을 제외하고는) 어떤 대규모의 인공 구조물이라 해도 물리법칙을 파괴한다는 증거는 없다. 한 예로 철도망이나 원자력 발전소가 자연발생적으로 일어나지는 않지만, 이들 구조물은 여전히 자연 법칙의 틀 안에서 자리를 잡고 있다. 그리고 이들 구조물에 의해서 생겨난 질서는 건축과정에서 야기된 엔트로피 상승에 의해서 맞비겨진다.

제6장에서 토론한 바처럼, 두뇌의 기능을 하드웨어 차원의 물리법칙의 관점에서 설명하는 방법이 있을 수 있고, 아울러 소프트웨어 차원의 생각, 감정, 개념, 결정 등의 관점에서 설명하는 방법이 있다. 두 설명 모두 의미가 있는 설명이다. 마찬가지로 어떤 시스템이 '기술화' 되었다고 말하는 것은 물리법칙의 권위를 부정하는 것이 아니라, 단지 그것의 기능을 설명하는 데 있어서 소프트웨어의 언어를 사용하는 것일 뿐이다. 그렇다면 정해진 물리법칙을 따라 진화하면서도 인간 지성의 통제에 따르는 우주에는 모순이 없다.

이것은 꽤나 많은 생각을 불러일으키는 결론이다. 우주 조직의 설명을 위하여 신에게 호소하는 사람들은 대개 마음 속에 '초자연적인' 행위자, 즉 자연적인 법칙을 무시하여 세상에 작용하는 절대자를 생각한다. 하지만 우주의 모든 것이 그렇지는 않을지라도 대다수의 것들이 순전히 자연스러운 종류의 지적인 조작에 의해서 물리법칙을 위반하지 않으면서 만들어졌을 가능성은 얼마든지 있다. 예를 들어, 우리의 은하계는 어떤 강력한 의식체에 의해서 만들어진 것일 수 있다. 그 강력한 의식체가 조심스럽게 배치된 중력 물체와 통제된 폭발, 그리고 우주 시대의 천체 엔지니어의 온갖 장비를 동원하여 원시 가스들을 재배치한 것인지도 모른다. 하지만 그러한 초지성체가 바로 하느님일까?

문제는 간단한 것은 아니다. 하느님은 대개 단순히 은하계 하나만 설계한 것뿐만 아니라, 전체 우주(시공간을 포함한)의 창조자로 인식되고 있다. 이미 존재하는 법칙들을 사용하여 물리적인 우주 '안에서' 기능하도록 되어 있는 존재는 분명히 우주의 창조자로 생각될 수도 없다. 그래도 이러한 슈퍼 천체 엔지니어의 능력이 모든 은하계들의 범위까지 커질 수 있다고 상상해보라. 그가 중력을 이용하여 시간과 공간을 구부릴 수 있다고 상상해보라.

그래도 만일 그가 실제로 시간과 공간을 창조하거나 파괴할 수 없다면 그는 하느님이 아닐 것이다. 하지만 현대물리학은 여기서 한 가지 흥미있는 시각을 던져준다. 충분한 에너지와 자원만 있으면, 중력 물질을 대량 축적하여 하나의 블랙홀을 만드는 것은 인간의 능력으로도 가능하다. 블랙홀의 중심, 소위 특이점에서는 시간과 공간이 파괴된다. 따라서 인간인 우리도 시공간을 파괴할 수 있다.

시공간을 창조하는 것은 더 어렵다. 하지만 우리는 그것이 실로 '불가능하다'고 확신할 수 있는가? 그것이 물리법칙에 완전히 어긋나는 일이라고 할 수 있을까? 그럴 수는 없다. 사실 제3장에서 대폭발뿐만 아니라 우주공간의 '거품방울'을 창조하는것에 이르기까지 몇 가지 최근의 이론들에 대하여 설명했었다. 게다가 만일 시간과 공간이 현재 유행하는 대폭발 창조론에 반대되게 결국 영원한 것이라면 어찌될 것인가? 만일 시간과 공간이 언제나 존재해온 것이라면, 어떤 식으로든 시간 속에서 창조된 우주에 대하여 말하는 것은 아무런 의미가 없다. 따라서 우주 내에서 창조주가 할 일이란 물질의 형태를 정하고 조직화하는 것에 불과했을 것이다. 아마도 그는 이러한 일들을 순전히 자연적인 방법에 따라 해냈을 것이다(우리는 여기서 몇 가지 열역학적 문제들은 제쳐놓은 것이다).

이러한 관점에 따르면 창조주는 우주의 영원한, 무한한, 그리고 가장 강력한 존재일 수가 없다. 그는 자연 법칙을 벗어나서는 활동할 수 없기 때문에 전능한 존재일 수가 없다. 그는 우리가 보는 모든 것의 창조주는 될 수 있을 것이다. 이미 존재하는 에너지로부터 물질을 만들고, 그것들을 적절히 조직화할 수는 있을 것이다. 하지만 그는 기독교에서 말하는 대로 무(無)로부터의 창조능력은 갖고 있지 않을 것이다. 이러한 존재는 초자연적인 하느님이라기 보다는 자연적인 하느님으로 불러야 마땅할 것이다.

우주의 종말 273

그러한 자연적인 하느님이 존재한다는 어떤 증거를 우리는 가지고 있는가? 그 증거는 초자연적인 하느님에 대한 증거보다 더 강력한가 약한가?

자연계에는 자연적인 하느님을 가정함으로써 쉽게 설명될 수 있는 신비들이 많이 있다. 예를 들어 은하계들의 기원은 현재에는 만족할 만한 설명이 없다. 생명의 기원 역시 또다른 풀기 어려운 수수께끼이다. 하지만 이들 두 시스템이 어떤 지적인 초월적 존재에 의해서 물리법칙을 위반함이 없이도 신중히 조직화되었다고 생각할 수 있다. 그러나 그러한 설명은 오늘날의 과학이 이해할 수 없는 것들을 무조건 하느님의 작업으로 돌리는 상투적인 함정에 빠지기 쉽다(이렇게 되면 '결함을 메꾸기 위한 하느님'이 되는 것이다). 종교인들은 어떤 현상을 가리키면서 "저것이 하느님의 작업의 증거이다"라고 말하는 것이 얼마나 쓰디쓴 경험인가를 배워왔다. 과학이 발전함에 따라서 그 현상에 대한 올바른 해석이 가해지게 되면 하느님의 작업으로 주장했던 것이 속임수라는 것이 드러나게 되며, 그렇게 되면 하느님은 무지의 소치밖에 되지 않는다. 하느님의 존재는, 우리가 세상에서 발견해나가는 사실들을 통하여 증명해나가야지 우리가 발견해내지 못하는 사실들을 통하여 하느님을 발견하려고 해서는 안된다.

그럼에도 불구하고 초자연적인 하느님에 비해 자연적인 하느님은 이러한 논법에 더 잘 어울리는 것 같다. 자연적인 하느님이 물리법칙 안에서 생명을 창조했다는 가정은 최소한 가능성이 있어 보이며, 그리고 물질계에 대한 우리의 과학적인 이해와도 일치한다. 실험실에서 인간에 의한 생명 창조가 명백한 가능성을 갖고 있다는 이유를 근거로 하면 그렇다.

생명의 기원(또는 어떤 고도로 질서잡힌 체계)에 대한 두 가지 설명 중 어느 것이 더 확실성을 갖고 있는가에 대한 잼대는 무엇인가? 다시 말해, 생명은 하나의 초월적이고 절대적인 존재(하느님)에 의해서 지성적이면서도 자연적인 조작에 의해서 생성되었는가, 아니면 생명은 의식이 없는 자기조직(self-organization)의 과정을 통해 결과적으로 생겨난 산물(목성의 대기에서 질서잡힌 대류현상이 나타나는 것처럼)인가? 어느 쪽의 설명도 문제가 없지는 않다.

이 질문에 대한 대답은 의식(意識)이 우주에서 얼마만큼 중요한 영향력을 행사하느냐에 달려 있다. 대부분의 사람들은 먼 미래의 우주의 더 넓은 지역들이 지성적인 통제 아래 놓이게 된다는 공상과학 시나리오를 쉽게 받아들인다. 수천억년이 지나면 현재 관찰 가능한 우주 전체가 기술화되리라는 것을 상상할 수가 있다. 그렇다면 그러한 초지성체가 우리 이전에도 존재할 수 있었을까? 흔히들 지성은 오랜 진화의 산물로서 생겨난다고 믿고 있다. 간단히 말해 물질이 먼저고, 의식이 나중이다. 하지만 반드시 그럴까? 의식이 물질보다 선행하는 실체일 수는 없을까?

의식도 생명도 유기체적인 물질에 제한받을 필요가 없다는 것이 과학자들 사이에 점점 커져가는 인식이다. 최근 대단히 상상적이긴 하지만 무척 흥미 있는 책인 《지구너머의 생명(Life Beyond Earth)》에서 물리학자 제랄드 파인버그(Gerald Feinberg)와 생화학자 로버트 사피로(Robert Sapiro)는 외계 생명의 가능성에 대하여 검토하고 있다. 그들은 중성자별과 그밖의 다양한 시스템들에서 플라즈마와 전자기력 등을 바탕으로 생명이 창조되는 경우를 이야기하고 있다. 그런데 의식과 지성은 소프트웨어 개념들이다. 중요한 것은 그 형태(조직)이지 그것의 표현 수단이 아니다. 논리적인 결론을 내리면 우주창조 이래로 존재해오고 있는 어떤 초의식(超意識)을 상상하는 일이 가능하다. 이 초의식은 자연의 모든 근본적인 장(場)들을 다스리면서 아울러 뒤죽박죽인 대폭발을 현재 우리가 관찰하는 복잡하고 질서 있는 우주로 전환시켰다. 이 모든 것은 물리법칙의 뼈대 안에서 이루어졌다. 이것은 초자연적인 수단에 의해서 만물을 창조한 하느님이라기 보다는, 우주에 편재해 있으면서 몇 가지 특수한 목적을 성취하기 위하여 자연의 법칙 속에서 기능하고 있는, 감독하고 통제하는 보편적인 의식이다. 자연은 그 자체의 기술적인 산물이며, 우주는 자기조직과 자기관찰 능력을 하나의 '마음(心)'이라고 말함으로써 우리는 이러한 형태의 일을 설명할 수 있다. 그렇다면 우리 자신의 의식은 그 마음의 바다에 떠있는 의식의 '섬'이라는 관점에서 설명할 수 있다. 이것은 동양의 신비주의를 생각나게 하는 개념인데, 여기서의 신은 인간의 의식이 적당한 영적 진화의 차원에 이르면 그 개체성을 버리고 흡수되는 모든 의식의 통합체로 간주된다.

여기서 몇 걸음 더 나아가는 것이 가능하다. 최소한 몇몇 물리학자들에 따르면 의식은 양자역학에서 특별한 위치를 차지하고 있다는 것을 상기하라. 만일 의식이 '양자 주사위'를 지배할 수 있다면, 하나의 우주의식은 원리상 모든 원자, 모든 양성자, 모든 광자의 행동거지를 감독함으로써 우주의 모든 현상을 통제할 수 있다. 그러한 조직적인 힘은 우리가 미시적인 물질을 관찰할 때에는 별로 주의를 끌지 못할 것이다. 왜냐하면 어떤 특수한 입자들의 기괴한 행동은 여전히 마구잡이 형태로 나타날 것이기 때문이다. 조직이 겉으로 나타나게 되는 것은 많은 양의 원자들의 집단적인 행동 속에서만, 가능하며, 그래서 우리는 그 시스템이 신비스럽게 자기조직의 능력을 갖고 있다고 주장하게 되는 것인지도 모른다. 이러한 식의 하느님의 개념은 대부분의 신자들을 만족시켜 주기에 충분할 것이다.

초기의 대부분의 종교들은 다신교(多神教)의 틀을 갖고 있어서, 여기서는 신들이 어떤 힘을 갖고 있느냐에 따라 등급이 나누어진다. 이러한 생각은 외계 지성체에 대한 오늘날의 몇 가지 추측들과 비슷하다. 어떤 작가들은 지적이고 기술적인 힘에 등급을 매겨 여러 차원의 계급 구조를 상상하기도 한다. 이 계급 구조에는 가장 큰 힘과 지성을 소유한 절대존재도 포함된다. 그러한 존재는 전통적으로 생각하는 하느님과 많은 부분이 비슷할 것이다.

만일 그러한 의식체가 실제로 존재한다면(그러나 현재로서는 과학적으로 가능한 어떠한 시나리오도 그러한 의식체가 존재한다는 실제적인 증거를 제공하지 못한다) 이 존재는 우주의 종말을 막을만한 능력이 있을 것인가?

만일 그 지고의 존재가 물리법칙 내에서 기능하도록 제한되어 있다면(비록 양자론에 의해서 좀더 유연성있는 법칙이 허용된다고 해도), 그렇다면 그 대답은 '아니다'이다. 열역학 제2법칙은 아무리 기술이 능하고 과학적인 이해가 깊은 존재라고 해도 엔트로피(무질서)의 사정 없는 증가를 되돌리는 것을 허용하지 않는다.

이러한 것을 상상할 수 있을 것이다. 원자 차원에서 물질을 조작할 수 있는 존재라면 무질서해진 조직에 질서를 불어넣음으로써 우주를 계속해서 '되감을' 수가 있을 것이다. 이것은 실제로 1세기 전에 크라크 맥스웰(Clerk Maxwell)이 생각해낸 것으로, 대개 맥스웰의 악마(Maxwell's demon)로 알려져 있다. 밀봉된 상자 하나가 있는데, 상자 가운데에는 칸막이가 설치되어 있어서 상자를 두 부분으로 나누고 있다고 상상해보자. 그리고 이 칸막이는 여닫을 수 있도록 개폐기가 설치되어 있다. 이제 이 상자는 열평형 상태에 있기 때문에 쓸만한 에너지가 전혀 없는 최대의 엔트로피 상태이다. 가스 분자들이 제멋대로 뛰어다니는 것을 제외하고는 더 이상 흥미있는 일이 아무 것도 일어나지 않을 것이다.

그런데 상자 안에 그 개폐기 장치를 작동할 수 있는 작은 악마 하나가 있다고 가정해보자. 그는 분자들의 운동이 혼란스럽긴 하지만 매우 다양한 속도와 방향을 가지고 있음을 눈치챘다. 어떤 분자들은 빠르게 움직이며, 다른 분자들은 느리게 움직인다. 그 '평균' 속도가 가스의 온도를 결정짓는 요인이며, 그것은 변화하지 않는다. 하지만 각각의 분자들은 다른 분자들이나 상자의 벽에 충돌할 때마다 속도와 방향이 변화한다. 악마는 이때 다음과 같은 작전을 짠다. 즉 빠른 분자 하나가 상자의 오른쪽 방에서 접근해 올 때마다 개폐기를 열어 그 분자가 왼쪽 방으로 옮겨가도록 하는 것이다. 거꾸로 왼쪽 방에서 접근해오는 느린 속도의 분자가 있으면 오른쪽 방으로 들어가게 한다. 이렇게 계속하면 잠시후 왼쪽 방은(평균적으로) 보다 빠르게 움직이는 분자들로 가득찰 것이며, 반면에 오른쪽 방은 느린 분자들로 가득찰 것이다. 그러므로 왼쪽 방은 오른쪽보다 더 높은 온도가 될 것이다. 신속하고 능란하게 각각의 분자들을 조정함으로써 악마는 두 방 사이에 온도 차이를 일으킨 것이다. 이제 열평형은 더 이상 지속될 수가 없을 것이며, 따라서 엔트로피가 감소될 것이다.

이제 그 온도 차이를 이용하여 에너지를 발생시켜서는 그 에너지가 다 소모되어 다시 평형 상태가 되찾아질 때까지는 몇 가지 유용한 작업(예를 들면 열기관 엔진을 돌린다든가)을 수행할 수 있을 것이다. 다시 평형 상태가 되면 악마는 앞의 행동을 반복할 수가 있을 것이며, 이렇게 해서 우리는 영원히 돌고 도는 에너지원을 가질 수가 있는 것이다. 우주 차원에서 이러한 종류의 작전을 개시함으로써 우주에 편재하는 하나의 악마는 우주가 열사망으로 내려가는 것을 방지할 수 있을 것이다.

슬프게도 자세히 조사해보면 맥스웰의 악마는 작용하지 않으리라는 것이 드러난다. 1920년대에 레오 스질라드(Leo Szilard)는 더 세부적인 그 악마의 기능을 조사하였다. 이 악마가 성공적으로 기능하기 위해서는 접근해오는 분자의 정확한 속도에 대한 정보를 알고 있어야만 한다. 그런데 이 정보는 댓가를 치루어야만 얻을 수 있는데, 그 댓가란 바로 엔트로피의 증가이다. 예를 들어 접근해오는 분자는 강한 빛에 의해서 밝아질 수 있으며, 경찰이 자동차 레이더 장치를 사용하는 것과 똑같은 방식으로 도플러 효과를 이용하여 그것의 속도를 측정할 수 있을 것이다. 그러나 이때 사용되는 에너지의 지출은 가스의 엔트로피를 높일 것이다. 이 엔트로피 증가는 분자 분류 작업에 의해서 얻어지는 엔트로피 감소보다 훨씬 높을 것이다. 따라서 분명히 열역학 제2법칙은 분자 차원의 지적인 조작에 의해서도 극복할 수가 없다.

만일 열역학에 관련된 이러한 생각들이 정확하다면, 어떤 자연적인 행위자, 지성체, 또는 그밖의 어떤 것에 의해서도 우주의 종말을 영원히 연기시킬 수는 없다. 우리가 앞에서 살펴본 바대로, 만일 우주가 계속해서 팽창한다면 우주는 결코 정확한 열역학적 평형에 도달하지는 않을 것이다. 그렇긴해도 현재 우리가 알고 있는 이 우주의 조직은 어쩔 수 없이 어떤 차원인가로 변화해갈 운명인데, 그 차원에서 우주는 아마도 현재처럼 활기찬 모습과는 전혀 닮지 않은 모습일 것이다.

16

우주는 '덤'인가?

무(無)에서는 아무것도 생겨나지 않는다.

루크레티우스

우리는 이제 물질세계를 설명하는 현대물리학의 놀라운 활동범위를 드러내주는 하나의 우주창조 시나리오를 구성할 수 있게 되었다. 나는 이 시나리오가 아주 진지하게 받아들여져야 한다고 주장하는 것은 아니다(물론 물리학자들 사이에서는 이것이 아주 진지하게 토론되고 있다). 그러나 이것은 현대물리학이 서둘러 발견해낸 몇 가지 개념들을 보여준다. 이 개념들은 창조주에 대한 탐색에 있어서는 무시할 수 없는 것들이다.

머리말에서 나는 내 자신이 '존재에 대한 4가지 대의문(大疑問)'이라고 이름붙인 것에 대한 도전장을 내었었다. "자연법칙은 왜 지금과 같은 형태를 취하게 되었는가? 우주는 왜 현재와 같은 물질로 이루어졌는가? 그 물질들은 어떻게 생겨났는가? 우주는 어떻게 해서 현재와 같은 모습을 하게 되었는가?"

현대물리학은 이 질문들에 대한 해답을 찾기 위하여 머나먼 탐색의 길을 걸어왔다. 뒤의 질문부터 알아보기 위하여, 우리는 어떻게 해서 초기의 혼돈 상태가 보다 질서잡힌 형태로 진화할 수 있었는가를 보았다. 물론 이것은 엔트로피 감소가 이루어졌다는 것을 조건으로 했을 때 가능하다. 우리는 또한 어떻게 그 엔트로피 감소가 우주의 팽창에 의해서 생성되었는가를 알았다. 그래서 우리는 초기의 과학자들이 그랬듯이 이제 더 이상 우주가 고도로 조직화되고 특별히 배열된 상태에서 창조되었다고 가정할 필요가 없게 되었다. 현재의 조직은 마구잡이 상태에서 우연히 시작된 우주와 일치한다.

물질의 기원에 관한 문제는 이 책의 앞부분에서 자세히 살펴보았다. 별과 혹성같은 물체들은 원시가스로부터 형성되었다고 알려져 있다. 반면에 우주 물질 그 자체는 분명히 대폭발에서 창조되었다. 입자물리학에서의 최근의 발견들은 중력장에 의하여 텅빈 공간에서 물질이 창조될 수 있는 메카니즘을 제시하였다. 이렇게 해서 단지 시공간 그 자체의 기원만이 신비로 남게 되었다. 하지만 여기서도 시간과 공간이 물리 법칙을 파괴함이 없이도 자발적으로 존재를 나타낼 수 있다는 몇 가지 암시들이 있다. 이러한 기이한 가능성은 양자론과 관련된 것이다.

우리는 양자 요소가 원자 이하의 세계에서 원인이 없이 사건들이 일어나도록 한다는 것을 알았다. 예를 들어 소립자들은 어떤 특별한 원인이 없이도 무(無)에서 갑자기 나타날 수 있다. 양자론이 중력까지도 포함할 때 그것은 시공간 자체의 행동방식에도 적용된다. 비록 양자 중력이론에는 아직 만족할 만한 이론이 없지만 물리학자들은 그러한 이론에 수반될 대체적인 특징을 짐작하고 있다. 예를 들어, 그 이론은 시공간에게 양자 물질을 특징짓는 것과 같은 종류의 불확실한 비예측성을 부여한다. 특히 입자들이 원인 없이 저절로 파괴되고 창조되는 것과 똑같은 방식으로 시공간이 자발적이고 원인 없이 창조되고 파괴되도록 한다. 그 이론은 예컨대 우주공간의 거품방울이 무(無)에서 갑자기 나타날 특별한 수학적인 확률을 수반할 것이다. 이처럼 시공간은 원인이 없는 양자역학의 결과로서 무에서 갑자기 튀어나올 수 있다.

일반적인 기준으로 볼 때 양자역학에 의한 시공간의 갑작스러운 출현은 초미시적인 크기에서만 일어난다고 생각할 수 있다. 왜냐하면 양자역학은 대개 미시적인 현상에서만 적용되기 때문이다. 사실 스스로 창조되는 공간은 대개 크기가 10^{-33}cm의 크기일 것이다. 그러나 이 제한된 크기의 공간방울은 끝이나 가장자리라는 것이 없다. 이것은 제2장에서 설명한 바대로 아마도 하나의 초구체(超球體, hypersphere) 안에 갇혀 있을 것이다. 아마도 그러한 미니우주(mini-universe)는 또다시 정반대의 양자변이에 의해서 순식간에 사라질 것이다. 그럼에도 불구하고 새로 창조된 공간방울이 사라지기 보다는 갑자기 풍선처럼 부풀어오르기 시작할 기회도 있는 것이다.

이러한 행동은 중력이 아니라 자연의 생존력과 관련된 다른 양자역학들이 결정할 일이다. 제13장에서 나는 소위 '팽창하는 우주 시나리오'를 간단하게 설명하였다. 거기서는 '대통합의 힘(grand unified force)'이 미성숙한 우주를 불안정하게 만들어서 급격하게 팽창하는 국면에 접어들게 만든다. 이런 식으로 양자의 미시 세계는 수백만 분의 1초에 우주적 크기로 부풀어오를 수 있다. 이러한 대폭발에서 축적된 에너지는 팽창 국면의 갑작스러운 마감과 함께 물질과 방사선으로 전환되기 시작할 것이며, 이때 우주는 흔히들 이해되고 있는 방식으로 진행될 것이다.

이 주목할만한 시나리오에서는 우주 전체가 양자 물리학의 법칙에 따라 단순히 무(無)에서 나타난다. 그리고 그 방식에 따라 우리가 현재 보는 우주를 세우는 데에 필요한 모든 물질과 에너지를 창조한다. 이렇게 해서 시공간을 포함한 모든 물리적인 것들의 창조가 구체화된다. 미지의 특이점(特異點)에서 우주가 시작된 것으로 가정하는 것보다 양자 시공간 모형은 모든 것을 전적으로 물리법칙의 문맥 안에서 설명하려고 시도한다. 이것은 놀라운 주장이다. 우리는 "어떤 것을 집어 넣어서 어떤 것을 꺼내는" 개념에 익숙해져 있지만, 무에서 어떤 것을 얻는다는 것은 상당히 신비적이다. 그래도 양자 물리학의 세계는 아무렇지도 않게 무에서 어떤 것을 생성해낸다. 양자 중력은 우리가 무에서 모든 것을 얻을 수 있을지도 모른다고 제안한다. 이러한 시나리오에 대하여 설명하면서 물리학자 알랜 구트(Alan Guth)는 이렇게 말한다.

"흔히들 세상에 '공짜'는 없다고 말한다. 그러나 우주는 공짜로 주어진 것이다."

이러한 우주 모형에도 창조주라는 것이 필요한가? 제3장에서 우리는 모든 것이 원인을 갖고 있어야만 한다는 가정 하에 하느님이 모든 것 이전에 존재해야 한다는 전통적인 우주론 논법을 살펴보았다. 양자물리학은 이러한 주장을 뒤흔든다. 그러나 나머지 두 의문은 어떻게 되었는가? 우주는 왜 지금과 같은 법칙과 물체들을 가지고 있는가? 과학은 여기에 어떤 대답을 제공할 수 있는가?

제11장에서 소위 초중력 이론(super-gravity theory)의 목적이 자연계에서 작용하고 있는 모든 힘과 물질의 모든 기본 입자들에 관한 하나의 수학적 설명을 발견하는 데에 있다고 말했었다. 만일 이 이론이 성공한다면 남아 있는 두 가지의 의문을 하나로 줄이게 될 것이다. 세상을 구성하는 물질들, 이를테면 양자와 중성자와 중간자와 전자들은 초중력 이론의 뼈대 안에서 설명될 수 있을 것이다. 현재로는 물리법칙의 상태가 약간 다르다. 우리는 일반적으로 하나의 전자나 양성자가 어떻게 행동하는지를 알고 있지만, 왜 거기 전자나 양성자들이 '있는지' 그리고 전적으로 다른 속성을 지닌 입자들이 왜 '있는지'에 대한 정확한 생각을 갖고 있지 않다. 만일 초중력이론이 제대로 성공하기만 한다면 그것은 우리에게 왜 거기 현재와 같은 입자들이 존재하는지, 뿐만 아니라 왜 그것들이 질량과 전하와 그밖의 여러 속성들을 가지고 있는지 말해줄 것이다.

이 모든 것은 전체 물리학(환원주의의 의미에서)을 하나의 초(超)법칙으로 한 줄에 꿰어줄 수학적인 이론이 발견되어야 가능할 것이다. 하지만 우리는 여전히 의문이 남는다. 왜 그러한 초법칙이 존재하는가?

이렇게 해서 우리는 존재의 궁극의 의문에 도달하였다. 물리학은 아마도 물리적인 우주의 내용과 기원과 조직을 설명할 수 있을 것이다. 하지만 물리법칙(또는 초법칙) 그 자체에 대해서는 설명하지 못한다. 전통적으로 하느님은 자연의 법칙을 발명하였으며, 그 법칙들이 작용하는 물체들, 이를테면 시공간과 원자와 사람과 그밖의 모든것들을 창조한 것으로 생각된다. '공짜' 시나리오는 당신이 필요한 것은 오로지 법칙이라고 주장한다. 즉, 우주의 창조 그 자체를 포함하여 우주가 그 자신을 돌볼 수 있는 법칙 말이다.

그러나 그 법칙들은 어떻게 되는가? 그것들은 우주가 존재를 나타낼 수 있도록 하기 위하여 그 시작이 이루어지도록 '거기에' 존재해야만 한다. 처음에 양자 전이가 우주를 생성할 수 있도록 하기 위하여 양자 물리학이 존재해야만 한다(어떤 의미에서는). 많은 과학자들은 왜 물리법칙이 존재하는가에 대한 의문이 무의미한 것이거나 아니면 적어도 과학적으로 대답할 수 있는 성질의 것이 아니라고 믿는다. 다른 이들은 그 법칙들이 가능하려면 관찰자의 존재를 인정해야만 한다고 '인간의 입장에서' 주장한다. 하지만 다른 가능성도 있다. 어쩌면 그 법칙들- 또는 궁극의 초법칙-은 유일하게 '논리적으로' 가능한 물리 법칙만으로도 생겨날 수 있을 것이다. 우리는 마지막 장에서 여기에 대하여 좀더 이야기를 해볼 것이다.

17
자연의 본질에 대한 물리학자의 견해

자연은 단순하며, 따라서 대단히 아름답다.

리차드 파인만

그대 만일 단순한 미(美)를 얻는다면
그대는 신이 발명한 최고의 것을 얻으리니

로버트 브라우닝

지금까지 우리는 최근의 과학적인 진전들, 특히 현대물리학이라는 분야에
서의 진전들이 종교적인 세계관에 어떤 의미를 갖는지를 살펴보았다. 현대
과학이 대단한 성공을 거두고 있긴 하지만, 창조주의 존재와 우주의 목적,
자연계에서의 인간의 역할에 대한 근본적인 의문들이 이들 과학의 발달에
의해서 해답이 얻어졌다고 말하는것은 어리석은 일이다. 실제로 과학자들 자
신도 매우 폭넓은 범위의 종교적인 믿음들을 가지고 있다.
　과학과 종교는 서로 다른 주제들을 다루는 것이기 때문에 별 탈 없이 공
존할 수 있다고 말한다. 윤리성이나 삼위일체같은 종교적인 의문은, 중력에

관한 가장 정확한 수학적 설명을 결정하는 일과 같은 과학적인 의문들과는 본질적으로 다르다. 하지만 과학이 종교에 대하여 어떤 할 말을 갖고 있다는 것은 부정할 수 없다. 시간의 본질(本質), 생명과 물질의 기원, 또는 인과론과 결정론같은 주제에 관련된 종교적인 개념들은 과학의 발달에 따라서 그 뼈대가 변할 수 있다. 몇 세기 전에 가장 중요한 신학적 주제였던 어떤 것들 (천국과 지옥의 위치 등)은 현대우주론이나 시공간의 본질에 대한 이해가 깊어짐에 따라 무의미한 것이 되어버렸다.

많은 사람들은 종교와 과학의 갈등을 '옳고 그른 것'의 관점에서 생각하려는 습관이 있다. 과학과 종교가 탐색해나가는 궁극의 진리−하나의 객관적인 실체−가 존재한다고 믿기란 쉬운 일이다. 이 대단히 합리적인 관점에 따르면 '창조주는 존재하는가?', '초자연적인 기적이란 정말로 있는가?', '우주창조라는 것이 있었을까?', '우주에는 목적이 있을까?', '생명은 우연히 생겨났는가?'와 같은 모든 질문들은 비록 우리가 아직은 정확한 해답을 알지 못하더라도 '그렇다' 또는 '아니다'라는 대답을 가지고 있다.

과학적인 이론들이 실체에 훨씬 가깝다고 흔히들 생각하기 마련이다. 과학적인 이해가 깊어짐에 따라 이론과 실체 사이의 간격이 좁혀져가고 있다. 이러한 시각에 따르면 자연의 '참된' 법칙들은 관찰과 실험의 자료 속에 묻혀 있기 때문에 끈질기고 영감에 의한 조사를 통해 캐내어진다. 따라서 어느날 우리는 궁극의 '올바른' 법칙들을 발견하게 될 것이라고 이러한 시각을 가진 사람들은 말한다. 그리고 현재의 교과서에 적힌 법칙들은 신용할만한 것이긴 하지만 그 궁극의 법칙에 비하면 아직은 금이 간 복제품들이다. 많은 점에 있어서 이것이 초중력(超重力) 프로그램의 목적이다. 이것을 지지하는 사람들은 진실을 구체화시켜줄 일련의 방정식을 발견하기를 기대한다.

그러나 모든 물리학자들이 '진리'에 대하여 말하는 것이 의미있다고는 믿지 않는다. 물리학은 진실에 대한 것이 아니라 모형(模型, model)에 관한 것이다. 하나의 관찰을 다음의 관찰로 체계적으로 연결시킬 수 있도록 우리를 도와주는 모형들 말이다. 닐스 보아(Niels Bohr)는 이러한 소위 실증주의적인 관점을 표현하면서, 물리학은 우주가 어떻게 생겼는가를 말해주는 것이 아니라 우리가 우주에 대하여 무엇을 알 수 있는가를 말해준다고 주장하였다.

제8장에서 설명한 바대로, 양자이론은 물리학자들로 하여금 거기 '객관적인' 실체는 없다고 선언하도록 자극하였다. 우리의 관찰이 개입할 때만이 실

체가 형성된다는 것이다. 이 관점을 받아들이면, 어떤 특별한 이론이 '옳다' 또는 '그르다'라고 말하는 것은 가능하지 않은 일이다. 단지 그것이 쓸모 있느냐 아니면 덜 쓸모 있느냐로 말할 수 있을 뿐인데, 쓸모 있는 이론이란 간단한 설명의 뼈대 속에 폭넓은 범위의 현상들을 대단히 정확하게 한 줄에 꿰어주는 이론이다.

그렇다면 이러한 관점은 종교와는 정반대 되는 것이다. 종교에서는 신자들이 하나의 궁극적인 진리를 믿는다. 종교적인 명제는 대개 그것이 옳으냐 또는 그르냐로 간주되지, 모형같은 것과는 상관이 없다.

종교와 과학에서의 접근방법의 차이는, 물리학자들이, 더 나은 이론을 위해서라면 언제라도 그때까지의 소중한 이론을 기꺼이 버려왔던 자세로써 설명할 수 있다. 로버트 머어튼(Robert Merton)은 이렇게 썼다. "대부분의 제도들은 무조건적인 믿음을 요구하지만, 과학은 회의주의(懷疑主義)를 미덕으로 삼는다."

아인슈타인이 상대성이론을 발견했을 때, 시공간과 역학에 관한 뉴우튼의 이론은 빛에 가까운 속도로 움직이는 물체를 설명하기에는 부적당하다는 것이 밝혀졌으며, 그래서 다른 이론으로 자리가 바뀌었다. 뉴우튼의 이론이 실제로 틀려서가 아니라, 단지 적용 범위가 제한되어 있기 때문이다. 특수상대성이론은 더 쓸모가 많은 이론(뉴우튼의 이론을 속도가 낮은 경우에만 해당하는 것으로 제한시켰다)이지만, 고속도의 경우에 훨씬 정확한 설명을 해준다. 이 이론은 다시 소위 일반상대성이론으로 대체되었으며, 그리고 이번에는 또다시 일반상대성이론이 수정되리라는 것을 의심하는 물리학자들은 거의 없다. 더 이상 개선될 여지가 없는 완벽한, 하나의 '최종적인' 이론이라는 것에 대하여, 어떤 과학자들은 그러한 것이 완벽한 그림이나 완벽한 교향곡이라는 생각처럼 무의미한 것이라고 말한다.

새로운 발견이 이루어질 때마다 변화에 자신을 조화시켜나가는 과학의 능력이야말로 과학의 위대한 힘들 중의 하나이다. 그것의 기반을 진리보다는 유용성(쓸모 있음)에 둠으로써 과학은 종교와 뚜렷이 구별된다. 종교는 교리와 계시받은 지혜에 바탕을 두고 있으며, 불변의 진리를 대변하는 것이 종교의 근본취지이다. 비록 교리상의 부분적인 주제들이 시간에 따라 개작(改作)되고 변화할지라도 더욱 적절한 실체의 '모형'에 찬성하여 종교의 근본교리의 이념을 버린 다는 것은 생각할 수조차 없다. 만일 교회가 새로운 증거에 근거하여 그리스도는 부활한 것이 아니었다고 선언한다면, 그렇다면 기독교는 살아남기가 어려운 것이다. 어떤 비평가들은 종교 교리의 비(非)융통성 때문에 새로운 발견이 종교에 위협을 가하기 쉬운 반면에, 과학에서는 그것이 생명의 피가 된다고 말한다. 따라서 과학적인 발견들은 해를 거듭할수록 과학과 종교를 갈등 속에 몰아넣고 있다.

종교가 과거에 계시받은 진리를 되돌아보는 반면에 과학은 새로운 전망과 발견을 기대한다는 사실에도 불구하고, 각각의 추종자들은 겸손과 오만이 뒤섞인 미묘한 감정과 경외감 등을 체험하게 된다. 모든 위대한 과학자들은 그들이 이해하려고 노력하고 있는 자연계의 아름다움과 미묘함에 많은 영감을 받는다. 새로운 소립자의 세계와 예기치 않은 천문학적인 물체들은 즐거움과 경외감을 낳는다. 이론을 세울 때 물리학자들은 우주가 근본적으로 미(美)와 우아함을 갖추고 있다는 믿음에 의해서 인도를 받는다. 여러 차례나 이 예술적인 감각을 바탕으로 중요한 원리들이 발견되었으며, 이 원리들은 처음에는 관찰되는 사실과 모순되는 것처럼 보일지라도 조만간 새로운 관찰 결과에 의해서 입증되곤 하였다.

폴 디랙(Paul Dirac)은 이렇게 썼다.

정확한 실험보다는 자신의 방정식에 아름다움을 갖는 것이 더욱 중요하다… 왜냐하면 사소한 모순은 이론이 발전해나감에 따라 자연히 해결될 것이기 때문이다. 자신의방정식에서 아름다움을 얻겠다는 관점으로 일을 하고 또 진실로 건전한 통찰력을 갖고 있는 경우에는 발전할 수 있는 확실한 기반 위에 서 있는 것이다.[1]

보옴(D.Bohm)은 그것을 이렇게 간결하게 표현하였다. "물리학은 예술과 마찬가지로 통찰력을 기반으로 하고 있다."[2]

인격적인 하느님에 대한 생각을 못미더워하면서도 아인슈타인은 "우리가 겸허한 자세로 단지 불완전하게만 파악할 수 있는 조화와 질서의 논리적인

---

1) 《사이언티픽 아메리칸 (Scientific American)》 (1953년 5월호)에 실린 디랙(P.A.M. Dirac) 의 〈자연의 본질에 대한 물리학자의 개념의 진화(The evolution of the physicist's picture of nature)〉에서.

2) 《물리학의 한 의문-물리학과 생물학의 대화(A Question of Physics: Conversations in Physics and Biology)》 (P. Buckley와 F.D. Peat 펴냄, 1979년 Routledge & Kegan Paul 출판사)에 인용된 보옴(D. Bohm)의 말. p.129

자연의 본질에 대한 물리학자의 견해 289

단순성의 아름다움"을 찬양하였다.

미(美)에 대한 물리학자들의 관점은 '조화' 와 '단순', 그리고 '균형'이다. 아인슈타인은 다시 말한다.

이러한 모든 노력들은, 존재는 완벽한 조화로운 구조를 갖고 있음에 틀림 없다는 믿음에 기초하고 있다. 오늘날 우리는 이 훌륭한 믿음에 대한 더 많은 근거를 가지고 있다. 중력장의 방정식과 같이 복잡한 방정식은 논리 적으로 단순한 수학적인 조건의 발견을 통해서만 가능하다.[3]

이러한 감상적인 생각은 더 나중의 존 휠러(J.Wheeler)에 의해서 반복되고 있다.

물리학 법칙의 아름다움은 그것들이 가지고 있는 환상적인 단순성이다… 그 모든 것 배후의 궁극적인 수학적인 논리는 무엇인가? 그것은 확실히 모든 것 중에서 가장 아름다운 것이다.[4]

오늘날 이 근본 원리를 바탕으로 초력(superforce)의 탐색이 활발해지고 있다. 초중력에 대한 수학이론의 발달에 관한 한 평론에서 두명의 유명한 이론가는 이렇게 밝혔다. "국부적인 대칭성이라는 공통된 조건에서 모든 힘 들이 유래하는데, 이것으로부터 우리는 대단히 흡족한 심오한 질서를 흘낏 엿볼 수 있다."[5]

물리학자들이 미와 균형을 표현하는 언어는 수학이다. 수학이 과학 일반 에 있어서 그리고 특히 물리학에 있어서 얼마나 중요한가는 말로 다 표현할 수 없다. 레오나르도 다빈치(Leonardo da Vinci)는 이렇게 말했다. "만일 그 것이 수학적으로 증명될수 없다면 인간의 어떠한 탐구도 과학이라고 불려질

---

3) 아인슈타인(A. Einstein)의 《과학 에세이(Essays in Science)》(1934년 뉴욕 Philosophical Library).

4) Buckley와 Peat가 편집한 앞의 책에 인용된 존 휠러(J. A. Wheeler)의 말. p.60

5) 1979년 2월호 《사이언티픽 아메리칸 (Scientific American)》에 실린 프리드먼(D.Z. Freedman) 과 노이벤후이젠(P. van Nieuwenhuizen)의 〈초중력과 물리법칙의 통합(Supergravity and the unification of the laws of physics)〉에서.

290

수 없다." 이것은 15세기보다 오늘날에 있어서 아마도 더 설득력이 있는 말일 것이다.

대부분의 일반인들이 물리학에 거리감을 갖는 것은 수학에 대한 신경과민적인 두려움 때문이다. 수학에 대한 두려움 때문에 과학이 발견해놓은 사실들을 충분히 이해하는 데에 장애 요소가 되고 있으며, 과학자들이 끈기와 인내로써 고통스러운 탐구를 통하여 밝혀낸 자연의 광대한 분야를 즐기지 못하고 있다. 로저 베이컨(Roser Bacon)이 평가한대로, "수학은 과학의 문이자 열쇠이다… 왜냐하면 수학의 지식이 없이는 이러한 세계에 관한 것들을 알 수 없기" 때문이다.[6]

자연 법칙의 수학적인 단순성과 우아함에 깊은 인상을 받은 많은 물리학자들은 그것이 바로 존재의 근본적인 특징이라고 주장한다. 제임스 진즈 경(Sir James Hopwood Jeans, 1877-1946, 영국의 물리학자, 천문학자, 작가)은 그의 의견에서 "신은 수학자이다"라고 밝혔다. 그러나 신은 왜 자신의 생각을 수학적인 형태로 표현하는 것일까?

수학은 논리의 시이다. 단순하고 논란의 여지가 없는 논리적인 기초 위에 근거를 두는 것보다 더 강력하고 만족할만한 법칙의 표현 방법은 있을 수가 없다. 존 휠러는 이렇게 말한다.

따라서 만일 수학적인 기반 위에서 논리를 펼쳐나가면서 본질에 대한 설명이 이루어진다면 전혀 놀라울 것이 없다. 만일 혹자가 믿는대로 모든 수학이 논리의 수학으로 환원되고, 그리고 모든 물리학이 수학으로 환원된다면 모든 물리학이 논리의 수학으로 환원되는 것 외에 다른 도리가 있겠는가? 논리는 '그 자체에 대하여 생각할'수 있는 수학의 유일한 갈래이다.[7]

자연의 논리적인 표현의 매력 가운데 하나는 자연의 모든 것은 아닐지라도 상당수가 실험적인 증거보다는 논리적인 추론을 통해 이끌어낼 수 있다

───────────────

6) 베이컨 (R. Bacon)이 《오푸스 마주스(Opus Majus)》 (Robert Belle Burke, 1928년 펜실바니아 대학 출판부)

7) 존 휠러(J.W. Wheeler)의 《만유인력(Gravitation)》(C.W. Misner, K.S. Thorne, J. W. Wheeler 편저, 1973년 Freeman) p.1212

는 가능성이다. 2차 세계대전이 일어나기 전 아더 에딩톤(Arthur Eddington) 과 밀(E.A. Milne)은 둘 다 우주의 연역적인 이론을 구축하려고 시도하였다 (많은 성공을 거두지는 못하였지만). 이 시도는 많은 흥미 있는 전망을 불러 일으킨다. 우주는 논리에 따른 '필연적인' 결과 때문에 지금과 같은 방식을 취하고 있는 것일까? 위대한 프랑스의 과학자이며 수학자이고 철학자인 장 달랑베르(Jean d'Alembert, 1717-1783)는 이렇게 썼다.

"하나의 통합된 관점에서 우주를 파악할 수 있는 이에게는 전체 우주 창 조는 독특한 진리이며 필연적인 결과로 나타날 것이다."

이것은 하느님의 전능함에 대한 주제에 흥미있는 시각을 던져준다. 제10 장에서, 전능한 창조주는 자신이 원하는대로 어떤 형태의 우주든지 창조할 수 있다는 주장을 살펴보았다. 기독교인들은 이 '특별'한 우주는 하나님이 무수히 많은 가능성 중에서 하나를 선택한 결과로 생겨난 것이라고 주장한 다. 하지만 아무리 전능한 하느님이라고 해도 논리의 규칙을 깰 수는 없다. 하느님은 2=3을 만들 수가 없으며, 정사각형=원을 만들 수가 없다. 하느님 이 '어떠한' 우주라도 창조할 수 있다는 성급한 가정은 그것이 논리적으로 일관성이 있어야만 한다는 점에 있어서 성격이 분명해야 한다. 만일, 거기 논리적으로 조리가 닿는 우주가 '단하나만' 존재한다면, 그렇다면 하느님은 전 혀 효과적으로 선택을 할 수가 없었을 것이다. 아인슈타인은 이렇게 말했다.

"내가 실제로 관심을 갖는 것은 하느님이 세상을 지금의 방식 말고 다른 방식으로 만들 수 있었을까 하는 것이다. 즉 논리적인 필연성이 도대체 어 떤 자유를 남겨 주었을까 하는 것이다."[1]

만일 거기 실제로 가능한 우주창조가 한 종류밖에 없었다면 우리는 도대 체 어째서 창조주가 필요한가? 모든 것이 진행되도록 '단추를 누르는' 일 말 고는 그가 할 수 있는 기능이 무엇인가? 그러나 그러한 기능은 '의식'을 필 요로 하지 않는다. 그것은 단순히 방아쇠를 당기는 메카니즘에 불과하며, 우 리가 앞 장에서 본대로 그것까지도 양자물리학의 세계에서는 필요하지 않다. 따라서 논리적인 수학적 방정식을 우주의 근본으로 보는 물리학의 이러한

1) 아인슈타인이 그의 조수 에른스트 스트라우스 (Ernst Strous)에게 한 말. 《아인슈타인-100주년 기념집》(Centenary Volume)에서. (A.P. French 편저, 1979년 Heinemann 출판사) p. 128

해답은 하느님의 존재를 부정하는가? 실제로 그렇지 않다. 그것은 창조주인 하느님의 개념을 풍부하게 해주지만, 물리적인 우주의 한 부분으로서 존재하는 하나의 우주의식(宇宙意識), 즉 초자연적인 하느님에 반대되는 자연적인 하느님을 부정하지는 않는다. 물론 이 문맥에서 '부분'이라는 것은 '우주 공간의 어딘가에 위치하고 있다'는 의미가 아니다. 우리 자신의 의식이 공간 속에 위치할 수 없듯이 그것도 마찬가지다. 또한 우리의 의식이(두뇌와는 반대로) 원자들로 만들어지지 않았듯이, 그것 역시 '원자들로 만들어진' 것을 의미하지도 않는다. 두뇌는 인간의식의 표현 매개체이다. 마찬가지로 전체 물리적인 우주는 자연적인 하느님 의식의 표현 매개체일지도 모른다. 여기서의 하느님은 인간의식의 차원보다 훨씬 설명의 차원이 높은 절대의 통합적인 개념이다.

만일 이 개념이 받아들여진다면, 물리적인 우주의 기원과 운명을 아는 것은 대단히 중요한 일이다. 의식은 조직체를 필요로 하기 때문에 그것의 존재는 열역학 제2법칙에 위협을 받는다. 우주가 그 자신의 엔트로피 증가에 의해서 죽음을 향해 서서히 숨막혀가듯이 하느님 역시 죽을 것인가? 그 대안, 즉 물리적인 우주를 완전히 말살시킬 하나의 특이점으로의 중력 붕괴를 생각하면 하느님의 생존은 더욱 가망성이 없어보인다. 오직 순환하는 우주, 또는 정상상태의 우주만이 자연적인 하느님이 무한하고 영원할 수 있는 가능성을 제공하는 것처럼 보인다.

지금까지 토론한 자연의 본질에 대한 물리학자들의 생각은 환원주의적인 접근을 강조한 것이다. 새로운 법칙과 모형들을 탐구 중에 있는 물리학자들에게 대단한 영감을 불어넣는 미(美)와 단순성은 대개 세상을 구성하고 있는 기본 구조에 관한 것이다. 즉, 쿼크와 경립자와 같은 원자 이하의 입자들과 그것들 사이에서 작용하는 근본 힘들에 관한 것이다. 하지만 하느님의 통합적인 측면은 또다시 우리에게 다음과 같은 것을 일깨워준다. 세상이 무엇으로 이루어졌는가와 어떻게 그것이 합쳐지는가를 물리학자들이 아무리 깊이 이해하게 된다고 해도 통합적인 특징은 순전히 환원주의의 개념에는 포함될 수 없을 것이다.

리차드 파인만(Richard Feynman)는 그것을 이런 식으로 말했다.

우리는 세상에 대하여 토론하는 하나의 방식을 가지고 있는데, 그것은 다양한 구조 또는 차원으로 세상에 대하여 말하는 것이다. 여기서 내가 말하는 차원이란 아주 엄밀하게 세상을 여러 차원으로 나누는 것을 의미하는 것이 아니다. 일련의 개념들을 통해 내가 말하는 이 차원이라는 것이 무엇인지 설명해보겠다.

예를 들어, 한쪽 끝에 우리는 물리학의 기본 법칙들을 가지고 있다. 그런 다음 우리는 그 기본 법칙의 관점에서 대상을 궁극적으로 설명하기 위하여 그것에 매우 근접한 용어를 개발한다. 예컨대 '열(熱)'같은 것이 있다. 열이란 쉽게 말해 흔들거리고 있는 것을 가리키며, 어떤 뜨거운 물체를 말할 때 사용되는 그 단어는 흔들거리고 있는 원자들의 집단을 표현하기 위한 단어일 뿐이다. 그러나 열에 대하여 말하면서 우리는 흔들거리는 원자들에 대해서는 잊어먹는다. 마치 빙하에 대하여 말할 때 육각형의 얼음이나 떨어진 눈송이들에 대해서는 생각하지 않는 것과 똑같다. 또같은 예로는 소금 결정체를 들 수 있다. 근본적으로 들여다보면 그것은 많은 양성자와 중성자 그리고 전자들이다. 하지만 우리는 그것과는 다른 '소금'이라는 개념을 가지고 있는데, 압력이라는 개념도 마찬가지이다.

이제 여기서 한 단계 더 위로 올라가면 또다른 차원에서 우리는 물질의 속성에 대한 개념들을 가지고 있다. 빛이 어떤 물체를 통과할 때 구부러지는 현상을 가리킬 때 쓰는 굴절률(屈折率)같은 것이 그것이다. 또는 물은 그 자체를 서로 잡아당기는 경향이 있음을 말해주는 표면장력(表面張力)이 그것이다. 이 둘 다 숫자에 의해서 설명된다. 그러나 내부를 깊이 들여다보면 그것은 원자들의 잡아당김이라는 것을 발견하게 된다. 하지만 우리는 여전히 표면장력이라고 말하며, 그렇게 말할 때 그것의 내부 작용에 대해서는 전혀 개의치 않는다.

계속해서 더 높은 단계로 올라가보자. 우리는 파도라든가 폭풍이라는 말을 쓴다. 또는 태양 흑점, 물질의 축적 형태인 '별'같은 말을 쓴다. 이러한 것들은 거대한 양으로 이루어진 현상이다. 그리고 그러한 말에 대하여 깊이 생각하는 것은 무의미하다. 사실 우리는 그렇게 할 수가 없다. 왜냐하면 더 높은 단계로 올라갈수록 더 많은 단계를 우리는 그 사이에 갖게 되며, 그 각각의 단계는 그 자체만으로는 약간 허술한 개념들인 것이다.

이 복잡한 단계로 올라감에 따라 우리는 근육 경련, 또는 신경 자극과 같은 것을 갖게 되는데, 이것은 물리적인 세계에서는 대단히 복잡한 현상이다. 매우 정교한 복잡성 속에서 조직화되었을 때만이 그러한 것이 가능하다. 그때 '개구리'같은 것이 나오게 된다.

294

그리고 그 다음에 우리는 계속해서 인간이라든가 역사, 또는 정치같은 개념과 단어들을 만나게 된다. 그리고 계속해서 더 높은 차원에서 물체들을 이해하기 위하여 사용하는 일련의 개념들을 만나게 된다.

그 다음에 계속해서 우리는 악, 미, 그리고 희망같은 것을 만나게 된다…

만일 종교적인 상징을 써서 말한다면, 어느 끝이 하느님에게 가까울까? 맨 처음의 기본 법칙들일까? 아니면 미와 희망같은 고차원의 개념들일까? 물론 내가 말하고자 하는 것은, 물체의 전체 구조적인 상호연결을 바라보는 것이 올바르다고 하는 것이다. 그리고 과학뿐만 아니라 모든 지적인 노력들은 이러한 차원들을 연결시키려는 노력이라고 말하고 있는 것이다. 미를 역사에, 역사를 인간의 심리에, 인간의 심리를 두뇌의 작용에, 두뇌를 신경자극에, 신경자극을 화학에, 그리고 계속해서 위와 아래 둘 다를 연결하는 것이다. 현재로서는 이것의 한 쪽 끝에서부터 다른 쪽 끝까지 모두를 연결하는 선을 긋기가 어려우며, 또 그렇게 할 수 있다고 믿는 것은 무의미하다. 왜냐하면 우리는 단지 거기 이러한 상대적인 차원들이 있다는 것을 이제 막 보기 시작했을 뿐이기 때문이다.

그리고 나는 그 어느 쪽 끝도 하느님에게 가깝다고는 생각하지 않는다.[9]

앞의 장들에서 강조했듯이 자연의 구조적인 차원의 중요성에 대한 인식이 과학자들 사이에 날로 높아져가고 있다. 생명, 조직, 의식같은 통합적인 개념들은 실제로 중요한 것이며, 그리고 그것들을 '단지' 원자들이나 쿼크나 또는 그 어떤 것들로 이루어져 있다는 것만으로 설명해버릴 수는 없는 것이다. 모든 자연 현상의 핵심에서 근본적인 단순성을 이해하는 일이 아무리 중요하다고 해도 그것은 전혀 전체 이야기가 될 수 없다. 복잡성 역시 똑같이 중요한 것이다.

현대물리학의 아직 풀리지 않은 가장 큰 문제는, 물리 체계의 통합적인 특징이 기본 입자나 입자들의 기본 법칙으로는 환원될 수 없는 또다른 통합법칙을 요구하는가 하는 것이다. 현재까지 우리는 참된 통합 법칙의 증거를 갖고 있지 못하다. 예를 들어 열역학은 집단적으로 행동하는 엄청난 숫자의 분자들을 담고 있는 가스와 같은 통합적인 체계를 다룬다. 온도와 압력같은

---

9) 파인만 (R. P. Feynman)의 《물리법칙의 성질(Character of Physical Law)》(1965년 B.B.C.출판부) p.124-5

자연의 본질에 대한 물리학자의 견해 295

개념들은 개별적인 분자 차원에서는 무의미한 것이다. 그래도 그 가스의 행동 법칙은 아래쪽 차원의 분자 운동 법칙들로부터 이끌어낼 수가 있다. 예를 들어 참된 통합 법칙은 그것의 기원이 개별적인 구성 성분에 있지 않은, 집단적인 차원에서 나타나는 하나의 새로운 힘 또는 조직력같은 것이어야 할 것이다. 이것이 생명을 설명하기 위해 사용된 활력론(活力論)의 개념이다.

물리학의 통합 법칙이 적용되는 더욱 인상 깊은 예는 염력(念力)이나 텔레파시같은 것이 될 것이다. 소위 초현상(超現象)의 지지자들은 인간의 의식은 실제로 먼 거리의 물체에 힘을 발휘할 수 있다고 주장한다. 아마도 그러한 힘들은 환원주의의 차원에서는 알려지지 않은 것들이 될 것이다. 그것들은 원자핵, 중력, 또는 전자기의 힘이 아니다. 이러한 정신의 힘이 가장 신비롭게 나타나는 예는 떨어진 거리에서 금속을 구부리는 일이다. 이것은 물리적인 접촉이 없이 의식의 힘만으로 금속물질을 변형시키는 것이다. 필자는 이러한 현상을 테스트할 수 있는 대단히 엄격한 실험을 행한 적이 있다. 이 실험에서는 봉함된 유리병 안에 든 금속막대를 사용하였다. 속임수를 막기 위하여 병 안의 공기는 희박한 가스를 비밀리에 배합한 것으로 대체하였다. 최근의 유명한 금속 구부리는 사람들을 대상으로 이 실험을 실시하였는데, 불행히 별로 이렇다할 성과를 얻지 못하였다.

앞에서 물질계의 구조는 어쩌면 기본적인 수학적 형태로 표현될 수 있는 고도로 단순한 논리적인 원리들에 의해서 생겨난 결과일지 모른다고 가정하였다. 이러한 개념을 받아들이는 데 한 가지 어려움은 복잡성의 문제이다. 예를 들어 우리는 생명과 의식이 통합적인 힘보다는 단순히 논리적인 규칙을 통해서 생성된 것이라고 믿을 수 있는가?

흥미 있고 복잡한 활동이 매우 단순한 논리적인 규칙성에 의해서 생성될 수 있음을 보여주는 멋진 예가 있다. 캠브리지 대학의 수학자 존 콘웨이(John Conway)는 '생명(Life)'이라고 이름붙여진 하나의 도표를 발명했는데, 이것은 정사각형의 칸이 많이 그려진 하나의 말판 위에서 한 사람이 할 수 있는 게임이다. 검은 말들이 칸막이 안에 몇 군데 놓여져 있으며, 다음과 같은 규칙에 따라 말의 배치가 형태를 변화해간다.

1. 2개 또는 3개의 이웃 말을 가진 말은 다음 단계에서 살아남는다(즉 다음으로 옮겨간다).

2. 이웃 말이 1개만 있거나 전혀 없는 각각의 말은 '죽는다'(외로움 때문에). 그리고 4개 또는 그 이상의 이웃 말을 가진 말 역시 죽는다(너무 갑갑해서).

3. 말이 놓인 칸막이 3개를 이웃에 가진 모든 빈 칸은 새로운 말을 탄생시킬 수 있다.

이러한 탄생, 죽음, 생존의 단순한 규칙을 통해 콘웨이와 그의 동료들은 말의 배치가 변화해나가는 양상이 대단히 풍부하고 다양하다는 것을 발견하였다. 특히 두 가지 특징이 두드러졌다. 첫번째 특징은 단순한 형태라고 해도 복잡한 구조들로 진화해갈 수 있다는 것이다. 예를 들어 [그림24]에서 보이는 '씨앗'을 생각해보라. 그것은 자라서 꽃이 피고, 시들고, 마침내 네개의 작은 '씨앗들'을 남겨놓고 죽는다.

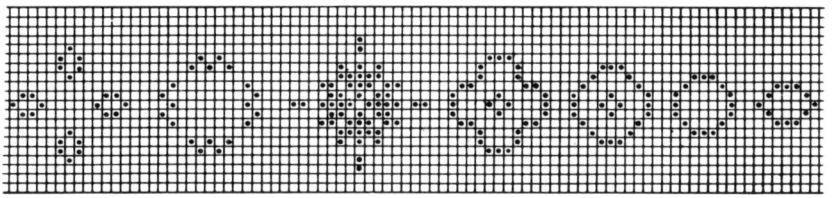

[그림24] 존 콘웨이의 게임 '생명(Life)'에서 위의 일련의 형태들은 다양하고 풍부하게 진화해간다(이 그림에서 몇 가지 중간 단계는 생략을 하였다). 이 형태는 한 떨기 꽃의 생명 순환을 생각나게 한다.

더욱 두드러진 특징은, 어떤 형태는 시종일관 그 형태를 유지한다는 것이다. 이것은 '의식적인 행동'을 생각나게 하는 활동이다. 가장 단순한 예는, 함께 결합하여 말판 위를 가로질러가는 '비행선(glider)'을 들 수 있다. '우주선'으로 알려진 넓은 집단은 움직이면서 '불똥(sparks)'을 꼬리에 남긴다. 그러나 더 넓은 '우주선'들은 넓은 우주선들이 그 앞에 내뿜어 놓는 파편조각들을 먹어삼키는 작은 '호위 비행선(escorts)'의 집단을 필요로 한다. 그렇지 않으면 그것들이 길을 가로막고 분쇄시키는 원인이 된다.

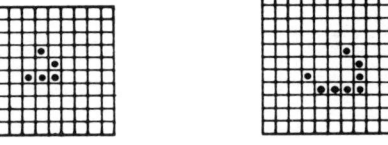

[그림25] '비행선'이라고 이름붙여진 점 5개의 단순한 배열은 흥미로운 특성을 가지고 있다. 이 형태는 말판을 따라 대각선으로 비스듬히 이동해가지만 본래 모습을 그대로 가지고 있다. 8개의 점으로 구성된 넓은 집합체는 '우주선'이라고 불리워지는데, 이것 역시 본래 모습 그대로 여행을 하지만, 진행함에 따라 '불똥'을 내뿜는다.

　컴퓨터의 도움을 받아 콘웨이가 발명한 게임은 자기 재생산의 능력을 가진 기계들과 그밖의 추상적인 수학 논리의 수수께끼를 실험하는 데에 사용될 수 있다. 이것은 하나의 생산 라인의 기반 위에서 다른 형태를 낳을 수 있는 구조를 가능케 해준다. 한 예는 매번 30번을 움직일 때마다 새로운 글라이더를 낳는 일종의 '글라이더 총'이다. 그러한 장치는 13개의 글라이더 충돌의 파편으로부터 구성될 수 있다. 글라이더 총을 조심스럽게 배치해 놓음으로써 글라이더들의 교차하는 광선은 매번 300번 움직일 때마다 하나의 우주선을 진수시키는 공장을 만들 수가 있다. 초기의 선택된 배치가 주어지기만 하면 그 게임 자체는 다양한 구조들과 활동을 낳는다. 거기 인간의 개입이 필요 없다. 그리고 이 모든 것은 몇개의 단순한 논리적인 규칙으로부터 나온 것이다.

　내 의견으로는 앞으로의 물리학은 환원주의를 통하여 그 주된 작업을 해 나가야 할 것이다. 통합적인 측면은 인식과학이나 체계이론, 게임이론, 사회학과 정치학 같은 것에 더 잘 들어맞는다. 이것은 물리학이 통합주의에 대해서는 아무것도 말할 것을 갖고 있지 않다는 주장이 아니다. 물리학 역시 분명히 그러한 측면을 가지고 있기 때문이다. 열역학이론, 양자이론 그리고 자기조직 체계의 물리학은 모두가 통합적인 개념을 포함하고 있다. 그럼에도 불구하고 나는 물리학이 예를 들어 목적이나 도덕성같은 것에 대한 질문을 가로챌 수 있다고는 믿지 않는다.

나는 간혹 이런 질문을 받는다. 물리학자들이 자연계의 기본 과정에 대한 연구를 통하여 얻은 통찰력이 하느님의 우주계획의 본질을 밝혀주는가? 아니면 선과 악 사이의 갈등을 드러내는가? 그렇지는 않다. 최소 물질 단위인 쿼크들이 양성자나 중성자로 통합하는 방식, 또는 양자 흡수나 방출, 물질에 의한 시공간의 구부러짐, 기본입자들을 통하는 추상적인 대칭성, 그리고 그 밖의 여러 것 자체에는 선도 없고 악도 없다. 사실 자연에는 많은 경쟁력이 발견된다. 예를 들어, 서로 다른 힘들의 상호작용과 균형 사이에는 실로 많은 경쟁이 있다. 하나의 별은 반대되는 힘들의 전쟁터라고 할 수 있다. 별을 짓눌러 으깨어버리려는 중력은 그것을 폭발시키려는 열압력과 전자기 방사의 힘에 대항하여 세력 다툼을 벌인다. 그리고 우주 전체를 통하여 이러한 세력 다툼은 계속된다. 그러나 만일 반대되는 힘들이 다소라도 동등하게 겨루어지지 않으면 모든 물리 체계들은 한 쪽이나 다른쪽 힘에 의하여 지배당하며, 그렇게 되면 모든 활동이 곧 정지될 것이다. 우주는 이러한 전쟁이 무한히 긴 시대를 통해 계속되어왔기 때문에 현재와 같이 복잡하고 흥미있는 활동을 보여주는 것이다.

거대한 드라마가, 이러한 우주의 팽팽한 대결에 의해서 생겨나는, 시간의 대양(大洋)에서 펼쳐지고 있다. 프리먼 다이슨(Freeman Dyson)이 부른대로, 정말로 우연적인 우주의 '유예 상태'에 대한 몇 가지 수수께끼가 있다.

우주가 일방적으로 에너지가 최대한으로 소모된 최종적인 죽음의 상태를 향하여 미끄러져 내려가고 있기 때문에 어떻게 그것이 이해가 안 갈 정도로 긴 '죽어가는 중'인 시간을 가질 수 있는지 신비이다.[10]

거의 천문학적인 기간 동안 우주가 완전한 혼돈 상태로 내려가는 것을 유예하고 있는 이러한 예기치 않은 안정상태는 제13장에서 토론한 또다른 '우연의 일치'라고 할 수 있다.

거기 '크기의 유예 상태'가 있는데, 이것은 우주가 그것 자체의 중력으로 인해 갑자기 붕괴되는 것을 방지한다. 대압축(만일 그러한 것이 일어난다면)으로 붕괴되는 자유낙하 시간은 우주 물질의 대단히 광범위한 분포 때

---

10) 1971년 9월호 《사이언티픽 아메리칸(Scientific American)》지에 실린 프리먼 다이슨(F. J. Dyson)의 〈우주의 에너지(Energy in the Universe)〉

문에 수천억년이 걸린다. 또한 거기 '회전의 유예 상태'가 있는데, 이것은 은하계들과 지구같은 시스템들이 서로에게로 떨어져내리는 것을 방지한다. 원심력이 중력의 잡아당기는 힘을 상쇄시켜주는 것이다. 마지막으로 거기 원자핵의 유예 상태가 있는데, 이것은 별들의 핵연료 소모가 아주 단계적인 비율로 일어나도록 해준다.

이러한 유예 상태는 영원히 계속되지 않는다. 그 균형 상태가 깨어질 때 자주 폭력이 발생한다. 우주는 폭력적인 활동으로 가득 차 있다. 별들의 폭발, 혼란된 은하계와 퀘이서들이 내뿜는 거대한 에너지 분출, 중력 때문에 일어나는 거대한 물체와 천체들 사이의 끔찍한 충돌, 블랙홀의 망각 속으로 붕괴되어 들어가는 물질들. 끔찍한 폭력이다. 그래도 물리학자들은 이러한 폭력을 악한 것이라고는 생각하지 않는다. 해방된 에너지의 회오리 속에서 자연은 미래를 위한 평화의 씨앗을 뿌릴지도 모른다. 우리의 평온한 지구를 구성하고 있는 무거운 원소들은 오랜 옛날 초신성의 폭발과 불길에서 창조되었다. 우주 전체는 상상할 수 없는 엄청난 폭력 속에서 태어난 것이다. 물리학자들에게는 이러한 폭력적인 현상이 도덕적으로 중립적인 자연 법칙의 독특한 표현이다. 선과 악은 물질이 아니라 오로지 마음에만 적용되는 것이다.

지금까지 우리는 현대물리학의 주제를 다양하게 탐색해왔다. 시간과 공간, 질서와 무질서, 의식과 물질에 관한 새로운 개념들을 통해 창조주의 존재를 탐색해보았다. 여기서 설명된 것들 중의 상당수는 의심할 여지 없이 과학이 종교와 근본적으로 적대적이며, 계속해서 대부분의 종교적인 교리를 위협한다는 생각을 확신시켜줄 것이다. 그러나 창조주, 인간, 그리고 우주의 본질에 대한 전통적인 종교관들이 현대물리학에 의해 싹쓸이가 되었다고 주장하는 것은 어리석은 일이다. 우리의 탐구는 많은 긍정적인 신호도 밝혀주었다. 예를 들어 통합적인 현상, 심지어 육체가 없이도 존재할 능력이 있는 의식의 존재는, 우리가 빙빙 도는 원자들의 집합체 이외에 아무 것도 아니라고 하는 환원주의 철학을 반박한다.

그러나 오랫동안 계속되어온 종교적인 의문들에 대한 간단한 대답을 제공하는 것은 이 책을 쓴 나의 의도가 아니다. 내가 찾고자 했던 것은 전통적인 종교 주제들이 토론되는 배경을 넓히려는 것이었다. 현대물리학은 시간과 공간, 그리고 물질에 대한 많은 상식적인 개념들을 둘러엎었기 때문에, 진지한 종교적인 사색가라면 그것을 무시할 수가 없다.

나는 과학이 종교보다 하느님을 발견하는 데에 더 확실한 길을 제공한다는 주장으로부터 이 책을 시작하였다. 세상을 그것의 다양한 측면들을 —선과 악 뿐만 아니라 힘(力), 장(場), 그리고 입자들을 통하여 환원주의와 통합주의, 수학적인 것과 시적인 것 모두를— 이해할 때만이 우리는 우리 자신을 이해하게 될 뿐 아니라 우리의 집인 이 우주의 배후에 숨은 의미를 이해하게 되리라는 것이 나의 깊은 확신이다.

참고문헌

본문에 언급된 책자들과 함께 아래의 참고문헌들은 이 책의 주제를 이해하는 데에 많은 도움이 될 것이다.

[제1장] 변화하는 세계에서의 종교와 과학
W. Russell Hindmarsh, *Science and Faith*, Epworth 1968
Donald Mackay, *The Clockwork Image*, Inter-Varsity Press 1974
Jacques Monod, *Chance and Necessity*, Random House 1971
C.A. Coulson, *Science and Christian Belief*, Oxford University Press 1955
Jacob Bronowski, *Science and Human Values*, Harper and Row 1965
Allen D. BrecK & Wolfgang Yourgrau ed., *Physics, Logic, History*, Plenum 1970
Stanley Jaki, *Cosmos and Creator*, Scottish Academic Press 1981
A.R. Peacocke, *Science and Christian Experiment*, Oxford University Press 1971
Thomas Torrance, *Theological Science*, Oxford University Press 1978
Thomas Torrance, *Divine and Contingent Order*, Oxford University Press 1981
R. Hooykaas, *Religion and the Rise of Modern Science*, Erdmans 1972
A.R. Peacocke ed., *The Sciences and Theology in the Twentieth Century*, Oriel 1981

[제2장] 창세기
Steven Weinberg, *The First Three Minutes*, Andre Deutsch 1977, Fontana 1978
P.W. Atkins, *The Creation*, Freeman 1981
John Gribbin, *Genesis*, Dent/Delacorte 1981
Joseph Silk, *The Big Bang*, Freeman 1980
P.C.W. Davies, *The Runaway Universe*, Dent 1978, Harper & Row 1978
Robert Jastrow, *Until the Sun Dies*, Norton 1977
G.T. Bath ed., *The State of Universe*, Oxford: Claredon Press 1980
E.R. Harrison, *Cosmology*, Cambridge University Press 1981
D.W. Scima, *Modern Cosmology*, Cambridge University Press: second edition 1982
Nigel Calder, *Einstein's Universe*, B.B.C. publication 1979
Peter Bergmann, *The Riddle of Gravitation*, Charles Scribner 1968

Robert Wald, *Space, Time and Gravity,* University of Chicago Press 1977
P.C.W. Davies, *Space and Time in the Modern Universe,* Cambridge University Press 1977
Rozsa Peter, *Playing with Infinity,* Bell 1961
Leo Zippin, *Uses of Infinity,* Random House 1962
Ruddy Rucker, *Infinity and the Mind,* Harvester 1982
Keith Devlin, *Mathematics of the Infinity,* New Scientist, 95, 162

[제3장] 우주는 신이 창조했는가?

P.C.W. Davies, *The Forces of Nature,* Cambridge University Press 1979
Gerald Feinberg, *What is the world made of?,* Doubleday 1977
Steven Weinberg, *The decay of the proton,* Scientific American, 1981, 6
William Rowe, *The Cosmological Argument,* Princeton University Press 1975
William Lane Craig, *The Cosmological Argument from Plato to Leibniz,* Macmillan 1980
D.R. Burrill, *The Cosmological Arguments; a Spectrum of Opinion,* Doubleday-Anchor 1967
P. Edwards & A Pap eds., *A Modern Introduction to Philosophy,* Free Press 1965
J.D. North, *The Measure of the Universe,* Oxford: Clarendon Press 1965

[제4장] 우주는 왜 존재하는가?

Richard Swinburne, *The Coherence of Theism,* Oxford: Claredon Press 1977
Nelson Pike, *God and Timelessness,* Routledge & Kegan Paul 1970
Brian Davies, *An Introduction to the Philosophy of Religion,* Oxford University Press 1982
John Hosper, *An Introduction to Philosophical Analysis,* Routledge & Kegan Paul, 1981
David Layzer, *The Arrow of Time,* Scientific American, 1975, 12
Steven Frautschi, *Entropy in an expanding universe,* 근간
P.C.W. Davies, *The Physics of Time Asymmetry,* Surrey University Press 1974

[제5장] 생명이란 무엇인가?

A.G. Crains-Smith, *The Life Puzzle,* Oliver & Boyd 1977
Francis Crick, *Life Itself: Its Origin and Nature,* Macdonald/Simon & Schuster 1982
Richard Dawkins, *The Selfish Gene,* Oxford University Press 1977
Gerald Feinberg & Robert Shapiro, *Life beyond Earth,* William Morrow 1980
Fred Hoyle & N.C. Wickramasinghe, *Lifecloud,* Dent 1978
Jacques Monod, Chance *and Necessity,* Random House 1971
L.E. Orgel, *The Origin of Life: Molecules and Natural Selection,* Wiley 1973
Hans Driesch, *Theory of Vitalism,* Macmillan 1914
Rainer & Schubert Soldern, *Mechanism and Vitalism,* Notre-Dame University Press 1962

Douglas Hofstadter, *Gödel, Escher, Bach*, Basic Book 1979
Fritjov Capra, *The Tao of Physics*, Wildwood House 1975
——————, *The Turning Point*, Wildwood House 1982
Paul Reps, *Zen Flesh Zen Bones*, Penguin 1971
Gary Zukav, *The Dancing Wu Li Masters*, Rider 1979
G. Nicolis & I. Prigogine, *Self-Organization in Non-equilibrium* Systems, Wiley 1977
I. Prigogine, *From Being to Becoming*, Freeman 1980
Hermann Hakens, *Synergetics*, Springer 1977
Ronald Bracewell, *The Galactic Club*, Freeman 1974
Carl Sagan, *The Cosmic Connection*, Doubleday 1973
I.S. Shkovskii & C. Sagan, *Intelligent Life in the Universe*, Holden-Day 1966
Walter Sullivan, *We Are Not Alone*, McGraw-Hill 1966

[제6장] 의식과 영혼
Richard Gregory, *Mind in Science*, Weidenfeld & Nicolson 1981
D.R. Hofstadter & D.C. Dennett, *The Mind's I*, Harvester/Basic Books 1981
D.C. Dennett, *Brainstorms*, Bradford Books 1978
R.I. Gregory ed., *Oxford Companion to the Mind*, Oxford University Press 1983
Philip Jackson, *Introduction to Artificial Intelligence*, Petrocelli Charter 1975
Pamela McCorduck, *Machines Who Think*, Freeman 1979
Patrick Winston, *Artificial Intelligence*, Addison-Wesley 1979
Eric Harth, *Windows on the Mind*, Harvester 1982
Douglas Hofstadter, *Gödel, Escher, Bach*, Basic Books 1979
Karl Popper & John Eccles, *The Self and its Brain* (Springer 1977)
H.D. Lewis, *Philosophy of Religion*, The English Universities Press 1975

[제7장] 자아(自我)
Bernard Williams, *Problems of the Self*, Cambridge University Press 1973
John Perry ed., *Personal Identity*, University of California Press 1975
Sydney Shoemaker, *Self-Knowledge and Self-Identity*, Cornell University Press 1963
Ernest Nagel & James R. Newman, *Gödel's Proof*, New York University Press 1958
H.H. Pattee ed., *Hierarchy Theory*, George Braziller 1973
A.O. Rorty ed., *The Identities of Persons*, University of California Press 1976

[제8장] 양자론
P.C.W. Davies, *Other Worlds*, Dent 1980
Banesh Hoffmann, *Conceptual Foundations of Quantum Machanics*, Benjamin 1971
Niels Bohr, *Atomic Theory and the Description of Nature*, Cambridge University of Chicago Press 1930

Wener Heisenberg, *The Phisicist's Conception of Nature*, Hutchinson 1958
Max Born, *Natural Philosophy of Cause and Chance*, Oxford University Press 1949

[제9장] 시 간

G.J. Whitrow, *The Natural Philosophy of Time*, Nelson 1961
T. Gole ed., *The Nature of Time*, Cornell University Press 1967
Hans Reichenbach, *The Philosophy of Space and Time*, Dover 1958
M. Capek ed., *The Concepts of Space and Time*, Reidel 1976
———————— *Philosophy of Space and Time*, Dover 1958
R. Healey ed., *Time, Reduction and Reality*, Cambridge University Press 1981
L. Sklar, *Space, Time, and Spacetime*, University of California Press 1974
R. Swinburne, *Space and Time*, Macmillan 1968

[제10장] 자유의지와 결정론

B. Berofsky ed., *Free-will and Determinism*, Harper & Row 1966
S. Hook ed., *Determinism and Freedom in the Age of Modern Science*, New York University Press 1965
R. Swinburne, *The Coherence of Theism*, Oxford: Claredon Press 1977

[제11장] 물질의 근본구조

Nigel Calder, *The Key to the Universe*, Viking Press 1977
J.S. Trefil, *From Atoms to Quarks*, Charles Scribner 1980
J.C. Polkinghorne, *The Particle Play*, Freeman 1980

[제12장] 우연 또는 계획된 것?

P.C.W. Davies, *The Accidental Universe*, Cambridge University Press 1982
———————— *The Great Ideas Today*, Encyclopedia Britanica 1979
———————— *The Runaway Universe*, Dent 1978, Harper & Row 1978
John Barrow & Frank Tipler, *The Anthropic Principle*, Oxford University Press,
R. Tolman, *Relativity, Thermodynamics and Cosmology*, Oxford: Clarendon Press 1934
C.W. Misner, K.S. Thorne & J.A. Wheeler, *Gravitation*, Freeman 1973

[제13장] 블랙홀과 우주의 카오스

Larry Shipman, *Black Holes, Quasars and the Universe*, Houghton-Mifflin 1976
Iain Nicolson, *Gravity, Black Holes and the Universe*, David & Charles 1981
P.C.W. Davies, *The Edge of Infinity*, Dent 1981
Thomas McPherson, *The Argument from Design*, Mcmillan 1972

참고문헌 305

[제14장] 기 적
R. Swinburne, *The Concept of Miracle*, Macmillan 1970
J.G. Taylor, *Science and the Supernatural*, M.T. Smith 1980

[제15장] 우주의 종말
P.C.W. Davies, *The Runaway Universe*, Dent 1978, Harper & Row 1978

[제16장] 우주는 '덤'인가?
D. Atkatz & H. Pagels, *Origin of the Universe as a Quantum Tunneling Event*, Physical Review D25, 2065

[제17장] 자연의 본질에 대한 물리학자의 견해
P. Buckley & F. Peat eds., *A Question of Physics*, Routledge & Kegan Paul 1979
Richard Feynman, *The Character of Physical Law*, B.B.C. Publication 1965
L.S. Stebbing, *Philosophy and the Physicists*, Pelican 1944
E.R. Berlekamp, J.H. Conway & R.K. Guy, *Winning Ways*, Academic Press 1982

■ 이 책을 우리말로 옮기는 과정에서 도움을 받은 참고문헌은 다음과 같다. 각권의 책들은 이 책의 각 장에서 다루고 있는 주제들에 대하여 전문적으로 또는 대략적으로 이해할 수 있게 해 주었으며, 어떤 책은 이 책의 저자와는 완전히 상반되는 결론을 이끌어낸 것도 있었다. 참고문헌 중의 *표시는 국내에도 번역 소개된 책을 나타낸다.

A History of the Sciences, Stephen Finney Mason (Coller Books, 1962)
An Ancient Wisdom and Modern Science, Stanislav Grof (State University New York Press, 1983)
Gödel, Escher, Bach, D.R. Hofstadter (Vintage 1980)
Human Destiny, Lecomte du Noüy (Longmans, Green and Co., 1947)
Implications of Evolution, G.A. Kerkut (Lodon Pergamom 1965)
Misticism and New Physics, Michael Talbot (Routledge & Kegan Paul 1980)
Space and Time in the Modern Universe, P.C.W. Davies (Cambridge University Press, 1977)
Stalking the Wild Pendulum, Itzhak Bentov (Bantam New Age Book 1979)
Surely You're Joking, Mr. Feynmann, Richard P. Feynmann (Macmillan 1985)
**The End of the World*, Richard Morris (New York, John Brockman Associates, Inc.,

1980)

*The Dancing Wu Li Masters, Gary Zukav (Bantam New Age Book 1980)

*The Dawn of Life, J.H. Rush (New York, Signet 1962)

*The First Three Minutes, Steven Weinberg (Basic Books 1977)

The Great Ideas, Encyclopaedia Britannica (Vol. 2)

The Intelligent Universe, Fred Hoyle (Michael Joshep Lodon, 1983)

The Mind's I, ed. D.R. Hofstadter (Bantam New Age Book 1982)

The Mysteries of Modern Science, Brian M. Stableford (Routledge & Kegan Paul)

*The Tao of Physics, Fritjof Capra (Bantam New Age Book 1977)

*The Turning Point, Fritjof Capra (New York Simon and Schuster 1982)

The View From Planet Earth, Vincent Cronin (Quill, New York, 1983)

What is Beyond the Universe, Isaac Asimov (Science Digest, October 1972)

Wholeness and the Implicate Order, David Bohm (Routledge & Kegan Paul 1982)

현대물리학입문, 이노끼 마사후미, 한명수역, 현대과학신서, 1974

진화냐 창조냐, 창조과학 연구소, 도서출판 선구자, 1984.

현대과학의 기독교적 이해, D.M. 맥케이, 이창우 역 현대과학신서, 1981

찾아보기

(* 표시는 원주 또는 역주에서 나온다는 표시임)

〈ㄱ〉

가드너, 마틴 107*

가모프 33*

가츠히또 사또 80*

가트 3세, J.R. 80*

갈릴레이, 갈릴레오 19,25

갈바니, 루이기 103

강립자 220

《개미 둔주곡(Ant fugue)》 107

검은 문 189

게올게스큐-뢰겐, 니콜라스 34*

겔만. 머레이 221

경립자 220, 223, 225, 292

공식적인 교리 127

과학자의 접근방식 25~29

관념론 132

《괴델, 에셔, 바하(Gödel, Escher, Bach)》 107, 135*, 148

괴델, 쿠르트 149

구두끈 가설 89

구부러진 공간 38, 65, 68, 70, 78, 95, 184~187

구부러진 시간 38, 184~187

구트, 알랜 281

글루온 224

기계지성 테스트 126

기포 우주론 80*

〈ㄴ〉

노이만, 요한 폰 174

뉴우튼, 아이작 25, 37, 201~203, 227

니이담, 요셉 66

니이만, 위발 221

니콜슨, 노만 268

〈ㄷ〉

다빈치, 레오나르도 289

다아윈, 찰스 25, 101, 114, 229

다우주론 209~211, 236~238, 247

다이슨, 프리먼 245, 270, 298

달랑베르, 장 291

대압축 237, 268, 298

대칭우주이론 61

대통합이론 225

대폭발 33*, 43, 48, 55, 61~65, 76, 98, 272

데이비스, 폴 93*

데카르트, 르네 119, 127, 128
도우킨, 리차드 101
동물전기 103
뒤엉킨 차원들 152
드위트, 브라이스 176
디랙, 폴 28, 58, 288

〈ㄹ〉
라더포드 경, 어네스트 215
라이드, 토마스 142
라이프니쯔 66, 68
라일, 길버트 127~129, 133, 142
라플라스식 계산기 202
라플라스, 피에르 55, 83, 201
러셀, 버어트란트 66, 72, 148
로크, 존 146
루르드의 기적 253
루카스, J.R. 147, 150
루크레티우스 279

〈ㅁ〉
마아벨, 앤드류 181
《마인드(心)》 126
망각지대 162
맥뮬런, 어난 47, 118
맥스웰의 악마 275
맥스웰, 제임스 크라크 110, 224, 275
맥케이, 도널드 106, 135, 155, 202, 206
맥타가르트 197
머어튼, 로버트 287
모노, 자끄 227
모로비츠, 해롤드 28

모방게임 126
목적론 103, 228
뫼비우스의 띠 151
무지의 원리 100
무한 32, 39~43
《물리학의 도(Tao of Physics)》 109
《물질에 작용하는 의식(Mind over Matter)》
    28
물질의 구조 88
뮤온 183. 219
밀러, 스탠리 115
밀러-유레이 실험 115

〈ㅂ〉
바로우, 존 241
바르트, 칼 199
바안즈, E.W. 92
바이즈재커, 칼 폰 181
바이킹 화성탐사호 117
반물질 60~65
반양성자 60, 62
반입자 58*
반전자 59
배경열복사 52, 93
《버뮤다 삼각지대(Bermuda Triangle)》 21,
    178
베바트론 59*
베이컨, 프란시스 249, 290
베켄스타인, 쟈콥 242
벨로소프-쟈보틴스키 반응 112
벨전화회사 48
벨, 존 164, 165

보따리 구조 215, 221
보른, 막스 160
보아, 닐스 28, 157~169, 286
보옴, 데이비드 109, 171, 288
보이티어스 84
본디, 허먼 23, 27*, 50
볼츠만, 루드비히 110, 190, 232-234
불공정 실험 165
불완전 이론 149
불확정성의 원리 158, 159, 165, 201
브라우닝, 로버트 285
블랙홀 25, 32*, 37, 95, 99, 185, 243, 265
    266
비공식적인 교리 128

〈ㅅ〉
사이버네틱스 136, 230
사피로, 로버트 274
산일구조 113*
살램, 압두스 224
상대론적 양자론 58
상대성이론 57, 181~187, 203, 212
쌍둥이 효과 183~186
쌍 슬릿 실험 167~168
생기론 103
샤르댕, 떼이야르 드 135
선 107*, 158
셸리, M.W. 104*
쎄그레, 에밀리오 59*
소프트웨어 107, 125, 136, 157, 166, 172,
    176, 208, 271, 274
슈뢰딩거, 어윈 111, 174

슈뢰딩거의 고양이 174~175, 177
스윈번, 리차드 81, 85*, 229
스질라드, 레오 276
《신들의 전차(Chariots of the Gods)》 21
신유학파 66*

〈ㅇ〉
아리스토텔레스 45, 69, 75
아스펙, 알랭 164
아시모프, 아이작 153
아우구스티누스, 성 75, 84, 198
아이겐, 맨프렛 113
아인슈타인 25, 28, 38, 43, 48, 55, 57, 70,
    80, 160~171, 181~185, 191, 288,
    291
아퀴나스, 토마스 66, 68, 71, 72, 228, 250
알렌, 우디 141
안셀름, 성 198
앤더슨, 칼 58
양성자 57, 58*, 63, 97
양자론 69~71, 77, 89, 106, 156, 159, 166,
    171, 179, 202, 210, 217, 281, 286
양자변이 178
양자붕괴 172~174
양자 우주론 176
양전자 58~63
에너지 64, 66, 94, 111, 132
에딩톤, 아더 188, 291
에반스, 크리스토퍼 21
에버리트, 휴 176, 178, 209~210, 237
에셔, M.C. 148
에클리스 경, 존 141

에텔 132

에피메니데스 148

엔트로피 34~36, 51, 94~96, 100, 110~117, 132, 230~242, 264, 271, 275

역제곱 법칙 216

열사망 35*, 51, 52, 262

열역학 제2법칙 33~36, 48, 91, 110, 112, 117, 195, 230, 238~241, 262, 275

열평형 34~36, 100, 113, 236, 264

영, 토마스 167

와인버그, 스티븐 31, 83, 225

우주알 33*, 42, 43

우주의식 292

원물질 78

원시스프 115, 116

유가와 히데끼 218

유레이, 해럴드 115

유물론 132

유생기원론 117

유심론 132

유 에프 오(UFO) 21, 118, 178

융, 칼 구스타프 119

이상한 고리 149, 151, 157, 171

《이상한 나라의 앨리스(Alice in Wonderland)》 42, 156

《이상한 세계(The Other World)》 166

이 에스 피(ESP) 21, 258

이원론 127, 132, 146, 175

인공지성 124, 127, 136

일반상대성이론 80

일신론 84

입자가속기 57, 60, 183, 219

입자-반입자 쌍 62

〈ㅈ〉

자기언급 146

자기연결 147

자기원인 207

자기인식 146

자기조직 112~114, 117, 147, 242, 273

자기조화 89

자연도태 229

자연신교 84

전기하학 78

전자기장의 양자이론 218

전자-반전자쌍 59, 64

전자쌍 소멸 59*

전자쌍 탄생 59*

《전체성과 그 속에 담긴 질서(Wholeness and Implicated Order)》 110, 171

정상상태이론 50~52, 68

제논, 엘리아의 39, 46

종교인의 접근방식 26~27

《종의 기원(The Origin of the Species)》

중간자 97, 218, 220

중력과 시공간 65

중립자 220, 223, 267

중성미자 219

중성자별 264

쥬커브, 게리 109

《지구 너머의 생명(Life Beyond Earth)》 274

진즈 경, 제임스 290

〈ㅊ〉

차오, C.Y. 59

창조론 102

초구체 43, 281

초대칭 224

초력 97, 289

초신성 263

초중력이론 282, 286

《춤추는 물리 도사들(The Dancing Wu Li Masters)》 109

츄우, 지오프리 89*

측정이론 172*

〈ㅋ〉

카터, 브랜든 236, 246

카프라, 프리쵸프 89*, 109

칸트, 임마누엘 46, 47, 66, 214

캐롤, 루이스 42*

케슬러, 아더 1-5

코페르니쿠스 101

코플스턴 신부 72

존 콘웨이의 게임 296

콘웨이, 존 295

쿼크 89*, 222~225, 268, 292

쿼크이론 88, 222

퀘이서 187, 299

크라시우스 , 루돌프 34*

크리크, 프란시스 116, 117

클라크, 새무엘 66, 72

클라크, 아더 153

〈ㅌ〉

타키온 76

《태초의 3분간(The Firth Three Minutes)》 31

통합주의 105~110, 133

튜링, 알란 126

트리톤, 데이빗 113

특수상대성이론 182

특이점 43~47, 62, 68, 79, 94, 98~100, 268, 281

틸리히, 폴 199

〈ㅍ〉

파동-입자의 이중성 166, 167

파이온 218

파인만, 리차드 218, 285, 292

파인버그, 제랄드 274

팔정도 221

팰리, 윌리암 227

팽창하는 우주 38~44, 93, 281

페들러, 키트 28

펜로우즈, 로저 95, 99

평행우주론 176, 178

포지트로늄 265

《폭포(Water Fall)》 148

포앙카레 사이클 233

포앙카레, 앙리 233

프란치스코, 아씨시의 성 69

《프랑켄슈타인(Frankenstein)》 104

프리고진, 일리야 113, 115, 147

프리드만 33*

플라톤 66, 127

플랑크, 막스 167

플로지스톤 132

피블스, P.T.   52

피우스 12세, 교황   47

피이드백   51, 147

〈ㅎ〉

하드웨어   107, 125, 136, 157, 166, 172, 176, 207

하이젠베르그, 베르너   160, 172, 203

하전스핀 공간   221

할데인   19

핵력   223, 245

허깨비론   162

허블, 에드윈   37, 48

허스트, R.J.   128

해리슨, 에드워드   264

헤일즈, 스티븐   214

호우킹, 스티븐   95. 98~100, 242

호일, 프레드   50, 52, 117

호프스태터, 더글라스   107, 134, 135*, 148~152, 157, 171, 191

환원주의   105~110, 133, 225, 282

활력론   103, 295

휠러, 존   77, 78, 88, 170, 237, 289

흄, 데이비드   66, 72, 74*, 75, 142, 143, 211, 249

혼들이 우주론   236, 270

흩어지는 구조   113, 114, 147

정신세계사의 책들

【겨레 밝히는 책들】

한단고기
사대주의와 식민사학에 밀려 천여 년을 떠돌
던 문제의 역사서/임승국 역주
맥이
한 농부 사학자의 줏대 있는 민족사 해석이
역사의식을 바로잡는다/박문기 지음
大東夷(1-6, 전6권)
소설로 엮은 최초의 한민족 태고사. 민족의
자각을 드높인다/박문기 지음
백두산족에게 고함
《丹》의 주인공이 직접 쓴 민족의 미래, 수행
에 대한 증언들/권태훈 지음
삼가 적을 무찌른 일로 아뢰나이다
충무공의 기록을 토대로 새로이 밝혀낸 거북선
과 임진해전의 진상/정광수 지음
天符經의 비밀과 백두산족 文化
우주의 원리가 숨쉬는 秘典《天符經》의 심오
한 세계와 우리 문화/권태훈 지음
겨레얼 담긴 옛시조 감상
선조들의 생활, 겨레의 멋과 얼이 담긴 옛시
조 345편과 그 해설/김종오 편저
우리말의 상상력 1
우리말 어휘들의 기원과 변천을 통해 밝히는
민족정서와 의식구조/정호완 지음
민족비전 정신수련법
우리 민족 고유의 정신수련법을 정리, 해설한
책/봉우 권태훈 옹 감수/정재승 편저
옛 詩情을 더듬어
한시 300여 수를 현대감각으로 풀어 옮기고,
자세한 평설을 수록했다/손종섭 지음
우리민족의 놀이문화
우리민족 고유의 스포츠, 놀이, 풍속의 기원
과 역사를 밝힌다/조완묵 지음
우리말의 상상력 2
우리 땅이름의 유래와 변천을 통해 본 우리
문화의 원류와 신앙체계/정호완 지음
실증 한단고기
25사에 나타난 단군조선과 고구려·백제·신
라의 대륙역사를 파헤친다/이일봉 지음

우리말의 고저장단
우리말의 고저와 장단의 유기적 시스템을 완
벽하게 입증해낸 역작/손종섭 지음
숟가락
숟가락 문화를 통해 본 우리말, 우리 풍속의 역
사/박문기 지음
바이칼, 한민족의 시원을 찾아서
태초의 호수 바이칼로 탐험가와 학자들이 한
겨레의 뿌리를 찾아 떠난 여행/정재승 엮음
장보고의 나라
장보고호 한중일 횡단 뗏목탐험기. 해상왕 장
보고가 빚다 만 미완성의 제국 '장보고의 나
라'가 되살아난다!/윤명철 지음
아나타는 한국인
일본과 한국의 언어학자가 함께 찾아낸 일본
어의 유전자/시미즈 기요시·박명미 공저
한자로 풀어보는 한국 고대신화
한자를 통해 새로 쓰는 한국 고대사! 한자 속
에 담긴 오천 년 비밀의 역사/김용길 지음
우리민족의 놀이문화
우리민족 고유의 스포츠, 놀이, 풍속의 기원
과 역사를 밝힌다/조완묵 지음

【수행의 시대】

명상의 세계
명상의 개념과 역사. 명상가들의 일화를 소개
한 명상학 입문서/정태혁 지음
박희선 박사의 생활참선
과학자가 터득한 참선의 비결과 효과. 심신강
화의 탁월한 텍스트/박희선 지음
붓다의 호흡과 명상(전2권)
불교 호흡 명상의 근본 교전《安般守意經》과
《大念處經》번역 해설/정태혁 역해
보면 사라진다
수행인들의 생생한 체험을 통해 만나는 붓다
의 위빠사나/김열권 지음
나무마을 윤신부의 치유명상
치유의 수단으로 바라본 명상의 다양한 기술
(명상CD포함)/윤종모 지음
게으른 사람을 위한 잠과 꿈의 명상
티베트의 영적 스승이 들려주는 잠과 꿈을 이
용한 명상/텐진 완걀 린포체 지음/홍성규 옮김

하타요가와 명상
동식물과 자연을 표현한 요가 동작의 깊은 의미와 목적을 명상상태에 대한 비유로 해설한 책/스와미 시바난다 라다 지음/최정음 옮김

호흡수련과 氣의 세계(전3권)
한 공직자가 실사구시의 관점으로 밝혀낸 호흡수련의 구체적인 방법과 효과. 꼼꼼한 체험기록/전영광 지음

요가 우파니샤드
국내 최초의 요가 수행자가 전자는 정통 요가의 모든 것/정태혁 지음

누구나 쉽게 깨닫는다
나와 우주가 하나되는 지구점 명상. 누구나 할 수 있는 단순한 수련/김건이 지음

달라이 라마의 자비명상법
나 스스로 관세음보살이 되는 가장 쉽고 빠른 길/라마 툽텐 예세 해설/박윤정 옮김

붓다의 러브레터
조건 없는 사랑을 체계적으로 길러내는 자애명상 실천서/샤론 살스버그 지음/김재성 옮김

실버 요가
노인의, 노인에 의한, 노인을 위한 국내 최초의 요가 실천서/정태혁 지음

【정신과학】

宇宙·心과 정신물리학
우주, 물질, 의식의 해명을 시도하는 혁명적 시각을 읽는다/이차크 벤토프 지음/류시화·이상무 공역

신과학이 세상을 바꾼다
공학박사가 밝히는 사상운동으로서의 신과학, 실제적 연구성과가 담긴 교양과학서/방건웅 지음

마음의 여행
영혼과 사후세계의 실상을 찾아 떠나는 여행/이경숙 지음

홀로그램 우주
홀로그램 모델로 인간·삶·우주의 신비를 밝힌다/마이클 탤보토 지음/이균형 옮김

우주의식의 창조놀이
우주와 하나 되는 과학적 상상 여행/이차크 벤토프 지음/이균형 옮김

영성시대의 교양과학
전 인류를 위한 심신상관적인 지혜와 통찰로서의 과학의 가능성과 대안/윤세중 지음

환각과 우연을 넘어서
인간의 한계를 넘어서는 경이로운 의식체험의 기록들/스타니슬라프 그로프 지음/유기천 옮김

【티벳 시리즈】

티벳 死者의 書
죽음의 순간에 단 한번 듣는 것만으로 해탈에 이른다/파드마삼바바 지음/류시화 옮김

티벳의 위대한 요기 밀라레파
단 한 번의 생애 동안에 부처가 된 위대한 성인 밀라레파의 전기/라마 카지 다와삼둡 영역/유기천 옮김

티벳 밀교 요가
위대한 길의 지혜가 담긴 티벳 밀교 수행법의 정수/라마 카지 다와삼둡 영역/유기천 옮김

티벳 해탈의 書
마음을 깨쳐 이 몸 이대로 해탈에 이르게 하는 티벳 최고의 경전/파드마삼바바 지음/유기천 옮김

사진이 있는 티벳 사자의 서
두려움 없는 죽음을 위하여 반드시 명상해야 할 책/스티븐 호지·마틴 부드 편저/유기천 옮김

달라이 라마 자서전
신적인 존재로 추앙받으며 자라온 달라이 라마의 어린 시절에서 망명정부의 지도자로서 티베트 해방을 위해 부심하는 오늘에 이르기까지의 고뇌 어린 발자취/텐진 갸초 지음/심재룡 옮김

티베트 역사산책
세계 최초의 티베트 역사 여행기/다정 김규현 지음

티베트 문화산책
우리 안의 티베트를 찾아 떠나는 티베트 문화 여행기/다정 김규현 지음

히말라야, 신의 마을을 가다
히말라야의 오지 속에 오래도록 지혜의 텃밭을 일궈온 티베트인의 삶과 풍경/이대일 사진 찍고 씀

【점성/주역/풍수】

윷경
민속놀이에서 찾아보는 고대민족문화사의 보고/심원봉 편역

주역의 과학과 道
음양으로 풀어보는 우주와 인간의 비밀/이성환 · 김기현 공저

알기 쉬운 역의 원리
원리를 모르면 외우지도 말라! 주역, 음양오행, 사주명리의 길잡이/강진원 지음

명당의 원리
잃어버린 우리의 정신문명, 그 명당의 원리가 처음 밝혀진다/덕원 지음

알기 쉬운 역의 응용
독자 스스로 자신에게 필요한 오행을 찾게 하는 종합 생활역학 실용서/강진원 지음

역으로 보는 동양천문 이야기
하늘, 땅, 사람을 아우르는 제왕의 학문인 동양천문학의 소중한 입문서/강진원 지음

【종교/신화/철학】

달마
오쇼가 특유의 날카로운 시각으로 강의해설한 달마어록/오쇼 강의/류시화 옮김

성서 속의 붓다
세계적인 비교종교학자 로이 아모르가 명쾌하게 밝혀낸 불교와 기독교의 본질과 상호 영향관계/로이 아모르 지음/류시화 옮김

알타이 이야기
알타이 사람들이 입담으로 전해주는 그들의 신화, 전설, 민담들/양민종 · 장승애 지음

샤먼 이야기
기발한 착상과 색다른 세계관이 가득한 샤먼 세상으로의 여행/양민종 지음

창조신화
인간과 우주의 기원에 관해 신화의 종교와 학이 알고 있는 모든 것/필립 프런드 지음/김문호 옮김

어느 관상수도자의 무아체험
다 비워버린 내 안에서 만난 하느님! 40여 년 동안 관상기도를 해온 저자의 체험과 깨달음/버나뎃 로버츠 지음/박운진 옮김

성전기사단과 아사신단
유럽과 중동의 중세 역사에 한 획을 그은 두 신비주의 비밀결사의 진실이 밝혀진다. / 제임스 와서만 지음/서미석 옮김

성서 밖의 복음서
이단 사냥꾼과 박해자들의 손을 용케 피하며 천6백 년의 세월을 견뎌온 소중한 영지주의 경전들의 해석과 풀이/이재길 지음

【비소설】

요가난다(상 · 하 전2권)
20세기 최고의 수행자 요가난다의 감동적인 자서전/파라마한사 요가난다 지음/김정우 옮김

자유를 위한 변명
구도의 춤꾼 홍신자의 자유롭고 파격적인 삶의 이야기/홍신자 지음

밑도 끝도 없는 이야기
이슬람 문명권에서 고대로부터 널리 읽혀져 온 고전 우화집《투티 나메Tuti Nameh》의 번역판/작자 미상/채운정 옮김

바깥은 네 생각과 전혀 달라
의식이 성장해가는 3단계에 따라 마음의 굴레에서 벗어나는 동서고금의 이야기를 엮은 책/잭 콘필드 지음/나무선 옮김

쏟아지는 햇빛
수채화처럼 그려낸 한국 비구니 스님의 스리랑카 명상여행/아눌라 스님 지음

코
킴새를 맡는 또 하나의 코, 야콥슨 기관/라이얼 왓슨 지음/이한기 옮김

내가 만난 스승들 내가 찾은 자유
현대의 성자 14인과 만나는 영혼의 순례기/마두카르 톰슨 지음/손민규 옮김

우리는 명상으로 공부한다
민족사관고 수재들의 氣 살리고 성적 올리는 명상학습 비결/민정암 지음

무탄트 메시지
호주 원주민 참사람 부족이 '돌연변이' 문명인들에게 보내는 자연과 생명과 영성에 대한 메시지/말로 모건 지음/류시화 옮김

그대 여신이 되기를 꿈꾸는가
고대 그리스 여성의 일상 속으로 떠나는 고고학자의 시간여행/우성주 지음

비르발 아니면 누가 그런 생각을 해
황제 아크바르와 신하 비르발이 지혜를 겨루는 우화 54편/작자 미상/이균형 옮김

영혼의 거울
인간의 육체와 심령을 정밀하게 해부한 수십 폭의 그림 속으로 떠나는 환상여행/알렉스 그레이 지음/유기천 옮김

인도네시아 명상기행
인도네시아 섬 누스타리안, 그곳에서 일어나는 자연과 치유, 원시의 이야기/라이얼 왓슨 지음/이한기 옮김

행복한 아이 성공하는 아이
상담전문가 윤종모교수의 자녀교육 특강/윤종모 지음

세상 속에 뛰어든 신선
소설《단》의 실제 주인공 봉우 권태훈 선생의 개인적, 사회적 행적과 일화 모음집/정재승 지음

바이칼 한민족의 시원을 찾아서
각계의 전문가들과 여행자들의 바이칼 현지답사를 통한 한민족의 뿌리 찾기/정재승 지음

그대를 위한 촛불이 되리라
스스로를 무식한 영웅이라 칭하는 음양식사법의 창안자 이상문 선생이 숨김없이 밝히는 자신의 수행과정/이상문 지음

세계를 이끌어갈 한국·한국인
새롭게 한반도를 진원지로 하여 펼쳐질 생명문화의 모습과 한민족과 한반도에 부여된 21세기의 사명/이상문 지음

여자 혼자 떠나는 세계여행
'나홀로' 여성 스물두 명의 지구촌 여행기/탈리아 제파토스 외 지음/부희령 옮김

오리에게
순수에 바치는 아름다운 잠언/마이클 루니그 지음/박윤정 옮김

초인들의 삶과 가르침을 찾아서
인류에게 진리의 빛을 던져주는 불멸의 초인들, 그들이 펼치는 기적의 초인생활/베어드 T. 스폴딩 지음/정창영·정진성 옮김

춤추는 사계
흑백사진, 그 흙빛에 담아낸 한국의 사계와 풍경이야기/이대일 사진 찍고 씀

도시 남녀 선방가다
선 수행와 연인들의 사랑을 접목시킨 21세기 사랑의 기술/브렌다 쇼샤나 지음/부희령 옮김

죽기 전에 알아야 할 영혼 혹은 마음
수호령, 천사, 유령, 소울메이트 등 우리와 늘 함께하는 영혼들의 이야기/실비아 브라운 지음/박윤정 옮김

세계 명상음악 순례
영적으로 가장 고양된 상태의 음악, 명상음악에 대한 개론서이자 에세이/김진묵 지음

말리도마
문명에 납치된 아프리카 청년 말리도마가 태초의 지혜를 되찾아간 생생한 기록/말리도마 파트리스 소메 지음/박윤정 옮김

라마크리슈나
노벨문학상에 빛나는 로맹 롤랑이 집필한 인도의 대성자 라마크리슈나 일대기/로맹 롤랑 지음/박임, 박종택 옮김

마음의 불을 꺼라
현대 사회의 문젯거리가 되고 있는 일상의 분노와 상처에 대처하는 능력을 키운다/브렌다 쇼샤나 지음/김우종 옮김

이디시 콥
유대의 랍비가 펼쳐보이는 탈무드식 위기탈출법과 상황을 반전시키는 열린 생각의 마법/랍비 닐턴 본더 지음/김우종 옮김

풀 한 포기 다치지 않기를
베트남전에 참전한 후로 마약과 섹스와 알코올 중독자이자 노숙자로 전전했던 청년이 십수 년에 걸쳐 평화순례를 이끄는 선승禪僧으로 변해가는 감동적이고 가슴 아픈 이야기/클로드 안쉰 토머스 지음/황학구 옮김

또 하나의 나를 보자
45년간 물만 먹고 살아오며 그 고통을 사랑으로 승화시킨 여인 양애란의 삶과 그 뜻/양애란 구술/박광수 엮음

흔들리거나 반짝이는
음악이라는 안경을 통해 세상을 바라보는 범상치 않은 음악평론가 김진묵의 삶과 음악 이야기/김진묵 지음

지중해의 성자 다스칼로스 1~2
20세기를 살다간 사랑의 신유가 다스칼로스의 영적인 가르침/키리아코스 C.마르키데스 지음/이균형 옮김

정신세계사 도서 안내

명상, 수행, 영성, 치유, 깨달음의 길에는 늘 정신세계사가 함께합니다　　mindbook.co.kr

정신세계사 BEST 20

1.
마음세탁소
황웅근 지음
선조들은 마음병을 어떻게 다스렸을까.
하루 20분 내 마음때 씻어내기

2.
왓칭
김상운 지음
베테랑 MBC 기자가 취재, 체험한
신기한 우주원리 관찰자 효과의 비밀

3.
리얼리티 트랜서핑
바딤 젤란드 지음 | 박인수 옮김
출간 직후 3년간 러시아에서만
250만 부 이상 판매된 러시아판 시크릿

4.
왓칭2
김상운 지음
시야를 넓힐수록 마법처럼
이루어지는 '왓칭' 확장판

5.
될 일은 된다
마이클 싱어 지음 | 김정은 옮김
아마존 베스트셀러. 내맡기기 실험이
불러온 엄청난 성공과 깨달음

6.
마스터의 제자
피터 마운트 샤스타 지음 | 이상범 외 옮김
상승마스터 세인트 저메인과 함께한
자기완성의 수행과 I AM의 가르침

7.
리얼리티 트랜서핑2
바딤 젤란드 지음 | 박인수 옮김
왜 원하는 미래가 점점 더 멀어지기만
하는지에 대한 가장 확실한 대답

8.
티벳 死者의 서
파드마삼바바 지음 | 류시화 옮김
죽음의 순간에 듣는 것만으로 영원한
해탈에 이른다는 티벳 최고의 경전

정신세계사 도서 목록

수행의 시대

티베트 꿈과 잠 명상
초인생활: 탐사록
초인생활2: 강의록
드높은 하늘처럼, 무한한 공간처럼
연금술이란 무엇인가
깨달음 그리고 지혜 (1, 2)
생각을 걸러내면 행복만 남는다
세상은 어디에서 왔는가
당신의 목소리를 해방하라
빅 마인드
1분 명상법
롭상 람파의 가르침
지중해의 성자 다스칼로스 (1, 2, 3)
깨어남에서 깨달음까지
치유명상
보면 사라진다

정신과학

코스믹 홀로그램
초월의식 (1, 2)
홀로그램 우주
현대물리학이 발견한 창조주
우주심과 정신물리학

자연과 생명

레프리콘과 함께한 여름
출아메리카기
자연농법
자연농 교실
자발적 진화
식물의 정신세계

점성•주역•풍수

명당의 원리와 현장풍수

9.
리얼리티 트랜서핑3
바딤 젤란드 지음 | 박인수 옮김
'끌어당김의 법칙'만으로는 풀 수 없는
성공의 수수께끼를 낱낱이 파헤친다

10.
당신의 현실에는 이유가 있습니다
카밀로 지음
주제별로 엮은 관념분석 실전 가이드와
경이로운 현실창조 사례들

11.
감응력
페니 피어스 지음 | 김우종 옮김
직관을 깨우고 참된 자아가 보내주는
신호와 감응하여 꿈을 실현한다

12.
거울명상
김상운 지음
즉각적인 치유와 현실창조를 일으키는
가장 쉽고 강력한 명상법

13.
현존 수업
마이클 브라운 지음 | 이재석 옮김
온전한 현존 체험으로 이끄는
10주간의 내면 여행

14.
무경계
켄 윌버 지음 | 김철수 옮김
나는 누구인가에 관한
동서고금의 통합적 접근

15.
베일 벗은 미스터리
고드프리 레이 킹 지음 | 배민경 외 옮김
세인트 저메인이 다가오는 새 시대의
인류에게 전하는 숭고한 메시지

16.
타프티가 말해주지 않은 것
바딤 젤란드 지음 | 정승혜 옮김
타프티 기법 실전 가이드와
열렬한 추종자들의 성공담

17.
트랜서핑의 비밀
바딤 젤란드 지음 | 박인수 옮김
성공과 행복을 누리는 사람들은
트랜서핑 법칙을 실천하고 있다

18.
초인생활: 탐사록
베어드 스폴딩 지음 | 정창영 옮김
인류에게 진리의 빛을 비추어주는
초인들과 함께한 3년 6개월의 여정

19.
무탄트 메시지
말로 모건 지음 | 류시화 옮김
호주 원주민 참사람 부족이
문명인들에게 전하는 메시지

20.
나는 왜 그런 꿈을 꾸었을까
아테나 라즈 지음 | 김정은 옮김
우리를 더 나은 존재로 만들어주는
꿈의 가이드를 발견하고 실천한다

정신세계사 2022 신간

나는 왜 그런 꿈을 꾸었을까
아테나 라즈 지음 | 김정은 옮김
우리를 더 나은 존재로 만들어주는
꿈의 가이드를 발견하고 실천한다

타프티가 말해주지 않은 것
바딤 젤란드 지음 | 정승혜 옮김
타프티 기법 실전 가이드와
열렬한 추종자들의 성공담

마스터의 제자
피터 마운트 샤스타 지음 | 이상범 외 옮김
상승마스터 세인트 저메인과 함께한
자기완성의 수행과 I AM의 가르침

베일 벗은 미스터리
고드프리 레이 킹 지음 | 배민경 외 옮김
세인트 저메인이 다가오는 새 시대의
인류에게 전하는 숭고한 메시지

당신의 현실에는 이유가 있습니다
카밀로 지음
주제별로 엮은 관념분석 실전 가이드와
경이로운 현실창조 사례들

나는 나를 괴롭히지 않겠다
융 푸에블로 지음 | 김우종 옮김
젊은 명상가가 전 세계의 수백만 팔로워와
나누어온 영감의 글 모음집

영원한 진리를 찾아서
맥도널드 베인 지음 | 강형규 옮김
세상에 알려지지 않은 히말라야 너머
현인들의 가르침을 전한 영성고전

침묵을 짊어진 사람들
갈리트 아틀라스 지음 | 신동숙 옮김
반복되는 현실 문제의 원인은 내가 아닌
'대물림된 트라우마'일 수 있다

티벳 시리즈
티벳 死者의 여행 안내서
마음에 빛을 주는 티벳 사자의 서(오디오북)
밀라레파
티벳 밀교요가
티벳 해탈의 서

몸과 마음의 건강서
원조 생채식
건강도인술 백과
사람을 살리는 사혈요법
자연치유
밥따로 물따로 음양식사법

잠재의식과 직관
리얼리티 레볼루션
트랜서핑 해킹 더 매트릭스
트랜서핑 현실의 지배자
가슴으로 치유하기
킹크
깨어 있는 마음의 과학
욕망을 이롭게 쓰는 법
바이브
시크릿을 깨닫다
여사제 잇파트
여사제 타프티
빚 갚고 빛 찾는 마인드로드맵 365
비범한 정신의 코드를 해킹하다
자각몽과 유체이탈의 모든 것
인식의 도약
다락방 속의 자아들
미래 모델링
마음 디자인
자각몽, 또다른 현실의 문
트랜서핑 타로카드
당신의 소원을 이루십시오

주역의 과학과 도
점성학 첫걸음
점성학이란 무엇인가

종교•신화•철학
신성한 용기
어른의 서유기
예수와 붓다가 함께했던 시간들
하마터면 깨달을 뻔
사랑 사용법
익스틀란으로 가는 길
초인수업
사랑은 아무도 잊지 않았으니
돈 후앙의 가르침
그대는 불멸의 존재다
우주가 사라지다
선의 단맛을 보라

환생•예언•채널링
실버 버치의 가르침
예수아 채널링
영혼들의 땅
그리스도의 편지
윤회의 본질
죽음 이후의 또다른 삶

소설•비소설
삶이 나를 어디로 데려가든
지금 이대로 좋은 삶
인생은 왜 힘든 걸까
어느 경찰관의 사람공부
영혼의 거울
아버지가 딸에게 들려준 이야기들
황홀한 출산
성자가 된 청소부

본 목록은 2022년 12월을 기준으로 작성된 것이며, 재고 변동에 따라 일부 도서가 품절 또는 절판될 수 있습니다.
정신세계사 홈페이지 mindbook.co.kr 에 방문하시면 각 도서의 상세한 정보를 보실 수 있습니다.
도서 구입은 전국의 온라인•오프라인 서점에서 가능하며, 오프라인 서점은 방문 전에 미리 재고확인 및 구비요청을 해두시길 권합니다.